합격에

정밀화학기사

[필기]

(주)시대고시기획

머리말

정밀화학 분야의 전문가를 향한 첫 발걸음!

'시간을 덜 들이면서도 시험을 좀 더 효율적으로 대비하는 방법은 없을까?'
'짧은 시간 안에 시험을 준비할 수 있는 방법은 없을까?'

자격증 시험을 앞둔 수험생들이라면 누구나 한 번쯤 들었을 법한 생각이다. 실제로도 많은 자격증 관련 카페에서도 빈번하게 올라오는 질문이기도 하다. 이런 질문들에 대해 대체적으로 기출문제 분석 → 출제경향 파악 → 핵심이론 요약 → 관련 문제 반복 숙지의 과정을 거쳐 시험을 대비하라는 답변이 일관적으로 실리고 있다.

윙크(Win-Q) 시리즈는 위와 같은 질문과 답변을 바탕으로 기획되어 발간된 도서이다.

윙크(Win-Q) 정밀화학기사는 PART 01 핵심이론 + 핵심예제, PART 02 적중모의고사, PART 03 기출복원문제로 구성되었다. PART 01은 NCS 학습모듈을 기반한 핵심이론을 요약 · 정리하고 출제 가능성이 높은 문제를 추려낸 뒤 그에 따른 핵심예제를 수록하여 이론의 이해도를 높일 수 있게 하였다. PART 02는 적중모의고사를 3회분 수록하여 PART 01에서 놓칠 수 있는 새로운 유형의 문제에 대비할 수 있게 하였다. PART 03에서는 2022년 첫 시행된 최근 기출복원문제를 수록하여 시험의 경향성을 알고 대비할 수 있도록 하였다.

자격증 시험의 목적은 높은 점수를 받아 합격하는 것이라기보다는 합격 그 자체에 있다고 할 것이다. 다시 말해 60점만 넘으면 어떤 시험이든 합격이 가능하다. 이 교재가 수험생 여러분의 자격증 취득으로 가는 길에 길잡이가 되길 희망한다. 마지막으로 이 책을 출간할 수 있도록 큰 도움을 준 사랑하는 가족들에게 깊은 감사를 전한다.

편저자 씀

시험 안내

◎ 수행직무

정밀화학제품과 관련한 제품설계, 반응, 혼합, 분리정제, 제형화 등의 공정을 통하여 기능성 화학제품을 개발 및 생산·관리하는 직무이다.

▣ 진로 및 전망

모든 관련 업체에 취업이 가능하며 정부투자기관에도 활용범위가 넓다.

▦ 시험일정

구 분	필기원서접수 (인터넷)	필기시험	필기합격 (예정자)발표	실기원서접수	실기시험	최종 합격자 발표일
제3회	6.19~6.22	7.8~7.23	8.2	9.4~9.7	10.7~10.20	11.15

※ 상기 시험일정은 시행처의 사정에 따라 변경될 수 있으니, www.q-net.or.kr에서 확인하시기 바랍니다.

▼ 시험요강

❶ 시행처 : 한국산업인력공단
❷ 관련 학과 : 대학의 화학과, 화학공학, 공업화학과, 정밀화학과 등
❸ 시험과목
　㉠ 필기 : 1. 공업합성, 2. 반응운전, 3. 단위공정관리, 4. 정밀화학제품관리
　㉡ 실기 : 정밀화학제품 제조관리실무
❹ 검정방법
　㉠ 필기 : 객관식 4지 택일형, 과목당 20문항(2시간)
　㉡ 실기 : 복합형[필답형(1시간 30분) + 작업형(약 3시간 30분 정도)]
❺ 합격기준
　㉠ 필기 : 100점을 만점으로 하여 과목당 40점 이상, 전 과목 평균 60점 이상
　㉡ 실기 : 100점을 만점으로 하여 60점 이상

출제기준

필기과목명	주요항목	세부항목
공업합성	무기공업화학	산 및 알칼리공업
		암모니아 및 비료공업
		전기 및 전지화학공업
		반도체공업
	유기공업화학	유기합성공업
		석유화학공업
		고분자공업
	공업화학제품 생산	시제품 평가
		공업용수, 폐수관리
	환경 · 안전관리	물질안전보건자료(MSDS)
		안전사고 대응
반응운전	반응시스템 파악	화학반응 메커니즘 파악
		반응조건 파악
		촉매특성 파악
		반응 위험요소 파악
	반응기설계	단일반응과 반응기해석
		복합반응과 반응기해석
		불균일 반응
		반응기설계
	반응기와 반응운전 효율화	반응기운전 최적화
	열역학 기초	기본양과 단위
		유체의 상태방정식
		열역학적 평형
		열역학 제2법칙
	유체의 열역학과 동력	유체의 열역학
		흐름공정 열역학
	용액의 열역학	이상용액
		혼 합
	화학반응과 상평형	화학평형
		상평형

필기과목명	주요항목	세부항목
단위공정관리	물질수지 기초지식	비반응계 물질수지
		반응계 물질수지
		순환과 분류
	에너지수지 기초지식	에너지와 에너지수지
		비반응공정의 에너지수지
		반응공정의 에너지수지
	유동현상 기초지식	유체정역학
		유동현상 및 기본식
		유체수송 및 계량
	열전달 기초지식	열전달원리
		열전달응용
	물질전달 기초지식	물질전달원리
		증 류
		추 출
		흡수/흡착
		건조, 증발, 습도
		분쇄, 혼합, 결정화
		여 과
정밀화학제품관리	품질검사 및 품질관리	품질분석
		분석장비 관리
		분석결과 작성
	품질분석방법	무게 및 부피 분석법
		산/염기 적정법
		킬레이트(EDTA) 적정법
		산화, 환원 적정법
		원자 분광법
		분자 분광법
		분리 분석법
		원자 및 분자질량 분석법
		전기화학 분석법
		열 분석법

이 책의 구성과 특징

최신 경향의 문제들을 철저히 분석하여 꼭 풀어봐야 할 문제로 구성된 적중모의고사를 수록하였습니다. 중요한 이론을 최종 점검하고 새로운 유형의 문제에 대비할 수 있습니다. 최근에 출제된 기출복원문제를 수록하여 가장 최신의 출제경향을 파악하고 새롭게 출제된 문제의 유형을 익혀 처음 보는 문제들도 모두 맞힐 수 있도록 하였습니다.

적중모의고사 + 최근 기출복원문제

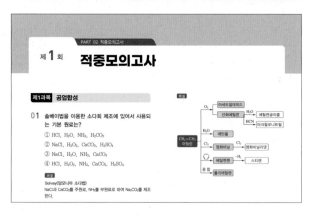

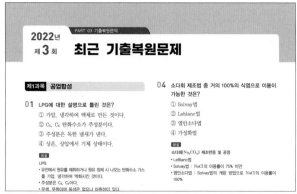

핵심이론 + 핵심예제

필수적으로 학습해야 하는 중요한 이론들을 각 과목별로 분류하여 수록하였습니다. 또한 출제기준을 중심으로 출제 빈도가 높은 기출 문제와 필수적으로 풀어보아야 할 문제를 핵심이론당 1~2문제씩 선정했습니다. 각 문제마다 핵심을 찌르는 명쾌한 해설이 수록되어 있습니다.

원소주기율표

범례

- 20 Ca 칼슘 — 원자번호 / 원자기호 / 이름
- 원자상태(예: a : 액체   a : 기체   a : 고체)
- □ 금속
- ▨ 비금속
- ▢ 전이원소

1	2	3	4	5	6	7	8	9	10	11	12	13	14	15	16	17	18
1 H 수소																	2 He 헬륨
3 Li 리튬	4 Be 베릴륨											5 B 붕소	6 C 탄소	7 N 질소	8 O 산소	9 F 플루오린	10 Ne 네온
11 Na 소듐	12 Mg 마그네슘											13 Al 알루미늄	14 Si 규소	15 P 인	16 S 황	17 Cl 염소	18 Ar 아르곤
19 K 포타슘	20 Ca 칼슘	21 Sc 스칸듐	22 Ti 타이타늄	23 V 바나듐	24 Cr 크로뮴	25 Mn 망가니즈	26 Fe 철	27 Co 코발트	28 Ni 니켈	29 Cu 구리	30 Zn 아연	31 Ga 갈륨	32 Ge 저마늄	33 As 비소	34 Se 셀레늄	35 Br 브로민	36 Kr 크립톤
37 Rb 루비듐	38 Sr 스트론튬	39 Y 이트륨	40 Zr 지르코늄	41 Nb 나이오븀	42 Mo 몰리브데넘	43 Tc 테크네튬	44 Ru 루테늄	45 Rh 로듐	46 Pd 팔라듐	47 Ag 은	48 Cd 카드뮴	49 In 인듐	50 Sn 주석	51 Sb 안티모니	52 Te 텔루륨	53 I 아이오딘	54 Xe 제논
55 Cs 세슘	56 Ba 바륨	57~71 란타넘족	72 Hf 하프늄	73 Ta 탄탈럼	74 W 텅스텐	75 Re 레늄	76 Os 오스뮴	77 Ir 이리듐	78 Pt 백금	79 Au 금	80 Hg 수은	81 Tl 탈륨	82 Pb 납	83 Bi 비스무트	84 Po 폴로늄	85 At 아스타틴	86 Rn 라돈
87 Fr 프랑슘	88 Ra 라듐	89~103 악티늄족	104 Rf 러더포듐	105 Db 두브늄	106 Sg 시보귬	107 Bh 보륨	108 Hs 하슘	109 Mt 마이트너륨	110 Ds 다름슈타튬	111 Rg 뢴트게늄	112 Cn 코페르니슘	113 Nh 니호늄	114 Fl 플레로븀	115 Mc 모스코븀	116 Lv 리버모륨	117 Ts 테네신	118 Og 오가네손

Lanthanoids

57 La 란타넘	58 Ce 세륨	59 Pr 프라세오디뮴	60 Nd 네오디뮴	61 Pm 프로메튬	62 Sm 사마륨	63 Eu 유로퓸	64 Gd 가돌리늄	65 Tb 터븀	66 Dy 디스프로슘	67 Ho 홀뮴	68 Er 어븀	69 Tm 툴륨	70 Yb 이터븀	71 Lu 루테튬

Actinoids

89 Ac 악티늄	90 Th 토륨	91 Pa 프로트악티늄	92 U 우라늄	93 Np 넵투늄	94 Pu 플루토늄	95 Am 아메리슘	96 Cm 퀴륨	97 Bk 버클륨	98 Cf 캘리포늄	99 Es 아인슈타이늄	100 Fm 페르뮴	101 Md 멘델레븀	102 No 노벨륨	103 Lr 로렌슘

※ 출처 : 대한화학회, 2016

목 차

PART 01

핵심이론 +
핵심예제

공업합성

제1절 무기공업화학

1-1. 산 및 알칼리공업

핵심이론 01 황산(H_2SO_4)

(1) 황산의 명칭

① 진한황산 : 98% 이상 농도. 비중 1.84, 무거운 무색 액체, 흡습성과 탈수작용이 강하여 탈수제로 사용한다.

② 묽은황산 : 98% 미만의 훨씬 낮은 농도. 흡습성, 탈수성, 산화성은 없으나 강한 산성을 나타낸다.

③ 발연황산 : 삼산화황을 진한황산에 흡수시켜 제조한다.

   ㉠ $SO_3 + H_2SO_4 \rightarrow H_2S_2O_7$

   ㉡ $mSO_3 \cdot nH_2O \ (m > n)$

(2) 황산의 용도

① 인산비료의 제조에 사용, 섬유공업, 축전지의 용액, 석유정제, 염료 및 의약품에 이용한다.

② 물에 진한황산을 조금씩 넣으면서 희석하여 묽은황산을 제조한다.

(3) 황산 공업의 원료

황, 황화철광(FeS_2), 자황철광(Fe_7S_8), 섬아연광(ZnS), 자류철광, 금속제련폐가스 등을 사용한다.

(4) 황산의 제조법

① 연실식 황산제조법(= 질산식 황산제조법)

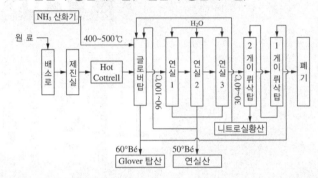

㉠ SO_2, O_2, H_2O를 산화질소 촉매하에 반응시켜 황산을 제조한다.

㉡ 연실의 기능

• 글로버탑에서 오는 가스를 혼합시키고, SO_2를 산화시키기 위한 공간이다.

• 반응열을 발산하고, 반응에 필요한 물을 공급한다.

• 생산되는 미스트를 응축시킨다.

• 90~100℃로 주입된 가스는 30~40℃로 냉각된다.

㉢ 게이-뤼삭탑 기능

• 최종 연실에서 나오는 산화질소 회수가 목적이다.

• $2H_2SO_4 + NO + NO_2 \rightleftarrows 2HSO_4 \cdot NO + H_2O$

㉣ 글로버탑의 기능

• 니트로실황산을 황산과 질소산화물로 분해한다.

• 니트로실황산의 탈질, 연실산의 농축, 노가스의 냉각, 노가스의 세척, 질산의 환원이 이루어진다.

② 접촉식 황산제조법

　　㉠ 백금(Pt), 오산화바나듐(V_2O_5)을 촉매로 사용하여 SO_2로부터 황산을 만드는 방법이다.

　　㉡ 전화반응

　　　　• $SO_2 + \dfrac{1}{2}O_2 \overset{촉매}{\rightleftharpoons} SO_3 + Q$(420~450℃)

　　　　• 발열반응이므로 저온에서 진행하면 반응속도가 느려지게 되므로 촉매를 사용한다.

핵심예제

1-1. 접촉식 황산제조방법에 대한 설명 중 옳지 않은 것은?

① 백금, 바나듐 등의 촉매가 이용된다.
② SO_3는 주로 물에 흡수시켜야 한다.
③ 촉매층의 온도는 410~420℃로 유지하면 좋다.
④ 주요 공정별로 온도조절이 중요하다.

1-2. 연실식 황산제조에서 Gay-Lussac 탑의 주된 기능은?

① 황산의 생성
② 질산의 환원
③ 질소산화물의 회수
④ 니트로실황산의 분해

1-3. 다음 중 연실의 기능은 무엇인가?

① 질소산화물의 회수
② 함질황산을 Glover 탑에 공급
③ 함질황산의 탈질
④ 기체의 혼합과 SO_2를 산화시키는 공간 제공

|해설|

1-1
SO_3로 전화시킨 후 냉각하여 흡수탑에서 98% H_2SO_4에 흡수시켜 발연황산을 만든다.

정답 1-1 ② 1-2 ③ 1-3 ④

핵심이론 02 질산(HNO_3)

(1) 질산의 성질

① 농도 98% 이상의 질산은 무색의 액체이다.
② 흡습성이 강하고 발연한다.
③ 빛을 쬐면 일부는 분해한다.

(2) 암모니아 산화법(= Ostwald법)

① 제조반응

　　㉠ NH_3의 산화반응

　　　　$4NH_3 + 5O_2 \rightarrow 4NO + 6H_2O + Q$

　　　　• 백금-로듐(Pt-Rh) 촉매를 사용한다.
　　　　• 수율을 높이기 위해 온도와 압력을 낮추어야 한다.

　　㉡ NO의 산화반응

　　　　$2NO + O_2 \rightarrow 2NO_2 + Q$

　　　　• 수율을 높이기 위해 가압·저온이 유리하다.

　　㉢ NO_2의 흡수반응

　　　　$3NO_2 + H_2O \rightarrow 2HNO_3 + NO + Q$

(3) 직접 합성법

① 78% 질산을 얻기 위한 방법이다.
② NH_3를 이론 양만큼의 공기와 산화시킨 후 물을 제거하는 방법이다.

　　• $NH_3 + 2O_2 \rightarrow HNO_3 + H_2O$

(4) HNO_3의 농축방법

① HNO_3-H_2O 2성분계는 68% HNO_3 조성에서 공비점이 존재한다.

　　㉠ Pauling식 : 묽은질산에 진한황산(98%)을 가하여 증류

　　㉡ Maggie식 : 묽은질산에 질산마그네슘을 가하여 증류

2-1. 암모니아 산화법에 의하여 질산을 제조하면 상압에서 순도가 약 65% 내외가 되어 공업적으로 사용하기 힘들다. 이럴 경우 순도를 높이기 위해 일반적으로 어떻게 해야 하는가?

① H_2SO_4의 흡수제를 첨가하여 3성분계를 만들어 농축한다.
② 온도를 높여 끓여서 물을 날려 보낸다.
③ 촉매를 첨가하여 부가반응을 시킨다.
④ 계면활성제를 사용하여 물을 제거한다.

2-2. 다음 중 질산 제조 시 가장 널리 사용되는 촉매는?

① V_2O_5 ② Fe-Co
③ Pt-Rh   ④ Cr_2O_3

2-3. 질산의 직접 합성 반응이 다음과 같을 때 반응 후 응축하여 생성된 질산 용액의 농도는 얼마인가?

$$NH_3 + 2O_2 \rightleftharpoons HNO_3 + H_2O$$

① 68%   ② 78%
③ 88%   ④ 98%

|해설|

2-1
68% 이상의 질산을 얻으려면 진한황산과 같은 탈수제를 가한다.

정답 2-1 ①   2-2 ③   2-3 ②

핵심이론 03 염산(HCl)

(1) 염산의 성질

① 무색 투명하고 부식성이 강한 염화수소 수용액이다.
② 강산 중 하나로 물로 많이 희석한 묽은 염산을 이용한다.
③ 진한 것은 습한 공기 중에서 자극적인 냄새가 있는 무색의 용액이다.
④ 시판품은 37.2%의 염화수소를 함유하며, 비중 1.1, 끓는점 108℃ 정도이다.
⑤ 많은 금속을 상온에서 용해하며, 이때 수소가 발생한다.

(2) 합성염산법

① $H_2(g) + Cl_2(g) \rightarrow 2HCl + Q$
② 고온, 고압의 경우 폭발적 연쇄반응이 일어날 수 있기 때문에 안전 작업이 필요하다.
  ㉠ 미반응의 Cl_2가 남지 않도록 H_2를 과잉으로 주입한다($Cl_2 : H_2 = 1 : 1.2$).
  ㉡ 불활성 가스, HCl 가스를 넣어 Cl_2를 희석한다.
  ㉢ 자기괘, 석연괘 등 반응완화 촉매를 사용한다.
  ㉣ 연소 시 H_2에 먼저 점화 후 Cl_2와 연소한다.

(3) 부생염산법

① 탄화수소의 염소화에 따른 부산물로 HCl이 생성된다.
  ㉠ $CH_2 = CH_2 + Cl_2 \rightarrow CH_2 = CHCl + HCl$
  ㉡

(4) 무수염산의 제조

① 염화비닐 등의 제조원료로서 수요가 증가하고 있다.
② 제조방법
　ㄱ 진한염산 증류법 : 합성염산을 가열, 증류하여 생성된 염산가스를 냉동탈수하여 제조한다.
　ㄴ 직접합성법 : Cl_2, H_2를 진한황산으로 탈수하여 무수상태로 만든다.
　ㄷ 흡착법 : HCl 가스를 황산염이나 인산염에 흡착시킨 후 가열하여 HCl 가스를 방출시켜 제조한다.

핵심예제

3-1. 다음 중 무수 염산의 제조법이 아닌 것은?

① 직접 합성법
② 액중 연소법
③ 농염산의 증류법
④ 건조 흡탈착법

3-2. 염화수소 가스를 제조하기 위해 고온, 고압에서 H_2와 Cl_2를 연소시키고자 한다. 다음 중 폭발방지를 위한 운전조건으로 가장 적합한 $H_2 : Cl_2$의 비율은?

① 1.2 : 1
② 1 : 1
③ 1 : 1.2
④ 1 : 1.4

3-3. 다음 중 염산의 생산과 가장 거리가 먼 것은?

① 직접합성법
② NaCl의 황산분해법
③ 칠레초석의 황산분해법
④ 부생염산 회수법

|해설|

3-3
칠레초석의 황산분해법은 질산제조법이다.

정답 3-1 ② 3-2 ① 3-3 ③

핵심이론 04 인산(H_3PO_4)

(1) 인산의 성질

① P_2O_5이 수화하여 생기는 산이다.
② 무색, 무취의 점성도가 큰 액체이며, 농도가 높아지면 결정화하기 쉽다.
③ 조해성이 있고, 금속 및 그 산화물을 격렬하게 침식한다.

(2) 습식법

① 인광석을 산(황산, 질산, 염산) 등에 분해시켜 인산을 제조하며, 주로 황산분해법을 사용한다.
② 습식법의 특징
　ㄱ 순도가 낮고 농도가 낮다.
　ㄴ 품질이 좋은 인광석을 사용해야 한다.
　ㄷ 주로 비료용에 사용한다.

(3) 건식법

① 인광석을 환원하여 인을 만들고 이를 산화·흡수시켜 인산을 제조한다.
② 건식법의 특징
　ㄱ 저품위 인광석을 처리할 수 있다.
　ㄴ 인의 기화와 산화를 따로 할 수 있다.
　ㄷ 고순도, 고농도의 인산을 제조할 수 있다.
　ㄹ Slag는 시멘트 원료가 된다.

핵심예제

4-1. 인광석을 산분해하여 인산을 제조하는 방식 중 습식법에 해당하지 않는 것은?

① 황산분해법
② 염산분해법
③ 질산분해법
④ 아세트산분해법

4-2. 인산 제조법 중 건식법에 대한 설명으로 틀린 것은?

① 전기로법과 용광로법이 있다.
② 철과 알루미늄 함량이 많은 저품위의 광석도 사용할 수 있다.
③ 인의 기화와 산화를 별도로 진행시킬 수 있다.
④ 철, 알루미늄, 칼슘의 일부가 인산 중에 함유되어 있어 순도가 낮다.

정답 4-1 ④ 4-2 ④

(1) 소다회의 용도

유리원료, 염료, 의약, 농약, 가성소다, 도자기, 제지 등에 사용된다.

(2) Leblanc법

NaCl을 황산 분해하여 망초(Na_2SO_4)를 얻고 이를 석탄, 석회석($CaCO_3$)으로 복분해하여 소다회를 제조한다.

① 소금을 황산 분해하여 황산나트륨을 제조한다.

② 황산나트륨을 석회석 및 석탄과 혼합하여 반사로 및 회전로에서 가열하여 환원과 동시에 복분해시켜 흑회를 생성한다.

③ 흑회를 32~37℃ 물에 용해시키면 탄산나트륨은 용해(= 녹액)되고 나머지는 침출된다. 녹액을 증류하여 탄산나트륨을 얻고, 다시 가성화하여 수산화나트륨을 얻는다.

(3) Solvay(= 암모니아 소다법)

• NaCl과 $CaCO_3$를 주원료, NH_3를 부원료로 하여 Na_2CO_3를 제조한다.

• $NaCl + NH_3 + CO_2 + H_2O \rightarrow NaHCO_3 + NH_4Cl$

① 석회석의 배소(석회로) : 원염의 정제, 암모니아 회수, 가성화 반응

② 원염의 정제(침강조)

③ 암모니아 흡수(암모니아 흡수탑)

④ 암모니아 함수의 탄산화(탄산화탑) : 중화공정(중화탑)과 침전공정(침전탑)으로 분리된다.

   ㉠ 중화탑은 중소($NaHCO_3$) 스케일 제거, 부분 탄산화를 목적으로 한다.

   ㉡ $2NH_3 + CO_2 + H_2O \rightarrow (NH_4)_2CO_3$ (중화)

   ㉢ $NaCl + NH_4HCO_3 \rightarrow NaHCO_3 + NH_4Cl$ (탄산화, 중화)

⑤ 조중조의 하소(가소로)

   $2NaHCO_3 \rightarrow Na_2CO_3 + H_2O + CO_2$

⑥ 암모니아 회수(증류탑) : 증류탑은 가열부와 증류부로 나뉜다.

   ㉠ 가열부에서의 반응(증류탑 상부)

   ㉡ 증류부에서의 반응(증류탑 하부에 석회유 도입)

   : $2NH_4Cl + Ca(OH)_2 \rightarrow 2NH_3 + 2H_2O + CaCl_2$

   cf. Leblanc법, Solvay법의 공통원료 : NaCl

        Leblanc법으로 제조되는 물질 : Na_2CO_3, HCl

(4) 염안소다법

① 이 여액에 남아 있는 NaCl의 이용률을 높이고, Na_2CO_3과 염안(NH_4Cl)을 얻기 위한 방법이다.

② 100% 식염으로 이용이 가능하다.

③ $NaHCO_3$ 모액 $\rightarrow Na_2CO_3 + NH_4Cl$

핵심예제

5-1. 다음 중 Leblanc법과 관계가 없는 것은?

① 망초(황산나트륨)
② 흑회(Black Ash)
③ 녹액(Green Liquor)
④ 암모니아 회수

5-2. 소다회 제법에서 Solvay 공정의 주요 반응이 아닌 것은?

① 정제반응
② 암모니아 함수의 탄산화반응
③ 암모니아 회수반응
④ 가압 흡수반응

5-3. 다음 중 암모니아 소다법의 핵심공정 반응식을 옳게 나타낸 것은?

① $2NaCl + H_2SO_4 \rightarrow Na_2SO_4 + 2HCl$

② $2NaCl + SO_2 + H_2O + \frac{1}{2}O_2 \rightarrow Na_2SO_4 + 2HCl$

③ $NaCl + 2NH_3 + CO_2 \rightarrow NaCO_2NH_2 + NH_4Cl$

④ $NaCl + NH_3 + CO_2 + H_2O \rightarrow NaHCO_3 + NH_4Cl$

정답 5-1 ④   5-2 ④   5-3 ④

수산화나트륨(NaOH)

(1) 수산화나트륨의 성질

① 강염기로 조해성이 있어 공기와의 접촉을 최대한 차단해서 보관한다.

② 다른 물질을 잘 부식시킨다.

③ 수용액을 만들 때 많은 열을 발생시킨다.

④ 조해성이 있어 공기 중에 방치하면 습기와 CO_2를 흡수하여 탄산나트륨(Na_2CO_3)이 되어 결정으로 석출된다.

(2) 수산화나트륨의 용도

비누, 제지, 펄프, 섬유, 의약품 등에 활용된다.

(3) 가성화법(탄산나트륨의 가성화법)

① 석회법 : 탄산나트륨 수용액을 석회유로 처리한다.

$$Na_2CO_3 + Ca(OH)_2 \rightarrow CaCO_3(s) + 2NaOH$$

② 산화법 : 탄산나트륨을 산화철(Ⅲ)과 용융한 후 뜨거운 물로 처리한다.

㉠ $Na_2CO_3 + Fe_2O_3 \rightarrow Na_2Fe_2O_4 + CO_2$

㉡ $Na_2Fe_2O_4 + H_2O \rightarrow 2NaOH + Fe_2O_3$

(4) 전해법(염화나트륨의 전해법)

① 격막법 : NaCl 수용액을 전기분해하고, 격막을 사용하여 염소를 분리한다.

㉠ (+)극 : $2Cl^- \rightarrow Cl_2 + 2e^-$ (산화반응)

㉡ (-)극 : $2H_2O + 2e^- \rightarrow H_2 + 2OH^-$ (환원반응)

㉢ 격막 : 양극액과 음극액을 분리하여 양극실에서 음극실로 흐르는 함수의 유속을 조절한다. 격막은 부반응을 작게 한다.

② 수은법 : NaCl 수용액을 전기분해하고, 생성된 Na을 아말감으로 하여 염소와 분리한다.

㉠ 흑연을 양극, 수은을 음극으로 한 전해조에서 식염수를 전기분해하여 염소 및 수산화나트륨을 만들 수 있다.

격막법	수은법
• NaOH 농도(10~12%)가 낮으므로 농축비가 크다.	• 제품의 순도가 높으며, 진한 NaOH(50~73%)를 얻는다.
• 제품 중에 염화물 등을 함유하여 순도가 낮다.	• 전력비가 많이 든다.
• 이론분해전압, 전류밀도가 낮다.	• 수은을 사용하므로 공해의 원인이 된다.
	• 이론분해전압, 전류밀도가 높다.

③ 이온교환막법

㉠ 격막으로 양이온 교환수지를 사용하여, 양이온만 통과시킨다.

㉡ (+)실 : Cl_2 발생, (-)실 : H_2 발생

핵심예제

6-1. 가성소다를 제조할 때 격막식 전해조에서 양극재료로 주로 사용되는 것은?

① 수 은 ② 철
③ 흑 연 ④ 구 리

6-2. 염소(Cl_2)에 대한 설명으로 틀린 것은?

① 염소는 식염수의 전해로 제조할 수 있다.
② 염소는 황록색의 유독가스이다.
③ 건조상태의 염소는 철, 구리 등을 급격하게 부식시킨다.
④ 염소는 살균용, 표백용으로 이용된다.

6-3. NaOH 제조에 사용하는 격막법과 수은법을 옳게 비교한 것은?

① 전류밀도는 수은법이 크고, 제품의 품질은 격막법이 좋다.
② 전류밀도는 격막법이 크고, 제품의 품질은 수은법이 좋다.
③ 전류밀도는 격막법이 크고, 제품의 품질도 격막법이 좋다.
④ 전류밀도는 수은법이 크고, 제품의 품질도 수은법이 좋다.

|해설|

6-1
(+)극은 흑연, (-)극은 철을 사용한다.

6-2
건조상태의 염소는 철, 구리 등을 급격하게 부식시키지 않는다.

정답 6-1 ③ 6-2 ③ 6-3 ④

1-2. 암모니아 및 비료공업

핵심이론 01 암모니아(NH_3)

(1) 성 질
① 약한 염기성을 띠는 질소와 수소 화합물로 물에 잘 녹는다.
② 가벼운 무색 기체로, 매우 고약한 냄새가 나는 물질이다.
③ 수용액은 알칼리성이며, 산과 반응하여 염을 만들고 각종 금속염과 반응하여 암모니아 착염을 만든다.

(2) 용 도
① 비료 또는 요소 수지 제조에 쓰인다.
② 식물체의 질소공급원으로 사용한다.

(3) 합성 암모니아
① 원료 가스의 제법
  ㉠ N_2 : 공기를 액화 분별 증류하여 얻는다.
  ㉡ H_2 : 수성가스 제법을 사용한다($CO + H_2$).
② 원료 가스의 정제 : N_2, H_2 이외의 황화합물, CO 등은 촉매활성을 저하시키고 CH_4은 불활성 가스로 순환 중에 축적되어 합성 능률을 저하시키므로 제거한다.
③ 암모니아 합성
  ㉠ $N_2 + 3H_2 \rightleftarrows 2NH_3 + Q$
  ㉡ 반응온도↓, 압력↑ ⇒ NH_3의 평형농도↑
  ㉢ $N_2 : H_2 = 1 : 3$
  ㉣ 불활성 가스의 양이 증가하면 NH_3의 평형농도가 낮아진다.
  ㉤ 촉매 : Fe_3O_4, 시안화철을 사용한다.
    • 공간속도 : 촉매 $1m^3$당 매시간 통과하는 원료가스의 m^3수
    • 공시득량 : 촉매 $1m^3$당 1시간에 생성되는 암모니아의 톤 수

핵심이론 02 비 료

(1) 질소비료

- 식물은 질소를 공기 중으로부터 직접 흡수하지 않고 토양에서 비료로 흡수한다.
- 식물에 NH_4^+, NO_3^- 등의 이온으로 흡수한다.

① NH_3를 원료로 이용

　　㉠ 황산암모늄$[(NH_4)_2SO_4]$: 황산기를 함유하고 있어 토양을 산성화시킨다.

　　㉡ 염화암모늄$[NH_4Cl]$: 질산화가 천천히 진행되므로 비료로서 지속성이 좋다.

　　㉢ 질산암모늄$[NH_4NO_3]$: 흡습성이 강하다.

　　㉣ 요소$[CO(NH_2)_2]$: 무색 결정고체로 중성비료이다.

② 생석회(CaO)와 무연탄을 원료로 이용

　　㉠ 석회질소$[CaCN_2]$

　　　　• 염기성 비료로 산성토양에 효과적이다.

　　　　• 독성이 있어 기초비료에 이용한다.

　　　　• 토양의 살균, 살충효과가 있다.

③ 그 외의 질소 비료

　　㉠ 질산나트륨$[NaNO_3]$

　　㉡ 질산칼슘$[Ca(NO_3)_2]$

(2) 인산비료

- 식물세포의 원형질을 구성하는 필수원소로 인산 성분을 주체로 하는 비료이다.
- 인산은 식물의 구성원소로 식물의 생리작용에 중요한 역할을 하며 세포핵의 주성분으로 식물의 염색체 중 유전(DNA)에 관여한다.
- 수용성 인산(속효성) : 과인산석회, 중과인산석회, 인산암모늄
- 시트르산 용해성 인산(지효성) : 용성인산비료, 소성인산비료

① 과인산석회(P_2O_5, 15~20%)

② 중과인산석회(P_2O_5, 30~50%)

③ 인산암모늄

④ 침강(침전) 인산석회(P_2O_5, 33~37%)

⑤ 토마스인비 : 인산을 함유하고 있는 선철을 용해시키는 과정에서 생산되는 광재(Slug)이다.

⑥ 용성인비(P_2O_5, 18~21%)

　　㉠ 염기성 인산비료로 산성토양에 적합하다.

　　㉡ 묽은 산에 녹는 성질을 가지며 구연산이나 구연산 암모니아 용액에 용해된다.

⑦ 소성인비(P_2O_5, 35~36%)

　　㉠ 약염기성이다.

　　㉡ 각종 복합비료의 원료로 사용된다.

　　㉢ 인광석이 용융되지 않도록 가열처리하여 불소를 제거하고 아파타이트 구조를 파괴하여 묽은 산에 녹는 비료로 만든 것이다.

(3) 칼륨비료

- 식물세포에 존재하여 삼투압으로 세포 중의 수분을 조절한다.
- 과실을 맺는 데 K비료가 필요하다.
- 칼륨(K)이 부족하면 생육이 떨어지고 잎의 색이 짙어진다. 심해지면 잎에 갈색 반점이 생기고 잎 끝이 붉게 된다.

① 염화칼륨(KCl)

　　㉠ 약한 흡습성을 가진다.

　　㉡ 중성비료이다.

② 황산칼륨(K_2SO_4)

　　㉠ 회백색의 결정으로 흡습성이 낮다.

　　㉡ 중성비료이다.

③ 원료 : 간수, 해조, 초목재, 볏짚재 등

(4) 복합비료(= 완전비료)

비료 3요소 중 2성분 이상을 혼합 또는 반응하여 제조한다.

① 혼합비료(= 배합비료) : 단일비료를 2종 이상을 혼합해서 만든 비료를 말한다.

② 화성비료 : 비료 3요소 중 2종 이상을 하나의 화합물 형태로 만든 비료를 말한다.

⊙ 고농도 화성비료 : 성분의 합계가 30% 이상인 것

ⓛ 저농도 화성비료 : 성분의 합계가 30% 이하인 것

핵심예제

2-1. 다음 중 비료의 3요소에 해당하는 것은?

① N, P_2O_5, CO_2

② K_2O, P_2O_5, CO_2

③ N, K_2O, P_2O_5

④ N, P_2O_5, C

2-2. 질소비료 중 암모니아를 원료로 하지 않는 비료는?

① 황산암모늄   ② 요 소

③ 질산암모늄   ④ 석회질소

2-3. 비료 중 P_2O_5이 많은 순서대로 열거된 것은?

① 과린산석회 > 용성인비 > 중과린산석회

② 용성인비 > 중과린산석회 > 과린산석회

③ 과린산석회 > 중과린산석회 > 용성인비

④ 중과린산석회 > 소성인비 > 과린산석회

2-4. 칼륨 광물 실비나이트(Sylvinite) 중 KCl의 함량은?(단, 원자량은 K : 39.1, Na : 23, Cl : 35.50이다)

① 36.05%   ② 46.05%

③ 56.05%   ④ 66.05%

2-5. 중과린산석회의 제조법은?

① 인광석 + 황산

② 인광석 + 질산

③ 인광석 + 인산

④ 인광석 + 염산

|해설|

2-4

실비나이트(Sylvinite)는 KCl과 NaCl이 혼합된 비료원광이다.

KCl의 분자량 : 74.6

NaCl의 분자량 : 58.5

∴ $\frac{74.6}{74.6+58.5} \times 100 = 56.05$

2-5

중과린산석회는 인광석을 분해시켜서 제조한다.

정답 2-1 ③   2-2 ④   2-3 ④   2-4 ③   2-5 ③

1-3. 전기 및 전지화학공업

핵심이론 01 산, 염기

(1) 산, 염기의 정의

구 분	산	염 기
아레니우스 정의	물에 녹아 H^+ 생성	물에 녹아 OH^- 생성
브뢴스테드-로우리 정의	H^+ 주개	H^+ 받개
루이스 정의	전자쌍 받개	전자쌍 주개

(2) 산화, 환원 반응

산 화	산화수 증가	전자 잃음	산소 얻음	수소 잃음
환 원	산화수 감소	전자 얻음	산소 잃음	수소 얻음

(3) 이온화 경향

기준!

마그 알루
칼륨 칼슘 나트륨 네슘 미늄 아연 철 니켈 주석 납 수소 구리 수은 은 백금 금

K > Ca > Na > Mg > Al > Zn > Fe > Ni > Sn > Pb > H > Cu > Hg > Ag > Pt > Au

← 이온화 경향이 크다. = 반응성이 크다. = 산화되기 쉽다.

① 원자 또는 분자가 이온이 되려고 하는 경향을 말한다.

② 이온화 경향이 큰 원소가 그보다 이온화 경향이 작은 원소의 이온과 만나면, 이온화 경향이 큰 원소가 산화되고 이온이었던 원소는 환원된다.

③ 금속이 전자를 잃고 양이온이 되고자 하는 경향이다.

1-1. 연소에 대한 설명이다. ( ) 안에 들어갈 말로 옳은 것은?

연소란 가연물이 공기 중의 산소 또는 (ⓐ)와 반응하여 열과 빛을 발생하면서 (ⓑ)하는 현상을 말한다.

	ⓐ	ⓑ
①	산화제	산 화
②	환원제	산 화
③	산화제	환 원
④	환원제	환 원

1-2. 다음과 같은 반응이 일어난다고 할 때, 산화되는 물질은?

$$Ag^+(aq) + Fe^{2+}(aq) \rightarrow Ag(s) + Fe^{3+}(aq)$$
$$2Al^{3+}(aq) + 3Mg(s) \rightarrow 2Al(s) + 3Mg^{2+}(aq)$$

① $Ag^+(aq)$, $Al^{3+}(aq)$
② $Fe^{2+}(aq)$, $Mg(s)$
③ $Ag^+(aq)$, $Mg(s)$
④ $Fe^{2+}(aq)$, $Al^{3+}(aq)$

|해설|

1-2
$Fe^{2+}(aq) \rightarrow Fe^{3+}(aq)$: 산화수($+2 \rightarrow +3$)
$Mg(s) \rightarrow Mg^{2+}(aq)$: 산화수($0 \rightarrow +2$)

정답 1-1 ① 1-2 ②

핵심이론 02 전지의 원리

(1) 화학전지

① 갈바니전지 : 자발적인 화학반응에 의해 전기에너지를 발생하는 전지이다.

② 전해전지 : 전기에너지가 비자발적인 화학반응을 일으키는 전지이다.

(2) 전지의 표시와 원리

① 볼타전지 : (−) Zn | H₂SO₄(aq) | Cu (+)

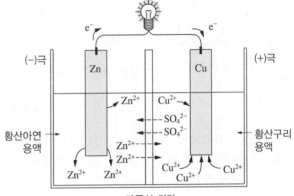

ⓐ (−)극 : $Zn \rightarrow Zn^{2+} + 2e^-$ (산화)
ⓑ (+)극 : $2H^+ + 2e^- \rightarrow H_2$ (환원)

② 다니엘전지 : (−) Zn | Zn²⁺ ‖ Cu²⁺ | Cu (+)

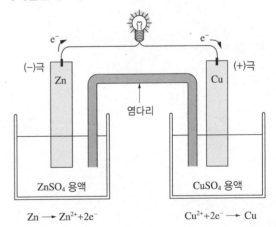

(3) 표준환원전위

$$E^o_{cell} = E^o_{red}(음극의\ 환원전위값) - E^o_{red}(양극의\ 환원$$
$$전위값)$$

① 표준환원전위가 클수록 환원이 잘 된다. → 산화제
② 표준환원전위가 작을수록 산화가 잘 된다. → 환원제

─┤ **핵심예제** ├─

다음은 각 환원반응과 표준환원전위이다. 이들로부터 예측한 다음의 현상 중 옳은 것은?

$Fe^2 + 2e^- \rightarrow Fe,\ E^o = -0.447V$
$Sn^2 + 2e^- \rightarrow Sn,\ E^o = -0.138V$
$Zn^2 + 2e^- \rightarrow Zn,\ E^o = -0.667V$
$O_2 + 2H_2O + 4e^- \rightarrow 4OH^-,\ E^o = -0.401V$

① 철은 공기 중에 노출 시 부식되지만 아연은 공기 중에서 부식되지 않는다.
② 철은 공기 중에 노출 시 부식되지만 주석은 공기 중에서 부식되지 않는다.
③ 주석과 아연이 접촉 시에 주석이 우선적으로 부식된다.
④ 철과 아연이 접촉 시에 아연이 우선적으로 부식된다.

정답 ④

핵심이론 03 실용전지

(1) 1차 전지

① 1회 사용한 후 외부에서 일을 함으로써 역반응을 통해 처음 상태로 돌아가기(충전) 어려운 전지이다.
② 1차 전지의 종류
  ㉠ 망간 건전지 : 산성 전해질을 사용한다.
    • (+)극 : $Zn(s) \rightarrow Zn^{2+}(aq) + 2e^-$
    • (−)극 : $2MnO_2(s) + 2NH_4^+(aq) + 2e^- \rightarrow$
      $2MnO_3(s) + 2NH_3(aq) + H_2O(l)$
  ㉡ 알칼리 건전지
    • (−) $Zn \mid KOH \mid MnO_2,\ C$ (+)
    • (+)극 : $Zn(s) + 2OH^-(aq) \rightarrow ZnO(s) + H_2O(l)$
      $+ 2e^-$
    • (−)극 : $2MnO_2(s) + H_2O(l) + 2e^- \rightarrow Mn_2O_3(s)$
      $+ 2OH^-(aq)$
  ㉢ 수은−아연 전지
  ㉣ 산화은 전지
  ㉤ 리튬 1차 전지

(2) 2차 전지

① 전지 반응이 가역반응으로 충전을 통해 여러 번 사용할 수 있는 전지이다.
② 2차 전지의 종류
  ㉠ 납축전지
    • 방전·충전 회수가 어떤 2차 전지보다 많아서 자동차 배터리로 이용한다.
    • (−) $Pb \mid H_2SO_4 \mid PbO_2$ (+)
    • (−)극 (산화) : $Pb(s) + SO_4^{2-}(aq) \rightarrow PbSO_4(s)$
      $+ 2e^-$
    • (+)극 (환원) : $PbO_2(s) + 4H^+(aq) + SO_4^{2-}(aq)$
      $+ 2e^- \rightarrow PbSO_4(s) + 2H_2O(l)$
    • 전체 반응 : $Pb(s) + PbO_2(s) + 2H_2SO_4(aq)$
      $\underset{충전}{\overset{방전}{\rightleftharpoons}} 2PbSO_4(s) + 2H_2O(l)$

• 전해질 : 황산수용액

ⓛ 리튬이온전지

ⓒ Ni-Cd 전지

핵심예제

3-1. 다음 중 2차 전지에 해당하는 것은?

① 망간전지
② 산화은전지
③ 납축전지
④ 수은전지

3-2. 다음 중 1차 전지가 아닌 것은?

① 수은전지
② 알칼리망간전지
③ Leclanche 전지
④ 니켈카드뮴전지

|해설|

3-2
Leclanche 전지 : 1차 전지의 일종으로 음극에 Zn, 양극에 MnO_2, 전해액으로는 NH_4Cl 수용액을 사용한 전지이다.

정답 **3-1** ③ **3-2** ④

핵심이론 04 연료전지

(1) 연료전지

① 전지의 반응물(H_2 및 O_2)을 외부에서 연속적으로 공급받는 전지이며 연료가 연속적으로 산화됨으로써 전기에너지가 얻어진다.

② 전기 생산과정에서 배출되는 물질이 물이므로 공해 문제를 유발하지 않는다.

③ 전극은 금속촉매를 포함한 다공성 탄소전극을 사용하고 전해질은 고온의 KOH(aq)를 사용한다.

④ 전체반응에 의해 H_2O이 생성된다.

⑤ 반 응

ⓐ (−)극(산화) : $2H_2(g) + 4OH^-(aq) \rightarrow 4H_2O(l) + 4e^-$

$E^\circ_{산화} = 0.828V$

ⓑ (+)극(환원) : $O_2(g) + 2H_2O(l) + 4e^- \rightarrow 4OH^-(aq)$

$E^\circ_{환원} = 0.401V$

ⓒ 전체 반응 : $2H_2(g) + O_2(g) \rightarrow 2H_2O(l)$

$E^\circ_{전지} = 1.229V$

⑥ 장 점

ⓐ 수소, 산소의 원자량이 작아 단위 무게당 전력생산량이 많다.

ⓑ 최종 생성물이 물이므로 환경오염 물질을 배출하지 않는다.

ⓒ 전기에너지를 생성하는 물질이 연속적으로 공급되므로 재충전이 필요 없다.

ⓓ 내연기관에 비해 효율이 높다.

⑦ 종류

종류	전해질	작동온도(℃)	연료
알칼리 연료전지(AFC)	수산화칼륨(알칼리)	120 이하	H_2
용융탄산염 연료전지(MCFC)	용융탄산염	700 이하	H_2, CO
고체산화물 연료전지(SOFC)	지르코니아 같은 산화물 세라믹	1,200 이하	H_2, CO
인산형 연료전지(PAFC)	인 산	250 이하	H_2
고분자 전해질 연료전지(PEMFC)	수소이온 교환막	100 이하	H_2

핵심예제

4-1. 다음 중 연료전지의 형태에 해당하지 않는 것은?

① 인산형 연료전지
② 용융탄산염 연료전지
③ 알칼리 연료전지
④ 질산형 연료전지

4-2. 연료전지에 있어서 캐소드에 공급되는 물질은?

① 산 소   ② 수 소
③ 탄화수소   ④ 일산화탄소

|해설|

4-2
연료전지의 (+)극(환원전극)에서는 공기로부터 얻는 O_2가 공급된다.

정답 4-1 ④ 4-2 ①

핵심이론 05 부 식

(1) 개 요

① 정의 : 금속이 산화되어 산화물을 형성함으로써 금속의 질이 저하되는 현상이다.

② 철의 부식반응

ⓐ (+)극(산화)

$$2Fe(s) \rightarrow 2Fe^{2+}(aq) + 4e^-$$

$$E^\circ_{산화} = 0.45V$$

ⓑ (-)극(환원)

$$O_2(g) + 4H^+(aq) + 4e^- \rightarrow 2H_2O(l)$$

$$E^\circ_{환원} = 1.23V$$

ⓒ 전체 반응

$$2Fe(s) + O_2(g) + 4H^+(aq) \rightarrow 2Fe^{2+}(aq) + 2H_2O(l)$$

$$E^\circ_{전지} = 1.68V$$

③ 녹 : 산화철의 수화물($Fe_2O_3 \cdot x H_2O$)로 철이 산소와 수분의 존재 하에서 산화될 때 생성된다.

④ 부식의 구동력

$$\Delta G = -nFE$$

$$\therefore E = \frac{-\Delta G}{nF}(\Delta G < 0, \text{ 자발적})$$

⑤ 부식전류

ⓐ 습기가 있는 환경에서의 부식은 전기화학 반응이다.

ⓑ 부식전류가 크게 되는 원인

• 서로 다른 금속들이 접하고 있을 때
• 금속이 전도성이 큰 전해액과 접촉하고 있을 때
• 금속 표면의 내부응력의 차가 클 때
• 온도가 높을 때

(2) 부식의 방지

① 금속에 페인트나 기름칠을 한다.

② 금속을 플라스틱으로 코팅한다.

③ 보호하려는 금속에 그것보다 이온화 경향이 큰 금속을 입히거나 연결(음극화보호)한다.

④ 전기도금 : 이온화 경향이 작은 금속으로 코팅한다.

⑤ 보호하려는 금속을 합금한다.

⑥ 금속의 표면에 산화피막(부동태)을 형성한다.

─ 핵심예제 ─

부식전류가 크게 되는 원인으로 가장 거리가 먼 것은?

① 용존 산소 농도가 낮을 때
② 온도가 높을 때
③ 금속이 전도성이 큰 전해액과 접촉하고 있을 때
④ 금속 표면의 내부응력의 차가 클 때

정답 ①

1-4. 반도체 공업

핵심이론 01 반도체의 원리

(1) 반도체의 원리

① 도체 : 전류가 잘 흐르는 물질로, 자유전자가 많이 들어 있어 전기가 잘 통한다.

② 부도체 : 전류가 흐르지 않는 물질로, 자유전자가 없다.

③ 반도체 : 도체와 부도체의 중간 성질을 지니며, 평소에는 전류가 잘 흐르지 않는 부도체의 성질을 띠지만 열이나 빛에 의해 도체의 성질을 띨 수도 있는 물질이다. 즉 전류를 조절할 수 있다는 특징을 지닌다.

(2) 반도체의 종류

① 고유반도체(= 진성반도체)

순수한 실리콘에서는 원자핵에 결합되어 있는 전자가 움직일 수 없기 때문에 실리콘 외부에서 전압을 걸어도 전류가 흐르지 않게 되는 반도체(자유전자가 없음)이다.

② 비고유반도체(= 외인성반도체 = 불순물반도체)

㉠ 진성반도체에서 특정 불순물을 주입해 자신의 전기전도도를 조절할 수 있는 반도체이다.

㉡ N형 반도체 : 최외각전자가 4개인 규소에 최외각전자가 5개인 P나 As를 첨가하면 8개의 전자가 공유 결합하여 하나의 자유전자가 생기고, 그 자유전자가 이동하여 만들어지는 반도체이다.

㉢ P형 반도체 : 최외각전자가 4개인 규소에 최외각전자가 3개인 B나 Al을 첨가하면 전자가 하나 부족해 빈자리인 정공이 생기는데 그 자리를 채우기 위해 전자가 이동하며 만들어지는 반도체이다.

ⓒ 도핑 : 결정의 물성을 변화시키기 위해 소량의 불
순물을 첨가하는 공정이다.

N형 반도체	P형 반도체

1-1. 다음 중 P형 반도체를 제조하기 위해 실리콘에 소량 첨가
하는 물질은?

① 비 소   ② 안티몬
③ 인 듐   ④ 비스무트

1-2. 반도체에 대한 일반적인 설명 중 옳은 것은?

① 진성반도체의 경우 온도가 증가함에 따라 전기전도가 감
   소한다.
② P형 반도체는 Si에 V족 원소가 첨가된 것이다.
③ 불순물 원소를 첨가함에 따라 저항이 감소한다.
④ LED(Light Emitting Diode)는 N형 반도체만을 이용한 전
   자소자이다.

|해설|

1-1
P형 반도체 : 13족 원소(B, Al, Ga, In)를 첨가한다.

1-2
• 진성반도체는 온도 증가 시 전기전도가 높아진다.
• P형 반도체는 Si에 III족 원소가 첨가된 것이다.
• LED는 반도체의 P-N 접합 구조를 이용하여 주입된 소수캐리
  어를 만들어내고, 이들의 재결합에 의해 발광시키는 것이다.

정답 1-1 ③ 1-2 ③

---

02 반도체 원료

(1) 결정(Crystal)

① 단결정 : 전체가 하나의 동일한 배열의 결정구조를
   가지는 경우
② 다결정 : 부분마다 결정의 배열이 다르게 나타나는
   결정구조
③ 비결정(Amorphous) : 유리와 같이 아무런 배열규칙
   이 없는 구조

(2) 단결정 실리콘의 제조

① CZ법(Czochralski Method)
   ㉠ 태양전지뿐만 아니라 직접회로 제조를 위한 기판
      으로 가장 널리 사용한다.
   ㉡ 단결정 실리콘 덩어리는 종자를 용융된 실리콘과
      접촉시킨 후 천천히 위로 끌어올리면서 냉각, 고
      화하면서 성장하게 된다.
   ㉢ 이렇게 제조된 단결정을 잉곳(Ingot)이라 하며,
      이 결정을 P형, N형으로 만들기 위해서는 해당
      불순물을 첨가한다.

② FZ법(Float Zone Method)
   ㉠ 용융상 실리콘 영역을 다결정 실리콘 봉을 따라
      천천히 이동시키면서 다결정 실리콘 봉이 단결정
      실리콘으로 성장되도록 하는 것이다.
   ㉡ 고도로 순수한 단결정을 만들 수 있다.

반도체 제조 공정 중 보편화되어 있는 단결정 제조 방법은?

① Czochralski 방법
② Van der Waals 방법
③ 텅스텐 공법
④ 금속 부식 방법

정답 ①

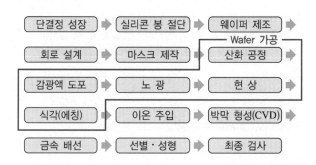

(1) 웨이퍼 공정

반도체 직접회로를 제조할 때 회로의 패턴을 실리콘 기판에 새겨 넣는 공정을 사진공정이라 한다. 마치 사진을 찍어 인화지에 옮기는 것처럼 복잡하고 미세한 설계 패턴을 웨이퍼에 옮겨 나타내는 공정이다.

① 산화공정
  ㉠ 웨이퍼에 산화막을 형성하여 누설전류가 흐르는 것을 차단하기 위함이다.
  ㉡ 건식산화 : 산소만을 이용하여 산화막 성장속도가 느려 얇은 막을 형성한다.
  ㉢ 습식산화 : 산소와 수증기를 이용하여 산화막 성장속도가 빠르고 두꺼운 막을 형성한다.

② 감광액 도포
  ㉠ 빛에 민감한 물질인 감광액을 웨이퍼 표면에 도포시킨다.
  ㉡ 감광제 구성요소 : 고분자, 용매, 광감응제

③ 노광 : 사진 감광재료를 감광시키는 것으로, 노출광원은 자외선(UV)이다.

④ 현 상
  ㉠ 회로 패턴을 형성한다.
  ㉡ Positive는 빛을 받은 부분이 제거되고, Negative는 빛을 받지 않은 부분이 제거된다.

⑤ 식각공정(= 에칭공정)
  ㉠ 포토공정에서 형성된 감광액 부분을 남겨두고 나머지 부분을 제거하여 회로를 형성하는 과정이다.
  ㉡ 산화실리콘 막이 제거되어 실리콘 단결정이 드러나며, 노광 후 포토레지스트로 보호되지 않는(감광되지 않은) 부분을 제거하는 공정이다.
  ㉢ 건식 식각 : 정확성이 좋아 작은 패터닝이 가능하나 고비용, 어려운 과정, 1장씩 공정을 거쳐야 한다.
  ㉣ 습식 식각 : 저비용, 쉬운 과정과 식각속도가 빠르나 정확성이 좋지 않다.

(2) 박막공정

① 박막 : $1\mu m$ 이하의 얇은 막
② 박막을 웨이퍼 위에 증착시켜 전기적인 특성을 갖게 하는 과정이다.
③ 화학기상증착법(CVD)과 물리기상증착법(PVD)이 있다.

(3) 금속배선 공정

웨이퍼 위에 수많은 반도체 회로가 만들어지고, 이 회로를 동작시키기 위해 외부에서 전기적 신호를 가해주는데, 그 신호가 전달되는 금속선을 연결하는 작업이다.

(4) 성 형

반도체 칩이 외부와 신호를 주고 받을 수 있도록 길을 만들고, 다양한 외부 환경으로부터 안전하게 보호받는 형태로 만드는 패키징 공정 중 일부분으로 성형은 칩과 연결된 금속 부분을 보호하기 위해 화학수지로 밀봉하는 작업이다.

핵심예제

반도체 제조공정 중 패턴이 형성된 표면에서 원하는 부분을 화학반응 혹은 물리적 과정을 통하여 제거하는 공정을 의미하는 것은?

① 세정공정   ② 에칭공정
③ 포토리소그래피   ④ 건조공정

정답 ②

- 유기화합물이란 구조의 기본골격으로 탄소 원자를 갖는 화합물을 통틀어 부른다.
- 탄소 골격의 길이나 분기(Branch)의 다양성에 제한이 없어 무기 화합물보다 복잡한 구조를 가진다.
- 탄소에 질소, 산소, 황, 인, 할로겐 등이 결합하여 만들어지는 작용기도 다양하므로 각각 독특한 특성을 가져 무한한 다양성을 지닌다.

2-1. 유기합성 공업원료

핵심이론 01 니트로화

(1) 니트로화

① 유기화합물의 분자 내에 $-NO_2$기를 도입한다.

② 니트로화제 : $HNO_3 + H_2SO_4$의 혼산

③ 벤젠핵 등을 친전자적으로 공격하는 치환 반응이다.

④ 황산의 탈수값(= DVS)

   ㉠ 혼합산을 사용하여 니트로화 시킬 때 혼합산 중 H_2SO_4와 H_2O의 비가 최적이 되도록 정하는 값이다.

   ㉡ DVS = $\dfrac{\text{혼합산 중의 황산의 양}}{\substack{\text{반응 후 혼합산 중의 물의 양} \\ \text{(= 반응 전후 혼산 중 물의 양)}}}$

   ㉢ DVS가 커지면 반응의 안정성과 수율이 커지지만, DVS가 작아지면 수율이 감소하고 질산의 산화작용도 활발해진다.

핵심예제

1-1. 벤젠의 니트로화 반응에서 황산 60%, 질산 24%, 물 16%의 혼산 100kg을 사용하여 벤젠을 니트로화 할 때 질산이 화학양론적으로 전량 벤젠과 반응하였다면 DVS 값은 얼마인가?

① 4.54
② 3.50
③ 2.62
④ 1.85

1-2. 니트로화제로 주로 공업적으로 사용되는 혼산은?

① 염산 + 인산
② 질산 + 염산
③ 질산 + 황산
④ 황산 + 염산

|해설|

1-1

HNO_3와 H_2O가 1 : 1로 반응하므로,

$$\frac{24}{60} : \frac{x}{18} = 1 : 1$$

$x = 6.86$kg가 생성된다(반응 후 물의 양).

$$\therefore \text{DVS} = \frac{60(= \text{혼합산 중의 황산의 양})}{16 + 6.86(= \text{반응 전후 혼산 중의 물의 양})} = 2.62$$

정답 1-1 ③ 1-2 ③

핵심이론 02 할로겐화

(1) 할로겐화
① 유기화합물의 분자 내 할로겐 원자를 도입하는 반응이다.
② 유기화합물의 분자 내 도입되는 할로겐의 원소 종류에 따라 염소화, 브롬화, 요오드화, 플루오린화 등으로 불리며 반응형식에 따라 부가반응, 치환반응으로 대체된다.

  ㉠ 첨가반응 : 불포화 결합에 첨가
  - $HC \equiv CH + 2H_2 \xrightarrow{FeCl_3} CHCl_2-CHCl_2$
  - $HC \equiv CH + HCl \xrightarrow{HgCl_2} H_2C=CHCl$

  ㉡ 치환반응 : 수소원자의 치환
  - $CH_4 + Cl_2 \rightarrow CH_3Cl + HCl$
  - $CH_3COOH + Cl_2 \xrightarrow{PCl_3} CH_2ClCOOH + HCl$

  ㉢ 작용기의 치환
  - $C_2H_5OH + HCl \rightarrow C_2H_5Cl + H_2O$
  - $3RCOOH + PCl_3 \xrightarrow{ZnCl_2} 3RCOCl + H_3PO_3$

③ 할로겐화 수소의 부가반응
  ㉠ 할로겐화 수소의 생성열(= 할로겐화 수소의 안정성)
  - $HF > HCl > HBr > HI$
  - 생성열 크다 → 생성열 작다
  - 약산 ─────→ 강산
  ㉡ 할로겐 분자/원자의 반응성 : $F_2 > Cl_2 > Br_2 > I_2$

--- 핵심예제 ---

벤젠의 할로겐화 반응에서 반응력이 가장 작은 것은?
① Cl_2 ② I_2
③ Br_2 ④ F_2

정답 ②

핵심이론 03 술폰화

(1) 술폰화
① 유기화합물에 황산을 작용시켜 술폰산기($-SO_3H$)를 도입하는 반응이다.
$RH + H_2SO_4 \rightarrow R-SO_3H + H_2O$

② 방향족 화합물의 술폰화
  ㉠ 수소와의 치환반응이 대부분이다.
  ㉡ 전자수용체로 친전자성 치환반응으로, 치환 위치는 방향족 치환 반응성과 배향성을 따른다.
  $Ar-H + HOSO_3H \rightarrow Ar-SO_3H + H_2O$
  ㉢ 벤젠의 술폰화

  ㉣ 아닐린의 술폰화

--- 핵심예제 ---

3-1. 다음 물질 중 친전자적 치환반응이 일어나기 쉽게 하여 술폰화가 가장 용이하게 일어나는 것은?
① $C_6H_5NO_2$ ② $C_6H_5NH_2$
③ $C_6H_5SO_3H$ ④ $C_6H_4(NO_2)_2$

3-2. 다음 물질 중 벤젠의 술폰화 반응에 사용되는 물질로 가장 적합한 것은?
① 묽은염산   ② 클로로술폰산
③ 진한초산   ④ 발연황산

|해설|

3-1
방향족 치환반응에서 친전자성 치환기의 반응성
: $-NH_2 > -OH > -CH_3 > -Cl > -SO_3H > -NO_2$

정답 3-1 ② 3-2 ④

(1) 아미노화

① 유기화합물에 아미노기($-NH_2$)를 도입시켜 아민을 만드는 반응이다.

② 암모놀리시스에 의한 아미노화

유기화합물의 분자 내에 $-X$, $-SO_3H$, $-OH$와 같은 기가 존재하면 암모니아(NH_3)를 작용시켜 $-NH_2$기를 도입한다.

③ 환원에 의한 아미노화

㉠ 환원제의 종류에 따른 니트로벤젠의 아미노화

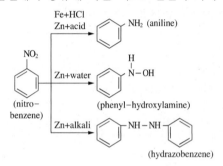

㉡ 환원제의 종류에 따른 디니트로벤젠의 아미노화

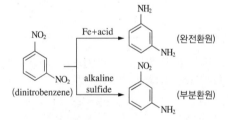

다음 중 니트로벤젠을 환원시킬 때 첨가하여 ⟨⟩NHOH을 가장 많이 생성하는 것은?

① Zn + acid   ② Zn + water

③ Cu + H_2 ④ Fe + acid

|해설|

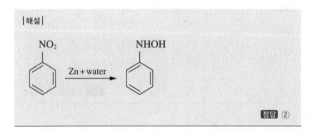

정답 ②

(1) 산화제, 환원제

① 산화제 : 자신은 환원, 다른 물질을 산화시킨다.

② 환원제 : 자신은 산화, 다른 물질을 환원시킨다.

구 분 종 류	산 화	환 원
O	+	−
H	−	+
산화수(전자수)	+	−

③ 산 화

㉠ 탈수소화반응 : $C_2H_5OH + \dfrac{1}{2}O_2 \rightarrow CH_3CHO + H_2O$

㉡ 산소부가반응 : $CH_3CHO + \dfrac{1}{2}O_2 \rightarrow CH_3COOH$

④ 환 원

㉠ 니트로화합물의 환원

㉡ 수소화반응

• $CH_2{=}CH_2 \xrightarrow{H_2} CH_3{-}CH_3$

• $CH_3{-}C{\equiv}N \xrightarrow{2H_2} CH_3CH_2NH_2$

다음 중 산성이 가장 강한 것은?

① $C_6H_5SO_3H$

② C_6H_5OH

③ C_6H_5COOH

④ CH_3CH_2COOH

|해설|

산성이 강한 것은 H^+를 내놓기 쉽다.

: $C_6H_5SO_3H > C_6H_5COOH > CH_3CH_2COOH > C_6H_5OH$

정답 ①

핵심이론 06 이성질체

같은 분자식을 가지고 있지만 분자 내 구성 원자들의 결합방식이나 3차원 공간 배열이 다른 화합물을 말한다.

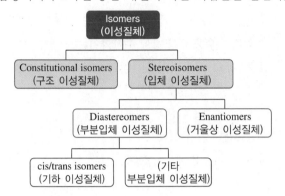

(1) 구조 이성질체

① 원자들이 연결되는 방식, 즉 결합순서가 다른 이성질체이다.

② 구조가 다르기 때문에 다른 IUPAC 이름을 가진다.

③ bp, mp, 용해도, 극성과 같은 성질이 다르다.

$$H_3C-CH_2-CH_2-CH_3$$

n-뷰테인(끓는점 : -0.5℃)

$$\begin{array}{c} CH_3 \\ | \\ H_3C-CH-CH_3 \end{array}$$

iso-뷰테인(끓는점 : -11.6℃)

(2) 입체 이성질체

① 원자들이 연결되어 있는 방식은 같으나 이들의 3차원 공간 배향이 다른 이성질체이다.

② 거울상 이성질체(= 광학이성질체) : 서로 거울상 관계에 있는 이성질체이며, 하나 이상의 모든 카이랄 탄소에 결합 위치가 달라 광학 활성이 있다.

(S)-lactic acid   (R)-lactic acid

③ 부분입체 이성질체 : 거울상 이성질체가 아닌 입체이성질체 모두를 포함하며, 기하 이성질체와 그 이외의 부분 입체 이성질체로 구분한다.

㉠ 기하 이성질체(cis형-trans형) : 이중결합 중심으로 같은 종류의 원자나 원자단의 방향에 따라 구분한다.

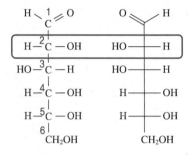

cis-but-2-ene   trans-but-2-ene

㉡ 배치부분입체 이성질체

D-Glucose   D-Mannose

㉢ 회전 이성질체

헥산(C_6H_{14})의 구조 이성질체 수는?

① 4개 ② 5개
③ 6개 ④ 7개

|해설|

• C-C-C-C-C-C

$$\bullet \ \begin{matrix} & & C & & \\ C & - & C & - & C & - & C & - & C \end{matrix}$$

$$\bullet \ \begin{matrix} & & C & & \\ C & - & C & - & C & - & C \\ & & C & & \end{matrix}$$

$$\bullet \ \begin{matrix} & C & & C & \\ C & - & C & - & C \\ & & & C & \end{matrix}$$

$$\bullet \ \begin{matrix} & C & C & \\ C & - & C & - & C & - & C \end{matrix}$$

정답 ②

핵심이론 07 산, 염기 반응

(1) 산, 염기의 개념

① 아레니우스 산, 염기
  ㉠ 산 : 수용액 중에서 수소이온을 내놓는 물질
  ㉡ 염기 : 수용액 중에서 수산화이온을 내놓는 물질
② 브뢴스테드-로우리의 산, 염기
  ㉠ 산 : 수소이온을 제공하는 물질
  ㉡ 염기 : 수소이온을 제공받는 물질
③ 루이스 산, 염기
  ㉠ 산 : 비공유전자쌍을 제공받는 물질
  ㉡ 염기 : 비공유전자쌍을 제공하는 물질

(2) 산, 염기의 세기

① 강산 : 100% 이온화되는 산
② 약산 : 부분적으로 이온화되는 산
③ 매우 약한 산 : 수용액 중에서 거의 이온화되지 않은 산

(3) 수소이온지수 및 물의 이온곱 상수

① 수소이온지수(pH)
$$pH = -\log[H_3O^+](= -\log[H^+])$$
② 물의 이온곱 상수(K_w)
  ㉠ $2H_2O \rightleftarrows H_3O^+(aq) + OH^-(aq)$
  ㉡ $K_c = \dfrac{[H_3O^+][OH^-]}{[H_2O]^2}$
  ㉢ $K_c \cdot [H_2O]^2 = [H_3O^+][OH^-]$
  ㉣ $K_w = K_c \cdot [H_2O]^2 = [H_3O^+][OH^-]$
③ 산성, 염기성, 중성 수용액의 기준
  ㉠ 산성 : $[H_3O^+] > [OH^-]$
  ㉡ 중성 : $[H_3O^+] = [OH^-]$
  ㉢ 염기성 : $[H_3O^+] < [OH^-]$
    • $[H_3O^+][OH^-] = K_w = 1.0 \times 10^{-14}$
    • $pH + pOH = 14$
    • 산성 : $pH < 7$

- 중성 : pH = 7
- 염기성 : pH > 7

(4) 산이온화 상수 및 염기이온화 상수

① 산이온화 상수(= 산해리 상수), K_a

    ㉠ $HA(aq) + H_2O(l) \rightleftharpoons H_3O^+(aq) + A^-(aq)$

    ㉡ $K_a = \dfrac{[H_3O^+][A^-]}{[HA]}$

② 염기이온화 상수(= 염기해리 상수), K_b

    ㉠ $B(aq) + H_2O(l) \rightleftharpoons BH^+(aq) + OH^-(aq)$

    ㉡ $K_b = \dfrac{[BH^+][OH^-]}{[B]}$

③ $K_a \cdot K_b = K_w$

    $pK_a + pK_b = pK_w$

④ K_a : 이온화도(α) 관계

    ㉠ 초기농도가 C이고 이온화도가 α인 약산의 이온화반응식

$$HA(aq) \rightleftharpoons H^+(aq) + A^-(aq)$$

    초기(M) : C 0 0

    변화(M) : $-C\alpha$ $+C\alpha$ $+C\alpha$

    평형(M) : $C(1-\alpha)$ $C\alpha$ $C\alpha$

    ㉡ $K_a = \dfrac{[A^-][H_3O^+]}{[HA]} = \dfrac{(\alpha C)(\alpha C)}{C(1-\alpha)} = \dfrac{\alpha^2 C}{1-\alpha}$

⑤ 해리도(= 이온화도 = α) 및 해리백분율

    해리도(α) $= \dfrac{[HA]_{이온화}}{[HA]_{초기}} \times 100\% \rightarrow$ 해리백분율

    예 1.0M CH_3COOH일 때 $[H_3O^+] = 4.2 \times 10^{-3}$M라면,

    해리백분율 $= \dfrac{[CH_3COOH]_{이온화}}{[CH_3COOH]_{초기}} \times 100\%$

                  $= \dfrac{4.2 \times 10^{-3}}{1.0} \times 100\% = 0.42\%$

(5) 산의 세기에 영향을 미치는 인자들

	H–F	H–Cl	H–Br	H–I
결합세기	567	431	336	299
전기음성도	크다 ◄———————————— 작다			
결합해리 에너지	크다 ◄———————————— 작다			
이온화	어렵다 ————————————► 쉽다			
산	약산 ————————————► 강산			

(6) 이온화 경향

① 금속의 이온화 경향은 금속이 전자를 내놓고 양이온으로 되려는 경향을 의미한다.

② 이온화 경향이 클수록 전자를 잘 내놓으므로 양이온이 되기 쉽다.

③ 산화가 잘 되므로 환원력이 크다.

④ 산이나 물과의 반응성이 커진다.

이온화 경향	금속의 반응성	공기와의 반응	물과의 반응	산과의 반응
K	크다			
∨	↑		찬물과 반응	
Ca		쉽게 산화됨		
∨				
Na				
∨				
Mg				
∨			고온에서 반응	산과 반응함
Al				
∨				
Zn				
∨		서서히 산화됨		
Fe				
∨				
Ni				
∨				
Sn				
∨				
Pb				
∨				
(H)			반응하지 않음	
∨				
Cu				
∨				반응하지 않음
Hg				
∨		산화 안 됨		
Ag				
∨				
Pt				
∨				
Au	작다			

(7) 양쪽성 물질

① 서로 다른 화학 반응에서 산과 염기 모두로 작용하는 물질이다.

② 양성자를 줄 수도 있고 받을 수도 있는 물질이다.

　㉠ $HCO_3^- + H_2O \rightarrow H_2CO_3 + OH^-$: H_2O가 양성자를 주므로 산으로 작용한다.

　㉡ $HCO_3^- + H_2O \rightarrow CO_3^{2-} + H_3O^+$: H_2O가 양성자를 받으므로 염기로 작용한다.

③ 양성자(H^+)를 많이 가지고 있는 산 : H_2CO_3, H_3O^+, H_2S, H_3PO_4 등

④ 물도 다양성자산인 옥소늄 이온(H_3O^+)의 중간물질이다.

─┤ 핵심예제 ├──────────

다음 중 이온화 경향에 대한 설명이 옳지 않은 것은?

① 금속의 이온화 경향은 금속이 전자를 내놓고 양이온으로 되려는 경향을 의미한다.

② 이온화 경향이 클수록 전자를 잘 내놓으므로 양이온이 되기 쉽다.

③ 산화가 잘 되므로 산화력이 크다.

④ 산이나 물과의 반응성이 커진다.

정답 ③

• 이온반응 : 한 분자를 이루고 있는 공유결합이 끊어져 새로운 결합을 형성하려는 양이온과 음이온으로 분리되어 이들이 반응에 관여하는 형태이다.

• 라디칼 반응 : 반응에서 공유결합이 빛이나 열에 의해 균등하게 분열하여 생기는 라디칼이 반응한다.

(1) 이온결합

① 금속 양이온과 비금속 음이온 사이의 정전기적 인력에 의해 형성되는 결합이다.

나트륨 원자   이온 결합   염소 원자

② 이온화에너지 : 중성 기체 상태의 원자 1몰에 전자 1몰을 떼어내는 데 필요한 에너지

$$M(g) + E \rightarrow M^+(g) + e^-$$

③ 전자친화도 : 중성 기체 상태의 원자 1몰에 전자 1몰을 첨가할 때 발생하는 에너지

$$X(g) + e^- \rightarrow X^-(g) + E$$

④ 이온결합 물질의 성질

구 분		성 질	이 유
상온에서의 상태		고 체	이온 결합력이 강하여 녹는점, 끓는점이 비교적 높기 때문
전기전도성	고 체	없 음	이온이 강한 정전기적 인력으로 결합되어 이동할 수 없기 때문
	용융, 수용액 상태	있 음	이온의 이동이 자유롭기 때문
용해성		대부분 물과 같은 극성 용매에 잘 녹음	양이온과 음이온이 물 분자에 둘러싸여 물속에 고르게 분산되기 때문
외부에서 힘을 가할 때		단단하나 부스러지기 쉬움	외부 충격에 의해 이온 층이 밀려 같은 전하를 띤 이온들이 만나서 반발력이 작용하기 때문

⑤ 이온결정 : $NaCl$, $CsCl_2$, $AgCl$, LiF 등

(2) 공유결합

① 비금속 원자들이 서로 전자를 제공하여 전자쌍을 이루고, 이 전자쌍을 서로 공유함으로써 형성되는 결합이다. 공유결합을 형성한 분자는 비활성 기체와 같은 전자 배치를 가진다.

  ㉠ 공유전자쌍 : 결합에 참여한 두 원자가 서로 공유하는 전자쌍

  ㉡ 비공유전자쌍 : 결합에 참여하지 않아 한 원자에만 속해 있는 전자쌍

수소 원자   수소 원자   수소 분자

② 단일결합과 다중결합

단일결합	이중결합	삼중결합
전자쌍 1개를 공유하는 결합	전자쌍 2개를 공유하는 결합	전자쌍 3개를 공유하는 결합
:F:F:	:O::O:	:N:::N:
F−F	O=O	N≡N

③ 결합에너지 : 1몰의 기체 상태의 분자에서 공유결합을 끊어서 원자 상태로 만들 때 필요한 에너지

  ㉠ 결합에너지가 클수록 원자 사이의 결합력이 강하고 안정하다.

  ㉡ 같은 원자 사이의 결합에서 공유한 결합전자쌍 수가 많을수록 공유결합 에너지가 크며, 결합길이는 짧다.

④ 전기음성도 : 화학결합(공유결합)하는 분자에서 한 원소가 원자가전자쌍(공유전자쌍)을 자기자신에게 끌어당기는 능력을 말한다.

⑤ 분자결정 : CO_2, I_2, $C_{10}H_8$ 등

(3) 배위결합(= 배위 공유결합)

① 두 원자가 공유결합을 할 때 한쪽 원자가 가진 비공유전자쌍을 다른 쪽 원자에 일방적으로 제공함으로써 이루어지는 결합이다.

$$\begin{array}{ccc} & \text{H} & \\ \text{:H:N:} & +\text{H}^+ & \longrightarrow \\ & \text{H} & \end{array} \left[\begin{array}{ccc} & \text{H} & \\ \text{H:N:H} & \\ & \text{H} & \end{array}\right]^+$$

[암모늄 이온의 형성]

(4) 금속결합

① 금속 원소가 원자가전자를 내놓으면서 생성된 금속 양이온과 자유전자 사이의 정전기적 인력에 의해 형성된 결합이다.

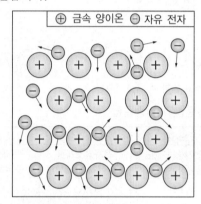

[금속 결합]

② 금속결합 물질의 특성
  ㉠ 금속 광택이 있다.
  ㉡ 전기전도성이 크다.
  ㉢ 열전도성이 크다.
  ㉣ 전성(퍼짐성)과 연성(뽑힘성)이 크다.
  ㉤ 녹는점이 비교적 높다.

─ **핵심예제** ─

다음 중 이온결정이 아닌 것은?
① NaCl
② $CsCl_2$
③ AgCl
④ CO_2

정답 ④

핵심이론 09 알킬화반응

치환 또는 첨가반응을 통해 메틸, 에틸, 프로필과 같은 알킬기를 도입하는 반응이다.

(1) 탄소원자의 알킬화

① Friedel-Crafts 반응
  ㉠ 방향족화합물 + 할로겐화알킬 → 알킬화

$$\cdot \; \bigcirc \!\!\!\!\bigcirc + CH_3Cl \xrightarrow{AlCl_3} \bigcirc \!\!\!\!\bigcirc^{CH_3} + HCl$$

$$\cdot \; \bigcirc \!\!\!\!\bigcirc + H_2C = CH_2 \longrightarrow \bigcirc \!\!\!\!\bigcirc^{CH_3}$$

  ㉡ 촉매 : $AlCl_3$, $FeCl_3$, $ZnCl_2$ 등 사용

(2) 산소원자의 알킬화

에테르 결합이 생성된다.

$C_2H_5OH + C_2H_5OH \longrightarrow C_2H_5OC_2H_5 + H_2O$

(3) 질소원자의 알킬화

$C_6H_5NH_2 + 2CH_3OH \longrightarrow C_6H_5N(CH_3)_2 + 2H_2O$
(aniline)　　(mathanol)　　(dimethylaniline)

핵심이론 10 아실화 반응

유기화합물 속의 수소원자를 아실기(RCO-), 아로밀기(Ar-CO-)로 치환시키는 반응이다.

(1) 방향족 탄화수소의 아실화

① Friedel-Crafts 반응

  ㉠ 방향족화합물 + 할로겐화아실 → 아실화

  ㉡ $R-\overset{\overset{\text{O}}{\|}}{C}-Cl$ + ⟨벤젠고리⟩ $\xrightarrow{AlCl_3}$ ⟨벤젠고리⟩$-\overset{\overset{\text{O}}{\|}}{C}-R$ + HCl

(2) O-아실화

$R-OH + R'COCl \rightarrow R-OCO-R' + HCl$

(3) N-아실화

$R-NH_2 + (R'CO)_2O \rightarrow R-NH-CO-R' + R'CO_2H$

핵심예제

Friedel-Crafts 반응에 사용되는 촉매는?

① $AlCl_3$ ② ZnO
③ V_2O_5 ④ PCl_5

정답 ①

핵심이론 11 에스테르화

(1) 에스테르화

① 카르복시산과 알코올의 혼합물에 촉매제로 황산을 넣고 가열하면 에스테르와 물이 생성된다.
② 물 한 분자가 떨어져 나오면서 나머지 두 분자가 결합하는 탈수축합반응이다.

  ㉠ $R-\overset{\overset{\text{O}}{\|}}{C}-O-H+R'-OH \rightarrow R-\overset{\overset{\text{O}}{\|}}{C}-O-R'+H_2O$

  ㉡ $C_2H_5OH + HONO_2 \rightarrow C_2H_5ONO_2 + H_2O$

  ㉢ $C_2H_5OH + HOSO_3H \rightarrow C_2H_5OSO_3H + H_2O$

(2) 가수분해

① 화합물이 물과 반응하여 분해되는 반응으로 -H, -OH를 각각 다른 쪽의 성분에 부여하는 복분해 반응이다.

  $A-B + H_2O \rightarrow A-H + B-OH$

② 염의 가수분해 : 염이 물에 녹아 산과 염기로 나뉘는 반응으로, 수용액 중 이온이 물과 반응하면 수소이온(H^+)이나 수산화이온(OH^-)을 내어 산성이나 염기성을 나타낸다.

  $NH_4^+(aq) + H_2O(l) \rightleftarrows NH_3(aq) + H_3O^+(aq)$

③ 유기화합물의 가수분해 : 에스테르, 산무수물, 산염화물 등이 물과 반응하여 분해되거나 분자형식이 변한다.

  ㉠ $RCOOR' + H_2O \rightleftarrows RCOOH + R'OH$

  ㉡ $(RCOO)_3C_3H_5 + 3H_2O \rightarrow 3RCOOH + C_3H_5(OH)_3$

(3) 유 지

① 항온에서 액성인 것은 기름, 고체인 것을 지방이라 하며, 기름과 지방을 합쳐서 유지라 한다.
② 유지는 지방산과 글리세린이 합성된 것이며 이를 에스테르라고 한다.

③ 유지의 성질을 표현하는 방법

ⓐ 산가(Acid Value) : 유지나 지방 1g 속에 함유되어 있는 유리된 지방산을 중화하는 데 필요한 KOH의 mg수
- 오래 저장하였거나 썩은 경우 산화에 의해 생긴 지방산이 많으므로 산가가 크고, 색, 냄새가 다르다.
- 유지류의 품별 감별에 사용된다.

ⓑ 비누화값(Saponification Value) : 유지 1g을 비누화하는 데 필요한 KOH의 mg수
- 유지의 특성을 나타내는 값으로 사용된다.
- 유지를 구성하는 지방산 중 저급지방산이 많을수록 비누화값은 커진다.

ⓒ 요오드값(Iodine Value) : 100g의 유지에 의해서 흡수되는 아이오딘의 g수
- 유지에 함유된 지방산의 불포화 정도를 나타내며 이 값에 의해 유지의 건조성을 예상한다.

─ 핵심예제 ├─

11-1. 산과 알코올이 어떤 반응을 일으켜 에스테르가 생성되는가?

① 검 화 ② 환 원
③ 축 합 ④ 중 화

11-2. 지방산의 작용기를 표현한 일반식은?

① R-CO-R′ ② R-COOH
③ R-OH ④ R-COO-R′

정답 11-1 ③ 11-2 ②

핵심이론 12 디아조화와 커플링

(1) 디아조화 반응(Diazotization)
방향족 1차 아민 + 아질산($NaNO_2$) + HCl
→ 디아조늄염 + 물

(2) 짝지음 반응(Coupling)
디아조늄염이 어떤 화합물과 반응하여 새로운 azo 화합물이 되는 반응이다.

─ 핵심예제 ├─

커플링(Coupling)은 어떤 반응을 의미하는가?
① 아조화합물의 생성반응
② 탄화수소의 합성반응
③ 안료의 착색반응
④ 에스테르의 축합반응

정답 ①

2-2. 석유화학공업

핵심이론 01 천연가스

(1) 천연가스(Natural Gas)

천연으로 산출되는 가스 중 화산가스, 온천가스 등을 제외하고 CH_4을 주성분으로 하는 가연성 가스로 에탄, 프로판, 부탄 등을 함유한 C_7 이하의 파라핀계 탄화수소이다.

(2) 천연가스의 분류

① 산출상황에 따른 분류
  ㉠ 구조성 가스 : 석유를 함유한 지층에서 산출되는 가스이며, 유전가스와 유리가스로 분류된다.
  ㉡ 수용성 가스 : 지하수에 용해되어 존재한다.
  ㉢ 탄전 가스 : 석탄층에 있는 가스로 석탄 채굴 시 얻어지며 주성분은 메탄이다.

② 액화천연가스(LNG)
  ㉠ 천연가스를 −160℃ 이하로 냉각하여 액화한 것을 액화천연가스라 한다.
  ㉡ 도시가스, 발전용 연료로 사용된다.
  ㉢ 메탄이 주성분이다.

③ 액화석유가스(LPG)
  ㉠ C_3, C_4 탄화수소가 주성분이다.
  ㉡ 프로판 가스, 자동차 연료, 가정용 연료로 사용된다.

— 핵심예제 ———

다음 중 가스용어 "LNG"의 의미에 해당하는 것은?
① 액화석유가스
② 액화천연가스
③ 고화천연가스
④ 액화프로판가스

정답 ②

핵심이론 02 석유의 성질

(1) 석유공업

① 석유 또는 천연가스를 원료로 하여 화학제품을 만드는 공업이다.
② 특 징 : 석유 탄화수소를 분해하여 탄소수가 적은 종의 불포화탄화수소 및 방향족 탄화수소를 만들어 이것을 여러 종류의 반응에 의해 목적한 물질을 만드는 것이다.

(2) 원유의 성질

① 물리적 성질
  ㉠ 비중 : 석유의 비중은 공업적으로 API(American Petroleum Institute)도가 사용된다.

$$API도 = \frac{141.5}{비중\left(\dfrac{석유60°F}{물60°F}\right)} - 131.5$$

  ㉡ 점 도
  • 윤활유의 점도는 품질의 기준이 된다.
  • 석유의 운반, 취급 등과 관계있는 중요한 성질이다.
  ㉢ 아닐린점 : 시료와 아닐린의 동량 혼합물이 완전히 균일하게 용해하는 온도를 말한다.
  ㉣ 고무질 : 올레핀 등의 불안정성 성분이 가솔린 중에 함유되면 공기 중의 산소에 의해 산화 또는 중합하여 가솔린에 섞이지 않는 물질이 되어 석출된다.

② 화학적 성질
  ㉠ 옥탄가(Octane Number)
  • 가솔린의 성능을 나타내는 척도(안티노크성을 표시하는 척도)이다.
  • 이소옥탄(iso-Octane)의 옥탄가를 100, 노말헵탄(n-Heptane)의 옥탄가를 0으로 정한 후, 이소옥탄의 %를 옥탄가라 한다.
  • 가솔린의 안티노크성을 증가시키기 위해 소량의 첨가제를 가하는데 이것을 안티노크제라 하며 $Pb(C_2H_5)_4$[Tetraethyl Lead]이 있다.

- n-파라핀 < 올레핀 < 나프텐계 < 방향족
  - n-파라핀은 탄소 수가 적을수록 옥탄가가 높다.
  - iso-파라핀은 가지가 많고 중앙부에 집중할수록 옥탄가가 높다.
- ⓛ 세탄가(Cetane Number)
  - 디젤기관의 연료 착화성을 정량적으로 나타내는 데 이용되는 수치이다.
  - n-cetane의 값을 100, α-메틸나프탈렌의 값을 0으로 하여 표준연료 중의 cetane의 %를 세탄가라 한다.
  - 세탄가가 클수록 착화성(발화성)이 크며 디젤연료로 우수하다.
- ⓒ 산가(Acid Value) : 산가는 시료유 1g을 중화하는 데 필요한 KOH의 mg로 나타낸다.
- ⓔ 산화작용 : 불포화 탄화수소가 많을수록 산화되기 쉽다.

핵심예제

2-1. 옥탄가에 대한 설명으로 틀린 것은?

① iso-옥탄의 옥탄가를 0으로 하여 기준치로 삼는다.
② 가솔린의 안티노크성(Antiknock Property)을 표시하는 척도이다.
③ n-헵탄과 iso-옥탄의 비율에 따라 옥탄가를 구할 수 있다.
④ 탄화수소의 분자구조와 관계가 있다.

2-2. 다음 중 옥탄가가 가장 낮은 것은?

① 직류 가솔린
② 접촉분해 가솔린
③ 중합 가솔린
④ 알킬화 가솔린

| 해설 |

2-2
옥탄가
- n-파라핀 < 올레핀 < 나프텐계 < 방향족
- n-파라핀의 탄소 수가 많을수록 옥탄가가 낮다.

정답 2-1 ① 2-2 ①

핵심이론 03 석유의 제품

(1) 연료유(Fuel Oil)

① 액화석유가스(LPG)
② 액화천연가스(LNG)
③ 가솔린(Gasoline)
- ㉠ 공업용 가솔린은 세척제, 용제, 희석제, 드라이클리닝용으로 사용된다.
- ㉡ 물에는 녹지 않으나 유기용제에 녹으며 유지를 용해시킨다.
- ㉢ $C_5 \sim C_{12}$의 탄화수소 혼합물로 끓는점은 $100^{\circ}C$ 전후이며, 중질 가솔린과 경질 가솔린으로 나뉜다.
- ㉣ 항공기용, 자동차용 연료로 사용된다.
④ 경유(Diesel)
- ㉠ 디젤유 사용 시 세탄가가 커야 한다.
- ㉡ 접촉분해 가솔린의 원료 및 디젤 기관용 연료로 사용된다.
⑤ 중유(Heavy Oil) : 보일러용 연료, 대형 디젤기관용 연료, 아스팔트 원료로 사용된다.
⑥ 윤활유 : 기계류에서 마찰을 감소시켜 운전을 원활하게 해준다.
⑦ 아스팔트 : 검은 색깔의 부드러운 고체로, 가열하면 부드러운 점착성의 액체로 된다.
⑧ 석유코크스와 황

(2) 원유의 분별증류

가스 – 가솔린(나프타) – 등유 – 경유 – 중유 – 아스팔트

핵심예제

3-1. 가솔린의 Anti-knocking성의 정도를 표시하는 척도는?

① 세탄가   ② 옥탄가
③ 디젤지수   ④ 아닐린점

3-2. 디젤 연료의 성능을 표시하는 하나의 척도는?

① 옥탄가   ② 유동점
③ 세탄가   ④ 아닐린점

정답 3-1 ② 3-2 ③

핵심이론 04 석유의 전화

(1) 석유의 전화

크래킹(Cracking)이나 리포밍(Reforming)으로 석유유분을 화학적으로 변화시켜 보다 가치 있는 제품으로 만드는 것으로 가솔린의 옥탄가 향상에 그 목적이 있다.

(2) 분해(Cracking)

비점이 높고 분자량이 큰 탄화수소를 끓는점이 낮고 분자량이 작은 탄화수소로 전환시키는 방법이다.

① 열분해법(Thermal Cracking)
  ㉠ 중유, 경유 등의 중질유를 열분해시켜 가솔린을 얻는 것이 목적이었으나, 접촉분해법이 개발된 이후에는 원료유의 성질을 개량하는 목적으로 사용한다.
  ㉡ 분해물로 에틸렌을 얻는다.
  ㉢ 라디칼 반응의 메커니즘을 갖는다.
  cf. 비스브레이킹과 코킹
    • 비스브레이킹(Visbreaking) : 점도가 높은 찌꺼기유에서 점도가 낮은 중질유를 얻는 방법이다(470℃).
    • 코킹(Coking) : 중질유를 강하게 열분해시켜 (1,000℃) 가솔린과 경유를 얻는 방법이다.

② 접촉분해법(Catalytic Cracking)
  ㉠ 등유나 경유를 고체촉매를 사용하여 분해시키는 방법이다.
  ㉡ 탄소 수 3개 이상의 탄화수소, 방향족 탄화수소가 많이 생긴다.
  ㉢ 카르보늄이온이 생성되는 이온반응이다.
  ㉣ 옥탄가가 높은 가솔린을 얻을 수 있으나 석유화학의 원료 제조에는 부적합하다.
  ㉤ 합성 제올라이트, 실리카알루미나($SiO_2 - Al_2O_3$)를 촉매로 사용한다.

  ㉥ 이성질화, 탈수소, 고리화, 탈알킬반응이 분해반응과 함께 일어나서 이소파라핀, 고리모양 올레핀, 방향족 탄화수소, 프로필렌 등이 생긴다.

③ 수소화 분해법(Hydrocracking)
  ㉠ 비점이 높은 유분을 고압의 수소 속에서 촉매를 이용하여 분해시켜 가솔린을 얻는 방법이다.
  ㉡ 옥탄가가 높은 가솔린을 제조하는 데 사용된다.
  ㉢ 촉매로 실리카알루미나, 제올라이트를 담체로 한 Mo, Ni, W 등을 사용한다.

(3) 리포밍(Reforming, 개질)

① 옥탄가가 낮은 가솔린, 나프타 등을 촉매로 이용하여 방향족 탄화수소나 이소파라핀을 많이 함유하는 옥탄가가 높은 가솔린으로 전환시킨다.
② 수소 존재하에서 약 500℃, 10~35atm 조건에서 진행되며 주반응은 시클로파라핀의 탈수소로 인하여 방향족 탄화수소가 생성된다.

(4) 알킬화법(Alkylation)

① 알킬화는 $C_2 \sim C_5$의 올레핀과 이소부탄의 반응에 의해 옥탄가가 높은 가솔린을 제조하는 방법이다.
② 촉매는 H_2SO_4, HF를 활성화시킨 $AlCl_3$, HCl을 사용한다.

(5) 이성화법(Isomerization)

① 촉매를 사용하여 n-펜탄, n-부탄, n-헥산 등 n-파라핀을 iso형으로 이성질화 하는 방법이다.
② 이성질화를 통해 옥탄가를 높일 수 있다.
③ 촉매로 백금계, 염산으로 활성화시킨 염화 알루미늄계를 사용한다.

4-1. 다음 중 중질유의 점도를 내릴 목적으로 중질유를 약 20 기압과 약 500℃에서 열분해시키는 방법은?

① Visbreaking Process
② Coking Process
③ Reforming
④ Hydrotreating Process

4-2. 석유의 전화법에 해당하지 않는 것은?

① 접촉분해
② 이성질화
③ 원심분리
④ 열분해

4-3. 옥탄가가 낮은 나프타를 고옥탄가의 가솔린으로 변화시키는 공정을 무엇이라 하는가?

① 스위트닝 공정
② MTG 공정
③ 가스화 공정
④ 개질 공정

핵심이론 05 석유의 정제

석유의 정제 과정은 불순물을 제거하거나 불용성분의 분리를 목적으로 한다.

(1) 연료유의 정제

① 산에 의한 화학적 정제
  ㉠ 주성분인 포화 탄화수소가 H_2SO_4와 작용하지 않는다는 성질을 이용하여 H_2SO_4로 세척한다.
  ㉡ 진한황산으로 처리하면 유분 속의 불순물은 황산에 용해되거나 침전물을 만들어 불순물을 분리·제거할 수 있다.

② 알칼리에 의한 정제
  황산으로 처리한 후 알칼리(NaOH) 용액으로 세척하여 중화시켜 제거한다.

③ 흡착정제
  다공질 흡착제인 산성백토, 활성백토, 활성탄 등의 흡착력이 큰 것을 이용하여 석유 중의 불순물이나 불용성분을 우선적으로 흡착 분리시킨다.

④ 스위트닝(Sweetening)
  ㉠ 부식성과 악취의 메르캅탄 황화수소, 황 등을 산화하여 이황화물로 만들어 없애는 정제 방법이다.
  ㉡ $2RSH + O \rightarrow RSSR + H_2O$
  ㉢ 닥터법(Doctor Process)
    • 닥터용액(Na_2PbO_2)을 사용하여 이황화물로 변화시켜 없앤다.
    • $2RSH + Na_2PbO_2 \rightarrow Pb(RS)_2 + 2NaOH$
    • $Pb(RS)_2 + S \rightarrow PbS + RSSR$

⑤ 수소화 처리법(Hydrotreating Process)
  ㉠ 촉매를 이용해 수소를 첨가 : S, N, O, 할로겐 등의 불순물을 제거하며, 디올레핀을 올레핀으로 만드는 방법이다.
  ㉡ 촉매로 텅스텐 화합물, Co-Mo, Ni-Mo, Co-Ni-Mo 등을 사용한다.
  ㉢ 원유를 크래킹이나 리포밍하기 전에 수소화 처리를 하면 아스팔트질의 생성 억제가 가능하며, 촉매독이 제거되는 장점이 있다.

② 원유를 수소화 처리하면 황화합물 속의 황을 황화수소, 산소화합물 속의 산소를 물로 각각 전환시켜 제거한다.

- RSH + H$_2$ → RH + H$_2$S
- RSSR + 3H$_2$ → 2RH + 2H$_2$S

(2) 윤활유 정제

① 용제정제법(Solvent Refining)

ㄱ 윤활유 중의 나프텐과 방향족 성분을 페놀이나 푸르푸랄(Furfural)과 같은 용제로 추출 제거한다.

ㄴ 벤젠-에틸메틸케톤 혼합용제로 저온처리하면 왁스분을 석출하므로 분리, 제거할 수 있고 액화프로판을 용제로 사용하면 아스팔트질이 침전되므로 분리 제거할 수 있다.

ㄷ 용제의 조건

- 원료유와 추출용제 사이의 비중차가 커서 추출할 때 두 액상으로 쉽게 분리할 수 있어야 한다.
- 추출성분의 끓는점과 용제의 끓는점 차가 커야한다.
- 증류를 사용한 회수가 용이해야 한다.
- 열적, 화학적으로 안정해야 하며 추출성분에 대한 용해도가 커야 한다.
- 선택성이 커야 하며 다루기 쉽고 값이 싸야 한다.

(3) 증 류

① 수증기 증류

ㄱ 끓는점이 높고 물에 거의 녹지 않는 유기화합물에 수증기를 불어넣어, 그 물질의 끓는점보다 낮은 온도에서 수증기와 함께 유출되어 나오는 물질의 증기를 냉각하여 혼합물을 응축시키고 그것을 분리시키는 증류법이다.

ㄴ 끓는점이 높아 가열해야만 분리되며 비교적 저온으로 정제할 수 있다.

② 추출증류 : 끓는점이 비슷한 성분의 혼합물에 사용되는 증류법이다.

③ 평형증류(플래시 증류)

ㄱ 반드시 성분의 분리를 목적으로 하지 않고, 용액을 증기와 액체로 급속히 분리하는 방법이다.

ㄴ 고온으로 가열한 액체의 일부를 증기와 함께 채취해 감압하면, 용액은 자신의 증기와 평형을 유지하면서 급속히 증발한다.

④ 공비증류 : 보통 증류로 분리하기 어려운 혼합물을 분리할 때 제3의 성분을 첨가해 공비혼합물을 만들어 증류에 의해 분리하는 방법이다.

⑤ 상압증류 : 대기압하에서의 증류이다.

⑥ 진공증류 : 낮은 압력에서 행하는 증류로 감압증류라고도 하며, 압력이 낮아짐에 따라 액체의 끓는점이 낮아지는 원리를 이용한 방법이다.

⑦ 분별증류 : 다성분의 혼합물을 가열해 끓는점마다 각각 회수기를 받쳐 성분을 분별·채취하는 방법이다.

핵심예제

5-1. 석유정제에 사용되는 용제가 갖추어야 하는 조건이 아닌 것은?

① 선택성이 높아야 한다.
② 추출할 성분에 대한 용해도가 높아야 한다.
③ 용제의 비점과 추출성분의 비점의 차이가 적어야 한다.
④ 독성이나 장치에 대한 부식성이 적어야 한다.

5-2. 석유화학 공정 중 전화(Conversion)와 정제로 구분할 때 전화공정에 해당하지 않는 것은?

① 분해(Cracking)
② 알킬화(Alkylation)
③ 스위트닝(Sweetening)
④ 개질(Reforming)

정답 5-1 ③ 5-2 ③

(1) 에틸렌으로부터의 유도체

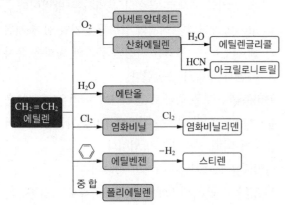

에틸렌($CH_2=CH_2$) : 가장 간단한 올레핀계 탄화수소로 이중결합을 가지고 있어 반응성이 다양하다.

① 아세트알데히드(CH_3CHO)

$$CH_2 = CH_2 + \frac{1}{2}O_2 \xrightarrow{PdCl_2} CH_3CHO$$

② 산화에틸렌(C_2H_4O)

㉠ $CH_2 = CH_2 \xrightarrow{Cl_2+H_2O} ClCH_2CH_2OH \xrightarrow{Ca(OH)_2}$

$$\underset{\text{(ethylene oxide)}}{CH_2\!-\!CH_2 \diagdown\!\!\diagup O}$$

㉡ $CH_2=CH_2 \xrightarrow{O_2} CH_2\!-\!CH_2 \diagdown\!\!\diagup O$

③ 에틸렌글리콜 : 산화에틸렌의 수화반응으로 얻는다.

$$CH_2\!-\!CH_2 \diagdown\!\!\diagup O + H_2O \rightarrow \underset{OH\ \ OH}{CH_2\!-\!CH_2}$$

④ 아크릴로니트릴

$$CH_2\!-\!CH_2 \diagdown\!\!\diagup O + HCN \xrightarrow[-H_2O]{} CH_2\!=\!CH\!-\!CN$$

⑤ 알코올

㉠ 직접법 : 에틸렌을 H_3PO_4(인산)촉매를 사용하여 직접 수화하는 방법이다.

$$CH_2=CH_2 + H_2O \rightarrow \underset{\text{(ethanol)}}{CH_3CH_2OH}$$

㉡ 황산법 : 에틸렌을 황산에 흡수시켜 가수분해하는 방법이다.

$$CH_2=CH_2 \xrightarrow{H_2SO_4} CH_3CH_2OSO_3H \xrightarrow{H_2O} CH_3CH_2OH$$

⑥ 염화비닐

$$CH_2=CH_2 \xrightarrow{Cl_2}{FeCl_3} \underset{\text{(dichloroethylene)}}{CH_2ClCH_2Cl} \xrightarrow[-HCl]{열분해} CH_2=CHCl$$

⑦ 염화비닐리덴

$$\underset{\text{(vinyl chloride)}}{CH_2=CHCl} \xrightarrow{Cl_2} CH_2ClCH_2Cl \xrightarrow{Ca(OH)_2} CH_2=CCl_2$$

⑧ 비닐아세테이트(초산비닐)

$$\underset{\text{(acetylene)}}{CH\equiv CH} + \underset{\text{(acetic acid)}}{CH_3COOH} \xrightarrow{ZnO} CH_3COOCH=CH_2$$

⑨ 스티렌

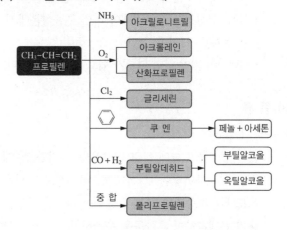

(2) 프로필렌으로부터의 유도체

프로필렌 : 에틸렌 다음으로 중요한 올레핀이다.

① 아크릴로니트릴($CH_2 = CH-CN$)

㉠ $CH_2\!-\!CH_2 \diagdown\!\!\diagup O + HCN \rightarrow \underset{OH\ \ CN}{CH_2\!-\!CH_2} \xrightarrow{-H_2O} CH_2=CHCN$

㉡ $2CH_2=CHCH_3 + 2NH_3 + 3O_2 \rightarrow 2CH_2=CHCN + 6H_2O$

② 글리세린

　　㉠ 염소화법

$$CH_2=CHCH_3 \xrightarrow{Cl_2} CH_2CH=CH_2 \xrightarrow{Cl_2+H_2O} \underset{Cl\;\;\;OH\;\;\;Cl}{CH_2-CH-CH_2}$$

$$\xrightarrow{Ca(OH)_2} \underset{\overbrace{O}\;\;\;\;\;\;\;Cl}{CH_2-CH-CH_2} \xrightarrow{NaOH} \underset{OH\;\;\;OH\;\;\;OH}{CH_2-CH-CH_2}$$

　　㉡ 산화법

$$CH_2=CHCH_3 \xrightarrow{O_2} \underset{(acrolein)}{CH_2=CHCHO} \xrightarrow[\text{촉매}]{400℃}$$

$$\underset{OH\;\;\;OH\;\;\;OH}{CH_2-CH-CH_2}$$

③ 산화프로필렌

$$CH_2=CHCH_3 \rightarrow \underset{\overbrace{O}}{CH_2-CH-CH_3} \rightarrow CH_2=CHCH_2OH$$

$$\xrightarrow{Na_2CO_3+H_2O} \underset{OH\;\;\;OH\;\;\;OH}{CH_2-CH-CH_2}$$

④ 아세톤

$$\underset{\text{(benzene)}}{C_6H_6} + \underset{\text{(propylene)}}{CH_2=CHCH_3} \rightarrow$$

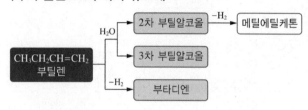

$$\rightarrow \underset{\text{(phenol)}}{\underset{OH}{\bigcirc}} + \underset{\text{(acetone)}}{CH_3COCH_3}$$

⑤ 부틸알코올

　　㉠ OXO 반응 : 올레핀 + CO + H$_2$ $\xrightarrow[[Co(CO)4]2]{\text{촉매}}$ 탄소수가 하나 더 증가된 알데하이드를 생성

　　　• $CH_3CH=CH_2 + CO + H_2$

$$\xrightarrow[\text{가압, 가열}]{\text{촉매}} \underset{(70\%)}{CH_3CH_2CH_2CHO} \xrightarrow{H_2} CH_3CH_2CH_2CH_2OH$$

$$\underset{(30\%)}{(CH_3)_2CHCHO} \xrightarrow{H_2} \underset{CH_3}{\overset{CH_3}{>}}CHCH_2OH$$

　　㉡ Reppe 반응 : 올레핀 + CO + H$_2$O $\xrightarrow{\text{촉매}}$ 탄소수가 하나 더 증가된 알코올을 생성

　• $CH_3CH=CH_2 + 3CO + 2H_2O$

$$\xrightarrow[\text{아민}]{\text{촉매}} \underset{(85\%)}{CH_3CH_2CH_2CH_2OH}$$

$$\underset{CH_3}{\overset{CH_3}{>}}CHCH_2OH$$
　　　(15%)

(3) 부틸렌으로부터의 유도체

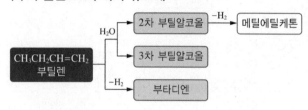

① 부틸알코올

　　㉠ $CH_3CH_2CH=CH_2 \xrightarrow{H_2SO_4} \underset{OSO_3H}{CH_3CH_2CHCH_3} \xrightarrow{H_2O}$

$$\underset{OH}{CH_3CH_2CHCH_3}$$

　　㉡ $\underset{CH_3}{\overset{CH_3}{>}}C=CH_2 \xrightarrow{H_2SO_4} \underset{OSO_3H}{CH_3-\overset{CH_3}{\underset{}{C}}-CH_3} \xrightarrow{H_2O} \underset{OH}{CH_3-\overset{CH_3}{\underset{}{C}}-CH_3}$

② MEK(메틸에틸케톤)

$$\underset{\text{(butylene)}}{CH_3CH_2CH=CH_2} + PdCl_2 + H_2O \rightarrow CH_3CH_2COCH_3$$

$$+ Pd + 2HCl$$

③ 이소프렌

$$\underset{CH_3}{\overset{CH_3}{>}}C=CH_2 + 2HCHO \xrightarrow[\text{실온}]{H_2SO_4} \underset{CH_3}{\overset{CH_3}{>}}C\underset{O-CH_2}{\overset{CH_2-CH_2}{<}}O$$

$$\xrightarrow[180℃]{P_2O_5} \underset{\text{(isoprene)}}{CH_2=\overset{CH_3}{\underset{}{C}}-CH=CH_2} + H_2O + HCHO$$

④ 부타디엔과 클로로프렌

$$\underset{\text{(butadiene)}}{CH_2=CHCH=CH_2}$$

$$\xrightarrow{Cl_2} \underset{Cl\;\;Cl}{CH_2CHCHCH=CH_2} + ClCH_2CH=CHCH_2Cl$$

$$\xrightarrow{-HCl} \underset{Cl}{CH_2=C-CH=CH_2}$$
　　　　　(chloroprene)

(4) 벤젠으로부터의 유도체

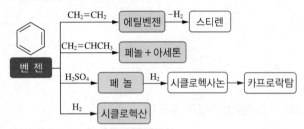

① 스티렌

$$C_6H_6 \xrightarrow{CH_2=CH_2} \underset{\text{(ethylbenzene)}}{C_6H_5CH_2CH_3} \xrightarrow{-H_2}$$ CH=CH₂ (스티렌 구조)

② 페 놀

㉠ 황산화법

벤젠 $\xrightarrow{H_2SO_4}$ (SO₃H) $\xrightarrow{NaOH}$ (ONa) $\rightarrow$ (OH)

㉡ 염소화법

벤젠 $\xrightarrow{Cl_2}$ (Cl) $\xrightarrow{NaOH}$ (ONa) $\rightarrow$ (OH)

㉢ Raschig법

벤젠 $\xrightarrow[CuO]{HCl+O_2}$ (Cl) $\xrightarrow[Ca_3(PO_4)_2]{H_2O}$ (OH)

㉣ 쿠멘법

$\xrightarrow[AlCl_3]{CH_3CH=CH_2}$ (cumene) $\xrightarrow[H^+]{O_2}$ (phenol) $+$ $CH_3-\overset{O}{\underset{}{C}}-CH_3$ (acetone)

$\longrightarrow$ HO-⬡-$\overset{CH_3}{\underset{CH_3}{C}}$-⬡-OH

(bisphenol A)

③ 시클로헥산

(benzene) $\xrightarrow{H_2}$ (cyclohexane)

④ ε-카프로락탐

(벤젠) $\rightarrow$ $\overset{O}{⬡}$ $\xrightarrow{NH_2OH}$ $\overset{N-OH}{⬡}$ $\xrightarrow[\text{Beckmann 전위}]{H_2SO_4}$ $\begin{matrix} CH_2-CH_2-CO \\ CH_2 \qquad\qquad | \\ CH_2-CH_2-NH \end{matrix}$

(caprolactam)

⑤ 말레산 무수물

㉠ 벤젠의 공기산화법

$$⬡ + \frac{9}{2}O_2 \xrightarrow[V_2O_5]{400\sim450℃} \underset{\text{(maleic anhydride)}}{\begin{matrix}CH-CO\\ \| \qquad\quad O \\ CH-CO\end{matrix}} + 2H_2O + 2CO_2$$

(benzene)

㉡ 부텐의 산화법

$$CH_3CH=CHCH_3 \xrightarrow[\text{촉매}]{O_2(\text{산화})} \underset{\text{(maleic anhydride)}}{\begin{matrix}CH-CO\\ \| \qquad\quad O \\ CH-CO\end{matrix}}$$

(butene)

⑥ 아디프산

㉠ 페놀로부터 합성

(phenol) $+H_2 \rightarrow$ (OH cyclohexanol) $\xrightarrow[\text{(산화)}]{\text{질산}}$ HOOC-(CH₂)₄-COOH

(adipic acid)

㉡ 벤젠으로부터 합성

(benzene) $+H_2 \rightarrow$ ⬡ $\xrightarrow[\text{(산화)}]{\text{공기}}$ (O cyclohexanone) $\rightarrow$ HOOC-(CH₂)₄-COOH

(adipic acid)

(5) 톨루엔으로부터의 유도체

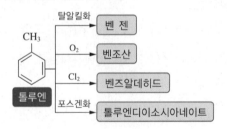

① 벤 젠

(톨루엔) $+H_2 \rightarrow$ ⬡ $+CH_4$

② 벤즈알데하이드

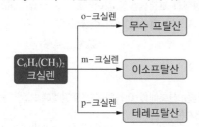

③ 벤조산

$$2 \underset{}{\overset{CH_3}{\bigcirc}} + 3O_2 \xrightarrow[\text{공기산화}]{\text{액상}} 2 \underset{}{\overset{COOH}{\bigcirc}} + 2H_2O$$

④ TNT(Trinitrotoluene)

(dinitrotoluene) (TNT)

㉠ 물에는 거의 녹지 않으나 벤젠, 에테르에는 잘 녹는다.

㉡ 군용 폭약 외에 공업용으로 사용된다.

㉢ 담황색의 막대 모양 결정이다.

(6) 크실렌(Xylene, 자일렌)으로부터의 유도체

C₆H₄(CH₃)₂ 크실렌
- o-크실렌 → 무수 프탈산
- m-크실렌 → 이소프탈산
- p-크실렌 → 테레프탈산

① 프탈산 무수물(= 무수 프탈산)

(o-xylene) → (phthalic anhydride)
$$\xrightarrow[\text{공기산화, } 400\sim460℃]{V_2O_5}$$

② 이소프탈산

(m-xylene) $\xrightarrow{\text{산화}}$ (isophthalic acid)

---

③ 테레프탈산

㉠ Henkel법(이성화법)

- (phthalic anhydride) $+ KOH \longrightarrow$ COOK / COOK

$\xrightarrow{\text{이성화}}$ COOK COOK → COOH COOH (terephthalic acid)

- (isophthalic acid) $+ KOH \longrightarrow$ (potassium benzoate)

$\xrightarrow{\text{이성화}}$ → (terephthalic acid)

㉡ p-자일렌의 산화

(p-xylene) → (terephthalic acid)

(7) 메탄으로부터의 유도체

CH₄ 메탄
- 천연가스
- 메탄올
- 암모니아
- 아세틸렌
- 시안화수소

① Fischer Tropsh 반응

㉠ 석탄을 탄화수소로 만드는 반응

㉡ $n\,CO + (2n+1)H_2 \xrightarrow[\text{코발트 촉매}]{\text{철, 니켈}} C_nH_{2n+2} + n\,H_2O$

② 아세틸렌의 합성

$$2CH_4 \xrightarrow{-3H_2} HC\equiv CH$$

(8) 아세틸렌으로부터의 유도체

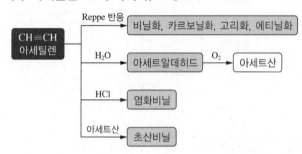

① Reppe 합성 반응 : 촉매에 의해 아세틸렌을 가압 하에 반응

  ㉠ 부가반응(= 비닐화)

$$CH\equiv CH + CH_3OH \xrightarrow{KOH} CH_2=CHOCH_3$$

  ㉡ 카르보닐화

$$CH\equiv CH + CO + ROH \rightarrow CH_2=CH-COOR$$

  ㉢ 고리화

$$4CH\equiv CH \rightarrow$$

(cyclooctatetraene)

  ㉣ 에티닐화

$$CH\equiv CH + HCHO \rightarrow CH\equiv C-CH_2OH \xrightarrow{HCHO}$$

$$HOCH_2C\equiv CCH_2OH$$

② 아세트알데히드

  ㉠ 아세틸렌의 수화반응(수은염 촉매)

$$CH\equiv CH + H_2O \rightarrow CH_3CHO$$

  ㉡ 아세트알데히드로부터 아세트산 합성

$$CH_3CHO + \frac{1}{2}O_2 \rightarrow CH_3COOH$$

③ 초산비닐(비닐아세테이트)

$$CH\equiv CH + CH_3COOH \rightarrow CH_2=CHOCOCH_3$$

④ 염화비닐

$$CH\equiv CH + HCl \rightarrow CH_2=CHCl$$

핵심예제

6-1. 다음 중 일반적으로 에틸렌으로부터 얻는 제품으로 가장 거리가 먼 것은?

① 에틸벤젠   ② 아세트알데히드
③ 에탄올   ④ 염화알릴

6-2. 다음과 같은 과정에서 얻어지는 물질로 (   ) 안에 알맞은 것은?

$$CH_2=CH_2 \xrightarrow[Ag]{O_2} CH_2-CH_2 \xrightarrow{H_2O} (\quad)$$
$$\diagdown O \diagup$$

① 에탄올   ② 에텐디올
③ 에틸렌글리콜   ④ 아세트알데히드

6-3. 에틸렌의 수화반응에 의한 생성물은?

① HCHO   ② CH_3OH
③ $CH_2=CHCl$ ④ CH_3CH_2OH

6-4. 에틸렌과 프로필렌을 공이량화(Co-dimerization) 시킨 후 탈수소시켰을 때 생성되는 주물질은?

① 이소프렌   ② 클로로프렌
③ n-펜탄   ④ n-헥센

6-5. 벤젠을 산촉매를 이용하여 프로필렌에 의해 알킬화함으로써 얻어지는 것은?

① 프로필렌옥사이드   ② 아크릴산
③ 아크롤레인   ④ 쿠 멘

6-6. 벤젠을 400~500℃에서 V_2O_5 촉매상으로 접촉기상 산화시킬 때의 주 생성물은?

① 나프탈렌   ② 푸마르산
③ 프탈산 무수물   ④ 말레산 무수물

6-7. 말레산 무수물을 벤젠의 공기산화법으로 제조하고자 한다. 이때 사용되는 촉매는 무엇인가?

① 바나듐펜톡사이드(오산화바나듐)
② $Si-Al_2O_3$를 담체로 한 Nickel
③ $PdCl_2$
④ LiH_2PO_4

6-8. 다음 중 페놀을 수소화한 후 질산으로 산화시킬 때 생성되는 주 물질은 무엇인가?

① 프탈산　　　　　　② 아디프산
③ 시클로헥사놀　　　④ 말레산

6-9. 니트로화합물 중 트리니트로톨루엔에 관한 설명으로 틀린 것은?

① 물에 매우 잘 녹는다.
② 톨루엔을 니트로화하여 제조할 수 있다.
③ 폭발물질로 많이 이용된다.
④ 공업용 제품은 담황색 결정형태이다.

6-10. 테레프탈산을 공업적으로 제조하는 방법에 해당하는 것은?

① m-크실렌의 산화　　② p-크실렌의 산화
③ 벤젠의 산화　　　　　④ 나프탈렌의 산화

6-11. 레페(Reppe) 합성반응을 크게 4가지로 분류할 때 해당하지 않는 것은?

① 알킬화 반응　　　　② 비닐화 반응
③ 고리화 반응　　　　④ 카르보닐화 반응

6-12. 아세틸렌에 무엇을 작용시키면 염화비닐이 생성되는가?

① HCl　　　　　　　② Cl_2
③ HOCl　　　　　　④ KCl

6-13. Acetylene을 주원료로 하여 수은염을 촉매로 물과 반응시키면 얻어지는 것은?

① Methanol　　　　② Stylene
③ Acetaldehyde　　④ Acetophenone

6-14. 다음 중 아세트알데히드를 산화시켜 주로 얻는 물질은?

① 프탈산　　　　　② 스티렌
③ 아세트산　　　　④ 피크르산

6-15. 아세틸렌을 출발물질로 하여 염화구리와 염화암모늄 수용액을 통해 얻은 모노비닐아세틸렌과 염산을 반응시키면 얻는 주 생성물은?

① 클로로히드린　　　② 염화프로필렌
③ 염화비닐　　　　　④ 클로로프렌

|해설|

6-2
산화에틸렌의 수화반응으로 에틸렌글리콜이 생성된다.

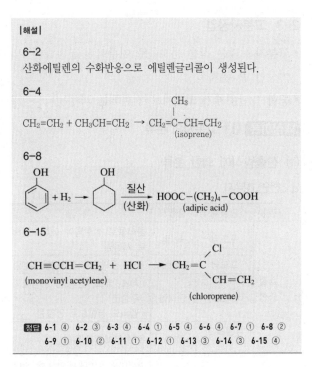

6-4

$$CH_2{=}CH_2 + CH_3CH{=}CH_2 \rightarrow CH_2{=}\overset{\overset{\displaystyle CH_3}{|}}{C}{-}CH{=}CH_2 \text{ (isoprene)}$$

6-8

6-15

$$CH{\equiv}CCH{=}CH_2 + HCl \rightarrow$$
(monovinyl acetylene)

6-1 ④　6-2 ③　6-3 ④　6-4 ①　6-5 ④　6-6 ④　6-7 ①　6-8 ②
6-9 ①　6-10 ②　6-11 ①　6-12 ①　6-13 ③　6-14 ③　6-15 ④

2-3. 고분자공업

- 고분자 : 많은 작은 분자들로 이루어진 분자량이 1만 이상인 큰 분자
- 중합 : 단위체가 고분자로 전환되는 과정

핵심이론 01 고분자의 분류

(1) 산출방식에 의한 분류

① 천연고분자

구 분	단위체	중합체	특 징
축합 중합	포도당	녹 말	음식물로 섭취되어 에너지원으로 사용됨
	포도당	셀룰로스	면, 마 등의 섬유와 종이를 생성함
	아미노산	단백질	• 세포, 효소, 근육 등 생명체의 주성분 • 펩티드 결합으로 연결함
	뉴클레오티드	DNA	유전 정보를 전달함
첨가 중합	아이소프렌	천연고무	고무나무 수액에서 얻으며, 장난감, 껌, 지우개 등에 사용함 예 라텍스, 생고무 등

㉠ 펩티드 결합 : $-CONH-$

$$H - \underset{\underset{H}{|}}{\overset{\overset{NH_2}{|}}{C}} - COOH + H_2N - \underset{\underset{H}{|}}{\overset{\overset{COOH}{|}}{C}} - H$$

$$\rightarrow H - \underset{\underset{H}{|}}{\overset{\overset{NH_2}{|}}{C}} - \boxed{\underset{\underset{H_2O}{}}{\overset{\overset{O}{\|}}{C}} - \overset{\overset{H}{|}}{N}} - \underset{\underset{H}{|}}{\overset{\overset{COOH}{|}}{C}} - H$$

② 합성고분자

중합 반응	단위체	중합체	특 징	예
축합 중합	헥사메틸렌 디아민 + 아디프산	나일론	가볍고 질기며, 탄성이 있음	밧줄, 스타킹
	테레프탈산 + 에틸렌글리콜	폴리 에스터	질기며, 잘 구 겨지지 않음	와이셔츠, 필름
	페놀 + 포름알데히드	페놀수지	열에 강하고 전기절연성 이 뛰어남	누전 차단기

중합 반응	단위체	중합체	특 징	예
첨가 중합	에틸렌	폴리 에틸렌(PE)	가볍고 유연함	봉지, 물통
	염화비닐	폴리 염화비닐 (PVC)	약품에 강하 며, 잘 부서지 지 않음	PVC관, 벽지
	스티렌	폴리 스티렌(PS)	가볍고 열 전달이 느림	일회용 용기, 단열재
	스티렌 + 뷰타디엔	SBR 고무	내마모성이 좋음	자동차 타이어, 구두창

㉠ 나일론 6 제조 : 카프로락탐의 개환중합으로 생성된다.

$$\xrightarrow[\text{ring-opening}]{H_2O} \left[NH-(CH_2)_5-\underset{\underset{O}{\|}}{C} \right]_n$$

㉡ 나일론 66 제조

$$nHO - \underset{\underset{O}{\|}}{C} - (CH_2)_4 - \underset{\underset{O}{\|}}{C} - OH + nH_2N - (CH_2)_6 - NH_2$$
$$\text{(adipic acid)} \qquad \text{(hexamethylenediamine)}$$

$$\rightarrow \left[\underset{\underset{O}{\|}}{C} - (CH_2)_4 - \underset{\underset{O}{\|}}{C} - NH - (CH_2)_6 - NH \right]_n$$
$$\text{(nylon 6,6)} \qquad +2nH_2O$$

③ 반합성 고분자 : 인공적으로 합성되는 고분자 물질이다.

(2) 형태에 따른 분류

① 선형 고분자

㉠ 가장 단순한 1차원 모양으로 치환기를 가진 골격 원자의 긴 사슬로 이루어진다.

㉡ 보통 용매에 녹으며, 일반적인 온도 하의 고체상 태에서 고무상이나 유연한 물질 또는 유리상의 열 가소성플라스틱으로 존재한다.

② 가지형 고분자

㉠ 곧은 사슬모양에 여러 개의 가지가 달려있는 고분 자로 가지는 주사슬과 동일한 기본구조를 가진다.

㉡ 선형고분자의 용매와 같은 용매에 녹으며, 가지가 많 은 고분자의 경우 특정한 액체에 팽윤되기도 한다.

③ 가교 고분자(= 망상고분자)
  ⊙ 사슬 사이에 1차 결합이 존재하기에 용매에 의해
    용해되지 않고 팽윤된다.
  ⓒ 가교도가 높으면 다이아몬드 같은 단단하고 팽윤
    이 잘 되지 않는 물질이 된다.
④ 공중합체의 사슬구조에 따른 고분자 분류
  ⊙ 랜덤중합체 : 단량체 배열이 일정한 규칙이 없다.
    예 A-B-B-A-B-A-A-B-A-A-B-B-
  ⓒ 교대중합체 : 교대로 단량체들이 나란히 나열된
    구조이다. 예 A-B-A-B-A-B-A-B-A-B-
  ⓒ 블록 공중합체 : 한 단량체 블록과 다른 단량체
    블록이 연결된 경우이다.
    예 B-B-B-B-B-B-A-A-A-A-A-A-
  ⓔ 그라프트 공중합체 : 단량체 A를 중합하여 얻어진
    선형중합체에 다른 단량체 B를 줄기에 중합된다.

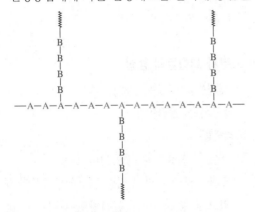

(3) 열적 성질에 의한 분류
① 열가소성 수지 : 적당한 온도에서 유연하게 되어 변형
  에 용이하게 되고 가공 후 밖에서 힘을 없애 그대로
  형태를 유지하는 수지이다.
  ⊙ 폴리염화비닐   ⓒ 폴리에틸렌
  ⓒ 폴리프로필렌   ⓔ 폴리스티렌
  ⓜ 아크릴수지
  ※ 가소제 : 염화비닐, 아세트산비닐 같은 열가소성
    플라스틱에 첨가하여 열가소성을 증대시킴으로써
    고온에서 성형가공을 용이하게 하는 유기물이다.

② 열경화성 수지 : 가열하면 연화되지만 계속 가열하면
  차차 경화되어 나중에는 온도를 올려도 용해되지 않
  고 원상태로 되지 않는 성질의 수지이다.
  ⊙ 페놀수지
    • 노블락 : 산성 촉매에서 생성된다.
    • 레졸 : 염기성 촉매에서 생성된다.
  ⓒ 요소수지 : 요소와 알데히드류의 축합반응으로 생
    성된다.
  ⓒ 멜라민수지 : 멜라민과 포름알데히드를 반응시켜
    만드는 열경화성 수지이다.
  ⓔ 우레탄수지 : 우레탄결합(-NHCOO-)을 갖는 합
    성고분자이다.
  ⓜ 에폭시수지 : 분자 내 에폭시기를 2개 이상 포함한
    고분자 화합물 및 그 에폭시기의 고리열림반응에
    의해 생성되는 합성수지이다.
  ⓗ 알키드수지 : 다가 알코올과 다염기산의 축합반응
    에 의해 얻어지는 합성수지이다.

⊣ 핵심예제 ├─

1-1. 아디프산과 헥사메틸렌디아민을 원료로 하여 제조되는 물질은?
① 나일론 6   ② 나일론 66
③ 나일론 11   ④ 나일론 12

1-2. 열가소성(Thermoplastic) 고분자에 대한 설명으로 틀린 것은?
① 망상구조의 고분자가 갖고 있는 특징이다.
② 비결정성 플라스틱의 경우는 일반적으로 투명하다.
③ 고체상태의 고분자 물질이 많다.
④ PVC같은 고분자가 이에 속한다.

|해설|

1-2
열가소성 수지는 가교되지 않은(선형 또는 가지형) 구조이고 열
경화성 수지는 망상구조의 가교구조를 가진다.

정답 1-1 ② 1-2 ①

- 중합체의 원료가 되는 단위체 또는 모노머가 화학반응을 통해 2개 이상 결합하여 분자량이 큰 화합물을 생성하는 반응이다.
- 중합체는 중합도에 따라 이합체, 삼합체, 다합체로 분리된다.

(1) 중합 반응에 의한 분류

① 첨가중합 : 이중결합 → 단일결합

　㉠ 라디칼중합 : 라디칼(= 자유라디칼)을 연쇄전달체로 하는 중합이다.
- 부가중합의 성장말단이 자유라디칼인 중합이다.
- 개시제 : 과산화물, 과황산염, 시아노화 아조화합물
- 연쇄반응 : 개시 → 전파 → 종결

　㉡ 이온중합 : 연쇄반응을 한다.
- 부가중합의 성장말단이 이온인 중합이다.
- 성장하는 연쇄말단이 음전하이면 음이온 중합, 양전하를 띠면 양이온 중합이다.

　㉢ 배위중합
- Ziegler-Natta 촉매 또는 전이금속 착물에 의해 개시되는 중합이다.
- Ziegler-Natta 중합 : 고분자에 특별한 입체 규칙성을 가지게 한다.

② 축합중합 : 물같은 간단한 분자들이 떨어져 나가면서 중합된다.

③ 혼성중합 : 두 가지 이상의 분자들이 첨가중합되는 반응이다.

④ 단계반응중합과 사슬반응중합의 비교

　㉠ 단계반응중합
- 두 개 이상의 작용기를 포함하는 단량체들이 서로 반응하여 이량체, 삼량체로 성장하여 고분자를 형성한다.
- 단량체는 빠르게 소모되는 반면 분자량은 점진적으로 증가한다.
- 개시제가 필요 없으며, 종말단계가 없다.
- 축합중합을 하며 작용기들 간의 결합이 이루어진다.

　㉡ 사슬반응중합
- 말단에 활성화 작용기를 가지는 고분자 사슬에 단량체가 첨가반응하는 과정을 반복하여 고분자를 생성하는 반응이다.
- 단량체는 비교적 느리게 소모되지만 분자량은 빠르게 성장한다.
- 개시 및 성장 반응기구가 다르며 사슬 정지단계가 포함된다.
- 비닐 단량체의 중합이 포함된다.
- 반응성 화학종들 간의 연쇄반응 : 자유라디칼, 음이온 및 양이온

(2) 고분자 화합물의 중합

① 괴상중합(벌크중합) : 용매를 쓰지 않고 단량체만으로 중합시키는 방법이다.

② 용액중합

　㉠ 용매를 사용하는 중합이다.

　㉡ 열제거가 용이하고 반응혼합물의 점도를 줄일 수 있으나 중합속도와 분자량이 작다.

③ 현탁중합(= 서스펜션중합)

　㉠ 비수용성인 단위체를 물속에 분산시켜 중합하는 방법이다.

　㉡ 액체 중 고체가 분산된다.

　㉢ 단량체를 녹이지 않는 액체에 격렬한 교반으로 분산시켜 중합한다.

　㉣ 세정・건조 공정이 필요하다.

④ 유화중합(= 에멀션중합)
  ㉠ 유화제를 사용하여 단량체를 분산매 중에 분산시키고 수용성 개시제를 사용하여 중합시키는 방법이다.
  ㉡ 액체 중에 액체가 분산된다.
  ㉢ 대량 생산에 적합하고, 분자량이 크다.

핵심예제

2-1. 다음 중 사슬중합(혹은 연쇄중합)에 대한 설명으로 옳은 것은?
① 중합말기의 매우 높은 전환율에서 고분자량의 고분자사슬이 생성된다.
② 주로 비닐 단량체의 중합이 이에 해당한다.
③ 단량체의 농도는 단계중합에 비해 급격히 감소한다.
④ 단량체는 서로 반응할 수 있는 관능기를 가지고 있어야 한다.

2-2. 열제거가 용이하고 반응 혼합물의 점도를 줄일 수 있으나 저분자량의 고분자가 얻어지는 단점이 있는 중합방법은?
① 괴상중합   ② 용액중합
③ 현탁중합   ④ 유화중합

2-3. 물과 같은 연속상에 단량체를 액적으로 분산시킨 상태에서 중합하는 방법으로 고순도의 폴리머가 직접 입상으로 얻어지며, 연속 교반이 필요하고 중합열의 제어가 용이한 종합방법은?
① 괴상중합   ② 용액중합
③ 현탁중합   ④ 유화중합

정답 2-1 ② 2-2 ② 2-3 ③

핵심이론 03 고분자 화합물의 특징

(1) 화학적으로 안정하다.

(2) 녹는점과 끓는점이 일정하지 않다.

(3) 고체나 액체로만 존재하며, 결정으로 존재하기 어렵다.

(4) 분자량이 불균일하며, 특정 용매에만 녹는다.

(5) 반응성이 작아 화학약품에 쓰이며, 열과 전기에도 안정하다.

(6) 단위체와는 다른 물리적, 화학적 성질을 나타낸다.

(7) 유리전이온도(T_g)와 용융전이온도(T_m)
① 고분자들의 규칙적 배열이 있으면 결정성, 없으면 무정형이다.
② 용융전이온도(T_m)
  ㉠ 전이는 물질의 상이 바뀌는 현상으로 1차 전이는 녹는점, 끓는점이다.
  ㉡ T_m은 결정의 용융온도, 용융점(녹는점)이다.
③ 유리전이온도(T_g)
  ㉠ 2차 전이는 유리전이온도가 대표적이다.
  ㉡ 비정형 고분자는 어떤 온도를 기준으로 그 온도 이상에서는 고무와 같은 성질을 나타내고 그 온도 이하에서는 유리와 같은 거동을 한다.
  ㉢ T_g가 높다는 것은 내열성이 향상된다는 의미이다.
  ㉣ 무정형 고분자는 T_g만 갖고 있고 T_m은 없다.
  ㉤ 유리전이온도를 지나면 탄성을 가진 고무처럼 변하게 되고 계속 열을 가하게 되면 녹게 된다.
  ㉥ 측정법
    • Different Scanning Calorimetry(시차주사열량분석)
    • Different Thermal Analysis(시차열분석)
    • Dilatometer = Dilatometry
    • Dynamic Mechanical Analysis

(8) 고분자량 측정방법

① **말단기 정량법** : 분자 연쇄 말단에 있는 관능기를 정량 분석하여 분자량을 구하는 방법으로 시료 중의 관능기의 양을 측정하여 분자량을 측정한다.

② **총괄성 이용법** : 용질 분자의 농도에만 의존하고 용질의 성질에는 무관한 성질을 이용하는 것으로 삼투압 측정법과 끓는점 오름과 어는점 내림법 등이 해당한다.

③ **광산란법** : 중량 평균분자량을 구하는 데 사용되는 방법이다.

④ **초원심법** : 고분자 용액을 원심분리하고 침강 속도와 농도 분포를 분석하여 분자량과 분자량 분포를 측정한다.

⑤ **점도법** : 고분자 용액의 점도는 동일 농도에서 분자량이 증가할수록 증가하는 성질을 이용하여 점도계를 통해 점도를 비교 측정하여 분자량을 측정한다.

⑥ **겔 투과 크로마토그래피** : 소량의 시료로도 간편하게 평균분자량과 분자량 분포를 측정한다.

(9) 고분자의 분자량 계산

분자들의 구성단위는 같지만 분자량이 제각각 다른 경우, 그 시료의 분자량을 표현하기 위해 평균분자량을 사용한다.

① **수평균분자량** : i개로 이루어진 사슬들이 전체 고분자 수에 대한 기여 비율을 기준으로 정한 평균값이다.

$$M_n = \frac{\sum N_i M_i}{\sum N_i} = \frac{(\text{몰수} \times \text{분자량})\text{의 합}}{\text{몰수의 합}}$$

여기서, N_i : 고분자 i의 몰수

$\quad\quad\quad M_i$: 고분자 i의 분자량

② **무게 평균분자량** : i개의 단량체로 이루어진 사슬들이 고분자계의 무게에 기여하는 비율을 고려하는 분자량 계산법이다.

$$M_w = \frac{\sum N_i M_i^2}{\sum N_i M_i} = \frac{(\text{질량} \times \text{분자량})\text{의 합}}{\text{질량의 합}}$$

여기서, N_i : 고분자 i의 몰수

$\quad\quad\quad M_i$: 고분자 i의 분자량

핵심예제

다음 고분자 중 T_g(Glass Transition Temperature)가 가장 낮은 것은?

① Polycarbonate
② Polystyrene
③ Polyvinyl chloride
④ Polyisoprene

|해설|

유리전이온도(T_g)

• Polycarbonate : 140~160
• Polystyrene : 100
• Polyvinyl Chloride : 80
• Polyisoprene : $-75 \sim -65$

정답 ④

3-1. 공업용수, 폐수관리

핵심이론 01 용수·폐수처리

(1) 폐수·하수처리 공정

① 수처리 : 수중에 들어 있는 오염물질을 제거하여 하천이나 바다에 미치는 악영향을 제거하는 과정을 말한다.

② 폐수·하수의 특성
  ㉠ 산업폐수
  - 중금속 및 화학약품이 포함된 폐수가 많아 생물학적 처리가 곤란하다.
  - 미생물 성장에 필요한 N, P 등이 충분하지 않다.
  ㉡ 도시하수
  - 일반 가정하수, 도시상하수 등의 하수로
  - pH 7~7.5이며, 유기물질이 많이 포함되어 있어 생물학적 처리가 가능하다.
  ㉢ 분뇨·축산 폐수
  - 수인성 질환과 기생충 질환을 유발하는 균을 함유하고 있다.
  - 질소농도가 높다.
  - 토사류를 많이 포함하고 있다.

③ 폐수·하수의 처리법
  ㉠ 수은 함유 폐수 : 이온교환에 의한 폐수처리는 소량이면서 독성에 강한 것의 처리에 적합하다.
  ㉡ Cd 함유 폐수
  - 침전분리법 : 알칼리를 가해 수산화물로 침전분리한다.
  - 부상분리법 : 황화물로 석출시켜 포집제를 가해서 부상분리한다.
  - 흡착분리법 : 이온교환수지로 흡착시켜 분리한다.
  ㉢ Pb 함유 폐수 : 수산화물을 이용해 분리하며, 황화물 침전법, 이온교환수지법, 전기분해법을 이용한다.
  ㉣ 낙농업 폐수 : pH는 중성이고 BOD가 높아 생물학적 처리방법을 이용한다.
  ㉤ 계면활성제 함유 폐수 : 가정오수, 세탁소에서 배출되며, 오존산화법이나 활성탄흡착법 등을 이용한다.
  ㉥ 부유물이 많은 폐수 : 침전법을 이용한다.
  ㉦ 부상분리법을 이용하는 폐수 : 유지제조업, 도료업, 석유정제공업, 제지공업에서의 초지의 폐수 등에 이용한다.

(2) 일반적인 수처리 공정

① 1차 처리(물리적 처리)
② 2차 처리(생물학적 처리)
③ 고도처리(영양염류의 제거)

─ **핵심예제** ─

수(水)처리와 관련된 〈보기〉의 설명 중 옳은 것으로만 짝지어진 것은?

〈보 기〉
㉠ 물의 경도가 높으면 관 또는 보일러의 벽에 스케일이 생성된다.
㉡ 물의 경도는 석회소다법 및 이온교환법에 의하여 낮출 수 있다.
㉢ COD는 화학적 산소요구량을 말한다.
㉣ 물의 온도가 증가할 경우 용존산소의 양은 증가한다.

① ㉠, ㉡, ㉢
② ㉡, ㉢, ㉣
③ ㉠, ㉢, ㉣
④ ㉠, ㉡, ㉣

|해설|
- BOD : 생물학적 산소요구량
- COD : 화학적 산소요구량
- DO(용존산소) : 물 또는 용액 속에 녹아있는 O_2의 DO값은 온도가 오르면 감소한다.

정답 ①

(1) 물리적 처리

① 스크리닝(Screening)

수중에 함유되어 있는 비닐, 종이, 나뭇잎 등 비교적 부피가 큰 부유물질을 제거하기 위하여 망, 스크린 등을 이용한다.

② 침 전

㉠ 침사지 : 하수처리 과정에서 비중이 큰 물질과 작은 물질 등을 걸러내기 위해 만들어 놓은 연못이다.

㉡ 1차 침전지, 2차 침전지로 구분한다.

③ 부상분리법(Floatation)

㉠ 물의 비중보다 작은 입자들이 폐수·하수 내에 많이 포함되어 있을 때 이들 물질을 제거하기 위해 사용한다.

㉡ 부상방법의 종류

• 공기부상 : 폭기와 동일하며 거품이 잘 발생하는 폐수에 효과적이다.

• 용존공기부상 : 공기가 대기로 노출되면서 발생하는 작은 공기 방울을 이용한다.

• 진공부상 : 진공상태에서 포화된 공기가 작은 공기방울로 방출되는 것을 이용한다.

㉢ 부상의 효과

• 온도를 높이고 접촉시간을 길게 한다.

• 작은 거품을 발생시키고 기포제를 주입한다.

④ 여과(Filteration)

㉠ 부유물질(SS)을 처리한다.

㉡ 완속여과와 급속여과로 구분한다.

⑤ 흡착(Adsorption)

㉠ 용액 중의 분자가 물리, 화학적 결합력에 의해 고체 표면에 붙는 현상을 이용하여 제거하는 방법이다.

㉡ 실리카겔, 활성탄 등을 이용하며, 생물학적 분해가 불가능한 물질과 미량의 독성 물질 등을 제거할 때 이용한다.

핵심예제

2-1. 일반적인 도시하수 처리 순서로 알맞은 것은?

① 스크린·침사지·1차 침전지·포기조·2차 침전지·소독

② 스크린·침사지·포기조·1차 침전지·2차 침전지·소독

③ 소독·스크린·침사지·1차 침전지·포기조·2차 침전지

④ 소독·스크린·침사지·포기조·1차 침전지·2차 침전지

2-2. 모래여과상에서 공극 구멍보다 더 작은 미세한 부유물질을 제거함에 있어 모래의 주요 제거기능과 가장 거리가 먼 것은?

① 부 착   ② 응 결

③ 거 름   ④ 흡 착

|해설|

2-1

도시하수 처리순서

스크린 → 침사지 → 1차 침전지 → 포기조 → 2차 침전지 → 소독 → 방류

2-2

공극 구멍보다 작은 미세한 부유물질을 모래, 활성탄, 실리카겔과 같은 물질에 흡착시켜 제거한다.

정답 **2-1** ① **2-2** ④

(1) 호기성 처리

① 활성슬러지법

   ⊙ 하수의 유기물질에 공기를 불어 넣으면서 교반해 주면 미생물에 의한 분해가 일어나면서 플럭(Pluck)을 형성한다. 플럭의 대부분은 미생물이며 활성슬러지라고 부른다.

   ⓛ 표준활성슬러지법 : 1차 침전지-폭기조-2차 침전지의 3단계로 구성되며, 제거율이 좋다.

   ⓒ 활성슬러지의 개량법 : 단계 폭기법, 산화구법, 막분리법이 있다.

② 생물막법

   ⊙ 자연수중 자갈 등을 장시간 침적 방치하면 표면에 점성질의 얇은 미생물 슬림(Slim)이 형성되는데 이러한 생물막이 인위적으로 생물막을 증식시켜 하수처리에 이용하는 처리방식이다.

   ⓛ 살수여상법, 접촉산화법, 회전원판법 등으로 분류한다.

(2) 혐기성 처리

① 소화법(메탄발효법)

   ⊙ 유기물 농도가 높은 폐수·하수를 혐기성 분해시킬 때 알칼리 발효기에서 메탄균이 메탄과 탄산가스 등을 생성하는 방법이다.

   ⓛ 혐기성 소화법 중 가장 많이 이용되는 방법으로 부산물로 메탄이 발생하여 에너지원으로 사용할 수 있는 장점이 있다.

활성슬러지법 중에서 막을 폭기조에 직접 투입하여 하수를 처리하는 방법으로 2차 침전지가 필요없게 되는 장점이 있는 것은?

① 단계폭기법
② 산화구법
③ 막분리법
④ 회전원판법

|해설|

• 단계폭기법 : 하수의 유입을 한 곳이 아니고 포기조의 여러 곳에서 분할·유입시키는 방법으로 포기조 내 혼합액의 산소농도를 균등화시킬 수 있다.

• 산화구법 : 1차 침전지를 설치하지 않으며 타원형 수조 형태의 반응조에서 기계식 포기장치에 의해 공기를 포기하며, 2차 침전지에서 고액분리가 이루어진다.

• 막분리법 : 물속의 콜로이드, 유기물, 이온 같은 용존 물질을 반투과성 분리막을 이용하려 여과함으로써 분리·제거한다.

정답 ③

(1) 중화

① 산성폐수 중화제 : $NaOH$, Na_2CO_3, CaO, $CaCO_3$ 등
② 알칼리폐수 중화제 : H_2SO_4, HCl, CO_2 등

(2) 응집침전

① 콜로이드성 물질(물 속에 떠 있는 고형물 중 $10^{-9} \sim 10^{-6}$m 의 입자크기를 갖는 부유물질)은 자연 침전이 불가능하므로, 응집제를 사용하여 응집·침전시킨다.
② 응집제로는 황산알루미늄[$Al_2(SO_4)_3$] 용액과 같은 알루미늄염과 황산 제1철[$FeSO_4 \cdot 7H_2O$]과 같은 철염을 사용한다.
③ 친수성 콜로이드와 소수성 콜로이드의 비교(물과의 친화력)

특 성	친수성	소수성
물리적 상태	부유상태	에멀전상태
표면 장력	용매와 거의 같음	용매보다 표면장력이 상당히 약함
점 도	분산상의 점도와 유사함	점도가 크게 증가함
틴들 (Tyndall) 효과	현저히 나타남 ($Fe(OH)_3$은 예외)	약하거나 거의 없음
재생의 편이성	냉동이나 건조시킨 후 재생하기 어려움	쉽게 재생됨
전해질 반응	전해질에 의해 쉽게 응집됨	전해질에 대한 반응이 약함

④ 폐수처리에 가장 널리 사용되는 응집제는 알루미늄염이나 철염이다.

(3) 중금속의 처리

① 화학적 침전 : 소석회를 가해 수산화물 형태로 침전, 황화합물, 탄산화합물 등을 이용해 화학적으로 침전하는 방법이다.
② pH에 의한 침전 : 알칼리 첨가제를 첨가해 pH를 상승시키면 용해도가 작아져 침전되는 방법이다.

(4) 이온교환수지법

① 물속의 염류를 제거하는 가장 적합한 처리 방법이다.
② 이온교환수지를 사용하여 용액 중 이온 상태의 불순물을 걸러내는 방법이다.
③ 물의 경도
  ㉠ 물의 세기를 의미한다.
  ㉡ 물에 포함되어 있는 알칼리토금속(Ca^{2+}, Mg^{2+})류의 양을 표준물질의 중량으로 환산해서 표시한 것이다.
  ㉢ '경도가 높다, 센물이다'의 의미는 물속에 금속 양이온이 많이 포함되어 있다는 뜻이다.
  ㉣ M^{2+}의 ppm $\times \dfrac{CaCO_3의\ 분자량}{M의\ 원자량}$

핵심예제

4-1. 알칼리성 폐수의 중화에 사용되는 것으로 가장 거리가 먼 것은?

① Na_2CO_3
② CO_2
③ H_2SO_4
④ HCl

4-2. 지하수 내에 Ca^{2+} 40mg/L, Mg^{2+} 24.3mg/L가 포함되어 있다. 지하수의 경도를 mg/L, $CaCO_3$로 옳게 나타낸 것은? (단, 원자량은 Ca 40, Mg 24.3이다)

① 32.15
② 64.3
③ 100
④ 200

|해설|

4-1
알칼리성 폐수 중화제 : H_2SO_4, HCl, CO_2

4-2
• Ca^{2+}경도 : $40 \times \dfrac{100}{40} = 100$
• Mg^{2+}경도 : $24.3 \times \dfrac{100}{24.3} = 100$
∴ 총경도 = Ca^{2+}경도 + Mg^{2+}경도 = 200

정답 4-1 ① 4-2 ④

핵심이론 05 고도 처리

(1) 고도 처리

① 질소와 인으로 대표되는 영양염류가 많아지면 하천이나 호수의 부영양화를 초래하므로 질소와 인을 제거하기 위해 고도처리를 한다.

② 생물학적 질소 제거(탈질반응)

③ 생물학적 인 제거

④ 암모니아 제거

⑤ 광촉매(TiO_2, 산화티타늄)

유해물질을 산화분해하는 기능을 이용하여 환경정화하는 데 이용하거나, 초친수성 기능을 응용하여 셀프크리닝 효과가 있는 유리와 타일, 청소기 등 다양한 제품에 적용되고 있다.

┌─ **핵심예제** ────────────

폐수처리나 유해가스를 효과적으로 처리할 수 있는 광촉매를 이용한 처리 기술이 발달되고 있는데, 다음 중 광촉매로 많이 사용되고 있는 물질로 아나타제, 루틸 등의 결정상이 존재하는 것은?

① MgO ② CuO
③ TiO_2 ④ FeO

정답 ③

4-1. 물질안전보건자료(MSDS, Material Safety Data Sheet)

핵심이론 01 물질안전보건자료(화학물질의 분류 · 표시 및 물질안전보건자료에 관한 기준)

• 전 세계에서 시판되고 있는 화학물질의 등록번호, 유해성, 특성 등을 설명한 명세서로 화학물질을 안전하게 사용하고 이로 인한 재해를 예방하는 것을 목적으로 한다.

• 특정 화학물질을 사용하는 작업장에서는 해당 물질의 MSDS를 비치해 놓도록 하고 있다.

(1) 물질안전보건자료 작성 시 포함되어야 할 항목(제10조)

① 화학제품과 회사에 관한 정보

② 유해성 · 위험성

③ 구성성분의 명칭 및 함유량

④ 응급조치요령

⑤ 폭발 · 화재 시 대처방법

⑥ 누출사고 시 대처방법

⑦ 취급 및 저장방법

⑧ 노출방지 및 개인보호구

⑨ 물리화학적 특성

⑩ 안정성 및 반응성

⑪ 독성에 관한 정보

⑫ 환경에 미치는 영향

⑬ 폐기 시 주의사항

⑭ 운송에 필요한 정보

⑮ 법적규제 현황

⑯ 그 밖의 참고사항

(2) 작성원칙(제11조)

① 물질안전보건자료는 한글로 작성하는 것을 원칙으로 하되 화학물질명, 외국기관명 등의 고유명사는 영어로 표기할 수 있다.

② ①에도 불구하고 실험실에서 시험·연구목적으로 사용하는 시약으로서 물질안전보건자료가 외국어로 작성된 경우에는 한국어로 번역하지 아니할 수 있다.

③ (1)의 작성 시 시험결과를 반영하고자 하는 경우에는 해당국가의 우수실험실기준(GLP) 및 국제공인시험기관 인정(KOLAS)에 따라 수행한 시험결과를 우선적으로 고려하여야 한다.

④ 외국어로 되어있는 물질안전보건자료를 번역하는 경우에는 자료의 신뢰성이 확보될 수 있도록 최초 작성기관명 및 시기를 함께 기재하여야 하며, 다른 형태의 관련 자료를 활용하여 물질안전보건자료를 작성하는 경우에는 참고문헌의 출처를 기재하여야 한다.

⑤ 물질안전보건자료 작성에 필요한 용어, 작성에 필요한 기술지침은 한국산업안전보건공단이 정할 수 있다.

⑥ 물질안전보건자료의 작성단위는 계량에 관한 법률이 정하는 바에 의한다.

⑦ 각 작성항목은 빠짐없이 작성하여야 한다. 다만, 부득이 어느 항목에 대해 관련 정보를 얻을 수 없는 경우에는 작성란에 "자료 없음"이라고 기재하고, 적용이 불가능하거나 대상이 되지 않는 경우에는 작성란에 "해당 없음"이라고 기재한다.

⑧ (1)의 ①에 따른 화학제품에 관한 정보 중 용도는 용도분류체계에서 하나 이상을 선택하여 작성할 수 있다. 다만, 산업안전보건법 제110조 제1항 및 제3항에 따라 작성된 물질안전보건자료를 제출할 때에는 용도분류체계에서 하나 이상을 선택하여야 한다.

⑨ 혼합물 내 함유된 화학물질 중 산업안전보건법 시행령 별표 18 제1호 가목에 해당하는 화학물질의 함유량이 한계농도인 1% 미만이거나 동 별표 제1호 나목에 해당하는 화학물질의 함유량이 건강 및 환경 유해성 분류에 대한 한계농도 기준에서 정한 한계농도 미만인 경우 (1)의 ①에 따른 항목에 대한 정보를 기재하지 아니할 수 있다. 이 경우 화학물질이 산업안전보건법 시행령 별표 18 제1호 가목과 나목 모두 해당할 때에는 낮은 한계농도를 기준으로 한다.

⑩ (1)의 ③에 따른 구성 성분의 함유량을 기재하는 경우에는 함유량의 ±5%P 내에서 범위(하한 값 ~ 상한 값)로 함유량을 대신하여 표시할 수 있다.

⑪ 물질안전보건자료를 작성할 때에는 취급 근로자의 건강보호목적에 맞도록 성실하게 작성하여야 한다.

(3) 혼합물의 유해성·위험성 결정(제12조)

① 물질안전보건자료를 작성할 때에는 혼합물의 유해성·위험성을 다음과 같이 결정한다.
  ㉠ 혼합물에 대한 유해성·위험성의 결정을 위한 세부 판단기준은 화학물질 등의 분류에 따른다.
  ㉡ 혼합물에 대한 물리적 위험성 여부가 혼합물 전체로서 시험되지 않는 경우에는 혼합물을 구성하고 있는 단일화학물질에 관한 자료를 통해 혼합물의 물리적 잠재유해성을 평가할 수 있다.

② 혼합물인 제품들이 다음의 요건을 모두 충족하는 경우에는 해당 제품들을 대표하여 하나의 물질안전보건자료를 작성할 수 있다.
  ㉠ 혼합물인 제품들의 구성성분이 같을 것. 다만, 향수, 향료 또는 안료(이하 "향수 등"이라 한다) 성분의 물질을 포함하는 제품으로서 다음의 요건을 모두 충족하는 경우에는 그러하지 아니하다.
    • 제품의 구성성분 중 향수 등의 함유량(2가지 이상의 향수 등 성분을 포함하는 경우에는 총함유량을 말한다)이 5% 이하일 것
    • 제품의 구성성분 중 향수 등 성분의 물질만 변경될 것
  ㉡ 각 구성성분의 함유량 변화가 10% 이하일 것
  ㉢ 유사한 유해성을 가질 것

③ ②에 따라 하나의 물질안전보건자료를 작성하는 제품들이 ②의 ㉠ 단서에 해당하는 경우는 (1)의 ③에 따른 항목에 제품별로 구성성분을 알 수 있도록 기재하여야 하고 ②의 ㉢에 해당하는 경우는 제품별로 유해성을 구분하여 기재하여야 한다.

(4) 양도 및 제공(제13조)

① 물질안전보건자료대상물질을 양도하거나 제공하는 자는 산업안전보건법 시행규칙 제160조 제1항에 따라 다음의 어느 하나에 해당하는 방법으로 물질안전보건자료를 제공할 수 있다. 이 경우 물질안전보건자료대상물질을 양도하거나 제공하는 자는 상대방의 수신 여부를 확인하여야 한다.

   ㉠ 등기우편

   ㉡ 정보통신망 이용촉진 및 정보보호 등에 관한 법률 제2조 제1항에 따른 정보통신망 및 전자문서(물질안전보건자료를 직접 첨부하거나 저장하여 제공하는 것에 한한다)

② 산업안전보건법 시행령 별표 18 제1호에 따른 분류기준에 해당하지 아니하는 화학물질 또는 혼합물을 양도하거나 제공할 때에는 해당 화학물질 또는 혼합물이 산업안전보건법 시행령 별표 18 제1호에 따른 분류기준에 해당하지 않음을 서면으로 통보하여야 한다. 이 경우 해당 내용을 포함한 물질안전보건자료를 제공한 경우에는 서면으로 통보한 것으로 본다.

③ ②에 따른 화학물질 또는 혼합물을 양도하거나 제공하는 자와 그 양도·제공자로부터 해당 화학물질 또는 혼합물이 산업안전보건법 시행령 별표 18 제1호에 따른 분류기준에 해당되지 않음을 서면으로 통보받은 자는 해당 서류(②의 후단에 따라 물질안전보건자료를 제공한 경우에는 해당 물질안전보건자료를 말한다)를 사업장 내에 갖추어 두어야 한다.

④ 제2조 제1항 제3호 나목의 위탁자가 물질안전보건자료를 제출하거나 비공개 승인을 신청하여 그 결과를 통지받은 경우, 제출한 물질안전보건자료 또는 통지받은 승인 결과를 수탁자에게 제공하여야 한다.

(5) 전산장비 조치사항(제14조)

산업안전보건법 시행규칙 제167조 제1항 단서의 '고용노동부장관이 정하는 조치'란 다음의 조치를 말한다.

① 물질안전보건자료를 확인할 수 있는 전산장비를 취급 근로자(화학물질에 노출되는 근로자를 모두 포함한다)가 작업 중 쉽게 접근할 수 있는 장소에 설치하여 가동하고 있을 것

② 해당 화학물질 취급 근로자에게 물질안전보건자료의 프로그램 작동방법, 제품명 입력 및 물질안전보건자료 확인 방법 등을 교육할 것

③ 산업안전보건법 제114조 제2항 및 산업안전보건법 시행규칙 제168조 제1항에 따른 관리요령에 물질안전보건자료 검색방법을 포함하여 게시하였을 것

(6) 교육내용 주지(제15조)

사업주는 산업안전보건법 시행규칙 제167조 제1항 제3호에 따라 전산 장비를 갖추어 둔 경우에는 취급 근로자가 그 장비를 이용하여 물질안전보건자료를 확인할 수 있는지 여부를 확인하여야 한다.

핵심예제

MSDS 작성 시 포함되어야 할 항목이 아닌 것은?
① 화학제품과 회사에 관한 정보
② 취급 및 저장방법
③ 물리화학적 특성
④ 화학물질 구입가격

|정답| ④

핵심이론 02 화학물질 취급 시 안전수칙

(1) 화학물질 취급 시 주의사항

① 화학물질은 주의 깊게 관리해야 한다.
② 열이 발생하는 물질은 확인해야 한다.
③ 화학물질 수송은 안전한 운반 장비를 사용해야 합니다.
④ 올바른 개인보호장비를 착용해야 합니다.
⑤ 혼합 금지 물질은 분리합니다.
⑥ 안전 관리가 필요합니다.

(2) 분야별 안전수칙

① 실험실 안전보건 공통

　㉠ 모든 실험은 실험복 착용을 원칙으로 한다.
　㉡ 유해위험요소가 있는 실험을 실시할 경우 적정한 보호구를 착용하여야 한다(예 실험복, 호흡보호구, 보안경 등).
　㉢ 연구실 출입문(또는 눈에 잘 띄는 곳)에는 비상연락망과 연구실책임자, 연구원 등의 기록을 반드시 부착한다.
　㉣ 연구실책임자는 실험 전에 실험 중 발생할 수 있는 유해위험요소에 대하여 사전안전교육을 실시하는 것을 원칙으로 한다.
　㉤ 실험구역에서 식품보관, 음식섭취, 흡연, 화장 등의 행위를 금지하도록 한다.
　㉥ 화학물질 저장캐비닛에 저장된 물품 중 유리상자 등 깨질 우려가 있는 것은 아래에 보관하도록 한다.
　㉦ 지정된 장소에서만 실험을 수행한다.
　㉧ 연구실 최종 퇴실자는 연구실의 이상 유무를 확인하고 일일체크리스트에 기록한다.
　㉨ 실험실 내에서나 복도에서는 뛰어다니지 않도록 한다.
　㉩ 연구활동종사자 이외의 일반인이 연구실을 방문할 때에는 보안경 등 필요한 보호장비를 제공하여 착용토록 한다.
　㉺ 실험실에서의 인가되지 않는 실험은 엄격히 금지한다.
　㉻ 연구활동종사자들은 비상샤워기, 눈세정장치, 소화기 및 비상탈출구 등 실험실의 안전시설을 알고 있어야 한다.
　㉾ 실험실 기구나 장비로 인해 보행로나 소방통로가 방해되지 않도록 한다.
　㉿ 실험실을 떠나기 전에 항상 손을 씻도록 한다.
　㉮ 모든 연구 활동종사자들은 실험 동안에 발끝을 덮는 신발을 착용하여야 한다.
　㉯ 긴머리는 부상을 방지하기 위하여 뒤로 묶어야 한다.
　㉰ 콘택트렌즈는 눈에 화학물질 농도를 농축시킬 수 있으므로 착용을 피하도록 한다.
　㉱ 눈부상 위험(눈에 화학물질이 튐)이 있는 모든 실험실에서 보안경은 실험과정 동안 항상 착용하도록 한다.
　㉲ 발암성, 생식독성 및 태아독성의 위험성에 노출될 수 있는 실험의 경우 연구실책임자는 반드시 연구활동종사자들에게 위험성을 공지하도록 한다.
　㉳ 화재 또는 사고 시에 주위사람에게 알린다.
　㉴ 필요한 장소에 소화기, 보호구, 구급약품, 휴대용 조명기구 등을 비치하여야 한다.
　㉵ 모든 연구활동종사자들이 정기적으로 표준실험방법, 실험규칙 및 안전수칙에 대한 교육훈련을 받도록 하여야 하고 그 결과를 기록하여야 한다.

② 화학물질 공통

　㉠ 연구실 출입구에 유해·위험 경고표지를 부착하도록 한다.
　㉡ 화학물질은 국소환기설비를 갖춘 곳에서 취급하도록 한다.
　㉢ 유해물질을 취급하는 실험을 할 때에는 흄후드 내에서 실시하도록 한다.
　㉣ 유해물질 등 시약은 절대로 입에 대거나 냄새를 맡지 않도록 한다.

ⓜ 절대로 입으로 피펫(Pipet)을 빨아서는 안 된다.

ⓑ 실험실내에서는 긴바지를 착용하여야 한다.

ⓢ 음식물을 연구실내 시약 저장냉장고에 보관하지 않도록 한다.

ⓞ 화학약품을 보관하는 시약장은 시건장치를 설치하도록 한다.

ⓩ 실험실내에서 음식물을 섭취하지 않도록 한다.

ⓒ 실험실에서 나갈 때에는 비누로 손을 씻도록 한다.

ⓚ 실험폐액을 싱크대에 버리지 않도록 한다.

ⓣ 화학물질의 흘림 또는 누출 시 대응절차 및 수거용품을 구비하도록 하며, 실험 중에 쏟은 모든 화학물질은 즉시 닦아내도록 한다.

ⓟ 유해화학물질이 눈에 들어갔을 경우에 신속히 물로 세척한다.

ⓗ 실험실에서 사용하는 모든 화학물질에 대하여 목록을 작성하고, 사고대비물질, CMR물질, 특별관리물질을 파악하여 관리대장으로 관리하여야 한다.

㉮ 실험실에서 사용하는 모든 화학물질에 대한 물질안전보건자료(MSDS)를 구비하고 내용을 항시 숙지한다.

㉯ 모든 시약의 용기에는 화학물질 경고표지와 화학물질 라벨을 부착하여 수령일자와 개봉일자를 기록한다.

㉰ 시약은 종류별로 시약장에 보관하고, 시약용기는 사용 후 항상 원래의 보관장소에 놓아 보관한다.

㉱ 발암성물질은 구획된 별도의 장소에 보관하도록 한다.

㉲ 실험대 선반에는 최소한의 화학약품만 보관하도록 한다.

㉳ 시약은 시약전용 시약장에 보관하도록 하며, 환기설비와 연결되도록 한다.

㉴ 발열반응을 수반하는 화학실험은 특히 주의를 기울여 실험에 임한다.

㉵ 실험실과 화학약품 저장소 공간 사이에 시약을 이동할 경우 안전한 운반용구를 사용한다.

㉶ 유기/무기물질은 시약장에 분류 보관하고 국소환기 설비와 연결되도록 한다.

㉷ 가연성(인화성) 화학물질은 전용 저장캐비닛에 보관하도록 한다.

㉮ 부식성 화학물질은 산/염기 전용 저장캐비닛에 보관하고, 연구실 바닥과 가까운 낮은 곳에 보관한다.

㉯ 화학물질은 광원 및 열원으로부터 멀리 떨어진 곳에 보관하도록 한다.

㉰ 연구활동종사자가 화학물질을 용기에서 소분할 때 적절한 절차에 따라 하도록 하며, 소분하는 양을 조절할 수 있는 물품을 확보해두어야 한다.

㉱ 서로 접촉되었을 때 화재·폭발의 원인이 될 수 있는 물질은 별도로 분리 보관하도록 한다.

③ 산성·알칼리성 화합물

ⓖ 산성·알칼리성 화합물은 함께 두지 말고 격리하여 보관하여야 한다.

ⓛ 산성·알칼리성 시약을 취급할 경우 화상에 주의한다.

ⓒ 산성·알칼리성 화합물은 연구실 바닥과 가까운 낮은 곳에 보관한다.

ⓡ 산성·알칼리성 시약의 희석용액을 제조할 경우 발열에 주의하며 물에 산과 알칼리를 소량씩 첨가하여 희석시킨다.

ⓜ 강산과 강염기는 공기 중 수분과 반응하여 치명적 증기를 생성시키므로 사용하지 않을 때에는 뚜껑을 닫아 놓는다.

ⓑ 산성·알칼리성 시약을 운반할 경우에는 깨지지 않는 이송용기 사용을 원칙으로 한다.

ⓢ 산성·알칼리성 시약은 부식성이 있는 금속성 용기에 저장하는 것을 금한다.

ⓞ 산이나 염기가 눈이나 피부에 묻었을 때 즉시 세안장치나 비상샤워기로 씻어내고 도움을 요청하도록 한다.

④ 가연성(인화성) 화학물질

ⓖ 가연성(인화성) 화학물질은 전용 저장캐비닛에 보관하도록 한다.

ⓛ 모든 가연성 화학물질에 대하여 목록(Inventory)을 작성한다.

ⓒ 모든 가연성 화학물질에 대한 물질안전보건자료(MSDS)를 구비한다.

ⓔ 인화성 물질의 취급 장소에는 소화기를 반드시 비치하여야 한다.

ⓜ 환기설비가 갖추어진 시약장일지라도 건물내부에 가연성물질을 보관할 경우 500L를 초과하지 않도록 한다.

ⓗ 개별 저장 캐비닛에 보관하는 가연성 및 휘발성 화학물질은 250L를 초과하지 않도록 한다.

ⓢ 미지의 화학물질을 사용할 때는 가능한 한 소량을 사용한다.

ⓞ 유리용기로 된 화학약품의 저장은 가능한 캐비닛 선반의 가장 아래쪽에 보관한다.

ⓩ 가스, 증기, 분진 액체 등 가연성이나 폭발성 물질의 취급기기의 설비 또는 기기의 주변에는 스파크를 발생하는 기계기구 등을 사용하지 않도록 한다.

ⓧ 가스, 증기, 분진 액체 등 가연성이나 폭발성 물질의 취급기기의 설비 또는 기기 주변의 전기설비는 방폭형의 것을 사용한다.

ⓚ 부득이 배선이 필요할 경우에는 반드시 방폭배선을 이용하고 가연성 가스의 분위기에서 불꽃이 발생하는 기기를 설치하지 않도록 한다.

ⓣ 정전기 발생이 우려되는 경우에는 접지 등을 하여 정전기를 제거하도록 한다.

⑤ 위험물취급 안전수칙

ⓐ 위험물 취급 시는 절대로 흡연을 삼가고, 화기를 가까이하지 않는다.

ⓛ 취급자가 허가된 물량만 취급한다.

ⓒ 허가된 위험물은 지정된 장소에서만 취급한다.

ⓔ 유류와 어떠한 물품도 혼합저장하지 않는다(혼재 시 관련규정에 따른다).

ⓜ 취급 전에 소방 설비와 해당 소화기를 확인한다.

ⓗ 경보설비 및 소방기구 조작법을 숙지한다.

ⓢ 취급 후 시건장치를 확인하고 점검부에 기록한다.

ⓞ 저장소에서는 정리정돈하고 폐기물은 매일 처리한다.

⑥ 위험물저장소 안전수칙

ⓐ 저장소에서 화기 및 인화물취급을 엄금한다.

ⓛ 저장소에서는 정리정돈하고 폐기물은 매일 정리한다.

ⓒ 위험물 취급 시는 용기의 전도, 추락, 충격을 금한다.

ⓔ 정전기가 발생하지 않도록 한다.

ⓜ 허가량 이상은 저장하지 않도록 한다.

ⓗ 위험물의 취급 및 불출은 관리자 입회 하에 한다.

ⓢ 소방시설은 1일 1회 이상 점검하고 작동요령을 익힌다.

⑦ 유해화학물질 취급 시 안전수칙

ⓐ 유해물질은 소정의 장소, 용기에 격납하여야 한다.

ⓛ 유해물질은 지정된 표시를 하여야 한다.

ⓒ 취급관계자 이외에는 작업장 출입을 금한다.

ⓔ 작업장 내에서는 담배, 음식을 금한다.

ⓜ 음식물을 섭취하기 전에는 손을 깨끗이 닦아야 한다.

ⓗ 보호구(방독마스크, 고무앞치마, 내산장갑 등)나 방호장치는 용도에 적합한 것을 사용해야 한다.

ⓢ 작업장의 통풍환기에는 항상 주의한다.

ⓞ 신체에 이상(두통, 복통, 설사)을 느끼면 곧 의사나 보건관리자의 상담을 받는다.

ⓩ 정하여진 특수건강진단은 규정된 기간마다 반드시 받는다.

ⓧ 강한 산이나 알칼리류는 신체에 접촉되지 않도록 보호구를 착용하고 조심해서 취급한다.

핵심예제

실험실 및 화학물질을 다룰 때의 안전수칙이 아닌 것은?

① 모든 실험은 실험복 착용을 원칙으로 한다.
② 지정된 장소에서만 실험을 수행한다.
③ 실험 동안에 발끝이 보이는 신발을 착용하여야 한다.
④ 유해물질을 취급하는 실험을 할 때에는 흄후드 내에서 실시하도록 한다.

|정답| ③

(1) 정의(산업안전보건기준에 관한 규칙 제420조)

① 관리대상 유해물질 : 근로자에게 상당한 건강장해를 일으킬 우려가 있어 산업안전보건법 제39조에 따라 건강장해를 예방하기 위한 보건상의 조치가 필요한 원재료·가스·증기·분진·흄, 미스트로서 유기화합물, 금속류, 산·알칼리류, 가스상태 물질류를 말한다.

② 유기화합물 : 상온·상압에서 휘발성이 있는 액체로서 다른 물질을 녹이는 성질이 있는 유기용제를 포함한 탄화수소계화합물 중 별표 12 제1호에 따른 물질을 말한다.

③ 금속류 : 고체가 되었을 때 금속광택이 나고 전기·열을 잘 전달하며, 전성과 연성을 가진 물질 중 별표 12 제2호에 따른 물질을 말한다.

④ 산·알칼리류 : 수용액 중에서 해리하여 수소이온을 생성하고 염기와 중화하여 염을 만드는 물질과 산을 중화하는 수산화화합물로서 물에 녹는 물질 중 별표 12 제3호에 따른 물질을 말한다.

⑤ 가스상태 물질류 : 상온·상압에서 사용하거나 발생하는 가스 상태의 물질로서 별표 12 제4호에 따른 물질을 말한다.

⑥ 특별관리물질 : 산업안전보건법 시행규칙 별표 18 제1호 나목에 따른 발암성 물질, 생식세포 변이원성 물질, 생식독성 물질 등 근로자에게 중대한 건강장해를 일으킬 우려가 있는 물질로서 별표 12에서 특별관리물질로 표기된 물질을 말한다.

(2) 관리대상 유해물질

① 산업 현장에서 사용하는 화학물질 중 국내의 작업환경측정결과에 따라 노출 수준평가, 직업병 발생으로 사회적 관심을 유발한 물질, 유독한 물질이지만 국내에서 취급하지 않는 물질 제외 등의 과정을 거쳐 산업안전보건법에 등재된 물질을 말한다.

② 관리대상 유해물질의 종류
  ㉠ 유기화합물(123종)
  ㉡ 금속류(25종)
  ㉢ 산·알칼리류(18종)
  ㉣ 가스상태물질류(15종)

③ 관리대상 유해물질의 유해성
  유해물질의 인체 내 침입 경로는 코를 통한 흡입, 입을 통한 섭취 및 피부를 통한 침투 방법이 있다.
  ㉠ 흡입은 유해물질을 취급하는 작업장의 가스, 증기, 흄 등에 노출되는 경우 발생
  ㉡ 섭취는 유해물질에 오염된 음식물, 음료 등을 먹는 과정에서 발생
  ㉢ 피부를 통한 침투는 팔, 다리 및 얼굴 등의 신체가 유해물질에 직접 접촉하여 발생

구 분	건강 장해	산업에서의 용도	주요 노출 공정
유기 화합물	중독, 피부질환, 간 및 신장 장해, 백혈병	세척제, 희석제, 발포제, 화학물질 합성 원료	전자업종 세척공정, 화학업종 발포공정, 인쇄업 인쇄공정, 피혁업 도장공정
금속류	폐질환, 호흡기계질환, 뇌질환	산업소재, 건축자재, 원료, 촉매제	제철업종 용해공정, 단조업종 용해공정, 주조업종 용해공정, 도금업 도금공정, 조선업 용접공정
산· 알칼리류	눈 및 코 자극, 피부 화상	화학반응 촉매제, 물질추출제, 산화제, 환원제, 비료원료	도금업 세척공정, 도금업 도금공정, 비료제조업 원료공정
가스상태 물질류	질식, 마비	보존제, 멸균소독제, 농약원료, 냉매제, 반응 부산물	병원 소독실, 의료기제조 멸균공정, 보일러 정비작업, 폐수처리장, 분뇨수거작업

④ 건강장해 예방대책
　㉠ 작업환경관리
　　• 현재 취급 및 사용하고 있는 관리대상물질보다 독성이 낮은 대체할 수 있는 물질 여부와 대체 사용 가능성을 검토하여 근원적으로 근로자의 건강에 대한 영향을 낮춘다.
　　• 관리대상물질을 제조, 취급 및 사용하는 설비는 가능한 밀폐시킨다.
　　• 작업상 필요한 부분만을 제외하고 완전히 밀폐시킨다.
　　• 밀폐가 쉽지 않은 경우 관리대상물질이 배출되는 설비 부분에 국소배기장치를 설치하여 발생하는 분진이 작업장 내로 확산되기 전에 제거하도록 한다.
　　• 발생 장소가 많고 발생원이 이동되어 국소배기가 곤란한 경우에는 천정, 벽면 등에 배기팬을 달아 작업장 전체를 환기시킨다.
　㉡ 작업관리
　　• 교육 : 제조, 취급 및 사용하는 관리대상물질에 대하여 인체에 미치는 영향, 응급시 조치사항, 취급요령 등을 정기적으로 교육한다.
　　• 세척시설 : 작업장 안 또는 인접한 곳에 세척 시설을 두어 손, 눈 등의 신체부위가 오염될 경우 씻도록 한다.
　　• 보호구 : 관리대상물질을 제조, 사용 및 취급하는 근로자들에게 코나 입을 통한 인체 내 흡입을 방지할 수 있는 호흡용 보호구 등 개인보호구를 지급, 착용하도록 한다.
　㉢ 건강관리
　　• 관리대상물질을 취급하는 장소에서는 흡연을 하거나 음식물을 섭취하지 않는다.
　　• 작업 종료 후에는 손, 발을 깨끗이 씻는다.
　　• 작업 종류 후 오염된 작업복은 세탁한다.
　　• 정기적으로 특수건강진단을 받는다.

(3) 특별관리물질(CMR 물질)
① 발암성 물질, 생식세포 변이원성 물질, 생식독성 물질 등 근로자에게 중대한 건강장해를 일으킬 우려가 있는 물질로 특별관리물질로 표기된 물질을 말한다.
② 유기화합물류 34종, 금속류 7종, 산ㆍ알칼리류 2종, 가스상태물질류 1종
③ CMR 분류 기준
　㉠ 발암성 물질 : 암을 일으키거나 그 발생을 증가시키는 물질
　㉡ 생식세포 변이원성 물질 : 자손에게 유전될 수 있는 사람의 생식세포에 돌연변이를 일으킬 수 있는 물질
　㉢ 생식독성 물질 : 생식기능, 생식능력 또는 태아의 발생, 발육에 유해한 영향을 주는 물질

(4) 유해물질의 운반
① 유해물질을 손으로 운반할 경우 적절한 운반용기에 넣고 운반하여 넘어지거나 깨지지 않도록 하여야 한다.
② 바퀴가 달린 수레로 운반할 때에는 고르지 못한 평면에서 튀거나 갑자기 멈추지 않도록 고른 회전을 할 수 있는 바퀴를 가진 것이어야 한다.
③ 적은 양의 가연성 액체를 안전하게 운반하기 위해서는 다음의 요령을 따른다.
　㉠ 증기를 발산하지 않는 보관용기로 운반한다.
　㉡ 저장소에 보관 중에는 환기가 잘 되도록 한다.
　㉢ 점화원을 제거토록 한다.

(5) 유해물질의 저장
① 모든 유해물질은 지정된 저장공간이 있어야 한다.
② 모든 유해물질은 약품이름, 소유자, 구입날짜, 위험성, 응급절차를 나타내는 라벨을 부착하여야 한다.
③ 유해물질은 직사광선을 피하고 냉암소에 저장한다.

(6) 유해물질의 취급

① 사용한 물질의 성상, 특히 화재·폭발 중독의 위험성을 잘 조사 연구한 후가 아니면 위험한 물질을 취급해서는 안 된다.

② 유해물질을 사용할 때는 가능한 한 소량을 사용하고, 또한 미지의 물질에 대해서는 예비 시험을 할 필요가 있다.

③ 화재·폭발의 위험이 있는 실험의 경우, 폭발방지용 방호벽 등 특별한 방호설비를 갖추고 실험에 임하여야 한다.

④ 유해물질의 폐기물의 처리는 수질오염, 대기 오염을 일으키지 않도록 주의하여야 한다.

(7) 유해물질의 안전조치

① 독 성

ㄱ 실험자는 자신이 사용하거나 타 실험자가 사용하는 물질의 독성에 대하여 알고 있어야 한다.

ㄴ 독성물질을 취급할 때는 체내에 들어가는 것을 막는 조치를 취해야 한다.

ㄷ 밀폐된 지역에서 많은 양을 사용해서는 안되며 항상 부스 내에서만 사용한다.

② 산과 염기물

ㄱ 항상 물에 산을 가하면서 희석하여야 하며, 반대의 방법은 금지한다.

ㄴ 강산과 강염기는 공기 중 수분과 반응하여 치명적 증기를 생성시키므로 사용하지 않을때에는 뚜껑을 닫아 놓는다.

ㄷ 산이나 염기가 눈이나 피부에 묻었을 때 즉시 세안장치 및 샤워장치로 씻어내고 도움을 요청하도록 한다.

ㄹ 불화수소는 가스 및 용액이 맹독성을 나타내며 화상과 같은 즉각적인 증상이 없이 피부에 흡수되므로 취급에 주의를 요한다.

ㅁ 과염소산은 강산의 특성을 띠며 유기화합물 및 무기화합물과 반응하여 폭발할 수 있으며, 가열, 화기와 접촉, 충격, 마찰에 의해 스스로 폭발하므로 특히 주의해야 한다.

③ 산화제

ㄱ 강산화제는 매우 적은 양으로 강렬한 폭발을 일으킬 수 있으므로 방호복, 고무장갑, 보안경 및 보안면 같은 보호구를 착용하고 취급하여야 한다.

ㄴ 많은 산화제를 사용하고자 할 경우 폭발방지용 방호벽 등이 포함된 특별계획을 수립해야 한다.

④ 금속분말

ㄱ 초미세한 금속분진들은 폐, 호흡기 질환 등을 일으킬 수 있으므로 미세분말 취급 시 방진마스크 등 올바른 호흡기 보호대책이 강구되어야 한다.

ㄴ 실험실 오염을 방지하기 위해 가능한 한 부스나 후드 아래에서 분말을 취급한다.

ㄷ 많은 미세 분말들은 자연발화성이며 공기에 노출되었을 때 폭발할 수 있으므로 특별히 주의하여야 한다.

⑤ 기 타

석면섬유와 유사결정들은 피부에 묻지 않고 흡입하지 않도록 조심스럽게 다뤄야 한다.

핵심예제

다음 중 보존제, 멸균소독제, 농약원료로 사용되는 물질 중 질식이나 마비 등의 건강장해를 일으킬 수 있는 관리대상 유해물질은?

① 가스상태 물질류
② 산알칼리류
③ 금속류
④ 유기화합물

정답 ①

4-2. 안전사고 대응

핵심이론 01 화학사고의 대비 및 대응(화학물질관리법)

(1) 사고대비물질의 지정 등

① 사고대비물질의 지정(제39조)

환경부장관은 화학사고 발생의 우려가 높거나 화학사고가 발생하면 피해가 클 것으로 우려되는 다음의 어느 하나에 해당하는 화학물질 중에서 대통령령으로 정하는 바에 따라 사고대비물질을 지정·고시하여야 한다.

　㉠ 인화성, 폭발성 및 반응성, 유출·누출 가능성 등 물리적·화학적 위험성이 높은 물질

　㉡ 경구(經口) 투입, 흡입 또는 피부에 노출될 경우 급성독성이 큰 물질

　㉢ 국제기구 및 국제협약 등에서 사람의 건강 및 환경에 위해를 미칠 수 있다고 밝혀진 물질

　㉣ 그 밖에 화학사고 발생의 우려가 높아 특별한 관리가 필요하다고 인정되는 물질

② 사고대비물질의 관리기준(제40조)

사고대비물질을 취급하는 자는 외부인 출입관리 기록 등 환경부령으로 정하는 사고대비물질의 관리기준을 지켜야 한다. 다만, 사고대비물질의 취급시설이 연구실 안전환경 조성에 관한 법률 제2조 제2호에 따른 연구실인 경우에는 그러하지 아니하다.

(2) 화학사고의 대응 등

① 화학사고 발생신고 등(제43조)

　㉠ 화학사고가 발생하거나 발생할 우려가 있으면 해당 화학물질을 취급하는 자는 즉시 화학사고예방관리계획서에 따라 위해방제에 필요한 응급조치를 하여야 한다. 다만, 화학사고의 중대성·시급성이 인정되는 경우에는 취급시설의 가동을 중단하여야 한다.

　㉡ 화학사고가 발생하면 해당 화학물질을 취급하는 자는 즉시 관할 지방자치단체, 지방환경관서, 국가경찰관서, 소방관서 또는 지방고용노동관서에 신고하여야 한다.

　㉢ ㉡에 따라 신고를 받은 기관의 장은 즉시 이를 환경부령으로 정하는 바에 따라 화학사고의 원인·규모 등을 환경부장관에게 통보하여야 한다.

　㉣ ㉡에 따른 신고 또는 ㉢에 따른 통보를 한 경우에는 재난 및 안전관리 기본법 제18조에 따른 신고 또는 통보를 각각 마친 것으로 본다.

② 화학사고 현장 대응(제44조)

　㉠ 환경부장관은 화학사고의 신속한 대응 및 상황 관리, 사고정보의 수집과 통보를 위하여 해당 화학사고 발생현장에 환경부령으로 정하는 요건을 갖춘 현장수습조정관을 파견할 수 있다.

　㉡ ㉠에 따른 현장수습조정관의 역할은 다음과 같다.
　　• 화학사고의 대응 관련 조정·지원
　　• 화학사고 대응, 영향조사, 피해의 최소화·제거, 복구 등에 필요한 조치
　　• 화학사고 대응, 복구 관련 기관과의 협조 및 연락 유지
　　• 화학사고 원인, 피해규모, 조치 사항 등에 대한 대국민 홍보 및 브리핑
　　• 그 밖에 화학사고 수습에 필요한 조치

　㉢ 화학사고가 발생한 지역을 관할하는 지방자치단체의 장(해당 지역에 소재하는 긴급구조기관 및 긴급구조지원기관을 포함한다)은 현장수습조정관이 화학사고 현장에서 원활히 업무를 수행할 수 있도록 적극 협조하여야 하고 주요한 사안을 결정·집행할 경우에는 현장수습조정관과 협의하여야 한다.

③ 화학사고 발생 시설에 대한 가동중지명령(제44조의2)

　㉠ ②에 따른 현장수습조정관은 ②의 ㉡ 각 호에 따른 업무의 효율적인 수행을 위하여 필요하다고 인정되는 경우 해당 화학물질 취급시설에 대한 가동 중지를 명령(이하 "가동중지명령"이라 한다)할 수 있다.

　㉡ 가동중지명령을 받은 사업자는 즉시 해당 화학물질 취급시설의 가동을 중지하여야 하고, 환경부장관이 그 가동중지명령을 해제할 때까지는 해당 화학물질 취급시설을 가동하여서는 아니 된다.

　㉢ 가동중지명령과 가동중지명령 해제의 요건, 방법 및 절차 등에 필요한 사항은 환경부령으로 정한다.

④ 화학사고 영향조사(제45조)

　㉠ 환경부장관은 화학사고의 원인 규명, 사람의 건강이나 환경 피해의 최소화 및 복구 등을 위하여 필요한 경우 관계 기관의 장과 협의하여 다음의 사항에 대하여 영향조사(이하 "영향조사"라 한다)를 실시하여야 한다.
　　• 화학사고의 원인, 규모, 경과 및 인적·물적 피해사항
　　• 화학사고 원인이 되는 화학물질의 특성 및 유해성·위해성
　　• 화학사고 발생지역 인근 주민의 건강 및 주변 환경에 대한 영향
　　• 화학사고 원인이 되는 화학물질의 노출량 및 오염정도
　　• 화학사고 원인이 되는 화학물질의 대기·수질·토양·자연환경 등으로 이동 및 잔류 형태
　　• 화학사고가 추가로 발생할 가능성
　　• 그 밖에 화학사고의 피해구제에 필요한 사항

　㉡ 환경부장관은 영향조사를 수행하기 위하여 대통령령으로 정하는 바에 따라 제44조에 따른 현장수습조정관을 단장으로 하는 화학사고 조사단을 구성·운영할 수 있다.

⑤ 조치명령 등(제46조)

　㉠ 환경부장관은 해당 화학사고의 원인이 되는 사업자에 대하여 환경부령으로 정하는 기한 내에 다음 각 호의 조치를 명할 수 있다.
　　• 화학사고로 인한 사람의 건강이나 주변 환경에 대한 피해의 최소화 및 제거
　　• 화학물질로 오염된 지역에 대한 복구

　㉡ ㉠에 따라 조치명령을 받은 자는 환경부령으로 정하는 바에 따라 이행계획서를 환경부장관에게 제출하여 ㉠에 따른 조치명령을 이행하여야 한다.

　㉢ 환경부장관은 제46조 제1항 제1호에 따른 최소화 및 제거 조치를 결정하는 경우 화학물질의 유해성·위해성, 노출경로 등을 고려하여 우선순위를 정할 수 있다.

　㉣ 제46조 제1항 제2호에 따른 복구조치의 기준은 대기환경보전법, 물환경보전법, 토양환경보전법에서 규정한 환경기준을 적용하고, 환경기준이 없는 경우에는 환경부장관이 별도로 정하는 지침을 따른다.

　㉤ ㉠ 및 ㉡에 따른 최소화·제거 조치, 복구조치 및 이행계획서의 작성방법에 관한 세부적인 사항은 환경부령으로 정한다.

⑥ 화학사고 특별관리지역의 지정(제47조)

　㉠ 환경부장관은 화학사고 발생에 따른 현장 대응을 강화하기 위하여 산업단지 등 화학사고 발생 우려가 높은 지역을 대통령령으로 정하는 바에 따라 화학사고 특별관리지역(이하 "특별관리지역"이라 한다)으로 지정할 수 있다.

　㉡ 특별관리지역을 지정하려는 경우 환경부장관은 그 지역을 관할하는 특별시장·광역시장·특별자치시장·도지사 및 특별자치도지사와 협의하여야 한다.

　㉢ 환경부장관은 특별관리지역 내에 화학물질을 취급하는 사업장에 대한 상시적인 관리·감독 및 화학사고 대응 등을 위하여 전담기관을 설치·운영할 수 있다.

1. 금지표지	101 출입금지	102 보행금지	103 차량통행금지	104 사용금지	105 탑승금지	106 금연
107 화기금지	108 물체이동금지	2. 경고표지	201 인화성물질 경고	202 산화성물질 경고	203 폭발성물질 경고	204 급성독성물질 경고
205 부식성물질 경고	206 방사성물질 경고	207 고압전기 경고	208 매달린 물체 경고	209 낙하물 경고	210 고온 경고	211 저온 경고
212 몸균형 상실 경고	213 레이저광선 경고	214 발암성·변이원성·생식독성·전신독성·호흡기과민성 물질 경고	215 위험장소 경고	3. 지시표지	301 보안경 착용	302 방독마스크 착용
303 방진마스크 착용	304 보안면 착용	305 안전모 착용	306 귀마개 착용	307 안전화 착용	308 안전장갑 착용	309 안전복 착용
4. 안내표지	401 녹십자표지	402 응급구호표지	403 들것	404 세안장치	405 비상용기구	406 비상구
407 좌측비상구	408 우측비상구	5. 관계자외 출입금지	501 허가대상물질 작업장 **관계자외 출입금지** (허가물질 명칭) 제조/사용/보관 중 보호구/보호복 착용 흡연 및 음식물 섭취 금지		502 석면취급/해체 작업장 **관계자외 출입금지** 석면 취급/해체 중 보호구/보호복 착용 흡연 및 음식물 섭취 금지	503 금지대상물질의 취급 실험실 등 **관계자외 출입금지** 발암물질 취급 중 보호구/보호복 착용 흡연 및 음식물 섭취 금지
6. 문자추가시 예시문	휘발유화기엄금	▶ 내 자신의 건강과 복지를 위하여 안전을 늘 생각한다. ▶ 내 가정의 행복과 화목을 위하여 안전을 늘 생각한다. ▶ 내 자신의 실수로써 동료를 해치지 않도록 안전을 늘 생각한다. ▶ 내 자신이 일으킨 사고로 인한 회사의 재산과 손실을 방지하기 위하여 안전을 늘 생각한다. ▶ 내 자신의 방심과 불안전한 행동이 조국의 번영에 장애가 되지 않도록 하기 위하여 안전을 늘 생각한다.				

(1) 안전보건표지의 종류별 색채

분류	종류	색채
금지표지	출입금지, 보행금지, 차량통행금지, 사용금지, 탑승금지, 금연, 화기금지, 물체이동금지	• 바탕 : 흰색 • 기본모형 : 빨간색, 관련 부호 및 그림은 검은색
경고표지	인화성물질경고, 산화성물질경고, 폭발성물질경고, 급성독성물질경고, 부식성물질경고, 발암성·변이원성·생식독성·전신독성·호흡기과민성 물질 경고	• 바탕 : 무색 • 기본모형 : 빨간색 (검은색 가능)
	방사성물질경고, 고압전기경고, 매달린물체경고, 낙하물체경고, 고온경고, 저온경고, 몸균형상실경고, 레이저광선경고, 위험장소경고	• 바탕 : 노랑 • 기본모형 및 관련부호, 그림 : 검은색
지시표지	보안경 착용, 방독마스크 착용, 방진마스크 착용, 보안면 착용, 안전모 착용, 귀마개 착용, 안전화 착용, 안전장갑 착용, 안전복 착용	• 바탕 : 파란색 • 관련 그림 : 흰색
안내표지	녹십자 표지, 응급구호 표지, 들것, 세안장치, 비상용 기구, 비상구, 좌측비상구, 우측비상구	• 바탕 : 흰색 • 기본모형 및 부호 : 녹색 • 바탕 : 녹색 • 관련부호 및 그림 : 흰색
출입금지표지	허가대상유해물질 취급, 석면취급 및 해체·제거, 금지유해물질 취급	• 글자 : 흰색바탕에 흑색 다음 글자는 적색 – ㅇㅇㅇ제조/사용/보관중 – 석면취급/해체 중 – 발암물질 취급 중

핵심이론 03 유해물질의 안전대책

(1) 폭발성 물질

① 잠재적 위험성이 큰 자기반응성 물질은 사전에 충분한 시험평가를 실시하고 그 성질에 따른 엄격한 안전관리가 이루어져야 한다.

② 화염, 불꽃 등 점화원의 접근을 차단하고 가열, 충격, 타격, 마찰 등을 피한다.

③ 직사광선 차단, 습도에 주의하고 통풍에 양호한 찬 곳에 저장한다.

④ 강산화제, 강산류, 기타 물질이 혼입되지 않도록 한다.

⑤ 가급적 적은 양으로 나누어 저장하고 용기의 파손 및 위험물의 누출을 방지한다.

⑥ 화약류의 기폭제 원료로 사용되는 미세한 분말 상태의 것은 정전기에 의해서도 폭발의 우려가 있으므로 완전한 접지 등 철저한 안전대책을 강구하고 전기기계 기구는 방폭형으로 설치하여야 한다.

⑦ 폭발 현상이 나타나는 위험물이기 때문에 도난방지 등의 보안에도 주의하지 않으면 안 된다.

⑧ 종류를 달리하는 위험물과는 동일한 저장소에 함께 저장하지 않도록 한다.

(2) 발화성 물질

① 저장 용기는 완전히 밀폐하여 공기와의 접촉을 방지하고 물, 수분, 물의 변형된 형태(눈, 얼음, 우박 등)의 침투 및 이의 접촉을 금하여야 한다.

② 산화성 물질과 강산류와의 혼합을 막아야 한다.

③ 용기는 금속제의 견고한 것을 이용하고, 저장 용기가 파손되거나 용기가 가열되지 않도록 한다.

④ 칼륨, 나트륨 및 알칼리 금속은 등유, 경유 등의 산소가 함유되지 않은 석유류에 저장하며, 보호액의 증발을 막고 보호액 중에 물이 들어가지 않도록 한다.

⑤ 종류를 달리하는 위험물과 동일한 저장소에 저장해서는 안 된다.

⑥ 저장 또는 취급장소는 부식성 가스가 발생하는 장소, 습도가 높은 장소, 빗물이 침투되는 장소 및 습지대를 피한다.

⑦ 다른 위험물, 수용액, 함습물, 흡습성 물질, 수용성 위험물 또는 결정수를 가진 염류 등과의 저장을 피한다.

⑧ 알킬알루미늄, 알킬리튬 및 유기금속 화합물류는 화기를 엄금하고 용기 내 압력이 상승되지 않도록 한다.

⑨ 알킬알루미늄과 알킬리튬을 취급하는 설비는 불활성 기체를 봉입할 수 있는 장치를 설치해야 한다.

⑩ 자연발화 위험성이 있는 물질은 불티, 불꽃 또는 고온체와의 접근을 막는다.

(3) 산화성 물질

① 화기 및 분해를 촉진하는 물품을 엄금하고, 직사광선을 차단하며, 가열을 피하고 강환원제, 유기물질, 가연성 위험물과의 접촉을 피한다.

② 염기 및 물과의 접촉을 피한다.

③ 용기는 내산성의 것을 사용하고 용기의 파손 방지, 전도 방지, 용기변형 방지에 주의한다.

④ 강산화성 고체와의 혼합, 접촉을 방지한다.

⑤ 종류를 달리하는 위험물과는 동일한 저장소 내에 저장하여서는 안 된다.

(4) 인화성 물질

① 불꽃, 스파크, 고온체 등과의 접근 또는 과열을 피한다.

② 용기는 완전 밀폐해서 차가운 장소에 저장한다.

③ 취급 시 증기의 발생이 있는 경우에는 가연성 증기는 낮은 곳에 체류하므로 충분한 환기가 되도록 하고, 해당 증기를 감지할 수 있는 가연성 가스누출감지 및 경보기를 설치한다.

④ 가연성 증기가 체류하는 장소에서는 스파크를 발생하는 기계 기구 등을 사용하지 않으며, 전기기계 기구는 방폭형으로 설치하여야 한다.

⑤ 위험물질의 유동이나 그로 인하여 정전기가 발생하는 경우에는 접지 등을 하여 정전기를 제거하도록 한다.

⑥ 유독한 증기를 발생하는 것은 특별히 주의하여야 한다.

(5) 독성물질의 누출 방지대책

① 실험실 내에 독성물질의 저장 및 취급량을 최소화한다.

② 독성물질을 취급 저장하는 설비의 연결부분은 누출되지 아니하도록 밀착시키고 정기적으로 연결부분의 이상 유무를 점검한다.

③ 독성물질의 폐기·처리하여야 하는 경우에는 냉각·분리·흡수·흡착·소각 등의 처리공정을 통하여 해당 독성물질이 외부로 방출되지 아니하도록 한다.

④ 독성물질의 취급설비의 이상 운전으로 인하여 해당 독성물질이 외부로 방출될 때에는 저장·포집 또는 처리설비를 설치하여 완전하게 회수할 수 있도록 한다.

⑤ 독성물질을 취급하는 설비의 작동이 중지된 때에는 실험자가 쉽게 알 수 있도록 필요한 경보설비를 작업자로부터 가까운 장소에 설치한다.

⑥ 독성물질이 외부로 누출된 때에는 해당가스를 감지할 수 있는 독성가스누출감지 및 경보기를 설치한다.

(1) 제1류 위험물

① 정의 : 산화성 고체라 함은 고체[액체(1기압 및 20℃에서 액상인 것 또는 20℃ 초과 40℃ 이하에서 액상인 것을 말한다) 또는 기체(1기압 및 20℃에서 기상인 것을 말한다) 외의 것을 말한다)]로서 산화력의 잠재적인 위험성 또는 충격에 대한 민감성을 판단하기 위하여 소방청장이 정하여 고시하는 시험에서 고시로 정하는 성질과 상태를 나타내는 것을 말한다.

② 종류 및 지정수량

유 별	성 질	품 명	종 류	위험 등급	지정 수량
제1류	산화성 고체	1. 아염소산 염류	아염소산나트륨, 아염소산칼륨	I	50kg
		2. 염소산 염류	염소산나트륨, 염소산칼륨, 염소산암모늄		
		3. 과염소산 염류	과염소산나트륨, 과염소산칼륨, 과염소산암모늄		
		4. 무기과산 화물	과산화나트륨, 과산화칼륨, 과산화바륨, 과산화마그네슘, 과산화칼슘, 과산화리튬		
		5. 브롬산 염류	브롬산나트륨, 브롬산칼륨	II	300kg
		6. 질산염류	질산나트륨, 질산칼륨, 질산암모늄, 질산은		
		7. 요오드산 염류	요오드산칼륨, 요오드산칼슘, 요오드산나트륨		
		8. 과망간산 염류	과망간산나트륨, 과망간산칼륨	III	1,000kg
		9. 중크롬산 염류	중크롬산나트륨, 중크롬산칼륨, 중크롬산암모늄		

유 별	성 질	품 명	종 류	위험 등급	지정 수량
제1류	산화성 고체		차아염소산류	I	50kg
		10. 그 밖에 행정안전 부령으로 정하는 것	• 과요오드산염류 • 과요오드산 • 크롬, 납 또는 요오드의 산화물 • 아질산염류 • 염소화이소시 아눌산 • 퍼옥소이황산 염류 • 퍼옥소붕산염류	II	300kg
		11. 제1호 내지 제10호의 1에 해 당하는 어느 하나 이상을 함 유한 것		I, II 또는 III	50, 300 또는 1,000kg

③ 일반적인 성질

㉠ 무색 결정 또는 백색 분말의 모두 무기화합물로서 산화성 고체이다.

㉡ 강산화성 물질이며 불연성 고체이다.

㉢ 가열, 충격, 마찰, 타격으로 분해하여 산소를 방출한다.

㉣ 비중은 1보다 크며 물에 녹는 것도 있다.

㉤ 질산염류와 같이 조해성이 있는 것도 있다.

㉥ 가열하여 융융된 진한 용액은 가연성 물질과 접촉 시 혼촉 발화의 위험이 있다.

④ 위험성

㉠ 가열 또는 제6류 위험물과 혼합하면 산화성이 증대된다.

㉡ 무기과산화물은 물과 반응하고 산소를 방출하고 심하게 발열한다.

㉢ 유기물과 혼합하면 폭발의 위험이 있다.

㉣ 삼산화이크롬(Cr_2O_3)은 물과 반응하여 강산이 되며 심하게 발열한다.

⑤ 저장 및 취급방법

㉠ 가열, 마찰, 충격 등을 피한다.

㉡ 조해성 물질은 방습하고 수분과의 접촉을 피한다.

㉢ 무기과산화물은 공기나 물과의 접촉을 피한다.

㉣ 제6류 위험물과 혼합하면 산화성이 증대된다.

⑥ 소화 방법

　ㄱ 제1류 위험물 : 물에 의한 냉각소화

　ㄴ 알칼리금속의 과산화물 : 마른모래, 탄산수소염류 분말약제, 팽창질석, 팽창진주암

(2) 제2류 위험물

① 정의 : 가연성 고체라 함은 고체로서 화염에 의한 발화의 위험성 또는 인화의 위험성을 판단하기 위하여 고시로 정하는 시험에서 고시로 정하는 성질과 상태를 나타낸다.

　ㄱ 유황 : 순도가 60wt% 이상인 것

　ㄴ 철분 : 철의 분말로서 $53\mu m$의 표준체를 통과하는 것(50wt% 미만인 것은 제외)

　ㄷ 금속분 : 알칼리금속·알칼리토금속·철 및 마그네슘 외의 금속의 분말(구리분·니켈분 및 $150\mu m$의 체를 통과하는 것이 50wt% 미만인 것은 제외)

　ㄹ 인화성 고체 : 고형 알코올 그 밖에 1기압에서 인화점이 $40℃$ 미만인 고체

② 종류 및 지정수량

유 별	성 질	품 명	위험등급	지정수량
제2류	가연성 고체	1. 황화린, 적린, 유황	Ⅱ	100kg
		2. 철분, 금속분, 마그네슘	Ⅲ	500kg
		3. 인화성고체	Ⅲ	1,000kg

③ 일반적인 성질

　ㄱ 가연성 고체로서 비교적 낮은 온도에서 착화하기 쉬운 가연성, 속연성 물질이다.

　ㄴ 비중은 1보다 크고 물에 불용성이며 산소를 함유하지 않기 때문에 강력한 환원성 물질이다.

　ㄷ 산소와 결합이 용이하여 산화되기 쉽고 연소속도가 빠르다.

　ㄹ 연소 시 연소열이 크고 연소온도가 높다.

④ 위험성

　ㄱ 착화온도가 낮아 저온에서 발화가 용이하다.

　ㄴ 연소속도가 빠르고 연소 시 다량의 빛과 열을 발생한다.

　ㄷ 수분과 접촉하면 자연발화하고 금속분은 산, 할로겐원소, 황화수소와 접촉하면 발열 발화한다.

　ㄹ 산화제(제1류, 제6류)와 혼합한 것은 가열·충격·마찰에 의해 발화 폭발위험이 있다.

⑤ 저장 및 취급방법

　ㄱ 화기를 피하고 불티, 불꽃, 고온체와의 접촉을 피한다.

　ㄴ 산화제와의 혼합 또는 접촉을 피한다.

　ㄷ 철분, 마그네슘, 금속분은 물, 습기, 산과의 접촉을 피하여 저장한다.

　ㄹ 통풍이 잘되는 냉암소에 보관, 저장한다.

　ㅁ 유황은 물에 의한 냉각소화가 적당하다.

⑥ 소화방법

　ㄱ 제2류 위험물 : 물에 의한 냉각소화

　ㄴ 금속분, 철분, 마그네슘 : 마른모래, 팽창질석, 팽창 진주암, 탄산수소염류 분말약제

(3) 제3류 위험물

① 정의 : 자연발화성 물질 및 금수성 물질이라 함은 고체 또는 액체로서 공기 중에서 발화의 위험성이 있거나 물과 접촉하여 발화하거나 가연성 가스를 발생하는 위험성이 있다.

② 종류 및 지정수량

유 별	성 질	품 명	위험등급	지정수량
제3류	자연 발화성 물질 및 금수성 물질	1. 칼륨, 나트륨, 알킬알루미늄, 알킬리튬	Ⅰ	10kg
		2. 황 린	Ⅰ	20kg
		3. 알칼리금속(칼륨, 나트륨 제외), 알칼리토금속, 유기금속화합물(알킬알루미늄, 알킬리튬 제외)	Ⅱ	50kg
		4. 금속의 수소화물, 금속의 인화물, 칼슘 또는 알루미늄의 탄화물	Ⅱ	300kg

③ 일반적인 성질
　　㉠ 대부분 무기화합물이며 고체이고 일부는 액체이다.
　　㉡ 칼륨(K), 나트륨(Na), 알킬알루미늄, 알킬리튬은 물보다 가볍고 나머지는 물보다 무겁다.
　　㉢ 칼륨, 나트륨, 황린, 알킬알루미늄은 연소하고, 나머지는 연소하지 않는다.

④ 위험성
　　㉠ 황린을 제외한 금수성 물질은 물과 반응하여 가연성 가스(수소, 아세틸렌, 포스핀)를 발생하고 발열한다.
　　㉡ 자연발화성 물질은 물 또는 공기와 접촉하면 연소하여 가연성 가스를 발생한다.
　　㉢ 가열, 강산화성 물질 또는 강산류와 접촉에 의해 위험성이 증가한다.

⑤ 저장 및 취급 방법
　　㉠ 저장용기는 공기와 수분과의 접촉을 피한다.
　　㉡ 칼륨(K), 나트륨(Na)은 석유류(등유, 경유, 유동파라핀)에 저장한다.
　　㉢ 자연발화성 물질은 불티, 불꽃, 고온체와 접근을 피한다.

⑥ 소화 방법
　　㉠ 황린은 주수소화가 가능하나 나머지는 물에 의한 냉각소화는 불가능하다.
　　㉡ 소화약제는 마른모래, 탄산수소염류 분말 약제가 적합하다.

(4) 제4류 위험물

① 정의 : 인화성 액체라 함은 액체(제3석유류, 제4석유류 및 동식물유류에 있어서는 1기압과 20℃에서 액체인 것에 한한다)로서 인화의 위험이 있다.

② 종류 및 지정수량

유 별	성 질	품 명		위험등급	지정수량
제4류	인화성 액체	1. 특수인화물		I	50L
		2. 제1석유류	비수용성액체	II	200L
			수용성액체	II	400L
		3. 알코올류		II	400L
제4류	인화성 액체	4. 제2석유류	비수용성액체	III	1,000L
			수용성액체	III	2,000L
		5. 제3석유류	비수용성액체	III	2,000L
			수용성액체	III	4,000L
		6. 제4석유류		III	6,000L
		7. 동식물유류		III	10,000L

③ 일반적인 성질
　　㉠ 대단히 인화하기 쉬운 인화성 액체이다.
　　㉡ 물에 녹지 않고 물보다 가볍다.
　　㉢ 증기 비중은 공기보다 무거워서 낮은 곳에 체류한다.
　　㉣ 연소범위의 하한이 낮기 때문에 공기 중 소량 누설되어도 연소한다.

④ 위험성
　　㉠ 인화의 위험이 높아 화기의 접근을 피하여야 한다.
　　㉡ 증기는 공기와 약간만 혼합되어도 연소한다.
　　㉢ 발화점이 낮고 연소범위의 하한이 낮다.

⑤ 저장 및 취급방법
　　㉠ 점화원 등 화기에 주의하여야 한다.
　　㉡ 증기 및 액체의 누설에 주의하여 밀폐 용기에 저장한다.
　　㉢ 전기 부도체이므로 정전기 발생에 주의하여야 한다.
　　㉣ 증기 및 액체의 누설에 주의하여야 한다.
　　㉤ 인화점 이상으로 가열하여 취급하지 않아야 한다.

⑥ 소화 방법
　　㉠ 포말, 이산화탄소, 할로겐화합물, 분말소화약제로 질식소화 한다.
　　㉡ 수용성 위험물은 알코올형 포소화약제를 사용한다.

(5) 제5류 위험물

① 정의 : 자기반응성 물질이라 함은 고체 또는 액체로서 폭발의 위험성 또는 가열분해의 격렬함을 판단하기 위하여 고시로 정하는 시험에서 고시로 정하는 성질과 상태를 나타내는 것을 말한다.

② 종류 및 지정수량

유 별	성 질	품 명	위험등급	지정수량
제5류	자기 반응성 물질	1. 유기과산화물, 질산 에스테르류	I	10kg
		2. 히드록실아민, 히드 록실아민염류	II	100kg
		3. 니트로화합물, 니트 로소화합물, 아조화 합물, 디아조화합물, 히드라진 유도체	II	200kg

③ 일반적인 성질

　㉠ 위험물 자체가 산소와 가연물을 가지고 있는 자기반응성 물질이다.

　㉡ 히드라진 유도체를 제외하고는 유기화합물이다.

　㉢ 유기과산화물을 제외하고는 질소를 함유한 유기질소 화합물이다.

　㉣ 모두 가연성 물질(고체, 액체)이고 연소할 때는 다량의 가스를 발생한다.

④ 위험성

　㉠ 외부의 산소공급 없이도 자기연소하므로 연소속도가 빠르다.

　㉡ 니트로화합물은 화기, 가열, 충격, 마찰에 민감하여 폭발의 위험이 있다.

　㉢ 강산화제, 강산류와 혼합한 것은 발화를 촉진시키고 위험성도 증가한다.

⑤ 저장 및 취급방법

　㉠ 점화원의 접촉, 가열, 충격, 마찰 등을 피한다.

　㉡ 강산화제, 강산류, 기타 물질이 혼입되지 않도록 한다.

　㉢ 소분하여 저장하고 용기의 파손 및 위험물의 노출을 방지한다.

⑥ 소화 방법

　㉠ 화재 초기 또는 소형화재 이외는 소화가 어렵다.

　㉡ 화재 초기에는 다량의 물로 주수소화한다.

　㉢ 소화가 어려울 경우에는 가연물이 다 연소할 때까지 화재의 확산을 막는다.

(6) 제6류 위험물

① 정의 : 산화성 액체라 함은 액체로서 산화력의 잠재적인 위험성을 판단하기 위하여 고시로 정하는 시험에서 고시로 정하는 성질과 상태를 나타내는 것을 말한다.

② 종류 및 지정수량

유 별	성 질	품 명	위험등급	지정수량
제6류	산화성 액체	과염소산, 과산화수소, 질산	I	300kg

③ 일반적인 성질

　㉠ 무기화합물로 이루어진 산화성 액체이다.

　㉡ 무색, 투명하고 표준상태에서는 모두가 액체이다.

　㉢ 비중은 1보다 크고 물에 녹기 쉽다.

　㉣ 산소를 함유하고 있어 가연물의 연소를 돕는다.

　㉤ 불연성 물질이며 가연물, 유기물 등과의 혼합으로 발화한다.

　㉥ 증기는 유독하며 피부와 접촉 시 점막을 부식시킨다.

④ 위험성

　㉠ 자신은 불연성 물질이지만 산화성이 커 다른 물질의 연소를 돕는다.

　㉡ 강환원제, 일반 가연물과 혼합한 것은 접촉발화하거나 가열하면 위험하다.

　㉢ 과산화수소를 제외하고 물과 접촉하면 심하게 발열한다.

⑤ 저장 및 취급방법

　㉠ 물과 접촉하면 많은 열을 발생하므로 위험하다.

　㉡ 강환원제, 유기물질, 가연성 위험물과 접촉을 피한다.

　㉢ 저장용기는 내산성용기를 사용하여야 한다.

⑥ 소화 방법 : 주수소화가 적합하다.

4-1. 다음의 유해화학물질의 건강 유해성의 표시 그림문자가 나타내지 않는 것은?

① 호흡기 과민성　　　　② 발암성
③ 생식독성　　　　　　④ 급성독성

4-2. 위험물에 대한 소화 방법으로 옳지 않은 것은?

① 염소산나트륨과 같은 제1류 위험물의 경우 물을 주수하는 냉각소화가 효과적이다.
② 제2류 위험물인 금속분, 철분, 마그네슘, 적린, 유황은 물에 의한 냉각소화가 적당하다.
③ 제3류 위험물 중 황린은 물을 주수하는 소화가 가능하다.
④ 제4류 위험물은 일반적으로 질식소화가 적합하다.

4-3. 위험물안전관리법 시행령상 제1류 위험물과 가장 유사한 화학적 특성을 갖는 위험물은?

① 제2류 위험물　　　　② 제4류 위험물
③ 제5류 위험물　　　　④ 제6류 위험물

|해설|

4-1
호흡기 과민성, 발암성, 생식세포 변이원성, 생식독성, 특정 표적 장기 독성, 흡인 유해성을 나타낸다.

4-2
금속분, 철분, 마그네슘은 물과 접촉 시 수소가스가 발생하여 폭발하므로 마른모래 등으로 소화한다.

4-3
• 제1류 위험물 : 산화성 고체
• 제2류 위험물 : 가연성 고체
• 제3류 위험물 : 자연발화성 물질 및 금수성 물질
• 제4류 위험물 : 인화성 액체
• 제5류 위험물 : 자기반응성 물질
• 제6류 위험물 : 산화성 액체

정답 4-1 ④　4-2 ②　4-3 ④

02 반응운전

제1절 반응시스템 파악

1-1. 화학반응 메커니즘 파악

핵심이론 01 반응의 분류

(1) 반응의 분류

① 균일계 : 단일상에서만 반응이 일어나는 경우
② 불균일계 : 두 상 이상에서 반응이 진행되는 경우
③ 균일계와 불균일계의 분류가 불분명한 반응의 경우
　㉠ 효소-기질반응과 같은 생물학적 반응의 경우
　㉡ 연소하는 기체화염과 같이 화학반응속도가 급격히 빠른 경우

(2) 화학반응 분류

구 분	비촉매	촉 매
균일계	대부분 기상반응	대부분 액상반응
	불꽃 연소반응과 같은 빠른 반응	• 콜로이드상에서의 반응 • 효소와 미생물의 반응
불균일계	• 석탄의 연소 • 광물의 배소 • 산 + 고체의 반응 • 기액 흡수 • 철광석의 환원	• NH_3 합성 • NH_3 산화 → 질산 제조 • 원유의 크래킹 • $SO_2 \xrightarrow{\text{산화}} SO_3$

핵심예제

1-1. 다음 반응은 황산을 공업적으로 생산하는 현재 공정에서 일어나는 반응이다. 이 반응의 분류로 가장 적합한 것은?

$$2SO_2 + O_2 \rightarrow 2SO_3$$

① 균일, 비촉매반응
② 균일, 촉매반응
③ 불균일, 비촉매반응
④ 불균일, 촉매반응

1-2. 일반적으로 암모니아(Ammonia)의 상업적 합성반응은 다음 중 어느 화학반응에 속하는가?

① 균일(Homogeneous) 비촉매반응
② 불균일(Heterogeneous) 비촉매반응
③ 균일 촉매(Homogeneous Catalytic)반응
④ 불균일 촉매(Heterogeneous Catalytic)반응

|해설|

1-1
SO_2의 SO_3로의 산화는 불균일계, 촉매 반응이다.

1-2
NH_3의 합성반응은 불균일계, 촉매 반응이다.

정답 1-1 ④　1-2 ④

(1) 화학반응속도식

반응시간의 변화에 따라 반응물의 농도는 감소하고 생성물의 농도는 증가하는 현상을 이용하여 반응속도를 설명할 수 있다. A → B와 같은 화학반응이 있다고 가정하면 생성물 B의 생성속도는 다음과 같이 나타낼 수 있다.

① 생성물 B의 생성속도

$$r_B = \frac{1}{V_R} \frac{dn_B}{dt}$$

여기서, r_B : 생성물의 생성속도[kmol/m³ · hr]

n_B : 반응계 내 생성물의 몰수[kmol]

V_R : 반응계의 용적[m³]

t : 시간[hr]

만약 반응계 내의 용적(V)이 시간에 따라 변화하지 않는다고 하면 $C = n/V$가 되고 다음과 같이 농도의 변화와 시간의 변화 함수로 나타낼 수 있다.

② 화학반응속도식

$$r_B = \frac{d(n_B/V_R)}{dt} = \frac{dC_B}{dt}$$

여기서, C_B : 생성물 B의 생성속도

(2) 온도에 의한 반응속도

화학반응 시에 온도가 상승하면 분자운동이 증가되어 에너지가 활성화되면서 반응 분자 간 충돌에너지를 증가시켜 반응속도가 빨라진다.

① 아레니우스 식(Arrhenius Equation)

$$k = Ae^{\frac{-E_a}{RT}}$$

여기서, E_a : 활성화에너지

k : 속도상수

A : 빈도인자

R : 기체상수

T : 절대온도[K]

② 아레니우스 식은 반응속도상수의 온도의존성을 나타낸다. 아레니우스 식 양변에 자연로그 함수를 취해 정리하면 다음과 같다.

$$\ln k = \ln A - \frac{E_a}{RT}$$

→ E_a(활성화에너지)가 작고 T(절대온도)가 클 때 속도상수 k값은 커진다.

㉠ T가 높아지면 $\ln k$도 높아진다.

㉡ 높은 온도보다 낮은 온도에 더 예민하다.

㉢ 기울기$\left(\dfrac{-E_a}{R}\right)$가 가파를수록 E_a(활성화에너지)가 크다.

㉣ E_a가 클수록 k는 작아져서 반응속도가 느리다.

㉤ 저온일수록 k의 변화가 크다.

③ 아레니우스 변형 식
한 온도에서 k값을 알 때 다른 온도에서 k값을 구할 수 있다.

$$k_1 = Ae^{-\frac{E_a}{RT_1}} \rightarrow \ln k_1 = \ln A - \frac{E_a}{RT_1} \cdots \text{ⓐ}$$

$$k_2 = Ae^{-\frac{E_a}{RT_2}} \rightarrow \ln k_2 = \ln A - \frac{E_a}{RT_2} \cdots \text{ⓑ}$$

$$\therefore \text{ⓐ} - \text{ⓑ} = \ln \frac{k_1}{k_2} = -\frac{E_a}{R}\left(\frac{1}{T_1} - \frac{1}{T_2}\right)$$

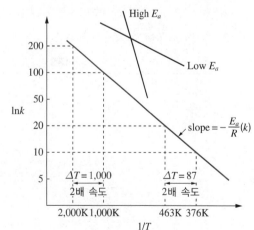

2-1. 다음은 Arrhenius 법칙에 의해 그린 활성화에너지(Activation Energy)에 대한 그래프이다. 이 그래프에 대한 설명으로 옳은 것은?

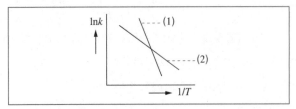

① 직선(2)보다 (1)이 활성화에너지가 크다.
② 직선(1)보다 (2)가 활성화에너지가 크다.
③ 초기에는 직선(1)이 활성화에너지가 크나 후기에는 (2)가 크다.
④ 초기에는 직선(2)가 활성화에너지가 크나 후기에는 (1)이 크다.

2-2. 반응속도상수 k에서 $\ln k$와 $1/T$를 도시(Plot)하였을 때 얻는 직선의 기울기는?

① $\dfrac{-E_a}{R}$ ② $\dfrac{E_a}{R}$

③ $\dfrac{-E_a}{RT}$ ④ $\dfrac{E_a}{RT}$

|해설|

2-1

기울기($-\dfrac{E_a}{R}$)가 가파를수록 E_a가 크다.

2-2

직선의 기울기는 $-\dfrac{E_a}{R}$이다.

정답 2-1 ① 2-2 ①

핵심이론 03 활성화에너지(Activation Energy)

(1) 활성화에너지(E_a)

① 화학반응이 진행되기 위해 필요한 최소한의 에너지를 말한다. 반응물질들이 모두 존재한다고 화학반응이 진행되는 것은 아니다.

② 화학반응이 진행되려면 입자간의 유효충돌이 많아야 하고 이를 위해 입자가 일정한 양 이상의 에너지를 가지고 있어야 한다. 이 에너지를 활성화에너지라고 한다.

③ 한 에너지 상태에서 다른 에너지 상태로 넘어가기 위한 언덕이라 생각할 수 있다.

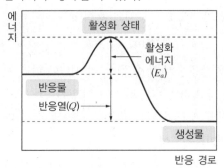

④ 공급된 에너지가 화학반응을 유도하기 위해서는 반응물이 가지고 있는 화학결합을 끊어야 한다. 공급된 에너지가 어느 특정 화학결합에 대한 결합에너지를 극복하고 결합이 끊어질 만큼 충분하다면, 그 결합은 끊어지고 반응계는 새로운 화학결합을 생성하는 방식으로 화학반응을 일으킨다.

⑤ 활성화에너지가 작을수록 반응 속도가 빠르고, 활성화에너지가 클수록 반응속도가 느리다.

⑥ 활성화 상태(Activation State) : 반응물이 충분한 에너지를 받아 불안정한 화합물로 존재하는 상태를 의미한다. 조건에 따라 다시 반응물로 되돌아갈 수도 있고, 생성물로 반응을 일으킬 수 있는 에너지가 높은 상태이다.

3-1. 다음 중 활성화에너지와 반응속도에 관한 내용으로 틀린 것은?

① 주어진 반응에서 반응속도는 항상 고온일 때가 저온일 때보다 온도에 더 민감하다.

② 활성화에너지는 Arrhenius Plot으로부터 구할 수 있다.

③ 활성화에너지가 커질수록 반응속도는 온도에 더욱 민감해진다.

④ 경험법칙에 의하면 온도가 10℃ 증가함에 따라 반응 속도는 2배씩 증가하는 경우가 있다.

3-2. 그림과 같은 반응물과 생성물의 에너지 상태가 주어졌을 때 반응열 관계로 옳은 것은?

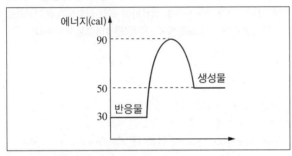

① 발열반응이며, 발열량은 20cal이다.

② 발열반응이며, 발열량은 50cal이다.

③ 흡열반응이며, 흡열량은 20cal이다.

④ 흡열반응이며, 흡열반은 50cal이다.

|해설|

3-1
고온보다 저온일 때, 온도에 더욱 민감하다.

3-2
$\Delta H = E_1 - E_2 = (90-30)-(90-50) = 20$

∴ $\Delta H > 0$이므로, 흡열반응이며 흡열량은 20cal이다.

정답 3-1 ① 3-2 ③

핵심이론 04 부반응, 한계반응물(Limiting Reactant)

(1) 한계반응물

① 반응에서 먼저 소비되는 반응물이다.

② 한계반응물의 개념

㉠ 많은 경우 반응은 완전히 진행되지 않는다.

㉡ 어떠한 경우에는 특별한 한 조의 반응물들이 동시에 둘 또는 그 이상을 반응하여 진행하며, 원하는 생성물 이외에 변하지 않았던 생성물을 생성시키는데 이때 원하지 않는 반응을 부반응(Side Reaction)이라 한다.

㉢ 반응 혼합물로부터 생성물의 분리가 어려워, 생성물 모두가 분리되지 않는 경우가 있다.

㉣ 실제수득량 : 주어진 반응으로부터 실제로 얻어진 순수한 생성물들의 양을 의미한다.

㉤ **수득량백분율** : 반응으로부터 얻은 원하는 생성물의 양을 나타내는 데 사용된다.

㉥ 각 반응물로부터 형성된 생성물의 양을 비교함으로써 결정할 수 있다. 한계반응물은 가장 적은 양의 생성물을 형성할 것이며 이는 이론적 수득량이다.

4-1. 10g의 K_2PtCl_4와 10g의 NH_3가 반응한다고 할 때, 한계반응물과 초과반응물로 옳은 것은?

① K_2PtCl_4, KCl

② K_2PtCl_4, NH_3

③ $Pt(NH_3)_2Cl_2$, KCl

④ $Pt(NH_3)_2Cl_2$, NH_3

4-2. 다음 반응을 위해 H_2 25mol/h와 Br_2 20mol/h이 반응기에 공급되고 있다. 과잉반응물의 과잉백분율(%)은 얼마인가?

$H_2 + Br_2 \rightarrow 2HBr$

① 0.2%   ② 0.5%

③ 25%   ④ 55%

|해설|

4-1

$K_2PtCl_4(aq) + 2NH_3(aq) \rightarrow Pt(NH_3)_2Cl_2(s) + 2KCl(aq)$

10g의 K_2PtCl_4로 $Pt(NH_3)_2Cl_2$가 생성되므로 1 : 1 반응이다. 그러므로, 총생성물의 g수는 다음과 같다.

$10g \times \dfrac{1mol}{415.8g} = 0.0241mol\ K_2PtCl_4$

0.0241mol의 K_2PtCl_4가 0.0482mol의 NH_3와 반응하여 0.0241mol의 $Pt(NH_3)_2Cl_2$가 생성되므로 총 생성물의 g수는 다음과 같다.

$0.0241mol\ K_2PtCl_4 \times \dfrac{300g}{1mol}\ Pt(NH_3)_2Cl_2 = 7.23g\ Pt(NH_3)_2Cl_2$

10g의 NH_3로 생성되는 $Pt(NH_3)_2Cl_2$의 양은

$10g \times \dfrac{1mol}{17g}NH_3 \times \dfrac{1mol\ Pt(NH_3)_2Cl_2}{2mol\ NH_3} \times \dfrac{300g\ Pt(NH_3)_2Cl_2}{1mol}$

$= 88.2g\ Pt(NH_3)_2Cl_2$

∴ K_2PtCl_4가 가장 적은 생성물을 형성하므로, 한계반응물은 K_2PtCl_4이고 초과반응물은 NH_3이다.

4-2

$H_2 + Br_2 \rightarrow 2HBr$

H_2와 Br_2가 1 : 1로 반응을 하기 때문에 한정반응물은 Br_2이다.

∴ 과잉백분율(%) $= \dfrac{과잉물질량}{이론물질량}$

$= \dfrac{25mol/h - 20mol/h}{20mol/h} \times 100 = 25\%$

정답 4-1 ② 4-2 ③

핵심이론 **05** 조성백분율, 실험식

(1) 조성백분율

① 화합물의 총 질량 대비 화합물을 이루는 원소의 비율을 백분율로 환산한 것이다.

② 존재하는 원소를 확인하고 각 원소의 질량 백분율을 부여함으로써 나타난다.

③ 화합물을 100g을 취한 후 조성 백분율로부터 실험식을 구할 수 있다.

┤핵심예제├

5-1. C 84.1%, H 15.8%의 무색 액체가 있을 때 이 화합물 100g에 포함된 C와 H의 몰수를 이용하여 구한 실험식과 분자식으로 옳은 것은?(단, 이 화합물의 분자량은 114.28g/mol이다)

① C_4H_9, C_8H_{18}

② C_4H_9, $C_{12}H_{27}$

③ C_4H_9, C_4H_9

④ C_4H_9, $C_{16}H_{36}$

5-2. 포도당($C_6H_{12}O_6$)의 실험식은 CH_2O이므로 1 : 2 : 1의 C : H : O 몰비를 갖는다. 실험식을 이용하여 구한 포도당의 조성 백분율로 옳은 것은?

	$\underline{C(\%)}$	$\underline{H(\%)}$	$\underline{O(\%)}$
①	38	6.9	55.1
②	42	7.2	50.8
③	35	8.3	56.7
④	40	6.67	53.33

5-3. $C_{12}H_{22}O_{11}$(화학식량 342.0 amu)에서 구한 탄소, 수소, 산소의 조성 백분율로 옳은 것은?

	$\underline{C(\%)}$	$\underline{H(\%)}$	$\underline{O(\%)}$
①	42.1	6.4	51.5
②	30	5	65
③	45	7	48
④	32	8.5	59.5

5-1

$$84.1g \times \frac{1mol}{12g} = 7mol\ C$$

$$15.8g \times \frac{1mol}{1g} = 15.8mol\ H$$

C와 H의 몰비를 쉽게 알기 위해 7로 나누면(소수점 둘째자리까지 반올림)

$$C_{\frac{7.00}{7.00}} H_{\frac{15.8}{7.00}} = CH_{2.26}$$

정수를 구할 때까지 아래첨자에 작은 정수를 곱하면 실험식이 얻어진다.
- 실험식 : $C_{1 \times 4} H_{2.26 \times 4} = C_4H_9$

조성백분율로부터 결정된 실험식은 화합물에 존재하는 원자들의 비율만을 알려준다. 분자의 실제 원자수를 나타내는 분자식은 실험식과 동일하거나 그 배수이다. 분자량을 구하고 실험식량으로 나누어 곱할 정수를 구할 수 있다.

$$배수 = \frac{분자량}{실험식량} = \frac{114.2}{57.1} = 2이므로$$

- 분자식 : C_8H_{18}

5-2

mol수를 g수로 변환하고 이 그램수가 실험식량에서 차지하는 비중을 백분율로 환산하면 조성 백분율을 얻을 수 있다.

$$1mol\ 실험식 \times \frac{1mol\ C}{1mol\ 실험식} \times \frac{12g\ C}{1mol\ C} = 12g\ C$$

$$1mol\ 실험식 \times \frac{2mol\ H}{1mol\ 실험식} \times \frac{1g\ H}{1mol\ H} = 2g\ H$$

$$1mol\ 실험식 \times \frac{1mol\ O}{1mol\ 실험식} \times \frac{16g\ O}{1mol\ O} = 16g\ O$$

1mol의 전체질량은 $12 + 2 + 16 = 30g$이므로 각 원소가 차지하는 비율을 백분율로 환산하면

$$C : \frac{12g}{30g} \times 100 = 40\%$$

$$H : \frac{2g}{30g} \times 100 = 6.67\%$$

$$O : \frac{16g}{30g} \times 100 = 53.33\%$$

$$40\% + 6.67\% + 53.33\% = 100\%$$

5-3

$$A\ 원자의\ 조성\ 백분율(\%) = \frac{A의\ 원자량 \times A의\ 개수}{화학식량} \times 100$$

$$\%\ C = \frac{(12.0)(12)}{342.0} \times 100 = 42.1\%$$

$$\%\ H = \frac{(1.0)(22)}{342.0} \times 100 = 6.4\%$$

$$\%\ O = \frac{(16.0)(11)}{342.0} \times 100 = 51.5\%$$

정답 5-1 ① 5-2 ④ 5-3 ①

1-2. 반응조건 파악

핵심이론 **01** 반응조건

(1) 반응의 종류

① 균일, 불균일 반응
  ㉠ 균일반응 : 단 하나의 상을 수반하는 반응이다.
  ㉡ 불균일반응 : 2개 이상의 상을 수반하며 일반적으로 상 사이의 계면에서 반응이 일어나는 반응이다.

② 가역, 비가역 반응
  ㉠ 가역반응 : 정반응, 역반응이 동시에 진행되는 반응이다.
  ㉡ 비가역반응 : 한 방향으로만 진행하는 반응이다.

③ 기초, 비기초 반응
  ㉠ 기초반응(Elementary Reaction) : 반응차수가 양론적인 반응이다.
  ㉡ 비기초반응 : 비양론적인 반응이다(실험식에 의해 속도식의 차수가 결정됨).

④ 단일, 복합 반응
  ㉠ 단일반응 : 단일의 반응속도식을 말한다.
  ㉡ 복합반응 : 연속반응, 평행반응, 연속평행반응 등이 있다.

(2) 반응속도

$$aA + bB \rightarrow cC + dD$$

화학반응 속도는 $\dfrac{-r_A}{a} = \dfrac{-r_B}{b} = \dfrac{r_C}{c} = \dfrac{r_D}{d}$ 이다.

(3) 반응차수와 속도법칙

$$aA + bB \rightarrow cC + dD$$
$$-r = k[A]^m[B]^n$$

여기서, k : 속도상수
반응차수 $= m + n$ (만약, 이 반응이 기초반응이라면 a + b)
반응차수는 실험으로 구할 수 있다.

① 반응속도상수 : $[mol/L \cdot s]$

속도상수 $k = [농도]^{1-n} \times [시간]^{-1}$

② 기초반응의 표현 : $A + 2B \rightarrow 3C$

 ㉠ $-r_A = k_A[A][B]^2$

 ㉡ $-r_B = k_B[A][B]^2$

 ㉢ $r_C = k_C[A][B]^2$

  • r_A에 대한 반응속도 식

   $-r_A = -(r_B/2) = (r_C/3)$

  • 속도상수

   $-k_A = -\dfrac{k_B}{2} = \dfrac{k_C}{3}$

(4) 비기초 반응의 표현

비기초 반응은 화학양론과 속도 사이에 아무런 상관관계가 없을 때의 반응을 말한다.

① 효소 촉매 발효반응

 $A \rightarrow R$

 위 반응은 다음과 같은 식으로 반응이 일어난다.

 $A + 효소 \rightleftarrows (A \cdot 효소)^*$

 $(A \cdot 효소)^* \rightarrow R + 효소$

 반응식으로 표현하면 $-r_A = r_R = \dfrac{k[A][E_o]}{[M]+[A]}$

 여기서, $[M]$: Michaelis상수

    $[A]$: A의 농도

    $[E_o]$: 효소농도

 ㉠ A의 농도가 높을 때는 C_A에 무관하며 0차 반응에 가까워 진다.

 ㉡ A의 농도가 낮을 때는 반응속도와 C_A는 비례관계를 갖게 된다.

 ㉢ 그 외의 경우에는 효소 농도인 $[E_o]$에 비례하게 된다.

② PSSH(유사 정상상태 가설)

극도로 짧은 시간 동안에 존재하는 기상활성중간체의 존재를 말하며 반응중간체가 형성되는 만큼 사실상 빠르게 반응하기 때문에 활성중간체(A*)형성의 알짜 생성속도는 0이다.

(5) 반응조건 파악

① 반응온도, 반응압력, 반응용매, 상변화, 촉매 등 화학반응의 최적조건 인자를 확인한다.

② 반응속도, 전환율, 수율 등을 예측하여 경제적인 반응공정을 개발한다.

 ㉠ 반응원료

 ㉡ 반응온도 : 목적 생성물이 최대가 되는 반응온도를 선정해야 한다.

 ㉢ 반응압력

  • 기상반응의 경우, 반응압력에 따라 반응속도를 결정한다.

  • 평형반응은 온도에 따른 평형상수에 의해 정반응 또는 역반응으로 이동한다.

 ㉣ 반응용매 : 반응물질의 농도를 조절하여 반응속도를 조절하거나 반응열을 제거 또는 공급하는 역할을 한다.

 ㉤ 상변화 : 반응은 기상, 액상, 고상, 기상-액상, 액상-고상 등 다양한 형태로 일어날 수 있다.

 ㉥ 촉매 : 원하는 목적 생성물에 맞게 촉매의 성능을 최대로 하는 반응조건을 반복실험으로 결정해야 한다.

 ㉦ 반응체류시간

  • 반응이 진행되어 특정한 전환율에 도달하는 반응시간을 말한다.

  • 반응속도는 촉매나 반응물의 농도를 조절하여 체류시간을 조절할 수 있다.

1-1. 양론식 A + 3B → 2R + S가 2차 반응 $-r_A = k_1 C_A C_B$일 때, r_A, r_B와 r_R의 관계식으로 옳은 것은?

① $r_A = r_B = r_R$

② $-r_A = -r_B = r_R$

③ $-r_A = -(1/3) r_B = (1/2) r_R$

④ $-r_A = -3r_B = 2r_R$

1-2. 다음 중 비기초 반응의 중간체 물질로 적절하지 않은 것은?

① 자유라디칼(Free Radical)

② 양쪽성 물질

③ 이온성 물질

④ 효소-기질 복합체

1-3. PSSH(Pseudo Steady State Hypothesis) 설정은 다음 중 어떤 가정을 근거로 하는가?

① 반응기의 물질수지식에서 축적항이 없다.

② 반응기 내의 온도가 일정하다.

③ 중간 생성물의 생성속도와 소멸속도가 같다.

④ 반응속도가 균일하다.

1-4. n차 반응에 대한 반응속도 상수 k의 차원은?

① $[시간]^{-n}[농도]^{-1}$

② $[시간]^{-1}[농도]^{-n}$

③ $[시간]^{-1}[농도]^{1-n}$

④ $[시간]^{1-n}[농도]^{-1}$

|해설|

1-3

중간체는 아주 소량으로 존재하기 때문에 미소시간 경과 후 농도 변화가 크지 않다.

정답 **1-1** ③ **1-2** ② **1-3** ③ **1-4** ③

1-3. 촉매특성 파악

핵심이론 01 균일·불균일 촉매

(1) 촉매(Catalyst)

① 촉매란 반응속도에는 영향을 주지만 공정에서 자신은 변화하지 않는 물질을 말한다.

　예 기체상태의 수소와 산소는 상온에서 비활성이나 백금 존재하에서는 급격하게 반응한다.

② 촉매는 일반적으로 반응에서 다른 분자경로를 촉진시킴으로써 반응속도를 변화시킨다.

(2) 균일·불균일 촉매

① 균일촉매 반응

　㉠ 반응물(생성물)과 촉매가 같은 상이다.

　㉡ 기체상 촉매가 기체상 반응에서 그 속도를 증가시키고, 용액에서 녹은 촉매는 용액 내에 일어나는 반응을 촉진시킨다.

　㉢ 예시

　　– 콜로이드계의 반응

　　– 효소와 미생물의 반응

② 불균일 촉매 반응

　㉠ 2개 이상의 상이 수반되며 일반적으로 촉매는 고체, 반응물은 액체 또는 고체이다.

　㉡ 불균일 촉매 반응은 유체-고체 간의 계면 또는 매우 근접한 계면에서 일어난다.

　㉢ 기체와 액체 사이의 반응은 일반적으로 물질전달 속도가 전체의 생산속도를 결정시킨다.

　㉣ 예시

　　– NH_3 합성

　　– 암모니아 산화

　　– 원유의 Cracking

　　– SO_2의 산화

(3) 촉매의 특성

① 촉매는 생성물의 생성속도를 빠르거나 느리게 할 수 있다.
② 촉매는 단순히 반응속도만을 변화시키며 평형에는 영향을 미치지 않는다.
③ 더 낮은 위치에너지를 가진 새로운 활성화 착물을 만들어 전체 반응의 활성화 에너지를 낮춤으로써 반응속도를 빠르게 한다.
④ 촉매반응은 유체-고체 계면에서 일어나기 때문에 계면의 면적을 크게 하는 것이 필요하다. 촉매들의 경우에 있어서 이 면적은 다공성 구조에 의해서 제공된다. 고체에서는 많은 미세 세공들이 있어 이 세공들의 표면이 반응속도를 높이는데 필요한 면적을 제공한다.

(4) 촉매 활성도

① 단위시간당 생성물을 만들어내는 촉매의 양을 의미하는 물리량이다.
② SI 유도단위 : mol/s
   SI 차원 단위 : NT^{-1}
   기호 : kat
③ 촉매로 인한 반응의 생성량을 생성물이 생성되기까지 걸린 시간으로 나누어 구한다.

핵심이론 02 촉매의 종류

(1) 촉매의 종류

① 다공성 촉매 : 기공에 비해서 큰 면적을 가진 촉매이다.
② 분자체 : 선택적 투과반응이 가능하며, 점토와 제올라이트가 있다.
③ 모노리스 : 압력 강화와 열을 제거하는 공정에 이용되는 비다공성 촉매를 말한다.
④ 담지촉매 : 담체라고 하는 표면적이 넓은 물질 위에 미세한 활성물질 입자가 분산된 형태로 이루어져 있다. 이러한 촉매를 담지촉매라 한다.

(2) 촉매독

촉매는 화학반응에서 소모되지 않기 때문에 무한정 계속해서 사용할 수 있으나 실제로는 반응과정에서 반응물이나 생성물에서 생기는 물질들이 고체 촉매의 표면에 쌓여 촉매의 효율을 떨어뜨린다. 이러한 이유 때문에 촉매의 효율성이 낮아졌을 때에는 독을 제거하거나 독과 반응하는 활성 촉매 성분을 보충해야 한다.

(3) 촉매의 흡착

① 흡착(Adsorption)
   촉매반응이 일어나기 위해서 반응물이 표면에 부착되어야 한다. 이렇게 표면에 부착되는 것을 흡착이라 한다.
   ㉠ 물리흡착 : 분자가 응집할 때 작용하는 물리적 인력에 의해 고체표면에 그대로의 형태로 흡착하는 것을 말한다.
   ㉡ 화학흡착 : 화학 반응속도에 영향을 미치는 흡착을 말한다.

구 분	물리 흡착	화학 흡착
흡착제	고 체	대부분 고체
흡착질	임계온도 이하의 기체	화학적으로 활성인 기체
온도범위	낮은 온도	높은 온도
흡착열	낮 음	높 음

구 분	물리 흡착	화학 흡착
흡착속도	매우 빠름 (E_a값이 낮음)	활성흡착이면 E_a값이 높음
흡착층	다분자층	단분자층
온도 의존성	온도증가에 따라 감소	다 양
가역성	가역성이 높음 (가역흡착)	가역성이 낮음 (활성흡착)
결합력	반데르발스 결합, 정전기적 힘	화학결합, 화학반응

핵심예제

2-1. 촉매의 기능에 관한 설명으로 옳지 않은 것은?

① 촉매는 화학평형에 영향을 미치지 않는다.

② 촉매는 반응속도에 영향을 미친다.

③ 촉매는 화학반응의 활성화에너지를 변화시킨다.

④ 촉매는 화학반응의 양론식을 변화시킨다.

2-2. 물리적 흡착에 대한 설명으로 가장 거리가 먼 것은?

① 다분자층 흡착이 가능하다.

② 활성화 에너지가 작다.

③ 가역성이 낮다.

④ 고체표면에서 일어난다.

2-3. 다음 중 촉매독(Poisons)에 대한 설명으로 틀린 것은?

① 반응 중 침전이 생겨서 촉매 위를 덮어 버릴 때 생긴다.

② 반응 중 온도 증가로 인하여 촉매구조가 변화된 것도 포함된다.

③ 촉매독이 생기면 촉매의 활성이 평상시 이상으로 증가한다.

④ 이물질이 촉매에 흡착된 다음 예기치 않은 반응이 촉매에 작용하는 경우에 발생한다.

|해설|

2-1

촉매는 활성화에너지를 변화시켜 반응속도에 영향을 미치며 화학평형이나 화학반응의 양론식에 영향을 주지는 않는다.

정답 2-1 ④ 2-2 ③ 2-3 ③

핵심이론 03 촉매반응 메커니즘

(1) 촉매반응단계

① 총괄반응속도는 반응 메커니즘에서 가장 느린 단계의 속도에 의해 한정된다. 이때 가장 느린 단계를 율속단계라 한다.

② 확산단계가 반응 단계에 비해 매우 빠를 때는 전달확산단계들은 총괄반응속도에 영향을 미치지 않는다.

(2) 불균일 촉매반응의 단계

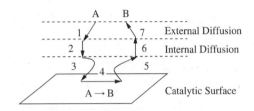

[불균일 촉매반응단계]

① 벌크 유체에서 촉매입자의 외부 표면으로 반응물 A의 물질이 전달된다(확산).

② 촉매세공을 통한 세공 입구에서 촉매 내부 표면 가까이로 반응물이 확산된다.

③ 촉매 표면 위의 반응물 A의 흡착이 일어난다.

④ 촉매의 표면에서 반응(A → B)이 일어난다.

⑤ 표면에서 생성물(B)의 탈착이 일어난다.

⑥ 입자 내부에서 외부 표면에 있는 세공 입구까지 생성물이 확산된다.

⑦ 입자 외부 표면에서 벌크 유체로 생성물의 물질이 전달된다.

3-1. 다음 중 불균일 촉매반응(Heterogeneous Catalytic Reaction)의 단계가 아닌 것은?

① 생성물의 탈착과 확산
② 반응물의 물질전달
③ 촉매 표면에 반응물의 흡착
④ 촉매 표면의 구조변화

3-2. 기체-고체 비균일상 반응의 농도분포곡선이 다음 그림과 같으면, 이때 반응속도의 율속단계는 어떤 단계인가?

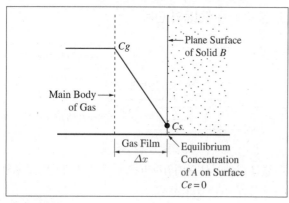

① 물질전달단계 ② 흡착단계
③ 표면반응단계 ④ 탈착단계

|해설|

3-1
반응물의 물질전달 → 흡착 → 표면반응 → 탈착 → 생성물의 물질전달

3-2
물질전달단계, 즉 확산단계에서 농도구배가 있으므로 율속단계 (Rate-Controlling Step)이다.

정답 **3-1** ④ **3-2** ①

핵심이론 **04** 촉매특성분석

(1) 열무게분석법(TGA)

시료의 온도를 증가시키면서 시료의 무게를 온도의 함수로 연속적으로 기록하여 시료에 대한 화학적인 정보를 얻어내는 방법이다.

(2) 시열차분석법(DTA)

시료물질과 기준물질을 조절된 온도 프로그램 하에서 가열하면서 두 물질의 온도차이를 온도함수로 측정하는 방법으로, 열분석법은 촉매연구, 고분자 화합물을 확인하는 데 유용하다.

(3) 승온환원(TPR)/승온산화(TPO)

귀금속 담지촉매의 특성을 분석하는 방법이다.

(4) 적외선 분광법

어떤 분자가 어느 파수에서 나타나는지 알 수 있다.

(5) X선 회절법(XRD)

X선은 고체의 내부까지 파고들만한 에너지를 가지므로 고체 내부구조를 밝힐 수 있다.

(6) 전자분광학

촉매 특성 연구에서 매우 많이 이용되는 표면분석기술이다.

1-4. 반응 위험요소 파악

핵심이론 01 폭주반응(Runaway Reaction)

(1) 폭주반응

발열반응이 일어나는 반응기에서 냉각의 실패로 인해 반응속도가 급격히 증대되어 용기 내부의 온도와 압력이 비정상적으로 상승하는 이상 반응이다.

(2) 발생원인

화학공장에서는 화합, 분해, 중합, 치환, 부가 등의 반응을 이용하는데 이러한 반응을 제어하는데 실패할 경우 반응 폭주가 일어난다.

① 반응물질량 제어 실패 : 반응물질 과투입에 따른 반응 활성화로 반응폭주 발생
② 반응온도 제어 실패 : 반응온도의 상승으로 인한 반응속도의 증가로 반응폭주 발생
③ 촉매의 양 제어 실패 : 반응속도를 높이는 촉매의 과투입에 따른 반응폭주 발생
④ 이물질 흡입에 의한 이상반응 발생으로 반응 폭주 발생

(3) 폭주반응의 원인 예시

① 냉각장치의 고장으로 인한 반응 폭주
② 계장설비의 오작동 또는 오류로 인한 반응 폭주
③ 반응물질의 혼합비율 문제로 인한 반응 폭주

핵심이론 02 화학반응공정

(1) 위험성

발열반응을 수반하는 화학공정을 설계하는 경우 공정 안전에 관련된 변수와 특성을 검토한다.

① 1차 반응단계에서 위험의 확인을 위해 다음과 같은 안전에 관련된 변수와 특성을 고려해야 한다.
  ㉠ 공정자료 : 공정형태, 반응물질의 양, 농도, 반응, 온도, 반응기의 액위, 첨가시간, 냉각능력
  ㉡ 일반적 물리화학적 특성 : 증기압, 혼화성, 비열, 연소성
  ㉢ 열역학적 특성 : 반응엔탈피, 단열온도상승, 비용, 반응 후 최대압력, 반응속도식
  ㉣ 속도론적 특성 : 반응속도, 반응열 생성속도, 가스 발생속도, 압력상승속도, 겉보기 활성화에너지

② 2차 반응 단계에서 위험의 확인을 위해서 다음과 같은 안전에 관한 변수와 특성을 고려해야 한다.
  ㉠ 공정자료 : 반응물질의 질량, 농도, 반응온도, 냉각능력
  ㉡ 일반적인 물리화학적 특성 : 증기압, 혼화성, 비열, 연소성
  ㉢ 열역학적 특성 : 반응엔탈피, 단열온도상승, 비용, 반응 후 최대압력
  ㉣ 속도론적 특성 : 반응속도, 반응열 생성속도, 압력상승속도, 발열개시온도, 단열유도시간, 자기가속분해온도, 겉보기 활성화에너지
  ㉤ 전파특성 : 폭연능력, 폭연속도, 폭연 시 압력상승속도, 폭굉능력, 폭굉속도, 열적감도, 기계적감도

2-1. 회분식 반응기

핵심이론 01 회분식 반응기

(1) 회분식 반응기(Batch Reactor)

반응물질이 반응하는 동안에 담아두는 일정한 용기를 말한다. 회분식 반응기에서는 반응물을 처음에 용기에 채우고 잘 혼합한 후 일정시간 동안 반응시킨다. 이 결과로 생긴 혼합물은 방출시킨다.

(2) 전화율(Conversion, X_A)

$$X_A = \frac{\text{반응한 A의 mol수}}{\text{초기에 공급한 A의 mol수}} = \frac{N_{A0} - N_A}{N_{A0}}$$

① $N_A = N_{A0}(1 - X_A)$

여기서, N_A : t시간에서 존재하는 몰수

N_{A0} : $t = 0$에서 반응기 내에 존재하는 초기의 몰수

② 부피가 일정할 경우

$$C_A = C_{A0}(1 - X_A) = C_{A0} - C_{A0}X_A$$

위 식을 미분하면,

$$dC_A = -C_{A0}dX_A$$

$$dX_A = -\frac{dC_A}{C_{A0}}$$

핵심이론 02 정용 회분식 반응기(Constant Volume Batch Reactor)

(1) 개 요

① 부피가 일정한 회분식 반응기를 말한다.

② 정용 회분식은 반응기의 부피가 아니라 반응혼합물의 부피를 말한다.

③ 일정한 부피의 용기 내에서 일어나는 모든 기상반응과 대부분의 액상반응은 이 경우에 해당한다.

$$-r_A = -\frac{1}{V}\frac{dN_A}{dt} = -\frac{dC_A}{dt} = C_{A0}\frac{dX_A}{dt} = kC_A^n$$

④ 기상반응(이상기체)라면 반응속도는

$$-r_A = -\frac{1}{RT}\frac{dP_A}{dt}$$

(2) 비가역 단분자형 0차 반응

① $A \rightarrow P$

② 반응속도가 물질의 농도에 관계없는 반응이다.

③ 속도식 : $-r_A = -\dfrac{dC_A}{dt} = kC_A^0 = k$

여기서, $n = 0$

$$-\int_{C_{A0}}^{C_A} dC_A = kdt$$

$$-(C_A - C_{A0}) = kt$$

$$C_A = C_{A0} - kt$$

$$\therefore C_{A0}X_A = kt$$

④ 반감기 : 남아있는 농도가 처음 농도의 반이 되는데 걸리는 시간을 말하며 전화율(X_A)이 0.5가 될 때 시간이다.

$$t_{1/2} = \frac{C_{A0}}{2k}$$

(3) 비가역 단분자 1차 반응

① A → R

② 속도식 : $-r_A = -\dfrac{dC_A}{dt} = kC_A{}^1 = kC_{A0}(1-X_A)$

$\bigcirc \quad -\dfrac{dC_A}{C_A} = kdt$

$-\displaystyle\int_{C_{A0}}^{C_A}\dfrac{dC_A}{C_A} = k\int_0^t dt$

$\therefore \ -\ln\dfrac{C_A}{C_{A0}} = kt$

$\bigcirc \quad C_{A0}\dfrac{dX_A}{dt} = kC_{A0}(1-X_A)$

$\displaystyle\int_0^{X_A}\dfrac{dX_A}{1-X_A} = \int_0^t kdt$

$\therefore \ -\ln(1-X_A) = kt$

$\Rightarrow \ -\ln\dfrac{C_{A0}(1-X_A)}{C_{A0}} = -\ln(1-X_A) = kt$

③ 반감기 : 전화율이 $X_A = 0.5$일 때 $t_{1/2} = \dfrac{\ln 2}{k}$

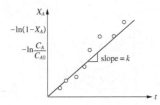

(4) 비가역 2분자형 2차 반응(2A → R)

① A + B → R, $(C_{A0} = C_{B0})$

2A → R

② 속도식 : $-r_A = -\dfrac{dC_A}{dt} = C_{A0}\dfrac{dX_A}{dt}$

$\qquad\qquad = kC_A{}^2 = kC_{A0}{}^2(1-X_A)^2$

$\qquad\qquad -\dfrac{dC_A}{C_A{}^2} = kdt$

$\therefore \ \dfrac{1}{C_A} - \dfrac{1}{C_{A0}} = \dfrac{1}{C_{A0}}\dfrac{X_A}{(1-X_A)} = kt$

③ 반감기 : 전화율이 $X_A = 0.5$일 때 $t_{1/2} = \dfrac{1}{kC_{A0}}$

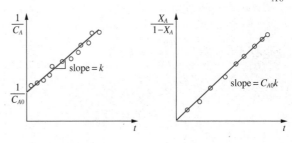

(4) 비가역 평행반응

① 속도식

$-r_A = -\dfrac{dC_A}{dt} = k_1 C_A + k_2 C_A = (k_1 + k_2)C_A$

$r_R = \dfrac{dC_R}{dt} = k_1 C_A$

$r_S = \dfrac{dC_S}{dt} = k_2 C_A$

$\dfrac{r_R}{r_S} = \dfrac{C_R - C_{R0}}{C_S - C_{S0}} = \dfrac{k_1}{k_2}$

$-\ln\dfrac{C_A}{C_{A0}} = (k_1 + k_2)t$

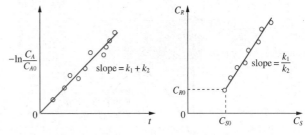

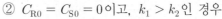

② $C_{R0} = C_{S0} = 0$이고, $k_1 > k_2$인 경우

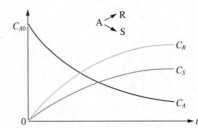

(5) 비가역 연속반응

① $A \xrightarrow{k_1} R \xrightarrow{k_2} S$

② 속도식 : $-r_A = -\dfrac{dC_A}{dt} = k_1 C_A$

$$-\ln\dfrac{C_A}{C_{A0}} = k_1 t$$

$$\therefore\ C_A = C_{A0} e^{-k_1 t}$$

(6) 자동촉매 반응

① 반응 생성물 중의 하나가 촉매로 작용하는 반응이다.

② 효소반응 : $A + R \rightarrow R + R$

③ 속도식 : $-r_A = -\dfrac{dC_A}{dt} = k C_A C_R$

$$C_0 = C_A + C_R = C_{A0} + C_{R0} = 상수$$

$$C_R = C_0 - C_A$$

$$\therefore\ 반응속도 : -r_A = k C_A (C_0 - C_A)$$

$$\ln\dfrac{C_A / C_{A0}}{C_R / C_{R0}} = -k C_0 t = -k(C_{A0} + C_{R0})t$$

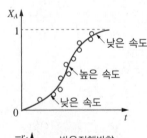

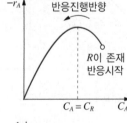

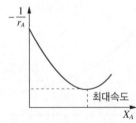

(7) 가역 1차 반응

① $A \underset{k_2}{\overset{k_1}{\rightleftarrows}} R$

② $K_e = K = $ 평형상수이다.

③ 속도식 : $-r_A = -\dfrac{dC_A}{dt}$

$$= k_1 C_A - k_2 C_R = k_1\left(C_A - \dfrac{C_R}{k_1 / k_2}\right)$$

초기농도비 : $M = \dfrac{C_{R0}}{C_{A0}}$

㉠ $C_{A0}\dfrac{dX_A}{dt} = k_1 C_{A0}(1 - X_A) - k_2(C_{R0} + C_{A0} X_A)$

$$\dfrac{dX_A}{dt} = k_1(1 - X_A) - k_2(M + X_A)$$

평형상태에서

$$K = \dfrac{C_{Re}}{C_{Ae}} = \dfrac{M + X_{Ae}}{1 - X_{A0}} = \dfrac{k_1}{k_2}$$

$$\therefore\ -\ln\left(1 - \dfrac{X_A}{X_{Ae}}\right) = \dfrac{M + 1}{M + X_{Ae}} k_1 t$$

㉡ 순수한 A, 즉 $C_{R0} = 0$인 경우

$$K_e = \dfrac{X_{Ae}}{1 - X_{Ae}}$$

핵심예제

2-1. 회분계에서 반응물 A의 전화율 X_A를 옳게 나타낸 것은?(단, N_A는 A의 몰수, N_{A0}는 초기의 A의 몰수이다)

① $X_A = \dfrac{N_{A0} - N_A}{N_A}$　　② $X_A = \dfrac{N_A - N_{A0}}{N_A}$

③ $X_A = \dfrac{N_A - N_{A0}}{N_{A0}}$　　④ $X_A = \dfrac{N_{A0} - N_A}{N_{A0}}$

2-2. 비가역 0차 반응에서 반응이 완결되는 데 필요한 반응시간은?

① 초기 농도의 역수와 같다.

② 속도 정수의 역수와 같다.

③ 초기 농도를 속도 정수로 나눈 값과 같다.

④ 초기 농도에 속도 정수를 곱한 값과 같다.

2-3. A → R의 0차 반응에서 초기 농도 C_{A0}가 증가하면 전화율 X_A는?(단, 다른 조건은 모두 같다고 가정한다)

① 증가한다.
② 감소한다.
③ 일정하다.
④ 초기에는 증가하다 점차로 감소한다.

2-4. 0차 반응의 반응물 농도와 시간과의 관계를 옳게 나타낸 것은?

2-5. 회분식 반응기 내에서의 균일계 1차 반응 A → R에 대한 설명으로 가장 부적절한 것은?

① 반응속도는 반응물 A의 농도에 정비례한다.
② 전화율 X_A는 반응시간에 정비례한다.
③ $-\ln\dfrac{C_A}{C_{A0}}$와 반응시간 간의 관계는 직선으로 나타난다.
④ 반응속도 상수의 차원은 시간의 역수이다.

2-6. 일차 비가역 반응에서 반감기 $t_{1/2}$은?(단, k는 반응상수, C_{A0}는 초기농도이다)

① $t_{1/2} = \dfrac{C_{A0}}{2k}$ ② $t_{1/2} = \dfrac{\ln 2}{k}$

③ $t_{1/2} = \dfrac{1}{kC_{A0}}$ ④ $t_{1/2} = \dfrac{3}{2kC_{A0}^2}$

2-7. 어떤 액상반응 A → R이 1차 비가역으로 Batch Reactor에서 일어나 A의 50%가 전환되는데 5분이 걸린다. 75%가 전환되는 데에는 약 몇 분이 걸리겠는가?

① 7.5분 ② 10분
③ 12.5분 ④ 15분

2-8. 2A → R, $-r_A = kC_A^2$인 2차 반응의 반응속도상수 k를 결정하는 방법은?

① $X_A/(1-X_A)$를 t의 함수로 도시(Plot)하면 기울기가 k이다.
② $X_A/(1-X_A)$를 t의 함수로 도시하면 절편이 k이다.
③ $1/C_A$를 t의 함수로 도시하면 절편이 k이다.
④ $1/C_A$를 t의 함수로 도시하면 기울기가 k이다.

2-9. 어떤 반응에서 $\dfrac{1}{C_A}$을 시간 t로 플롯하여 기울기가 1인 직선을 얻었다. 이 반응의 속도는?

① $-r_A = C_A$ ② $-r_A = 2C_A$
③ $-r_A = C_A^2$ ④ $-r_A = 2C_A^2$

2-10. 어떤 이상기체가 600℃에서 다음 반응식과 같은 2차 반응이 일어날 때 반응속도상수 k_C값은 70L/mol·s이었다고 하면 반응물 A 분압의 감소속도(atm/s)를 반응속도로 할 때 반응속도 상수는 약 몇 atm⁻¹·min⁻¹인가?

2A → C+D

① 58.67 ② 68.67
③ 78.67 ④ 88.67

2-11. 다음 그림으로 표시된 반응은?(단, C는 농도, t는 시간을 나타낸다)

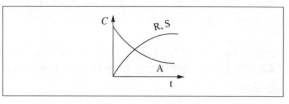

① A+R → S ② A+S → R
③ A → R → S ④ A ↗R ↘S

2-12. A $\xrightarrow{k_1}$ R 및 A $\xrightarrow{k_2}$ 2S인 두 액상반응이 동시에 등온 회분 반응기에서 진행된다. 50분 후 A의 90%가 분해되어 생성물 비는 (9.1mol R)/(1mol S)이다. 반응차수는 각각 1차일 때, 반응 속도상수 k_2는 몇 min⁻¹인가?

① 2.4×10^{-6} ② 2.4×10^{-5}
③ 2.4×10^{-4} ④ 2.4×10^{-3}

2-13. 다음과 같은 연속(직렬) 반응에서 A와 R의 반응속도가 $-r_A = k_1 C_A$, $r_R = k_1 C_A - k_2$ 일 때 회분식 반응기에서 C_R/C_{A0}를 구하면?(단, 반응은 순수한 A만으로 시작한다)

$$A \to R \to S$$

① $1 + e^{-k_1 t} + \dfrac{k_2}{C_{A0}} t$ ② $1 + e^{-k_1 t} - \dfrac{k_2}{C_{A0}} t$

③ $1 - e^{-k_1 t} + \dfrac{k_2}{C_{A0}} t$ ④ $1 - e^{-k_1 t} - \dfrac{k_2}{C_{A0}} t$

2-14. 다음 반응식 중 자동촉매 반응을 나타내는 것은?

① $A + R \to R + R$

② $A \xrightarrow{k_1} R$, $A + R \xrightarrow{k_2} B + C$

③ $A \underset{k_2}{\overset{k_1}{\rightleftharpoons}} R$

④ $A + B \underset{k_2}{\overset{k_1}{\rightleftharpoons}} R + S$

2-15. 효소반응에 의해 생체 내 단백질을 합성할 때에 대한 설명 중 틀린 것은?

① 실온에서 효소반응의 선택성은 일반적인 반응과 비교해서 높다.

② Michaelis-Menten 식이 사용될 수 있다.

③ 효소반응은 시간에 대해 일정한 속도로 진행된다.

④ 효소와 기질은 반응 효소-기질 복합체를 형성한다.

2-16. $A + R \to R + R$인 자동촉매 반응(Autocatalytic Reaction)에서 반응속도를 반응물의 농도로 플롯할 때 그래프를 옳게 설명한 것은?

① 단조증가한다.

② 단조감소한다.

③ 최소치를 갖는다.

④ 최대치를 갖는다.

2-17. 가역 단분자 반응 $A \rightleftharpoons R$에서 평형상수 K_C와 평형전화율 X_{Ae}와의 관계는?(단, C_{R0}와 팽창계수 ε_A는 0이다)

① $\ln K_C = \dfrac{1}{X_{Ae}}$ ② $K_C = \dfrac{X_{Ae}}{1 - X_{Ae}}$

③ $K_C = \dfrac{X_{Ae}}{1 + X_{Ae}}$ ④ $\ln K_C = \dfrac{X_{Ae}}{1 + X_{Ae}}$

|해설|

2-2

• $C_{A0} - C_A = C_{A0} X_A = kt$, $t < \dfrac{C_{A0}}{k}$ (반응지속)

• $C_A = 0$, $t \geq \dfrac{C_{A0}}{k}$ (반응완료)

2-5

$A \to R$

$-\ln \dfrac{C_A}{C_{A0}} = -\ln(1 - X_A) = kt$

2-7

$-\ln \dfrac{C_A}{C_{A0}} = -\ln(1 - X_A) = kt$

$-\ln(1 - 0.5) = k \times 5$

$\therefore k = 0.1386$

$-\ln(1 - 0.75) = kt$

$\therefore t = 10$

2-10

• $C_A = \dfrac{P_A}{RT}$

• $-r_A = -\dfrac{dC_A}{dt} = -\dfrac{d(P_A/RT)}{dt} = -\dfrac{1}{RT}\dfrac{dP_A}{dt}$

$\quad = k_C C_A^2 = k_C \left(\dfrac{P_A}{RT}\right)^2 = \dfrac{k_C}{(RT)^2} P_A^2$

• $-r_A' = -\dfrac{dP_A}{dt} = RT \times \dfrac{k_C}{(RT)^2} P_A^2 = \dfrac{k_C}{RT} P_A^2$

$\quad = k_P P_A^2$

$\therefore k_P = \dfrac{k_C}{RT} = \dfrac{70 \text{L/mol} \cdot \text{s}}{0.082 \text{L} \cdot \text{atm/mol} \cdot \text{K} \times 873 \text{K}} \times \dfrac{60 \text{s}}{1 \text{min}}$

$\quad = 58.67 \text{atm}^{-1} \cdot \text{min}^{-1}$

2-12

• $\dfrac{-r_A}{1} = \dfrac{r_R}{1} = \dfrac{r_S}{2}$

$\begin{cases} r_R = k_1 C_A \\ r_S = 2k_2 C_A \end{cases}$

• $-\ln \dfrac{C_A}{C_{A0}} = (k_1 + k_2)t$

$-\ln(1 - X_A) = (k_1 + k_2)t$

$k_1 + k_2 = -\ln(1 - 0.9)/50\text{min} = 0.04605\text{min}^{-1}$

• $\dfrac{r_R}{r_S} = \dfrac{dC_R}{dC_S} = \dfrac{k_1 C_A}{2k_2 C_A} = 9.1$

$\therefore k_1 = 18.2k_2 \rightarrow 18.2k_2 + k_2 = 0.04605$

$\therefore k_2 = 0.0023984375 \text{min}^{-1} \fallingdotseq 2.4 \times 10^{-3}\text{min}^{-1}$

2-13

$$A \xrightarrow{k_1} R \xrightarrow{k_2} S$$

$\cdot -r_A = -\dfrac{dC_A}{dt} = k_1 C_A$

$-\dfrac{dC_A}{C_A} = k_1 dt$

$\therefore C_A = C_{A0} \cdot e^{-k_1 t}$

$\cdot r_R = \dfrac{dC_R}{dt} = k_1 C_A - k_2$

$dC_R = (k_1 C_A - k_2) dt$

$\displaystyle\int_{C_{R0}}^{C_R} dC_R = \int_0^t (k_1 C_A - k_2) dt = \int_0^t (k_1 C_{A0} \cdot e^{-k_1 t} - k_2) dt$

$\qquad = \left[\dfrac{k_1 C_{A0} e^{-k_1 t}}{-k_1} - k_2 t \right]_0^t = -C_{A0} e^{-k_1 t} + C_{A0} - k_2 t$

$\therefore C_R = C_{A0} - C_{A0} e^{-k_1 t} - k_2 t$

$\therefore \dfrac{C_R}{C_{A0}} = 1 - e^{-k_1 t} - \dfrac{k_2}{C_{A0}} t$

2-15

$A + R \rightarrow R + R$

극소량 농도의 R에 의해 반응이 시작되어 R이 생성됨에 따라 반응속도는 증가한다. A가 다 소모되면 반응 속도는 0이 된다.

핵심이론 03 변용 회분식 반응기

(1) 특 징

① 변용 회분 반응기는 시간에 따라 반응 부피가 달라진다.

② $V = V_0(1 + \varepsilon_A X_A)$, $X_A = \dfrac{V - V_0}{V_0 \varepsilon_A}$

여기서, V_0 : 초기의 반응기 부피

　　　　 V : 시간 t에서 부피

③ ε_A는 반응물 A가 전혀 전화되지 않았을 때와 완전히 전환되었을 때 부피의 변화분율을 말한다.

$$\varepsilon_A = \frac{V_{(X_A = 1)} - V_{(X_A = 0)}}{V_{(X_A = 0)}} = y_{A0} \delta$$

$\varepsilon_A = y_{A0} \delta$

$y_{A0} = \dfrac{N_{A0}}{N} = \dfrac{반응물\ A의\ 처음\ 몰수}{반응물\ 전체의\ 몰수}$

$\therefore \delta = \dfrac{생성물의\ 몰수 - 반응물의\ 몰수}{반응물\ A의\ 몰수}$

예 $a A + b B \rightarrow c C + d D$라는 화학반응식에서

$\therefore \delta = (c + d - a - b) / a$

핵심예제

물질 A는 A → 5S로 반응하고 A와 S가 모두 기체일 때, 이 반응의 부피변화율 ε_A를 구하면?(단, 초기에는 A만 있다)

① 1　　　　　　　　　② 1.5

③ 4　　　　　　　　　④ 5

부피변화율

$\varepsilon_A = y_{A0} \delta$

$\qquad = 1 \times \dfrac{5 - 1}{1} = 4$

2-2. 단일이상 반응기

핵심이론 01 회분식반응기

(1) 회분식 반응기(Batch Reactor)

① 반응이 진행하는 도중에 반응물이나 생성물을 넣거나 또는 꺼내지 않는 반응기이다.

② 특 성

   ㉠ 시간에 따라서 조성이 변하는 비정상 상태이다.

   ㉡ 반응이 진행하는 동안 반응물, 생성물의 유입과 유출이 없다.

   ㉢ 순간 반응기 내 모든 곳의 조성이 일정하다.

   ㉣ 소규모이고 설치비가 적다.

   ㉤ 매회 품질이 균일하지 못하며 대규모 생산이 어렵다.

   ㉥ 간단하고 보조장치가 필요 없다.

   ㉦ 노동력이 많이 들고, 운전비가 많다.

   ㉧ 높은 전화율을 얻을 수 있다.

(2) 회분식 반응기 성능식

① Input = Output + Consumption + Accumulation

② $0 = 0 + (-r_A)V + \dfrac{dN_A}{dt}$

   $-r_A V = N_{A0}\dfrac{dX_A}{dt}$

   ∴ 소모량 = 축적량

③ 정 용

   ㉠ 부피 일정

   ㉡ $\varepsilon_A = 0$

   ㉢ $t = N_{A0}\displaystyle\int_0^{X_A}\dfrac{dX_A}{(-r_A)V} = C_{A0}\displaystyle\int_0^{X_A}\dfrac{dX_A}{-r_A}$

④ 변 용

   ㉠ 부피 변화

   ㉡ $\varepsilon_A \neq 0$

   ㉢ 기상반응 밀도변화가 큰 경우

      $V = V_0(1 + \varepsilon_A X_A)$

㉣ $t = N_{A0}\displaystyle\int_0^{X_A}\dfrac{dX_A}{(-r_A)V_0(1+\varepsilon_A X_A)}$

   $= C_{A0}\displaystyle\int_0^{X_A}\dfrac{dX_A}{(-r_A)(1+\varepsilon_A X_A)}$

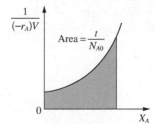

[일반적인 경우]

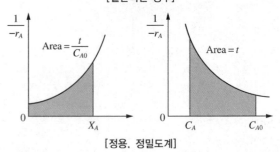

[정용, 정밀도계]

핵심예제

1-1. 어떤 회분식 반응기에서 전화율을 90%까지 얻는 데 소요된 시간이 4시간이었다고 하면, 3m³/min을 처리하여 같은 전화율을 얻는 데 필요한 반응기의 부피는 얼마인가?

① 620m³   ② 720m³

③ 820m³   ④ 920m³

1-2. 회분반응기(Batch Reactor)의 일반적인 특성에 대한 설명으로 가장 거리가 먼 것은?

① 일반적으로 소량 생산에 적합하다.

② 단위생산량당 인건비와 취급비가 적게 드는 장점이 있다.

③ 연속조작이 용이하지 않은 공정에 사용된다.

④ 하나의 장치에서 여러 종류의 제품을 생산하는 데 적합하다.

|해설|

1-1

$\tau = \dfrac{V}{v_0}$

∴ $V = \tau v_0 = 240\text{min} \times 3\text{m}^3/\text{min} = 720\text{m}^3$

정답 1-1 ②   1-2 ②

핵심이론 02 반회분식 반응기

(1) 특 징

① 유입물만을 연속적으로 주입시키거나, 반응물만을 연속적으로 배출하는 공정이다.

② 정상상태 : 공정내부의 온도, 압력, 유속, 부피 등과 같은 변수값이 시간에 따라서 변하지 않는 경우

③ 비정상상태 : 시간에 따라서 공정변수의 값이 변하는 경우

④ 회분식 반응기와 흐름식 반응기의 중간형태로 시간에 따라 조성과 용적이 변한다.

⑤ 선택도를 높일 수 있다.

핵심예제

이상형 반응기의 대표적인 예가 아닌 것은?

① 회분식 반응기
② 플러그흐름 반응기
③ 혼합흐름 반응기
④ 촉매 반응기

|해설|

• 회분식 반응기(BR)
 – 시간에 따라 조성이 변화하는 비정상상태의 조작이다.
 – 각 순간에서 반응기 내의 모든 곳에서의 조성은 일정하다.
• 연속흐름 반응기(PFR)
 – 유체의 흐름이 반응기 전체를 통하여 유체의 요소가 추월하거나 전후의 요소들이 혼합되는 일이 없이 질서 정연하다.
 – 필요충분조건은 모든 유체의 요소에 대하여 반응기 내 체류시간이 동일해야 한다.
• 혼합흐름 반응기(CSTR)
 반응기에서 나가는 흐름은 반응기 내의 유체와 동일한 조성을 갖는다.

정답 ④

핵심이론 03 흐름식 반응기

(1) 특 징

① 일정한 조성을 갖는 반응물을 일정한 유량으로 공급한다.

② 연속적으로 대량을 처리할 수 있으며, 반응속도가 큰 경우에 이용한다.

③ 반응기 내의 체류시간(τ)이 동일하다.

④ 반응물 조성이 시간에 따라 변화가 없다(정상상태).

⑤ 생성물의 품질관리가 쉽고, 운전비는 적게 드나 설치비는 많이 든다.

(2) PFR(Plug Flow Reactor) : 연속흐름 반응기

① 유지관리가 쉽다.

② 반응기 내 온도 조절이 어렵다.

③ 반응기 부피당 전화율이 가장 높다.

④ PFR 성능식

입량 = 출량 + 반응에 의한 소모량 + 축적량($\varepsilon_A = 0$일 때)

반응차수	성능식
0차 반응	$k\tau = C_{A0} - C_A = C_{A0}X_A$
1차 반응	$k\tau = -\ln\dfrac{C_A}{C_{A0}} = -\ln(1-X_A)$
2차 반응	$C_{A0}k\tau = \dfrac{X_A}{1-X_A}$
n차 반응	$k(n-1)\tau = C_A^{\,1-n} - C_{A0}^{\,1-n}$

(3) CSTR(Continuous Flow Reactor) : 혼합흐름 반응기

① 주로 액상반응에 사용되며, 내용물이 잘 혼합되어 균일하게 되는 반응기이다.

② 반응기에서 나가는 흐름은 반응기 내의 유체와 동일한 조성을 갖는다.

③ 강한 교반이 요구되며 온도 조절이 용이하다.

④ 반응기 부피당 전화율이 낮다.

⑤ 반응기 내에서 온도, 농도, 반응속도는 시간, 공간에 따라 변하지 않는다.

⑥ CSTR 성능식

입량 = 출량 + 반응에 의한 소모량 + 축적량($\varepsilon_A = 0$일 때)

반응차수	성능식
0차 반응	$k\tau = C_{A0} - C_A = C_{A0}X_A$
1차 반응	$k\tau = \dfrac{X_A}{1 - X_A}$
2차 반응	$C_{A0}k\tau = \dfrac{X_A}{(1 - X_A)^2}$
n차 반응	$C_{A0}^{\,n-1}k\tau = \dfrac{X_A}{(1 - X_A)^n}$

(4) 담쾰러 수(Da : 무차원수)

① Da를 이용하면 연속흐름 반응기에서 달성할 수 있는 전화율의 정도를 쉽게 추산할 수 있다.

② $Da = \dfrac{-r_{A0}V}{F_{A0}}$

$\quad = \dfrac{\text{입구에서 반응속도}}{\text{A의 유입유량}} = \dfrac{\text{반응속도}}{\text{대류속도}}$

③ 비가역 1차 반응 : $Da = \dfrac{-r_{A0}V}{F_{A0}} = \dfrac{k_1 C_{A0} V}{v_0 C_{A0}} = \tau k_1$

④ 비가역 2차 반응 : $Da = \dfrac{-r_{A0}V}{F_{A0}} = \dfrac{k_1 C_{A0}^2 V}{v_0 C_{A0}}$

$\qquad\qquad\qquad\qquad = \tau k_2 C_{A0}$

⑤ Da가 0.1 이하이면 전화율은 10% 이하가 되고, Da가 10 이상이면 전화율은 90% 이상이 된다.

핵심예제

3-1. CSTR에 대한 설명으로 옳지 않은 것은?

① 비교적 온도 조절이 용이하다.
② 약한 교반이 요구될 때 사용된다.
③ 높은 전화율을 얻기 위해서 큰 반응기가 필요하다.
④ 반응기 부피당 반응물의 전화율은 흐름 반응기들 중에서 가장 작다.

3-2. 이상적 반응기 중 플러그흐름반응기에 대한 설명으로 틀린 것은?

① 반응기 입구와 출구의 몰속도가 같다.
② 정상상태 흐름 반응기이다.
③ 축방향의 농도구배가 없다.
④ 반응기 내의 온도 구배가 없다.

3-3. 연속흐름 반응기에서 물질수지식으로 옳은 것은?

① 입류량 = 출류량 − 소멸량 + 축적량
② 입류량 = 출류량 − 소멸량 − 축적량
③ 입류량 = 출류량 + 소멸량 + 축적량
④ 입류량 = 출류량 + 소멸량 − 축적량

3-4. CSTR 단일 반응기에서 액상반응 A → B인 1차 반응의 Damköhler 수(Da)가 2이면 전화율 X_A는?(단, $Da = k\tau$)

① 0.1
② 0.33
③ 0.67
④ 0.75

|해설|

3-1
CSTR(혼합흐름 반응기)
• 강한 교반이 요구될 때 사용한다.
• 내용물이 잘 혼합되어 균일하게 되는 반응기이다.
• 온도 조절이 용이하다.
• 반응기 부피당 전화율이 낮다.

3-2
PFR
• 유체의 조성은 흐름경로를 따라 각 지점에서 변화
$\quad F_A = F_{A0}(1 - X_A)$
• 정상상태 흐름 반응기
• 축방향(흐름방향)에 따라 농도는 변한다(농도구배 존재).
• 농도구배 및 온도구배, 즉 반응속도의 구배가 없다.

3-4
$X_A = \dfrac{Da}{1 + Da} = \dfrac{2}{1+2} = 0.67$

- 회분식 반응기에서 반응시간 t는 반응기의 성능을 측정한다.
- 흐름식 반응기에서는 공간시간(Space-time)과 공간속도(Space-velocity)가 반응기의 성능을 측정한다.

(1) 공간시간(Space-time, τ)

① $\tau = \dfrac{1}{s}$ = [시간]

반응기 부피만큼의 공급물 처리에 필요한 시간

② $\tau = \dfrac{1}{s} = \dfrac{\text{반응기 부피}}{\text{공급물 부피 유량}} = \dfrac{V}{v_0} = \dfrac{C_{A0}V}{F_{A0}}$

$= \dfrac{\left(\dfrac{\text{들어가는 A의 몰수}}{\text{공급물의 부피}}\right)(\text{반응기의 부피})}{(\text{들어가는 A의 몰수/시간})}$

공간시간이 클수록 생성물의 농도는 증가하고 양은 감소한다.

예 $\tau = 5\text{hr}$: 반응기 부피만큼 공급물을 처리하는 데 5시간이 필요하다는 의미이다.

(2) 공간속도(Space-velocity, S)

① S : 단위 시간당 처리할 수 있는 공급물의 부피를 반응기 부피로 나눈 값

② 공간 시간의 역수이다.

③ $S = \dfrac{1}{\tau}$ = [시간]$^{-1}$ = $\dfrac{\text{공급물의 부피}}{\text{시간} \times \text{반응기 부피}}$

예 $S = 0.5\text{hr}^{-1}$: 시간당 반응기 부피의 0.5배만큼의 공급물이 처리된다.

핵심예제

4-1. 공간시간과 평균체류시간에 대한 설명 중 틀린 것은?

① 밀도가 일정한 반응계에서는 공간시간과 평균체류시간은 항상 같다.
② 부피가 팽창하는 기체 반응의 경우 평균체류시간은 공간시간보다 작다.
③ 반응물의 부피가 전화율과 직선 관계로 변하는 관형 반응기에서 평균체류시간은 반응속도와 무관하다.
④ 공간시간과 공간속도의 곱은 항상 1이다.

4-2. 공간시간이 5분이라고 할 때의 설명으로 옳은 것은?

① 5분 안에 100% 전화율을 얻을 수 있다.
② 반응기 부피의 5배가 되는 원료를 처리할 수 있다.
③ 매 5분마다 반응기 부피만큼의 공급물이 반응기에서 처리된다.
④ 5분 동안에 반응기 부피의 5배의 원료를 도입한다.

4-3. 다음 중 Space-velocity의 단위로 옳은 것은?

① time^{-1}　　　　　　② time
③ mole/time　　　　　④ time/mole

4-4. 0차 균질반응이 $-r_A = 10^{-3}\text{mol/L} \cdot \text{s}$로 플러그흐름 반응기에서 일어난다. A의 전환율이 0.90이고 $C_{A0} = 1.5\text{mol/L}$일 때 공간시간은 몇 초인가?(단, 이때 용적 변화율은 일정하다)

① 1,300　　　　　　② 1,350
③ 1,450　　　　　　④ 1,500

4-5. CSTR에서 80%의 전환율을 얻는 데 필요한 공간시간이 5hr이다. 공급물 2m^3/min을 80%의 전화율로 처리하는 데 필요한 반응기의 부피는?

① 300m^3　　　　　② 400m^3
③ 600m^3　　　　　④ 800m^3

| 해설 |

4-1
- 액상 : τ(공간시간) $= \bar{t}$(평균체류시간)
- 기상 : τ(공간시간) $\neq \bar{t}$(평균체류시간)
- 평균체류시간은 반응속도와 관계가 있다.
- 공간시간과 공간속도의 곱은 항상 1이다.

4-4

$$\tau = \frac{1.5\text{mol/L}}{10^{-3}\text{mol/L} \cdot \text{s}} \times 0.9 = 1,350\text{s}$$

4-5

$$\tau = \frac{V}{v_0}$$

$$\therefore V = \tau v_0 = 5\text{hr} \times 2\text{m}^3/\text{min} \times 60\text{min/hr} = 600\text{m}^3$$

정답 4-1 ③ 4-2 ③ 4-3 ① 4-4 ② 4-5 ③

핵심이론 05 단일반응기의 크기

(1) 회분식 반응기

$\varepsilon = 0$에 대하여 회분반응기와 플러그흐름 반응기는 반응시간이 동일하다. 즉, 반응기 크기도 동일하다.

(2) 혼합흐름 반응기(CSTR)과 플러그흐름 반응기(PFR)의 비교

① $n > 0$일 때, CSTR의 크기는 항상 PFR의 크기보다 크다. 이 부피비는 반응차수(n)이 증가할수록 커진다.

② $n = 0$, 0차 반응에서는 반응기의 크기는 흐름 유형에 무관하다.

③ 전화율이 클수록 부피비가 급격히 증가하므로 전화율이 높을 때에는 흐름 유형이 매우 중요해진다.

─ 핵심예제 ─

다음은 n차($n > 0$) 단일 반응에 대한 한 개의 혼합 및 플러그 흐름 반응기 성능을 비교 설명한 내용이다. 옳지 않은 것은? (단, V_m은 혼합흐름 반응기 부피, V_P는 플러그흐름 반응기 부피를 나타낸다)

① V_m은 V_P보다 크다.
② V_m / V_P는 전화율의 증가에 따라 감소한다.
③ V_m / V_P는 반응차수에 따라 증가한다.
④ 부피변화 분율이 증가하면 V_m / V_P가 증가한다.

| 해설 |

$n > 0$에 대하여 CSTR의 크기는 항상 PFR보다 크다. 이 부피비 (V_m / V_p)는 반응차수가 증가할수록 커진다.

정답 ②

핵심이론 06 다중반응계

(1) 플러그흐름 반응기(PFR)

① 직렬연결

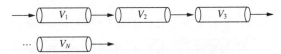

　ⓐ Total Volume : $V = V_1 + V_2 + V_3 + \cdots + V_N$

　ⓑ 직렬로 연결된 N개의 PFR은 부피가 V인 한 개의 PFR과 같다. 즉, 동일한 전화율을 갖는다.

　ⓒ 반응물의 농도가 계를 통과하면서 점차 감소된다.

② 병렬연결

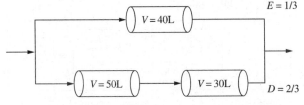

　ⓐ 공급유량비 = 부피비

　ⓑ 유체가 동일한 조성으로 만나도록 단위반응기에 분배시키려면, 병렬로 연결된 각 단위반응기에서 유체요소의 머무르는 시간, 즉 공간시간(τ)이 같아야 한다.

(2) 혼합흐름 반응기(CSTR)

① 직렬연결

　ⓐ $n > 0$인 비가역 n차 반응과 같이 반응물의 농도가 증가함에 따라 반응속도가 증가하는 반응에 대해 PFR이 CSTR보다 효율적이다.

　ⓑ N개의 동일한 크기의 CSTR을 직렬 연결하면 반응기의 수가 증가할수록 PFR에 근접한다.

　ⓒ 직렬로 연결된 두 개의 CSTR의 크기는 반응속도론과 전화율에 의해 결정된다.

② 주어진 전화율에 대한 최상의 계 찾기

　ⓐ 직렬로 연결된 두 개의 CSTR의 크기

　　• 1차 반응 : 동일한 크기의 반응기가 최적

　　• $n > 1$인 반응 : 작은 CSTR → 큰 CSTR 순서로 사용

　　• $n < 1$인 반응 : 큰 CSTR → 작은 CSTR 순서로 사용

③ 이상 반응기 세트의 최적 배열

　ⓐ 반응속도-농도곡선이 단조증가하는 반응($n > 0$인 n차 반응)에 대해서는 반응기들을 직렬로 연결해야 한다.

　ⓑ 반응속도-농도곡선이 오목($n > 1$)하면 반응물의 농도를 가능한 크게, 볼록($n < 1$)하면 가능한 작게 배열한다.

　　• $n > 1$: PFR → 작은 CSTR → 큰 CSTR 순서로 배열

　　• $n < 1$: 큰 CSTR → 작은 CSTR → PFR 순서로 배열

(3) 순환반응기

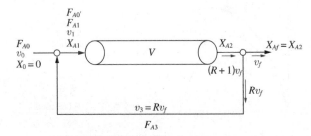

① PFR 반응기로부터 생성물 흐름의 일부를 반응기 입구로 순환시키는 반응기

② 순환비 $R = \dfrac{\text{반응기 입구로 되돌아가는 유체의 부피(환류량)}}{\text{계를 떠나는 부피}}$

③ 순환비는 0에서 무한대까지 변화시킬 수 있으며 순환비를 증가시키면 PFR에서 $R = 0$, CSTR에서 $R = \infty$로 변화한다.

④ $\dfrac{V}{F_{A0'}} = \displaystyle\int_{X_{A1}}^{X_{A2} = X_{Af}} \dfrac{dX_A}{-r_A}$

　$X_{A1} = \left(\dfrac{R}{R+1}\right) X_{Af}$

⑤ 순환반응기에 대한 성능식의 표현

　ⓐ $\varepsilon \neq 0$인 경우(일반적인 경우)

　$\tau = \dfrac{V}{F_{A0}} = (R+1) \displaystyle\int_{\left(\frac{R}{R+1}\right)X_{Af}}^{X_{Af}} \dfrac{dX_A}{-r_A}$

ⓛ $\varepsilon = 0$ 인 경우

$$\tau = \frac{C_{A0} V}{F_{A0}} = -(R+1) \int_{\frac{C_{A0} + R C_{Af}}{R+1}}^{C_{Af}} \frac{dC_A}{-r_A}$$

(4) 자동촉매 반응

처음에는 생성물이 거의 존재하지 않아 반응속도가 아주 느리다가 생성물이 생기면서 최댓값까지 증가했다가 반응물이 소모되면서 다시 낮은 값으로 떨어진다.

① $a + rR \rightarrow R + R$

$$-r_A = k C_A{}^a C_R{}^r$$

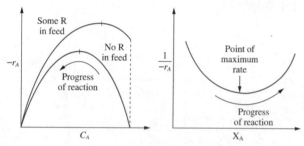

[자동촉매 반응의 전형적인 반응속도 대 농도곡선]

② 순환이 없는 PFR과 CSTR의 비교

반응속도 vs 농도곡선에서 면적을 비교하였을 때 최소부피의 반응기가 우수한 반응기이다.

㉠ 전화율이 낮을 때는 CSTR이 우수

㉡ 전화율이 높을 때는 PFR이 우수

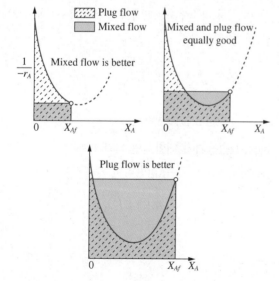

③ PFR을 순수한 반응물의 공급물로만 조작할 수 없으며 이 경우 반응물의 공급물에 계속 생성물을 첨가시켜야 하므로 순환식 PFR을 사용하는 것이 이상적이다.

④ 자동촉매 반응은 전화율에 따라 반응기를 선택한다.

X_A가 낮을 때	X_A가 중간일 때	X_A가 높을 때
CSTR 선택	CSTR, PFR 선택	PFR 선택
$V_c < V_p$	$V_c \simeq V_p$	$V_c > V_p$

───── 핵심예제 ─────

6-1. 플러그흐름 반응기를 다음과 같이 연결할 때 D와 E에서 같은 전화율을 얻기 위해서는 D쪽으로의 공급 속도분율 D/T는 어떻게 되어야 하는가?

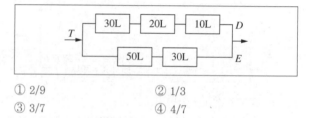

① 2/9 ② 1/3
③ 3/7 ④ 4/7

6-2. 크기가 다른 두 혼합흐름 반응기를 직렬로 연결한 반응기에 대한 설명으로 옳지 않은 것은?(단, n은 반응차수를 의미한다)

① $n > 1$인 반응에서는 작은 반응기가 먼저 와야 한다.
② $n < 1$인 반응에서는 큰 반응기가 먼저 와야 한다.
③ 두 반응기의 크기 비는 일반적으로 반응속도와 전화율에 따른다.
④ 1차 반응에서는 다른 크기의 반응기가 이상적이다.

6-3. 다음과 같은 자동촉매 반응에 대한 전형적인 반응속도-농도 그래프를 나타낸 것은?

$$A + R \rightarrow R + R$$

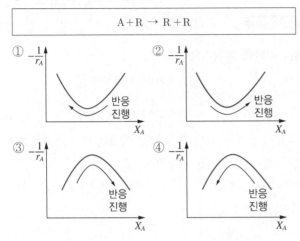

6-4. 관형 반응기를 다음과 같이 연결하였을 때 A쪽 반응기들의 전화율과 B쪽 반응기들의 전화율이 같기 위하여 B쪽으로의 전체 공급속도에 대한 분율은 얼마인가?

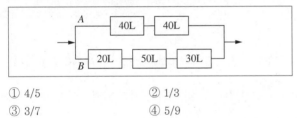

① 4/5　　　　　　② 1/3
③ 3/7　　　　　　④ 5/9

6-5. 반응기 부피를 구하기 위하여 그린 다음 그림은 어떤 반응기를 연결한 것인가?(단, $-r_A$는 반응물 A의 반응속도, X_A는 전화율이다)

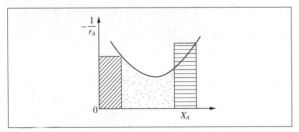

① Plug–Mixed–Plug
② Recycle–Plug–Mixed
③ Mixed–Plug–Mixed
④ Mixed–Recycle Mixed–Mixed

6-6. 반응차수 n이 1보다 큰 경우 이상반응기의 가장 효과적인 배열순서는?(단, 플러그흐름 반응기와 작은 혼합흐름 반응기의 부피는 같다)

① 플러그흐름 반응기 → 큰 혼합흐름 반응기 → 작은 혼합흐름 반응기
② 큰 혼합흐름 반응기 → 작은 혼합흐름 반응기 → 플러그흐름 반응기
③ 플러그흐름 반응기 → 작은 혼합흐름 반응기 → 큰 혼합흐름 반응기
④ 작은 혼합흐름 반응기 → 플러그흐름 반응기 → 큰 혼합흐름 반응기

6-7. 다음의 액체상 1차 반응이 Plug Flow 반응기(PFR)와 Mixed Flow 반응기(MFR)에서 각각 일어난다. 반응물 A의 전화율을 똑같이 80%로 할 경우 필요한 MFR의 부피는 PFR 부피의 약 몇 배인가?

$$A \rightarrow R, \ r_A \rightarrow -kC_A$$

① 5.0　　　　　　② 2.5
③ 0.5　　　　　　④ 0.2

6-8. PFR 반응기에서 순환비 R을 무한대로 하면 일반적으로 어떤 현상이 일어나는가?

① 전화율이 증가한다.
② 공간시간이 무한대가 된다.
③ 대용량의 PFR과 같게 된다.
④ CSTR과 같게 된다.

6-1

$$\frac{D}{T} = \frac{(30+20+10)L}{(30+20+10+50+30)L} = \frac{60L}{140L} = \frac{3}{7}$$

6-2

1차 반응에는 동일한 크기의 반응기가 최적이다.

6-4

$$F_T = F_A + F_B$$

$$\frac{V_A}{F_A} = \frac{V_B}{F_B} \Rightarrow \frac{80L}{F_A} = \frac{100L}{F_B} \Rightarrow \frac{F_A}{F_B} = \frac{80L}{100L}$$

$$F_A = \frac{4}{5} F_B$$

$$F_T = \frac{4}{5} F_B + F_B = \frac{9}{5} F_B$$

$$\therefore F_B = \frac{5}{9} F_T$$

6-5

- CSTR $\frac{V_1}{F_0} = \frac{X_A}{-r_A}$ (사각형 면적)

- PFR $\frac{V_1}{F_0} = \int_{X_1}^{X_2} \frac{dX_A}{-r_A}$ (곡선 아래 면적)

6-7

$$X_A = 0.8$$

- MFR(CSTR)의 $k\tau = \frac{X_A}{1-X_A} = \frac{0.8}{1-0.8} = 4$

- PFR의 $k\tau = -\ln(1-X_A) = -\ln 0.2 = 1.6$

  $\therefore$ MFR 부피(4)는 PFR 부피(1.6)의 2.5배이다.

정답 6-1 ③ 6-2 ④ 6-3 ② 6-4 ④ 6-5 ③ 6-6 ③ 6-7 ② 6-8 ④

제3절 **반응기와 반응운전 효율화**

3-1. 반응운전 최적화

핵심이론 01 복합반응

(1) 비가역 평행반응

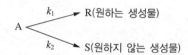

두 반응은 서로 독립적이기 때문에 A의 감소 속도는 R과 S의 생성속도를 합친 것과 같다.

① 반응속도식

- $r_R = \dfrac{dC_R}{dt} = k_1 C_A^{a_1}$

- $r_S = \dfrac{dC_S}{dt} = k_2 C_A^{a_2}$

- R과 S의 상대적인 생성속도의 비

$$\frac{r_R}{r_S} = \frac{dC_R}{dC_S} = \frac{k_1}{k_2} C_A^{a_1-a_2}$$

㉠ $a_1 > a_2$ 일 때(원하는 반응 > 원하지 않는 반응)

: 선택도 $\dfrac{R}{S}$ 의 비를 높이기 위해 반응물의 농도를 높여야 한다. R을 생성하기 위해서는 회분반응기 PFR, 반응기가 최소일 때가 좋다.

㉡ $a_1 < a_2$ 일 때(원하는 반응 < 원하지 않는 반응) : R을 생성하기 위해서는 반응물의 농도가 낮아야 한다. 따라서 CSTR, 반응기 크기가 클 때 사용해야 한다.

㉢ $a_1 = a_2$ 일 때 :

두 반응의 반응차수가 같으므로,

$$\frac{r_R}{r_S} = \frac{dC_R}{dC_S} = \frac{k_1}{k_2} = 상수$$

반응기의 유형은 무관하며, k_1/k_2에 의해 결정된다.

② k_1/k_2를 변화시켜 생성물의 분포 조절

㉠ 운전온도를 변화시키는 방법 : 두 반응의 활성화 에너지가 다름을 이용한다.

- $E_1 > E_2 \Rightarrow T\uparrow$
- $E_1 < E_2 \Rightarrow T\downarrow$

ⓛ 촉매를 사용하는 방법 : 정촉매는 반응을 빠르게, 부촉매는 반응을 느리게 한다.

③ 농도 조절

ⓐ C_A를 높게 유지하는 방법

- 회분식 반응기, PFR 사용한다.
- 전화율(X_A)을 낮게 유지한다.
- 기상계에서 압력을 증가시킨다.

ⓛ C_A를 낮게 유지하는 방법

- CSTR을 사용한다.
- 전화율(X_A)을 높게 유지한다.
- 기상계에서 압력을 감소시킨다.

(2) 평행반응

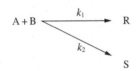

① 반응속도식

$$\frac{r_R}{r_S} = \frac{dC_R}{dC_S} = \frac{k_1 C_A{}^{a_1} C_B{}^{b_1}}{k_2 C_A{}^{a_2} C_B{}^{b_2}}$$

$$= \frac{k_1}{k_2} C_A{}^{a_1-a_2} C_B{}^{b_1-b_2}$$

ⓐ $a_1 > a_2$, $b_1 > b_2$일 때

- $C_A\uparrow$, $C_B\uparrow$
- 회분식, PFR, 직렬 CSTR을 사용한다.
- 기상계에서 고압
- A와 B를 한 번에 넣는다.

ⓛ $a_1 < a_2$, $b_1 < b_2$일 때

- $C_A\downarrow$, $C_B\downarrow$
- CSTR에 A, B를 천천히 혼입한다.
- 기상계에서 저압
- 불활성 물질을 넣는다.

ⓒ $a_1 > a_2$, $b_1 < b_2$일 때

- $C_A\uparrow$, $C_B\downarrow$
- 많은 양의 A에 B를 천천히 넣는다.

ⓓ $a_1 < a_2$, $b_1 > b_2$일 때

- $C_A\downarrow$, $C_B\uparrow$
- 많은 양의 B에 A를 천천히 넣는다.

핵심예제

1-1. 다음 반응에서 R이 요구하는 물질일 때 어떻게 반응시켜야 하는가?

$$A + B \rightarrow R, \text{ desired, } r_1 = k_1 C_A C_B{}^2$$
$$R + B \rightarrow S, \text{ unwanted, } r_2 = k_2 C_R C_B$$

① A에 B를 한 방울씩 넣는다.
② B에 A를 한 방울씩 넣는다.
③ A와 B를 동시에 넣는다.
④ A와 B를 넣는 순서는 무관하다.

1-2. 반응물 A와 B가 반응하여 목적하는 생성물 R과 그 밖의 생성물이 생긴다. 다음과 같은 반응식에 대해서 생성물 R의 생성을 높이기 위한 반응물 농도의 조건은?

$$A + B \xrightarrow{k_1} R$$
$$A \xrightarrow{k_2} S$$

① C_B를 크게 한다. ② C_A를 크게 한다.
③ C_A, C_B 둘 다 상관없다. ④ C_B를 작게 한다.

1-3. 다음 그림에서 플러그흐름 반응기의 면적이 혼합흐름 반응기의 면적보다 크다면 어떤 반응기를 사용하는 것이 좋은가?

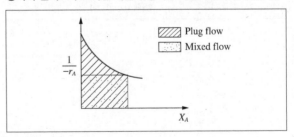

① 플러그흐름 반응기
② 혼합흐름 반응기
③ 어느 것이나 상관없음
④ 플러그흐름 반응기와 혼합흐름 반응기를 연속적으로 연결

1-4. 균일계 병렬반응이 다음과 같을 때 R을 최대로 얻을 수 있는 반응식은?

$$A + B \xrightarrow{k_1} R, \quad \frac{dC_R}{dt} = k_1 C_A^{0.5} C_B^{1.5}$$

$$A + B \xrightarrow{k_2} R, \quad \frac{dC_S}{dt} = k_2 C_A C_B^{1.5}$$

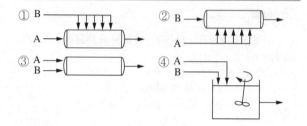

|해설|

1-2

$$\frac{r_R}{r_S} = \frac{k_1 C_A C_B}{k_2 C_A} = \frac{k_1}{k_2} C_B$$

∴ R의 생성을 높이기 위해서는 C_B의 농도를 크게 한다.

1-3

• PFR은 곡선 아래의 적분 면적
• CSTR은 직사각형 면적
∴ PFR 반응기의 면적이 크기 때문에 CSTR 반응기를 사용한다.

1-4

$$\frac{r_R}{r_S} = \frac{dC_R}{dC_S} = \frac{k_1 C_A^{0.5} C_B^{1.5}}{k_2 C_A C_B^{1.5}}$$

$$= \frac{k_1}{k_2} C_A^{-0.5}$$

∴ R생성물을 최대로 얻기 위해서는 C_A를 줄이고, C_B를 늘린다.

정답 1-1 ③ 1-2 ① 1-3 ② 1-4 ②

핵심이론 02 연속반응

(1) 비가역 연속 1차 반응

$$A \xrightarrow{k_1} R \xrightarrow{k_2} S$$

① 반응속도

ㄱ $-r_A = k_1 C_A$

ㄴ $r_R = k_1 C_A - k_2 C_R$

ㄷ $r_S = k_2 C_R$

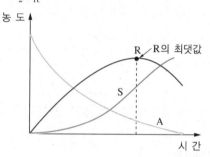

② PFR

ㄱ R의 최고농도와 그때의 시간

$$\frac{C_{R,max}}{C_{A0}} = \left(\frac{k_1}{k_2}\right)^{\frac{k_2}{k_2 - k_1}}$$

$$\tau_{p,opt} = \frac{\ln\left(\frac{k_2}{k_1}\right)}{k_2 - k_1}$$

③ CSTR

ㄱ R의 최고농도와 그때의 시간

$$\frac{C_{R,max}}{C_{A0}} = \frac{1}{\left(\sqrt{\frac{k_2}{k_1}} + 1\right)^2}$$

$$\tau_{p,opt} = \frac{1}{\sqrt{k_1 k_2}}$$

④ 성능의 특성

ㄱ $k_1 = k_2$인 경우를 제외하고는 항상 PFR이 CSTR 보다 짧은 시간을 요구하며, 이 시간차는 k_2/k_1이 1에서 멀어질수록 점점 커진다.

ㄴ R의 수율 : PFR > CSTR

ⓒ $k_2/k_1 < 1$ 이면 A의 전화율을 높게 설계해야 하며, 이때 미사용 반응물의 회수는 불필요하다.

ⓓ $k_2/k_1 > 1$ 이면 A의 전화율을 낮게 설계해야 하며, R의 분리와 미사용 반응물의 회수가 필요하다.

(2) 연속 평행반응

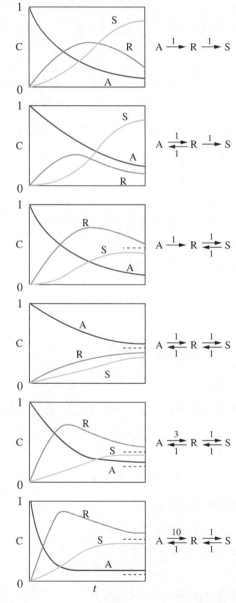

[기초적 가역반응 $A \underset{k_2}{\overset{k_1}{\rightleftharpoons}} R \underset{k_4}{\overset{k_3}{\rightleftharpoons}} S$에 대한 농도-시간 곡선]

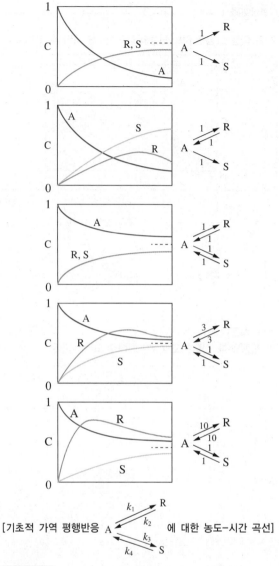

[기초적 가역 평행반응 $A \underset{k_2}{\overset{k_1}{\rightleftharpoons}} \overset{R}{\underset{S}{\rightleftharpoons}}$ 에 대한 농도-시간 곡선]

핵심예제

2-1. 혼합흐름 반응기에서 다음과 같은 1차 연속반응이 일어날 때 중간생성물 R의 최대농도(C_{Rmax}/C_{A0})는?

$$A \rightarrow R \rightarrow S \text{ (속도상수는 각각 } k_1, k_2)$$

① $[(k_2/k_1)^2 + 1]^{-1/2}$

② $[(k_1/k_2)^2 + 1]^{-1/2}$

③ $[(k_2/k_1)^{1/2} + 1]^{-2}$

④ $[(k_1/k_2)^{1/2} + 1]^{-2}$

2-2. 다음 그림은 어느 반응의 농도변화를 나타낸 그림인가?

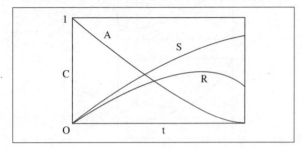

① A ⇄ R, A → S

② $A \underset{1}{\overset{1}{\rightleftarrows}} R \overset{1}{\rightarrow} S$

③ $A \overset{1}{\rightarrow} R \underset{1}{\overset{1}{\rightleftarrows}} S$

④ $A \underset{3}{\overset{1}{\rightleftarrows}} R$, $A \underset{3}{\overset{1}{\rightleftarrows}} S$

2-3. 회분식 반응기에서 $k_1 = k_2 = 1s^{-1}$인 다음과 같은 반응이 진행될 때 P의 농도 C_P가 최대로 되는 시간은?

$$A \overset{k_1}{\longrightarrow} P \overset{k_2}{\longrightarrow} Q$$

① 1초   ② 2초
③ 3초   ④ 4초

|해설|

2-1
CSTR

$$\tau_{m, opt} = \frac{1}{\sqrt{k_1 k_2}}, \quad \frac{C_{R_{max}}}{C_{A0}} = \frac{1}{\left[\sqrt{\left(\frac{k_2}{k_1}\right)}+1\right]^2}$$

2-3
CSTR

$$\tau_{m, opt} = \frac{1}{\sqrt{k_1 k_2}} = \frac{1}{\sqrt{1 \times 1}} = 1$$

정답 2-1 ③   2-2 ①   2-3 ①

---

(1) 수 율

① 생성물의 분포와 반응기의 크기를 결정할 수 있다.

A → R

㉠ 순간수율 $\phi = \dfrac{\text{생성된 R의 몰수}}{\text{반응한 A의 몰수}} = \dfrac{dC_R}{-dC_A}$

㉡ 총괄수율 $\Phi = \dfrac{\text{생성된 전체 R}}{\text{반응한 전체 A}}$

$= \dfrac{C_{Rf}}{C_{A0} - C_{Af}} = \dfrac{C_{Rf}}{-\Delta C_A} = \overline{\phi}$

② 순간수율은 C_A의 함수이므로 반응기를 통해 C_A는 변하므로 순간수율도 반응기의 각점에서 변한다. 따라서 반응한 전체 A중에서 R로 전화한 분율을 총괄수율이라 하며 이는 모든 순간 수율의 평균값이 된다.

③ 총괄수율은 반응기 출구에서 생성물의 분포를 나타낸다. 반응기 흐름 유형에 따라 적절한 순간수율의 평균을 구한다.

㉠ PFR

$$\Phi_P = \frac{-1}{C_{A0} - C_A} \int_{C_{A0}}^{C_{Af}} \phi dC_A$$

$$= \frac{1}{\Delta C_A} \int_{C_{A0}}^{C_{Af}} \phi dC_A$$

㉡ CSTR(MFR)

- 어디에서나 조성이 C_{Af}이므로 순간수율은 반응기 내에서 일정하다.

- $\Phi_m = \phi C_{Af}$

(2) 선택도(Selectivity)

$$S = \frac{\text{원하는 생성물의 생성 몰수}}{\text{원치않는 생성물의 생성 몰수}}$$

(3) 전환율(전화율, Conversion)

① 반응의 정도를 나타내는 것이다.

② 반응이 많이 진행하면 반응물의 몰수는 줄어들고, 생성물의 몰수는 늘어난다.

$aA + bB \rightarrow cC + dD$에서

$$\underset{\text{화학양론계수}}{\overset{\nearrow}{a}}A + bB \rightarrow c\underset{\text{화학성분}}{\overset{\nwarrow}{C}} + dD$$

화학성분 A를 기준으로 할 때 화학성분 A의 화학양론계수로 나누면

$$A + \frac{b}{a}B \rightarrow \frac{c}{a}C + \frac{d}{a}D$$

이때, 전환율 X_A는 계에 공급된 A의 몰당 반응한 A의 몰수이다.

$$X_A = \frac{\text{반응한 A의 몰수}}{\text{공급된 A의 몰수}}$$

핵심예제

3-1. 다음의 병행반응에서 A가 반응물질, R이 요구하는 물질일 때 Instantaneous Fraction Yield(순간적 수득분율) ϕ는?

① $dC_R/(-dC_A)$
② dC_R/dC_A
③ $dC_S/(-dC_A)$
④ dC_S/dC_A

3-2. 다음과 같은 균일계 등온 액상 병렬반응을 혼합흐름 반응기에서 A의 전화율 80%, R의 총괄수율 0.7로 진행한다면 반응기를 나오는 R의 농도는?(단, 초기농도 $C_{A0} = 100\text{mol/L}$, $C_{R0} = C_{S0} = 0$이다)

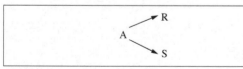

① 56mol/L
② 66mol/L
③ 76mol/L
④ 86mol/L

3-3. 액상 반응물 A가 다음과 같이 반응할 때 원하는 물질 R의 순간수율 $\phi\left(\dfrac{R}{A}\right)$을 옳게 나타낸 것은?

$$A \xrightarrow{k_1} R, \ r_R = k_1 C_A$$
$$2A \xrightarrow{k_2} S, \ r_S = k_2 C_A{}^2$$

① $\dfrac{1}{1 + (k_2/k_1)C_A}$
② $\dfrac{1}{1 + (k_1/k_2)C_A}$
③ $\dfrac{1}{1 + (2k_1/k_2)C_A}$
④ $\dfrac{1}{1 + (2k_2/k_1)C_A}$

|해설|

3-1

$$\text{순간수율 } \phi = \frac{\text{생성된 R의 몰수}}{\text{반응한 A의 몰수}} = \frac{dC_R}{-dC_A}$$

3-2

$$\Phi_m = \frac{\text{생성된 전체 R}}{\text{반응한 전체 A}} = \frac{C_{Rf}}{C_{A0} - C_{Af}}$$

$$0.7 = \frac{C_{Af}}{100 \times 0.8}$$

$$\therefore \ C_{Af} = 56$$

3-3

$$A \xrightarrow{k_1} R, \ r_R = k_1 C_A, \ -r_A = r_R$$

$$2A \xrightarrow{k_2} S, \ r_S = k_2 C_A^2, \ \frac{-r_A}{2} = \frac{r_S}{1}$$

$$\therefore \ \phi\left(\frac{R}{A}\right) = \frac{\text{생성된 R의 몰수}}{\text{반응한 A의 몰수}}$$

$$= \frac{r_R}{-r_A} = \frac{dC_R/dt}{-dC_A/dt} = \frac{dC_R}{-dC_A}$$

$$= \frac{r_R}{r_R + 2r_S} = \frac{k_1 C_A}{k_1 C_A + 2k_2 C_A^2}$$

$$= \frac{1}{1 + (2k_2/k_1)C_A}$$

정답 3-1 ① 3-2 ① 3-3 ④

(1) 단일반응

① 반응열

$$a\text{A} \rightarrow r\text{R} + s\text{S}$$

- $\Delta H_{rT} > 0$: 흡열반응
- $\Delta H_{rT} < 0$: 발열반응

온도 T_1에서의 반응열을 알고 있는 경우 온도 T_2에서의 반응열은 다음과 같다.

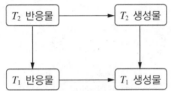

$$\begin{pmatrix} \text{온도 } T_2\text{의} \\ \text{반응과정에서} \\ \text{흡수된 열} \end{pmatrix} = \begin{pmatrix} \text{반응물의 온도를} \\ T_2\text{에서 } T_1\text{으로} \\ \text{변화시키는데} \\ \text{가한 열} \end{pmatrix} + \begin{pmatrix} \text{온도 } T_1\text{의} \\ \text{반응과정에서} \\ \text{흡수된 열} \end{pmatrix}$$

$$+ \begin{pmatrix} \text{생성물의 온도를} \\ T_1\text{에서 } T_2\text{로} \\ \text{되돌리는데 가한 열} \end{pmatrix}$$

$$\therefore \Delta H_{r2} = -(H_2 - H_1)_{\text{반응물}} + \Delta H_{r1} + (H_2 - H_1)_{\text{생성물}}$$

(2) 복합반응

① 생성물 분포와 온도

복합반응에서 두 단계의 경쟁적인 반응속도 상수를 k_1, k_2라 할 때, 이 두 단계의 상대적 반응속도는 다음과 같다.

$$\frac{k_1}{k_2} = \frac{k_1' e^{-E_1/RT}}{k_2' e^{-E_2/RT}}$$

$$= \frac{k_1'}{k_2'} e^{(E_2-E_1)/RT} \propto e^{(E_2-E_1)/RT}$$

⊙ 온도가 상승할 때
- $E_1 > E_2$이면 k_1/k_2는 증가
- $E_1 < E_2$이면 k_1/k_2는 감소

⊙ 활성화에너지가 큰 반응이 온도에 더 민감하다.

ⓒ 활성화에너지가 크면 고온이 적합하고 활성화에너지가 작으면 저온에 적합하다.

② 단열조작선 : 반응물과 생성물의 비열 차이가 없는 경우

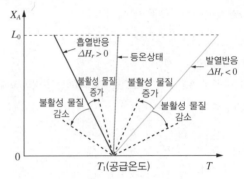

$$X_A = -\frac{C_p' \Delta T}{\Delta H_R}$$

여기서, X_A : A의 전환율

C_p' : 반응물의 비열

ΔH_R : 반응엔탈피

ΔT : 온도 변화

⊙ $-\dfrac{C_p'}{\Delta H_R}$ 이 작은 경우(순수한 기체반응물)에는 혼합흐름 반응기가 최적이다.

ⓒ $-\dfrac{C_p'}{\Delta H_R}$ 이 큰 경우(불활성 물질이 포함된 기체 또는 액체)에는 플러그흐름 반응기가 최적이다.

③ 평행반응

⊙ 1단계는 촉진, 2단계는 억제한다.

$\therefore k_1/k_2$값은 커진다.

ⓒ $E_1 > E_2$이면 고온 사용, $E_1 < E_2$이면 저온 사용

④ 연속반응

$$\text{A} \xrightarrow{1} \text{R}_{\text{desired}} \xrightarrow{2} \text{S}$$

⊙ k_1/k_2를 증가시키면 R의 생산이 증가한다.

ⓒ $E_1 > E_2$이면 고온 사용, $E_1 < E_2$이면 저온 사용

4-1. 그림은 단열조작에서 에너지수지식의 도식적 표현이다. 발열반응의 경우 불활성 물질을 증가시켰을 때 단열조작선은 어느 방향으로 이동하겠는가?(단, 실선은 불활성 물질이 없는 경우를 나타낸다)

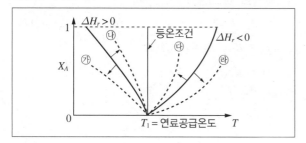

① ⑦
② ④

③ ④
④ ④

4-2. 다음의 반응에서 R의 수율은 반응기의 온도조건에 따라 달라진다. R의 수율을 높이기 위해서 반응기의 온도를 시간이 지남에 따라 처음에는 낮은 온도로부터 높은 온도까지 변화시켜야 했다. 다음 사항 중 각 경로에서 활성화에너지(E) 관계로 옳은 것은?

$$A \xrightarrow{1} R \xrightarrow{3} S$$
$$\searrow^{2}$$
$$T$$

① $E_1 > E_2,\ E_1 > E_3$

② $E_1 > E_2,\ E_1 < E_3$

③ $E_1 < E_2,\ E_1 < E_3$

④ $E_1 < E_2,\ E_1 > E_3$

4-3. 복합 반응의 반응속도상수의 비가 다음과 같을 때에 관한 설명으로 옳지 않은 것은?(단, 반응 1이 원하는 반응이다)

$$\frac{k_1}{k_2} = \frac{k_1{}' e^{-E_1/RT}}{k_2{}' e^{-E_2/RT}} = \frac{k_1{}'}{k_2{}'} e^{(E_2-E_1)/RT} \propto e^{(E_2-E_1)/RT}$$

① 활성화에너지가 크면 고온이 적합하다.

② 평행반응에서 $E_1 > E_2$이면 고온을 사용한다.

③ 연속단계에서 $E_1 > E_2$이면 고온을 사용한다.

④ 온도가 상승할 때 $E_1 > E_2$이면 k_1/k_2은 감소한다.

|해설|

4-1
④와 ④는 불활성 물질을 증가시킬 때의 방향으로, 발열반응($\Delta H_r < 0$)인 경우는 ④이다.

4-3
• 활성화에너지가 크면 고온이 적합하고, 활성화에너지가 작으면 저온이 적합하다.
• 온도가 상승할 때 $E_1 > E_2$이면 k_1/k_2는 증가하고, $E_1 < E_2$이면 k_1/k_2는 감소한다.

정답 4-1 ③ 4-2 ④ 4-3 ④

4-1. 유체의 상태방정식

핵심이론 01 이상기체

(1) 이상기체

① 각 기체의 입자는 서로 상호작용이 없다.

② 각 기체의 입자는 부피가 없다고 가정한다.

③ 기체는 모든 기체 법칙을 반드시 따른다.

④ 1atm, 273.15K에서의 기체의 몰 부피는 22.4L이다.

(2) 이상기체와 실제기체의 차이

구 분	이상기체	실제기체
분자의 크기	없 음	있 음
분자의 질량	있 음	있 음
0K에서의 부피	0	0K 이전에 액체나 고체로 변함
기체 관련 법칙	모든 법칙을 따름	고온, 저압에서 거의 일치함
분자 사이의 인력이나 반발력	없 음	있 음

─ **핵심예제** ─

다음 중 이상기체의 상태방정식이 가장 정확히 적용될 수 있는 경우는?

① 높은 온도, 높은 압력

② 높은 온도, 낮은 압력

③ 낮은 온도, 높은 압력

④ 낮은 온도, 낮은 압력

정답 ②

핵심이론 02 이상기체 상태방정식

이상기체 상태방정식은 이상기체의 경우 완벽히 성립하는 압력, 부피, 몰수, 온도에 대한 방정식이다.

(1) 보일의 법칙(Boyle's Law)

① 다른 조건(몰수, 온도)이 일정할 때, 부피와 압력이 반비례하는 법칙을 말한다.

② $PV = k$ (k는 상수)

③ $P_i V_i = P_f V_f$

여기서, i : 초기의 값

f : 나중의 값

(2) 샤를의 법칙(Charles's Law)

① 다른 조건(압력, 몰수)이 일정할 때, 부피는 절대온도에 정비례하는 법칙을 말한다.

② $V = kT$ (k는 상수), $\dfrac{V}{T} = k$

③ $\dfrac{V_i}{T_i} = \dfrac{V_f}{T_f}$

(3) 아보가드로의 법칙(Avogadro's Law)

① 다른 조건(온도, 압력)에서의 기체의 부피는 기체의 몰수에 정비례한다.

② $V = kn$ 또는 $\dfrac{V}{n} = k$

③ $\dfrac{V_i}{n_i} = \dfrac{V_f}{n_f}$

(4) 이상기체 상태방정식

① $PV = nRT$

보일의 법칙   아보가드로의 법칙

$$PV = nRT$$

샤를의 법칙

② V를 중심으로 P와의 관계는 보일의 법칙, n과의 관계는 아보가드로의 법칙, T와의 관계는 샤를의 법칙이다. 이 관계를 제외한 모든 요소는 일정하다고 가정한다.

③ $R = 8.314\text{J/mol} \cdot \text{K}$
   $= 0.082\text{atm} \cdot \text{L/mol} \cdot \text{K}$

핵심예제

2-1. 0℃, 1atm에 있는 기체 2L를 273℃, 4atm으로 할 때 부피는?
① 1L
② 2L
③ 3L
④ 4L

2-2. 473K, 505kPa에서 공기밀도로 옳은 것은?(단, 공기의 평균분자량은 29이다)
① 3.727kg/m³
② 0.128kg/m³
③ 1.128g/cm³
④ 3,727g/cm³

|해설|

2-1

$$\frac{P_i V_i}{T_i} = \frac{P_f V_f}{T_f}$$

$$\frac{1\text{atm} \times 2\text{L}}{273\text{K}} = \frac{4\text{atm} \times x\,\text{L}}{546\text{K}}$$

$$\therefore \; x = 1\text{L}$$

2-2

$$\rho = \frac{m}{V}$$

$PV = nRT$에서

$$\rho = \frac{PM}{RT}$$

$$= \frac{505\text{kPa} \times 29\text{g/mol}}{0.082\text{L} \cdot \text{atm/mol} \cdot \text{K} \times 473\text{K}} \times \frac{0.00987\text{atm}}{1\text{kPa}} \times \frac{1\text{L}}{0.001\text{m}^3}$$

$$\times \frac{1\text{kg}}{1,000\text{g}}$$

$$= 3.727\text{kg/m}^3$$

정답 2-1 ① 2-2 ①

핵심이론 03 순수한 물질의 PVT거동

(1) 순수한 물질의 $P-T$선도

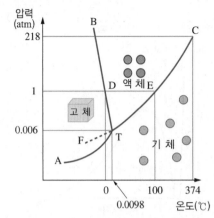

① 융해곡선(BT) : 고체가 액체로 변하는 것을 융해, 그 반대를 응고

② 기화곡선, 증기압력곡선(CT) : 액체가 기체로 변하는 것을 기화 혹은 증발, 그 반대를 액화 혹은 응축

③ 승화곡선(AT) : 고체가 액체를 거치지 않고 바로 고체가 되는 것, 혹은 그 반대를 둘다 승화

④ 물의 $P-T$ 선도 : 승화곡선을 따라 기체상과 고체상이 평형, 증발곡선을 따라 기체상과 액체상이 평형, 그리고 융해곡선을 따라 액체상과 고체상이 평형이며, 임계점 이상이면 초임계가 된다.

⑤ 삼중점(Triple Point), T점
   ㉠ 승화곡선, 기화곡선, 융해곡선이 만나는 지점이다.
   ㉡ 삼중점에서 물질은 고체, 액체, 기체의 상을 모두 가지게 된다.
   ㉢ 상률에 따라 삼중점은 불변이다(F = 0).

⑥ 임계점(Critical Point), C점
   ㉠ C점이 임계점이며, 이때의 온도와 압력을 임계온도(T_c), 임계압력(P_c)이라 한다.
   ㉡ 증기 압력곡선의 상한점을 나타낸다.
   ㉢ 임계점 이상에서 증기압력곡선은 더 이상 그려질 수 없으며, 물질은 액체인지 기체인지 구별이 모호한 상태인 유체가 되게 된다.

ㄹ 임계점 이상에서의 물질, 즉 온도가 T_c보다 큰 영역에 존재하는 유체를 초임계 유체라 한다.

(2) 순수한 물질의 $P-V$선도

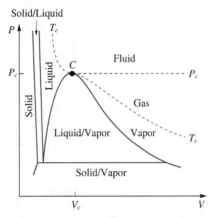

① $P-V$ 선도에서 상경계들은 면적으로 나타나는데 이 면적들은 고체-액체, 고체-기체, 액체-기체의 두 상들이 평형상태로 공존하는 영역이다.
② 삼중점은 수평선으로 나타나며, 세 개의 상이 단일온도와 압력에서 공존하게 된다.

(3) 순수한 물질의 $T-V$선도

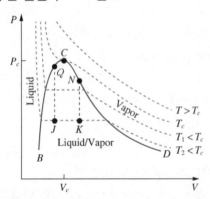

① $T-V$ 선도에서 포화증기선(CD)과 포화액체선(BC)을 볼 수 있다.
② BCD 선에서 액체와 증기는 포화되었다.

3-1. 순물질의 상태도에 관한 설명 중 틀린 것은?
① 증발곡선은 3중점에서 시작하는 무한곡선이다.
② 용융곡선상에 존재하는 상의 수는 2이다.
③ 액체로 존재할 수 있는 최대온도는 임계온도이다.
④ 증기로 존재할 수 있는 최대압력은 임계압력이다.

3-2. 초임계유체(Supercritical Fluid)영역의 특징 중 올바르지 않은 것은?
① 초임계유체 영역에서는 가열해도 온도는 증가하지 않는다.
② 초임계유체 영역에서는 액상이 존재하지 않는다.
③ 초임계유체 영역에서는 액체와 증기의 구분이 없다.
④ 임계점에서는 액체의 밀도와 증기의 밀도가 같아진다.

|해설|

3-1

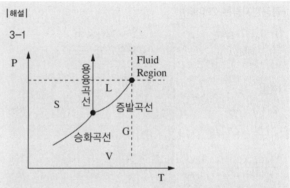

증발곡선은 3중점에서 시작하는 유한곡선이다.

3-2
초임계유체는 액체와 증기의 구분이 없는 상태로 온도와 압력의 변화는 일어날 수 있다.

정답 3-1 ① 3-2 ①

실제기체는 분자 상호간 인력, 부피가 존재한다.

(1) 압축인자

① 실제기체가 이상기체에서 벗어난 정도를 나타내는 수치이다.

② $PV = ZnRT$

$$\therefore Z = \frac{PV}{nRT} = \frac{PV_m}{RT} \left(\because V_m = \frac{V}{n} \right)$$

여기서, 압축인자(Z)가 1이면 이상기체이다.

(2) Virial 방정식

① $PV = a + bP + cP^2 + \cdots$

$PV = a(1 + B'P + C'P^2 + D'P^3 + \cdots)$

② 모든 기체에 대해 a는 RT와 같다.

$$\frac{PV}{RT} = Z = 1 + B'P + C'P^2 + D'P^3 + \cdots$$

$$Z = 1 + \frac{B}{V} + \frac{C}{V^2} + \frac{D}{V^3} + \cdots$$

③ 각 항의 계수는 n차 비리얼 계수이다.

④ 비리얼 계수들은 같은 기체에 대해 오로지 온도만의 함수이다.

(3) 반데르발스 상태방정식

기체 분자 간 인력과 분자 자체의 크기를 고려하면

① 1mol에 대하여

$$\left(P + \frac{a}{V^2} \right)(V - b) = RT$$

② $n$mol에 대하여

$$\left(P + a \left(\frac{n}{V} \right)^2 \right)(V - nb) = nRT$$

여기서, a : 인력보정 상수로 기체 종류에 따라 달라지는 값이다.

b : 분자 자체의 부피를 의미하며 기체 종류에 따라 달라진다.

(4) 대응상태의 원리

① PVT 대신에 P_r, V_r, T_r을 사용하여 기체의 종류에 상관없는 하나의 식을 만들 수 있다.

$$P_r = \frac{P}{P_c}, \quad V_r = \frac{V}{V_c}, \quad T_r = \frac{T}{T_c}$$

② 대응상태의 원리를 이용하여 Z값을 동일한 상태에서 구하면 기체의 종류에 관계없이 거의 같은 Z값을 갖게 될 것이다.

핵심예제

4-1. 어떤 기체의 상태방정식은 $P(V - b) = RT$이다. 이 기체 1mol이 V_1에서 V_2로 등온팽창할 때 행한 일의 크기는? (단, b는 정수이고 $0 < b < V$이다)

① $RT \ln \left(\dfrac{V_2 - b}{V_1 - b} \right)$

② $\ln \left(\dfrac{V_1 - b}{V_2 - b} \right)$

③ $RTb \ln \left(\dfrac{V_1}{V_2} \right)$

④ $RT \ln \dfrac{V_2}{V_1} + \ln b$

4-2. 비리얼 계수에 대한 다음 설명 중 옳은 것을 모두 나열한 것은?

> ㉠ 단일 기체의 비리얼 계수는 온도만의 함수이다.
> ㉡ 혼합 기체의 비리얼 계수는 온도 및 조성의 함수이다.

① ㉠

② ㉡

③ ㉠, ㉡

④ 모두 틀림

|해설|

4-1

$$Q = W = \int P dV = \int \frac{RT}{V - b} dV$$

$$= RT \ln \left(\frac{V_2 - b}{V_1 - b} \right)$$

정답 4-1 ① 4-2 ③

(1) Dalton의 분압법칙

① $P = P_A + P_B + P_C + \cdots$

여기서, P : 전체 압력

P_A, P_B : 부분 압력

② 이상기체 혼합물의 전체압력은 혼합물과 같은 온도, 부피에서 기체가 단독으로 차지할 때 나타내는 압력, 즉 순성분 압력(분압)의 합과 같다.

$$\frac{P_A}{P} = \frac{n_A}{n} = x_A$$

여기서, n : 전체 몰수

n_A : 성분 A의 몰수

x_A : 성분 A의 몰분율

(2) Amagat의 분용법칙

① $V = V_A + V_B + V_C + \cdots$

여기서, V : 전체 부피

V_A, V_B : 부피

㉠ 분용 : 기체 혼합물과 같은 온도 및 압력에서 성분 기체가 단독으로 존재할 때 차지하는 부피

$$\frac{P_A}{P} = \frac{V_A}{V} = \frac{n_A}{n}$$

여기서, P, V, n : 전체 압력, 부피, 몰수

P_A, V_A, n_A : 성분 A의 압력, 부피, 몰수

② 기체 혼합물이 차지하는 전체 부피는 순수한 성분 부피의 합과 같다.

(3) 이상기체의 과정

① 등온과정(T 일정) : 내부에너지와 엔탈피의 변화가 없으며, 사용된 열은 모두 일로 변환된다.

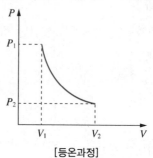

[등온과정]

$$\Delta H = \Delta U = 0$$

$$Q = -W = RT \ln \frac{V_2}{V_1} = RT \ln \frac{P_1}{P_2}$$

② 등압과정(P 일정) : 부피가 변하게 되는데 그 원인은 온도이다. 온도 때문에 엔탈피와 내부에너지의 변화가 생긴다.

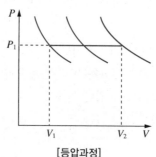

[등압과정]

$$\Delta H = Q = \int_{T_1}^{T_2} C_P \, dT = C_P(T_2 - T_1) = C_P \Delta T$$

$$\Delta U = C_V \Delta T$$

$$C_P = C_V + R$$

등압과정의 열용량이 정적과정의 비열보다 R만큼 더 높다.

③ 정적과정(V 일정) : V가 일정하기 때문에 일은 존재하지 않는다. 즉 ΔH와 ΔU가 같으며, 열은 모두 내부에너지의 변화에 사용된다.

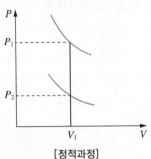

[정적과정]

$$\Delta U = Q = C_V \Delta T$$

내부에너지는 온도만의 함수이다.

④ 단열과정

⊙ 계와 주위 사이에 열 이동이 없는 변화이다.

ⓛ 내부에너지가 감소하면서 부피 또는 압력이 증가하거나, 내부에너지가 증가하면서 부피 또는 압력이 감소하게 된다.

ⓒ 등온과정에 비해 그래프가 가파른 특징이 있다.

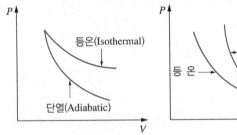

$$dU = dW = -PdV = C_V dT$$

$$\left(\frac{T_2}{T_1}\right) = \left(\frac{V_1}{V_2}\right)^{\gamma-1}, \quad \gamma = \frac{C_P}{C_V}$$

$$\left(\frac{T_2}{T_1}\right) = \left(\frac{P_2}{P_1}\right)^{\frac{\gamma-1}{\gamma}}$$

$$\therefore \ PV^\gamma = P_1 V_1^\gamma$$

⑤ 폴리트로픽 과정 : 여러 방법으로 변하는 것을 의미한다.

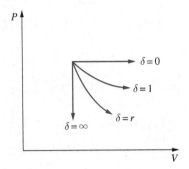

⊙ $PV^\delta = $ 일정

• $\delta = 0$, 정압과정($P = const$)

• $\delta = 1$, 등온과정($PV = const$)

• $\delta = \gamma$, 단열과정($PV^\gamma = const$)

• $\delta = \infty$, 정용과정($V = const$)

핵심예제

5-1. 등온과정에서 300K일 때 압력이 10atm에서 1atm으로 변했다면 행한 일은?

① 687.6cal　　　　② 1,378.3cal

③ 1,172cal　　　　④ 5,365cal

5-2. 이상기체의 정압열용량(C_P)이 8.987cal/mol · K이다. 정용열용량(C_V)은 얼마인가?

① 3cal/mol · K　　② 5cal/mol · K

③ 7cal/mol · K　　④ 9cal/mol · K

5-3. C_P는 $\frac{7}{2}R$이고, C_V는 $\frac{5}{2}R$인 1mol의 이상기체가 압력 10bar, 부피 0.005m³에서 압력 1bar로 정용과정을 거쳐 변화한다. 기계적인 가역과정으로 가정하고 내부에너지 변화 ΔU와 엔탈피 변화 ΔH는 각각 몇 J인가?

① $\Delta U = -11,250J$, $\Delta H = -15,750J$

② $\Delta U = -11,250J$, $\Delta H = -9,750J$

③ $\Delta U = -7,250J$, $\Delta H = -15,750J$

④ $\Delta U = -7,250J$, $\Delta H = -9,750J$

5-4. 단열과정에서 압력(P), 부피(V), 온도(T)의 관계가 올바르게 표현된 것은?(단, $\gamma = \dfrac{C_P}{C_V}$, C_P : 정압열용량, C_V : 정용열용량)

① $\dfrac{P_1}{P_2} = \dfrac{V_2}{V_1}$

② $\left(\dfrac{P_1}{P_2}\right) = \left(\dfrac{V_1}{V_2}\right)^{\gamma}$

③ $\left(\dfrac{T_1}{T_2}\right) = \left(\dfrac{V_1}{V_2}\right)^{\frac{\gamma-1}{\gamma}}$

④ $\left(\dfrac{T_1}{T_2}\right) = \left(\dfrac{P_1}{P_2}\right)^{\frac{\gamma-1}{\gamma}}$

5-5. PV^n = 상수인 폴리트로픽 변화(Polytropic Change)에서 정용과정인 변화는?(단, n은 정수이고, $\gamma = \dfrac{C_P}{C_V}$ 이다)

① $n = 0$

② $n = \pm\infty$

③ $n = 1$

④ $n = \gamma$

|해설|

5-1

$\Delta H = \Delta U = 0$

$Q = -W = RT\ln\dfrac{P_1}{P_2}$

$\quad = 8.314\text{J/mol}\cdot\text{K} \times 300\text{K} \times \ln\dfrac{10}{1} \times \dfrac{0.24\text{cal}}{1\text{J}} = 1,378.3\text{cal}$

5-2

$C_P = C_V + R$

$8.987\text{cal/mol}\cdot\text{K} = C_V + 1.987\text{cal/mol}\cdot\text{K}$

$\therefore \; C_V = 7\text{cal/mol}\cdot\text{K}$

5-3

이상기체에서

$\Delta U = nC_V\Delta T = n\dfrac{5}{2}R\Delta T = \dfrac{5}{2}V\Delta P$

$\quad = \dfrac{5}{2} \times 0.005\text{m}^3 \times (1-10)\text{bar} \times \dfrac{100,000\text{Pa} \times 1\text{N/m}^2 \times 1\text{J}}{1\text{bar} \times 1\text{Pa} \times 1\text{N}\cdot\text{m}}$

$\quad = -11,250\text{J}$

$\Delta H = nC_P\Delta T = n\dfrac{7}{2}R\Delta T = \dfrac{7}{2}V\Delta P$

$\quad = \dfrac{7}{2} \times 0.005\text{m}^3 \times (1-10)\text{bar} \times \dfrac{100,000\text{Pa}}{1\text{bar}}$

$\quad = -15,750\text{J}$

정답 5-1 ② 5-2 ③ 5-3 ① 5-4 ④ 5-5 ②

4-2. 열역학적 평형

핵심이론 01 계의 종류

(1) 닫힌계(= 밀폐계 = 비유동계)

① 계의 경계를 통해서만 에너지 이동이 가능하다.

② 질량은 계의 경계를 넘을 수 없다.

③ 내연기관(자동차)의 실린더 안에 연료와 공기가 혼합된 상태로 갇혀 있을 때, 열과 일의 형태로 에너지가 출입한다.

(2) 열린계(= 개방계 = 유동계)

① 계의 경계를 통해 질량(물질)과 에너지가 모두 이동이 가능하다.

② 부피를 관심 대상으로 하고, 질량과 에너지의 출입에 제한이 없다.

③ 펌프와 터빈이 대표적인 개방계로 물질이 흘러가는 동시에 일이나 열이라는 형태로 에너지가 출입하는 기계이다.

(3) 고립계

① 질량, 에너지 이동이 불가하다.

② 계와 주위의 상호작용이 없기 때문에 질량과 에너지는 고립계 내에서만 순환하게 된다.

③ 고립계에서는 계의 질량과 에너지의 총합이 항상 일정하다.

(4) 단열계

열의 이동이 없는 계이다.

핵심예제

계의 경계를 통하여 물질이나 에너지 전달이 없는 계는 어느 것인가?

① 밀폐계

② 고립계

③ 단열계

④ 개방계

정답 ②

---

(1) 열역학적 함수

① 상태함수(= 점 함수)

 ㉠ 완전 미·적분이 가능한 함수이다.

 ㉡ 처음상태 값과 나중상태 값만으로 변화량을 구할 수 있다.

 ㉢ 경로에는 무관한 함수이다.

 ㉣ 모든 상태량(P, V, T, H, S, U)은 상태함수이다.

② 경로함수

 ㉠ 상태는 중요시되지 않고 과정이 중요시되는 불완전 미·적분 함수이다.

 ㉡ 경로에 따라 값이 변하는 함수이다.

 ㉢ 일(W)과 열량(Q)만이 경로함수이다.

(2) 열역학적 성질 = 상태량

① 용량성 상태량(종량적 성질) : 물질의 양에 비례하는 상태량

 예 체적(V), 엔탈피(H), 엔트로피(S), 내부에너지(U), 질량(m) 등

② 강도성 상태량(강성적 성질) : 물질의 양에 무관한 상태량

 예 압력(P), 온도(T), 점도(μ), 속도(v), 비상태량 등

핵심예제

2-1. 시스템의 열역학적 상태를 기술하는 데 열역학적 상태량(또는 성질)이 사용된다. 다음 중 열역학적 상태량으로 올바르게 짝지어진 것은?

① 열, 일   ② 엔탈피, 엔트로피
③ 열, 엔탈피   ④ 일, 엔트로피

2-2. 열과 일에 대한 설명 중 맞는 것은?

① 열과 일은 경계 현상이 아니다.
② 열과 일의 차이는 내부에너지만의 차이로 나타난다.
③ 열과 일은 항상 양이 수로 나타낸다.
④ 열과 일은 경로에 따라 변한다.

정답 2-1 ②   2-2 ④

---

(1) 열역학 제1법칙(= 에너지 보존의 법칙)

① 에너지 보존의 법칙

 Δ(계의 에너지) + Δ(주위의 에너지) = 0

 ㉠ Δ(계의 에너지) $= \Delta U + \Delta E_k + \Delta E_p$

 ㉡ Δ(주위의 에너지) $= \pm Q \pm W$

  $\therefore \Delta U + \Delta E_k + \Delta E_p = Q + W$

 ㉢ 단, 내부에서 이 외에 계의 에너지 변화가 일어나지 않을 때는

  $\therefore \Delta U = Q + W$

(2) 열역학적 과정

① 정용변화(const V)

$$dW = -PdV = 0$$
$$dU = dQ_V = C_V dT$$
$$C_V = \left(\frac{\partial Q}{\partial T}\right)_V = \left(\frac{\partial U}{\partial T}\right)_V$$

② 정압변화(const P)

$$-dW = PdV = d(PV)$$
$$dU + d(PV) = dH = dQ_P = C_P dT$$
$$C_P = \left(\frac{\partial Q}{\partial T}\right)_P = \left(\frac{\partial H}{\partial T}\right)_P$$

③ 정온변화(const T)

$$dU = dQ - PdV = 0$$
$$Q = -W = P\int_{V_1}^{V_2} dV = \int_{V_1}^{V_2} PdV$$
$$= \int_{V_1}^{V_2} \frac{RT}{V} dV = RT\ln\frac{V_2}{V_1}$$
$$Q = -W = nRT\ln\frac{V_2}{V_1} = nRT\ln\frac{P_1}{P_2}$$

④ 단열변화

$$dU = dQ + dW = dW = -PdV \, (Q=0)$$
$$C_V dT = -PdV = \frac{-RT}{V} dV$$

$$\frac{dT}{T} = -\frac{R}{C_V}\frac{dV}{V} \ \cdots \ ⓐ$$

열용량의 비 $\dfrac{C_P}{C_V} = \gamma$라 하면

$$C_P = C_V + R$$

$$\gamma = \frac{C_V + R}{C_V} = 1 + \frac{R}{C_V}$$

$$\frac{R}{C_V} = \gamma - 1 \ \cdots \ ⓑ$$

ⓑ를 ⓐ에 대입하면

$$\frac{dT}{T} = -(\gamma - 1)\frac{dV}{V}$$

$$\therefore \ \frac{T_2}{T_1} = \left(\frac{V_1}{V_2}\right)^{\gamma - 1}$$

$$\Delta U = W = C_V \Delta T = \frac{R}{\gamma - 1}\Delta T$$

핵심예제

3-1. 0.5kg의 어느 기체를 압축하는 데 15kJ의 일을 필요로 하였다. 이 때 12kJ의 열이 계 밖으로 손실 전달되었다. 내부에너지의 변화는 몇 kJ인가?

① -27   ② 27
③ 3   ④ -3

3-2. 마찰이 없는 피스톤이 끼워진 실린더가 있다. 이 실린더 내 공기의 초기 압력은 300kPa이며 초기 체적은 0.02m³이다. 실린더 아래에 분젠 버너를 설치하여 가열하였더니 공기의 체적이 0.1m³로 증가하였다. 이 과정에서 공기가 행한 일은 얼마인가?

① 6.0kJ   ② 24.0kJ
③ 30.0kJ   ④ 36.0kJ

|해설|

3-1
$$U = Q + W = 15 - 12 = 3\text{kJ}$$

3-2
$$W = \int_1^2 P dV = P(V_2 - V_1) = 300 \times (0.1 - 0.02) = 24\text{kJ}$$

정답 **3-1** ③ **3-2** ②

4-3. 열역학 제2법칙

핵심이론 **01** 엔트로피와 열역학 제2법칙

(1) 엔트로피

① 무질서도라고 불리는 이 단위는 열이 전달되는 과정에서 변화가 생긴다.

② 열이 한 방향으로만 흐르는 상황을 측정하는 양을 엔트로피라 한다.

③ 우주 전체의 엔트로피는 항상 증가한다는 열역학 제2의 법칙이 성립한다.

④ 엔트로피가 양의 값을 가진다는 것은 자발적이라는 것을 의미한다.

⑤ 공식 : $dS = \dfrac{dQ}{T}$, $dQ = TdS$

     ㉠ 비가역과정 : $\Delta S > \displaystyle\int \frac{dQ}{T}$

     ㉡ 가역과정 : $\Delta S = \displaystyle\int \frac{dQ}{T}$

     ㉢ 엔트로피의 변화량은 열에 비례하고 온도에 반비례한다.

     ㉣ 온도가 낮을수록 엔트로피의 변화량이 크다.

⑥ 클라우지우스(Clausius) 부등식

     ㉠ 가역 사이클 : $\displaystyle\oint \frac{dQ}{T} = 0$

     ㉡ 비가역 사이클 : $\displaystyle\oint \frac{dQ}{T} < 0$

⑦ 엔트로피 생성 : 비가역성의 양적 척도

     ㉠ $S > 0$: 비가역변화

     ㉡ $S = 0$: 가역변화

     ㉢ $S < 0$: 불가능

(2) 열역학 제2법칙

① 외계로부터 얻은 열을 완전히 일로 전환시킬 수 있는 장치는 만들 수 없다.

② 열을 저온에서 고온으로 전달하는 과정은 불가능하다.

③ 비가역변화이며, 엔트로피는 증가하는 방향으로 흐른다.

1-1. 다음 중 물질의 엔트로피가 증가한 경우는?

① 컵에 있는 물이 증발하였다.
② 목욕탕의 수증기가 차가운 타일 벽에 물로 응결되었다.
③ 실린더 안의 공기가 가역 단열적으로 팽창되었다.
④ 뜨거운 커피가 식어서 주위 온도와 같게 되었다.

1-2. 이상적인 가역과정에서 열량 ΔQ가 전달될 때 온도 T가 일정하면 엔트로피의 변화 ΔS는?

① $\Delta S = \dfrac{\Delta T}{\Delta Q}$　　② $\Delta S = \dfrac{Q}{\Delta T}$

③ $\Delta S = \dfrac{\Delta Q}{T}$　　④ $\Delta S = \dfrac{T}{\Delta Q}$

|해설|

1-1
엔트로피는 분자 무질서의 척도이므로 물의 증발은 엔트로피 증가를 의미한다.

정답 **1-1** ①　**1-2** ③

핵심이론 02 열기관의 열효율

(1) 열기관의 열효율

① 고열원으로부터 열을 받아, 받은 열의 일부를 일로 변환시키고, 남은 열을 저열원에 방출하면서 사이클을 작동시키는 기관이다.

② 열효율 : $\eta < 1$

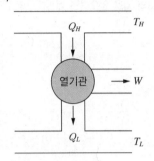

$|W| = |Q_H| - |Q_L|$

열효율$(\eta) = \dfrac{\text{생산된 순 일}}{\text{공급된 열}} = \dfrac{W}{Q_H} = \dfrac{Q_H - Q_L}{Q_H}$

$\qquad = 1 - \dfrac{Q_L}{Q_H} = \dfrac{T_H - T_L}{T_H}$

여기서, T_H : 고온

$\qquad T_L$: 저온

$\qquad Q_H$: 고열원 열량

$\qquad Q_C$: 저열원 열량

Q_C가 0이면 열역학 제2법칙이 위배되므로 $Q_C \neq 0$, $\eta < 1$이다.

2-1. 500K의 열저장고로부터 열을 받아서 일을 하고 300K의 외계에 열을 방출하는 카르노 기관의 효율은?

① 0.4　　　　　　　② 0.5

③ 0.88　　　　　　④ 1

2-2. 120℃와 30℃ 사이에서 Carnot 증기기관이 작동하고 있을 때 1,000J의 일을 얻으려면 열원에서의 열량은 약 몇 J 인가?

① 1,540　　　　　　② 4,367

③ 5,446　　　　　　④ 6,444

|해설|

2-1

$$\eta = \frac{W}{Q_H} = \frac{T_H - T_L}{T_H} = \frac{(120+273)-(30+273)}{(120+273)} = 0.229$$

$$\therefore Q_H = \frac{W}{\eta} = \frac{1,000J}{0.229} = 4,366.8J \fallingdotseq 4,367J$$

정답 **2-1** ①　**2-2** ②

핵심이론 **03** Carnot 사이클

(1) 개 요

① Carnot 사이클은 등온 변화 2개와 가역 단열 변화 2개로 구성된 가역(이상 사이클)로 열기관 사이클 중 열효율이 가장 높은 사이클이다.

② 사이클 과정 : 등온팽창 → 가역 단열 팽창 → 등온 압축 → 가역 단열 압축

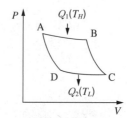

(2) Carnot 사이클 과정

① 제1과정 : 등온팽창(A → B)

　㉠ 고온으로 유지되는 고열원에서 작동유체가 열과 엔트로피를 흡수한다. 이 과정에서 작동 유체는 주위에 일을 한다.

　㉡ $dU = dQ - dW$

　　$dW = dQ$

　　$W_1 = -PdV = -\frac{RT}{V}dV$

　　　$= -\int_{V_A}^{V_B} PdV = -RT_H \int_{V_A}^{V_B} \frac{1}{V}dV$

　　　$= -RT_H \ln\frac{V_B}{V_A} = RT_H \ln\frac{P_B}{P_A}$

② 제2과정 : 단열팽창(B → C)

　㉠ 열의 출입이 없으므로 내부에너지를 써서 외부에는 계속 일을 하고, 그 과정에서 작동 유체의 온도가 T_H에서 T_L로 낮아진다.

　㉡ $dQ = 0$

　　$dU = -dW$

　　$U = -W_2 = -\int_{T_H}^{T_L} C_V dT$

③ 제3과정 : 등온압축(C → D)

㉠ T_L로 유지되는 저열원으로 작동 유체가 열과 엔트로피를 방출한다. 이 과정에서 계가 외부로부터 일을 받는다. 방출된 엔트로피의 양은 (A → B)과정에서 흡수한 엔트로피의 양과 같다.

㉡ $W_3 = Q$

$$W_3 = -\int_{V_C}^{V_D} P dV = -RT_L \int_{V_C}^{V_D} \frac{1}{V} dV$$

$$= -RT_L \ln \frac{V_D}{V_C}$$

$$= RT_L \ln \frac{P_D}{P_C}$$

④ 제4과정 : 단열압축(D → A)

㉠ 열의 출입은 없는데, 외부에서 계속 일을 받으므로 내부에너지가 증가하며, 그 과정에서 작동 유체의 온도가 원래의 온도 T_H로 올라간다.

㉡ $dQ = 0$

$$dU = -dW = -C_V dT$$

$$W_4 = -\int_{T_L}^{T_H} C_V dT$$

⑤ $W = W_1 + W_2 + W_3 + W_4$

$$= RT_H \ln \frac{P_B}{P_A} - \int_{T_H}^{T_L} C_V dT$$

$$+ RT_L \ln \frac{P_D}{P_C} - \int_{T_L}^{T_H} C_V dT$$

$$= RT_H \ln \frac{P_B}{P_A} + RT_L \frac{P_D}{P_C}$$

⑥ 열효율

$$\eta = \frac{W}{Q_H} = \frac{RT_H \ln \frac{P_B}{P_A} + RT_L \ln \frac{P_D}{P_C}}{RT_H \ln \frac{P_B}{P_A}}$$

$$= \frac{RT_H \ln \frac{P_B}{P_A} - RT_L \ln \frac{P_B}{P_A}}{RT_H \ln \frac{P_B}{P_A}}$$

$$\eta = \frac{T_H - T_L}{T_H} = \frac{Q_1 - Q_2}{Q_1}$$

$$\therefore \ \eta = 1 - \frac{T_L}{T_H}$$

카르노 엔진의 열효율은 온도의 높고 낮음에만 관계되고, 엔진에 사용되는 작동물질에는 무관하다. 즉 가역기관에서 열을 일로 전환시키는 효율은 두 열원에 대한 온도만의 함수이며 그 때 효율은 최대이다.

│핵심예제│

3-1. 카르노 사이클(Carnot Cycle)에 관한 설명 중 틀린 것은?

① 순환 가역과정이다.
② 등엔트로피 과정은 2개이다.
③ 등온과정은 2개이다.
④ 등압과정은 2개이다.

3-2. 다음 중 카르노 사이클의 가역과정 순서를 옳게 나타낸 것은?

① 등온팽창 → 단열팽창 → 등온압축 → 단열압축
② 등온팽창 → 단열압축 → 단열팽창 → 등온압축
③ 등온팽창 → 등온압축 → 단열압축 → 단열팽창
④ 등온팽창 → 단열팽창 → 단열압축 → 등온압축

3-3. 카르노 사이클로 작동되는 기관이 고온체에서 100kJ의 열을 받아들인다. 이 기관의 열효율이 30%라면 방출되는 열량은?

① 30   ② 50
③ 60   ④ 70

│해설│

3-3

$$\eta = 0.3 = \frac{Q_H - Q_L}{Q_H} = \frac{100 - Q_L}{100}$$

$$30 = 100 - Q_L$$

$$\therefore \ Q_L = 70$$

정답 3-1 ④ 3-2 ① 3-3 ④

CHAPTER 02 반응운전 ■ 113

5-1. 유체의 열역학

핵심이론 01 유체의 열역학적 성질

(1) 균질상에 대한 열역학적 성질들 간의 관계식

① 내부에너지는 열 또는 일에 영향을 받는다.

② 일은 반드시 부피가 증가하는 과정을 동반한다.

③ 동일한 양의 열이 전달될 때 엔트로피의 변화는 온도가 낮을수록 크다.

④ 유일한 필요조건은 닫힌계여야 하며 변화는 평형상태 사이에서 일어나야 한다.

  ㉠ $U \equiv Q + W$

  $dU = TdS - SdT - PdV + SdT$

  $\therefore dU = TdS - PdV$

  ㉡ $H \equiv U + PV$ ······ 엔탈피(H)

  $dH = TdS - PdV + PdV + VdP$

  $\therefore dH = TdS + VdP$

  ㉢ $A \equiv U - TS$ ······ Helmholtz 에너지(A)

  $dA = TdS - PdV - TdS - SdT$

  $\therefore dA = -PdV - SdT$

  ㉣ $G \equiv H - TS$ ······ Gibbs 에너지(G)

  $dG = TdS + VdP - TdS - SdT$

  $\therefore dG = VdP - SdT$

(2) 기본관계식 정리

① $T = \left(\dfrac{\partial U}{\partial S}\right)_V = \left(\dfrac{\partial H}{\partial S}\right)_P$

② $V = \left(\dfrac{\partial H}{\partial P}\right)_S = \left(\dfrac{\partial G}{\partial P}\right)_T$

③ $-P = \left(\dfrac{\partial U}{\partial V}\right)_S = \left(\dfrac{\partial A}{\partial V}\right)_T$

④ $-S = \left(\dfrac{\partial A}{\partial T}\right)_V = \left(\dfrac{\partial G}{\partial T}\right)_P$

(3) Maxwell 관계식

① $dU \equiv TdS - PdV \rightarrow \left(\dfrac{\partial T}{\partial V}\right)_S = -\left(\dfrac{\partial P}{\partial S}\right)_V$

② $dH \equiv TdS + VdP \rightarrow \left(\dfrac{\partial T}{\partial P}\right)_S = \left(\dfrac{\partial V}{\partial S}\right)_P$

③ $dA \equiv -PdV - SdT \rightarrow \left(\dfrac{\partial P}{\partial T}\right)_V = \left(\dfrac{\partial S}{\partial V}\right)_T$

④ $dG \equiv VdP - SdT \rightarrow \left(\dfrac{\partial V}{\partial T}\right)_P = -\left(\dfrac{\partial S}{\partial P}\right)_T$

(4) T와 P의 함수로서의 엔탈피와 엔트로피

$$\frac{C_P}{T} = \left(\frac{\partial S}{\partial T}\right)_P$$

H와 S는 온도와 압력의 함수이며 Maxwell 관계식을 조합하면

① $dH = C_P dT + \left[V - T\left(\dfrac{\partial V}{\partial T}\right)_P\right]dP$

② $dS = C_P \dfrac{dT}{T} - \left(\dfrac{\partial V}{\partial T}\right)_P dP$

(5) 이상기체 상태

$PV = nRT$를 전미분으로 수정 후 (4)의 식에 대입하면

① $dH = C_P dT$

② $dS = C_P \dfrac{dT}{T} - R\dfrac{dP}{P}$

(6) 액체에 대한 또 다른 형식

① 부피팽창률$(\beta) = \dfrac{1}{V}\left(\dfrac{\partial V}{\partial T}\right)_P$

② 등온압축률$(\kappa) = -\dfrac{1}{V}\left(\dfrac{\partial V}{\partial P}\right)_T$

(7) T와 V의 함수로서의 내부에너지와 엔트로피

$$\left(\frac{\partial U}{\partial V}\right)_T = T\left(\frac{\partial P}{\partial T}\right)_V - P$$

$$\left(\frac{\partial S}{\partial T}\right)_V = \frac{C_V}{T}$$

① $dU = C_V dT + \left[T\left(\frac{\partial P}{\partial T}\right)_V - P\right]dV$

② $dS = C_V \dfrac{dT}{T} + \left(\dfrac{\partial P}{\partial T}\right)_T dV$

③ $dU = C_V dT + \left(\dfrac{\beta}{\kappa}T - P\right)dV$

④ $dS = C_V \dfrac{dT}{T} + \left(\dfrac{\beta}{\kappa}\right)dV$

(8) 생성함수로서의 Gibbs 에너지

$$d\left(\frac{G}{RT}\right) = \frac{V}{RT}dP - \frac{H}{RT^2}dT$$

① $\dfrac{V}{RT} = \left[\dfrac{\partial\left(\dfrac{G}{RT}\right)}{\partial P}\right]_T$

② $\dfrac{H}{RT} = T\left[\dfrac{\partial\left(\dfrac{G}{RT}\right)}{\partial T}\right]_P$

■ 핵심예제 ├

1-1. 압력과 온도의 변화에 따른 엔탈피 변화가 다음과 같은 식으로 표시될 때 ( )에 해당하는 것으로 옳은 것은?

$$dH = (\quad)dP + C_P dT$$

① V

② $\left(\dfrac{\partial V}{\partial T}\right)$

③ $T\left(\dfrac{\partial V}{\partial T}\right)_P$

④ $V - T\left(\dfrac{\partial V}{\partial T}\right)_P$

1-2. 다음 중 Maxwell의 관계식이 아닌 것은?

① $\left(\dfrac{\partial T}{\partial V}\right)_S = -\left(\dfrac{\partial P}{\partial S}\right)_V$

② $\left(\dfrac{\partial S}{\partial P}\right)_T = -\left(\dfrac{\partial V}{\partial T}\right)_P$

③ $\left(\dfrac{\partial S}{\partial V}\right)_T = \left(\dfrac{\partial P}{\partial T}\right)_V$

④ $\left(\dfrac{\partial H}{\partial T}\right)_P = T\left(\dfrac{\partial T}{\partial S}\right)_P$

1-3. 부피팽창계수(a)와 등온압축계수(b)의 비 $\dfrac{b}{a}$ 의 값은?

① $\left(\dfrac{\partial T}{\partial P}\right)_V$

② $\left(\dfrac{\partial V}{\partial P}\right)_T$

③ $\left(\dfrac{\partial V}{\partial T}\right)_P$

④ $\left(\dfrac{\partial P}{\partial V}\right)_T$

|해설|

1-3

부피팽창계수$(a) = \dfrac{1}{V}\left(\dfrac{\partial V}{\partial T}\right)_P$

등온압축계수$(b) = -\dfrac{1}{V}\left(\dfrac{\partial V}{\partial P}\right)_T$

$\therefore \dfrac{b}{a} = \dfrac{-\dfrac{1}{V}\left(\dfrac{\partial V}{\partial P}\right)_T}{\dfrac{1}{V}\left(\dfrac{\partial V}{\partial T}\right)_P} = \dfrac{\left[\left(\dfrac{\partial T}{\partial P}\right)_V\left(\dfrac{\partial V}{\partial T}\right)_P\right]}{\left(\dfrac{\partial V}{\partial T}\right)_P} = \left(\dfrac{\partial T}{\partial P}\right)_V$

정답 1-1 ④ 1-2 ④ 1-3 ①

(1) 잔류성질

실제기체의 열역학적 성질(V, U, H, S, G)의 값에서
이상기체의 열역학적 성질의 값을 빼준 값을 의미한다.

$M^R = M - M^{ig}$

여기서, M : V, U, H, S, G와 같은 시량 열역학적
성질의 1mol당의 값이다.

① 잔류 깁스에너지

$G = VdP - SdT$

$V = \dfrac{ZRT}{P}$, $V_{ig} = \dfrac{RT}{P}$

$\dfrac{G^R}{RT} = \displaystyle\int_0^P (Z-1)\dfrac{dP}{P}$ ··· 잔류 깁스에너지

잔류성질은 잔류부피와 잔류 엔탈피로서 생성함수로
작용한다.

$\dfrac{V^R}{RT} = \left[\dfrac{\partial\left(\dfrac{G^R}{RT}\right)}{\partial P}\right]_T$ ··· 잔류부피

$\dfrac{H^R}{RT} = T\left[\dfrac{\partial\left(\dfrac{G^R}{RT}\right)}{\partial T}\right]_P$ ··· 잔류엔탈피

(2) 2상계에서의 열역학적 성질

① $P-T$선도는 순수한 물질의 상경계를 보여준다. 이
러한 경계에서는 같은 온도, 압력에서 액체로 존재할
수도 기체로 존재할 수도 있다. 이런 경우 부피, 내부
에너지, 엔탈피, 엔트로피 등 값들은 상당한 차이가
있다. 하지만 상의 종류와 관계없이 깁스에너지는 P,
T가 같으면 같은 값을 가진다.

$\Delta H^{vap} = -R\dfrac{d\ln P^{sat}}{d\left(\dfrac{1}{T}\right)}$

② Clausius–Clapeyron 방정식 : 위의 사실을 증발잠
열, 증기압, 온도에 대한 식으로 정리한 것이다.

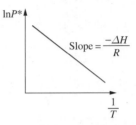

③ Antoine식 : 위 식을 직선에 가깝게 조정한 식이다.

$\ln P^{sat} = A - \dfrac{B}{T+C}$

(3) 열역학적 선도

① 열역학적 선도는 어떤 물질의 온도, 압력, 부피, 엔탈
피, 엔트로피 등을 하나의 도표상에 그림으로 나타낸
것을 의미한다.

② 대표적인 선도는 온도-엔트로피($T-S$)선도, 압력-
엔탈피($P-H$) 선도, 엔탈피-엔트로피($H-S$)선도
이다.

③ 각 선도에서의 삼중점, 삼중선 등의 위치를 파악하는
게 중요하고, $H-S$ 선도를 Mollier 선도라고 한다.

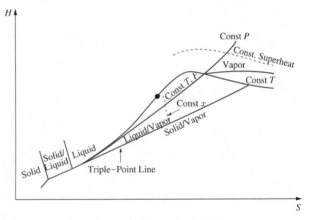

[$H-S$ 선도(Mollier 선도)]

(4) 열역학적 성질의 표

① 수증기표

ㄱ 증기의 값을 수록한 표를 수증기표라 한다.

ㄴ 평형에 있는 포화액체 및 수증기의 특성값을 표시한다.

ㄷ 과열수증기, 즉 포화온도보다 높은 온도에서 수증기의 특성값을 나타낸다.

핵심예제

몰리에 선도(Mollier Diagram)는 어떤 성질들을 기준으로 만든 도표인가?

① 압력과 부피
② 온도와 엔트로피
③ 엔탈피와 엔트로피
④ 부피와 엔트로피

정답 ③

5-2. 흐름공정 열역학

핵심이론 01 Joule-Thomson 계수

(1) 개 요

① $\mu = \left(\dfrac{\partial T}{\partial P}\right)_H$

엔탈피(H)가 일정할 때 압력에 따른 온도의 변화를 나타낸 것이다.

② Chain Rule

$$\left(\frac{\partial T}{\partial P}\right)_H \left(\frac{\partial P}{\partial H}\right)_T \left(\frac{\partial H}{\partial T}\right)_P = -1$$

$$dG = -SdT + VdP$$

보존장의 경우

$$-\left(\frac{\partial S}{\partial P}\right)_T = \left(\frac{\partial V}{\partial T}\right)_P \text{ 이므로, } \cdots \text{ ⓐ}$$

유도를 해보면

$$\left(\frac{\partial T}{\partial P}\right)_H \left(\frac{\partial P}{\partial H}\right)_T \left(\frac{\partial H}{\partial T}\right)_P = -1$$

$$\mu \left(\frac{\partial P}{\partial H}\right)_T C_P = -1$$

$$\mu = -\frac{1}{C_P}\left(\frac{\partial H}{\partial P}\right)_T$$

$$\mu = -\frac{1}{C_P}\left(\frac{TdS + VdP}{\partial P}\right)_T$$

$$\mu = -\frac{1}{C_P}\left[T\left(\frac{\partial S}{\partial P}\right)_T + V\right] \cdots \text{ ⓑ}$$

여기서, ⓐ에 대입하면,

$$\mu = -\frac{1}{C_P}\left[-T\left(\frac{\partial V}{\partial T}\right)_P + V\right]$$

$$\therefore \mu = \frac{1}{C_P}\left[T\left(\frac{\partial V}{\partial T}\right)_P - V\right]$$

1-1. 이상기체의 줄-톰슨 계수(Joule-Thomson Coefficient)의 값은?

① 0   ② 0.5

③ 1   ④ ∞

1-2. Joule-Thomson 계수에 대한 표현으로 옳은 것은?

① $\mu = \dfrac{1}{C_P}\left[T\left(\dfrac{\partial V}{\partial T}\right)_P - V\right]$

② $\mu = -\dfrac{1}{C_P}\left[T\left(\dfrac{\partial V}{\partial T}\right)_P - V\right]$

③ $\mu = \dfrac{1}{C_P}\left[V - T\left(\dfrac{\partial T}{\partial V}\right)_P\right]$

④ $\mu = \dfrac{1}{C_V}\left[V - T\left(\dfrac{\partial V}{\partial T}\right)_P\right]$

1-3. 줄-톰슨의 계수 $\mu = \left(\dfrac{\partial T}{\partial P}\right)_H$ 에 관한 설명으로 틀린 것은?

① 조름(Throttling) 공정에 의한 온도변화 방향을 예상할 수 있다.

② $\mu < 0$인 기체가 단열팽창 시에는 온도가 증가한다.

③ $\mu > 0$인 기체가 단열팽창 시에는 온도가 증가한다.

④ $\mu = 0$인 기체는 단열팽창 시 온도의 변화가 없다.

|해설|

1-1

$\mu = \dfrac{1}{C_P}\left[T\left(\dfrac{\partial V}{\partial T}\right)_P - V\right]$

$\left(\begin{array}{l} \because\ PV = RT \rightarrow V = \dfrac{RT}{P} \\ \left(\dfrac{\partial V}{\partial T}\right)_P = \dfrac{R}{P} \end{array}\right)$

$\mu = \dfrac{1}{C_P}\left[T \times \dfrac{R}{P} - V\right]$

여기서, $\dfrac{RT}{P} = V$ 이므로

$\therefore\ \mu = \dfrac{1}{C_P}[V - V] = 0$

1-3

$\mu = \left(\dfrac{\partial T}{\partial P}\right)_H = \dfrac{\Delta T}{\Delta P} = \dfrac{T_2 - T_1}{P_2 - P_1}$

- $\mu < 0$일 때 : $\Delta T > 0$ (온도증가, (+)값)
- $\mu = 0$일 때 : $\Delta T = 0$ (온도변화 ×)
- $\mu > 0$일 때 : $\Delta T < 0$ (온도감소, (−)값)

정답 **1-1** ①   **1-2** ①   **1-3** ③

핵심이론 02 터빈(Turbine)

(1) 특 징

① 터빈은 고온/고압의 유체가 가진 내부 에너지를 운동 에너지, 혹은 축일로 변환시켜준다. 터빈 내부는 유체 흐름에 각도를 가진 여러 개의 날로 이루어진 회전장치가 있으며, 유체가 이 날에 부딪혀서 축일을 만들어낸다.

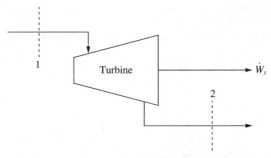

② 열린계의 에너지 수지식을 활용한 이상적인 터빈에 대해

$W_S = \Delta H = H_2 - H_1$

(터빈 내부를 지나는 유체의 위치 에너지와 운동 에너지 변화는 거의 없고 주위와 단열되어 있다고 가정)

③ 단열 상태에서 터빈이 가역적으로 운전된다면, 가역 단열과정이 되어 입구와 출구에서 엔트로피 차이가 없게 된다. 가역 과정은 실제 상황의 기준을 정해준다는 점에서 큰 의미를 지닌다.

가역 단열 조건의 터빈에서 $S_2 = S_1$이므로,

$W_{S(\text{Isentropic})} = (\Delta H)_S$

출구의 엔트로피가 입구와 같으므로, 이 때의 엔탈피 차이를 $(\Delta H)_S$라 했다. 그리고 이 값은 유체가 터빈을 통해 전달할 수 있는 최대 일이다. 실제로 유체가 할 수 있는 일은 효율을 곱한 값만큼 작아진다.

즉 $\eta_{turbine} \equiv \dfrac{W_S}{W_{S(\text{Isentropic})}} = \dfrac{\Delta H}{(\Delta H)_S}$

④ 터빈의 입구와 출구를 지나는 가역 과정과 비가역 과정을 표현한 것이다.

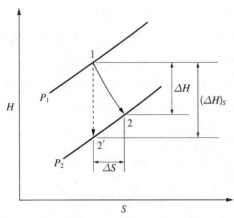

일정한 엔트로피를 유지하면서 진행되는 점선으로 된 $1 \rightarrow 2'$ 과정이 가역 과정이다. 하지만 실제 터빈에서는 엔트로피 증가가 발생하고, 이를 고려하여 표현한 것이 실선으로 된 $1 \rightarrow 2$ 과정이다. 직관적으로, 실제 터빈이 행하는 일이 이상적인 터빈보다 작다.

핵심예제

실제 가스 터빈 사이클에서 최고 온도가 630℃이고, 터빈 효율이 80%이다. 손실없이 단열 팽창한다고 가정했을 때의 온도가 290℃라면 실제 터빈 출구에서의 온도는?(단, 가스의 비열은 일정하다고 가정한다)

① 348℃

② 358℃

③ 368℃

④ 378℃

|해설|

$$\eta_T = \frac{\text{실제(비가역) 일}}{\text{이론(가역) 일}} = \frac{T_1 - T_2'}{T_1 - T_2},$$

$$(T_1 - T_2') = \eta_T(T_1 - T_2)$$

$$903 - T_2' = 0.8(903 - 563)$$

$$\therefore \ T_2' = 631\text{K} = 358℃$$

정답 ②

핵심이론 03 내연기관

- 일정한 열용량을 갖는 이상기체로 간주되는 공기를 작동유체로 하는 열기관 사이클로 2개의 단열과정과 정적과정으로 구성된다.
- 내연 기관 내에 존재하는 공기를 이상기체 상태로 가정하여, 열과 일을 전달한다고 가정한다

(1) 오토(Otto) 기관의 사이클

- 자동차에 가장 널리 사용되는 소형 내연 기관이다.
- 가솔린 엔진을 의미한다.

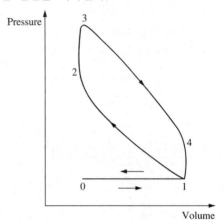

⓪ → ① : 실린더 내의 피스톤이 밀려나면서, 연료와 공기를 흡입하는 과정이다(일정 압력).

① → ② : 모든 밸브가 닫히고, 연료와 공기 혼합물이 단열 압축되는 과정, 이때 부피비를 압축비라 한다.

② → ③ : 스파크 점화를 통해 연료가 빠르게 연소하면서, 압력이 상승하는 과정이다(거의 일정 부피).

③ → ④ : 연소 후 고온/고압의 공기가 피스톤을 단열 팽창시키는 과정, 이때 동력(일)이 발생한다.

④ → ① : 배기 밸브가 열리면서 압력이 급격히 감소하는 과정이다(거의 일정 부피).

① → ⓪ : 배기 가스를 실린더에서 방출하는 과정이다. 열역학적 분석의 용이함을 나타낸 것을 공기표준 오토 엔진이라 한다.

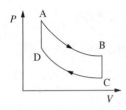

2개의 단열과정, 2개의 정적과정을 거치는 실린더 내의 공기에 의한 사이클로 공기의 흡입과 배기가 없는 것이다. 실린더 안에 든 공기가 연료도 없이 계속 사이클을 돈다고 생각하면 된다.

㉠ A~B : 가역단열팽창

㉡ B~C : 정용상태(압력감소)

㉢ C~D : 가역단열압축

㉣ D~A : 정용상태(압력증가)

① **공기표준 사이클의 열효율(η)**

$$\eta = \frac{|W|}{Q_{DA}} = \frac{Q_{DA} + Q_{BC}}{Q_{DA}}$$

$$\eta = \frac{C_v(T_A - T_D) + C_v(T_C - T_B)}{C_v(T_A - T_D)}$$

$$\eta = 1 - \frac{T_B - T_C}{T_A - T_D}$$

② 압축비 $r = \dfrac{V_C^{ig}}{V_D^{ig}}$

㉠ 압축비를 증가시키면 단위 연료당 생산된 일을 증가시킨다.

㉡ 압축비가 같을 경우 오토 기관이 디젤 기관보다 효율이 더 좋다.

온도로 표현된 열효율 식에 대입하면

$$\eta = 1 - \frac{V_C^{ig}}{V_D^{ig}} \left(\frac{P_B - P_C}{P_A - P_D} \right)$$

$$= 1 - r \left(\frac{P_B - P_C}{P_A - P_D} \right)$$

③ **가역 단열과정**

$$\eta = 1 - r \left(\frac{1}{r} \right)^\gamma = 1 - \left(\frac{1}{r} \right)^{\gamma - 1}$$

(2) 디젤(Diesel) 기관

• 점화플러그의 스파크 없이 압축에 의한 온도 상승만으로 연소를 발생시키는 것이다.

• 디젤 기관은 압축 후 온도가 충분히 높아서 연소가 순간적으로 시작된다.

• 연소가 등압하에서 이루어지므로 등압사이클이다.

• 디젤 기관의 경우 더 높은 압축비에 가동되며 높은 효율을 얻게 된다.

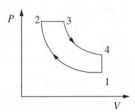

- 1~2 : 단열압축
- 2~3 : 등압가열
- 3~4 : 단열팽창
- 4~1 : 등적방열

① **압축비(r)**

$$r = \frac{V_1}{V_2}$$

② **팽창비(r_e)**

$$r_e = \frac{V_4}{V_3}$$

③ **효율(η)**

$$\eta = \frac{W}{Q_1} = \frac{C_P(T_3 - T_2) - C_v(T_4 - T_1)}{C_P(T_3 - T_2)}$$

$$= 1 - \frac{C_v}{C_P} \frac{T_4 - T_1}{T_3 - T_2} = 1 - \frac{1}{\gamma} \left(\frac{T_4 - T_1}{T_3 - T_2} \right)$$

$$\therefore \eta = 1 - \frac{1}{\gamma} \left[\frac{(1/r_e)^\gamma - (1/r)^\gamma}{1/r_e - 1/r} \right]$$

3-1. 오토(Otto) 엔진과 디젤(Diesel) 엔진에 대한 설명 중 틀린 것은?

① 디젤 엔진에서는 압축과정의 마지막에 연료가 주입된다.
② 디젤 엔진의 효율이 높은 이유는 오토 엔진보다 높은 압축비로 운전할 수 있기 때문이다.
③ 디젤 엔진의 연소과정은 압력이 급격히 변화하는 과정 중에 일어난다.
④ 오토 엔진의 효율은 압축비가 클수록 좋아진다.

3-2. 내연기관 중 자동차에 사용되고 있는 것으로 흡입행정은 거의 정압에서 일어나며, 단열압축과정 후 전기 점화에 의해 단열팽창하는 사이클은 어떤 사이클인가?

① 오토(Otto)
② 디젤(Diesel)
③ 카르노(Carnot)
④ 랭킨(Rankin)

3-3. 표준 디젤(Diesel) 사이클의 $P-V$ 선도에 해당하는 것은?

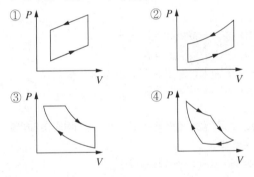

│해설│

3-1
• 디젤엔진은 압축과정에서의 온도가 충분히 높아서 연소가 자발적으로 시작된다.
• 디젤기관은 압축과정의 마지막에 연료가 주입되며 연소공정이 거의 일정한 압력에서 일어날 수 있도록 연료를 서서히 주입한다.
• 오토기관과 디젤기관은 압축비가 클수록 효율이 좋아진다.
• 같은 압축비를 사용하면 오토기관이 디젤기관보다 효율이 높다.

정답 3-1 ③ 3-2 ① 3-3 ③

제6절 용액의 열역학

6-1. 이상용액

핵심이론 01 상평형과 화학포텐셜

(1) 화학포텐셜

① $\mu_i = \left[\dfrac{\partial(nG)}{\partial n_i} \right]_{P,\,T,\,n_j}$

② P, T가 일정하고, 다른 성분의 조성이 일정할 때 성분 i 조성의 미소 변화에 의한 계의 깁스 에너지 미소 변화량이다. 계 내 성분 i의 질량이나 몰수에 변화가 생겼을 때, 계의 깁스 에너지가 어떻게 변화하는지 수치로 나타낸 것이다.

(2) 반응 평형

① 화학 반응이 평형에 이르러서, 역반응과 정반응이 같은 속도로 일어나고 있지만 거시적으로 반응이 정지한 것처럼 보이는 상태이다.

② 이러한 화학 반응 평형의 척도는 깁스 에너지의 전미분에서 간단하게 찾아볼 수 있다. 닫혀있는 단일상에, 화학 반응이 일어나는 시스템을 생각해보면,

$d(nG) = (nV)dP - (nS)dT \cdots$ ⓐ

$d(nG) = (nV)dP - (nS)dT + \sum_i \mu_i dn_i \cdots$ ⓑ

식 ⓐ는 닫힌계에 대해 항상 적용되어야 하고, 식 ⓑ는 일반적인 경우에 적용되어야 하는 식이므로 닫혀있는 단일상에, 화학 반응이 일어나는 계의 깁스에너지는 두 식을 동시에 만족해야 한다. 두 식이 동시에 만족되려면, 식 ⓑ의 마지막 항은 0이 되어야 한다.

$\therefore \sum_i \mu_i dn_i = 0$

닫힌계에서 외부와의 물질 이동이 없으므로 조성의 변화 dn_i는 오로지 화학 반응에 의해서만 발생한다. 위 식이 0이라는 뜻은 화학 반응이 없다는 뜻이며, 화학 평형의 척도가 된다.

(3) 상평형(Phase Equilibrium)

① 정 의

ㄱ 상평형은 공존하는 여러 개의 상 사이에 물질의 이동이 거시적으로 없는 경우이다. 화학 평형처럼 미시적으로는 끊임없는 물질 교환이 있을 수 있지만 서로 오고 가는 성분의 질량 흐름이 같아야 한다.

ㄴ 평형 조건

- T, P가 같아야 한다.
- 같은 T, P에 있는 여러 상은 각 성분의 화학퍼텐셜($\mu_i^\alpha = \mu_i^\beta$)이 모든 상에서 같다.

② 유 도

서로 평형인 두 상으로 이루어진 닫힌계를 생각해보면, 두 상 간의 물질 이동은 자유롭다. 각 상에 대해 깁스 에너지를 전개하면

$$d(nG)^\alpha = (nV)^\alpha dP - (nS)^\alpha dT + \sum_i \mu_i^\alpha dn_i^\alpha$$

$$d(nG)^\beta = (nV)^\beta dP - (nS)^\beta dT + \sum_i \mu_i^\beta dn_i^\beta$$

α와 β는 각 상을 의미하며, 계의 깁스 에너지는 각 상의 깁스 에너지를 더한 값이다.

$$with \quad nM = (nM)^\alpha + (nM)^\beta$$

$$d(nG) = (nV)dP - (nS)dT + \sum_i \mu_i^\alpha dn_i^\alpha + \sum_i \mu_i^\beta dn_i^\beta$$

닫힌계를 가정했으므로

$$\sum_i \mu_i^\alpha dn_i^\alpha + \sum_i \mu_i^\beta dn_i^\beta = 0$$

이 때 닫힌계 내의 물질 이동은 두 상 사이에 일어나는 물질 교환뿐이며, 성분 i에 대해 상 α에서 얻거나 잃은 질량은 상 β에서 잃거나 얻은 질량이다. 이 질량 보존을 식으로 나타내면

$$dn_i^\alpha = -dn_i^\beta$$

정리하면 $\sum_i (\mu_i^\alpha - \mu_i^\beta) dn_i^\alpha = 0$

두 상 간의 물질 이동이 가능하므로, dn_i^α는 0이 될 수도 있고, 아닐 수도 있다. 따라서 위 식을 항상 0으로 만드는 경우는 아래와 같이 성분 i의 두 상에서 화학 포텐셜이 같은 경우뿐이다.

$$\mu_i^\alpha = \mu_i^\beta (i = 1, 2, \cdots, N)$$

여기서, N은 시스템 내에 존재하는 성분의 수이다. 위 식을 좀 더 확장하여 상이 2개보다 많은 경우에도 적용해보면

$$\mu_i^\alpha = \mu_i^\beta = \cdots = \mu_i^\pi \ (i = 1, 2, \cdots, N)$$

여기서, π는 시스템 내에 존재하는 상의 개수이고, 상평형의 척도가 된다.

┤핵심예제├

1-1. 깁스-뒤엠(Gibbs-Duhem) 식이 다음 식으로 표시될 경우는?(단, x_i는 i성분의 조성, $\overline{M_i}$는 i성분의 부분몰 특성이다)

$$\sum_i (x_i d\overline{M_i}) = 0$$

① 압력과 몰수가 일정할 경우
② 몰수와 성분이 일정할 경우
③ 몰수와 성분이 같을 경우
④ 압력과 온도가 일정할 경우

1-2. 같은 온도, 같은 압력의 두 종류의 이상기체를 혼합하면 어떻게 되는가?

① 엔트로피(Entropy)가 감소한다.
② 헬름홀츠(Helmholtz) 자유에너지는 증가한다.
③ 엔탈피(Enthalpy)는 증가한다.
④ 깁스(Gibbs) 자유에너지는 감소한다.

|해설|

1-1

깁스-뒤엠 방정식은 기-액 상평형 계산을 수행하는 기본식이다.

$$\left(\frac{\partial M}{\partial P}\right)_{T,x} dT + \left(\frac{\partial M}{\partial T}\right)_{P,x} dT - \sum_i x_i d\overline{M_i} = 0$$

$$\sum_i (x_i d\overline{M_i}) = 0 \ (T, P 일정)$$

1-2

이상기체의 혼합

$\Delta G^{id} < 0$, $\Delta S^{id} > 0$, $\Delta V^{id} = 0$, $\Delta H^{id} = 0$

정답 1-1 ④ 1-2 ④

핵심이론 02 용액 중 성분의 퓨가시티와 퓨가시티 계수

(1) 개 요

① 화학퍼텐셜

이상기체 혼합물에서 각 성분의 화학 포텐셜은

$$\mu_i^{ig} \equiv \overline{G_i}^{ig} = \Gamma_i(T) + RT\ln(y_i P) \ \cdots \ \text{ⓐ}$$

이상용액 내에서 화학 포텐셜을 용액 내 성분의 퓨가시티로 표현할 수 있다. 이상기체의 분압에 해당하는 개념이 이상용액의 퓨가시티임을 떠올리면 쉽게 이해할 수 있다.

$$\mu_i^{ig} \equiv \Gamma_i(T) + RT\ln\hat{f}_i \ \cdots \ \text{ⓑ}$$

② 상평형 기준

용액 내 모든 상이 평형인 경우 조건은

$$\hat{f}_i^{\alpha} = \hat{f}_i^{\beta} = \cdots = \hat{f}_i^{\pi}$$

즉 용액 열역학에서 상평형의 조건은 일정 온도와 압력에서 각 상에 분포해있는 모든 성분의 퓨개시티가 동일한 경우다.

따라서 용액에 대한 기액 평형의 조건은 $\hat{f}_i^{\,l} = \hat{f}_i^{\,v}$ 이다. 어떤 성분의 Vapor는 그 성분의 Liquid와 평형을 이룰 수 있어야 한다. 반면 Gas는 오직 기체 상태로만 존재하는 경우다. 즉 Gas의 온도를 아무리 낮추거나 압력을 아무리 높여도 기액 평형을 이루지 못한다. 잔류 성질의 정의를 이용하여

$$M^R \equiv M - M^{ig}$$

M은 U, H, S, G 등 열역학 함수다. 양 변에 몰수(n)를 곱해서 용액에 대해 적용할 수 있게 바꾸면

$$nM^R \equiv nM - nM^{ig}$$

일정 온도, 압력과 n_j에서 n_i에 대해 미분을 하면

$$\left(\frac{\partial(nM^R)}{\partial n_i}\right)_{P,T,n_j} = \left(\frac{\partial(nM)}{\partial n_i}\right)_{P,T,n_j} - \left(\frac{\partial(nM^{ig})}{\partial n_i}\right)_{P,T,n_j}$$

잔류 성질은 실제 기체와 이상기체 물성의 차이, 어떤 성분의 부분 성질은 용액 내 물성이 그 성분의 조성 변화에 얼마나 민감한지를 나타낸다. 위 식을 부분 성질 기호를 사용해서 표현하면

$$\overline{M_i}^R = \overline{M_i} - \overline{M_i}^{ig}$$

이상기체 혼합물은 이상기체로 이루어진 이상용액임을 생각한다. 이를 깁스 에너지에 적용하면

$$\overline{G_i}^R = \overline{G_i} - \overline{G_i}^{ig} \ \cdots \ \text{ⓒ}$$

식ⓑ-식ⓐ를 하면

$$\mu_i - \mu_i^{ig} = RT\ln\frac{\hat{f}_i}{y_i P} \ \cdots \ \text{ⓓ}$$

부분 잔류 깁스에너지이다. 여기서 깁스 에너지의 부분 성질은 화학 포텐셜이므로 식ⓒ의 좌변과 식ⓓ의 우변은 같다. 따라서

$$\overline{G_i}^R = RT\ln\frac{\hat{f}_i}{y_i P}$$

퓨가시티 계수의 정의에 의해

$$\overline{G_i}^R = RT\ln\hat{\varphi}_i$$

$$\hat{\varphi}_i \equiv \frac{\hat{f}_i}{y_i P}$$

핵심예제

용액 내에서 한 성분의 퓨가시티 계수를 표시한 식은?(단, ϕ_i : 퓨가시티 계수, $\hat{\phi}_i$: 용액 중의 i 성분의 퓨가시티 계수, f_i : 순수 성분 i 의 퓨가시티, $\hat{f}_i$: 용액 중의 성분 i 의 퓨가시티, x_i : 용액의 몰분율)

① $\hat{\phi}_i = f_i P$ 　　　② $\hat{\phi}_i = \dfrac{\hat{f}_i}{P}$

③ $\hat{\phi}_i = \dfrac{\hat{f}_i}{x_i P}$ 　　　④ $\hat{\phi}_i = \dfrac{P\hat{f}_i}{x_i}$

|해설|

• 순수한 성분 i의 퓨가시티 계수 $\phi_i = \dfrac{f_i}{P}$

• 혼합물에서의 성분 i의 퓨가시티 계수 $\hat{\phi}_i = \dfrac{\hat{f}_i}{y_i P}$

용액은 기체, 액체에 상관없이 혼합물로 간주하여

$$\therefore \ \hat{\phi}_i = \frac{\hat{f}_i}{y_i P} = \frac{\hat{f}_i}{x_i P}$$

정답 ③

6-2. 혼 합

핵심이론 01 혼합물의 성질

(1) 부분성질

$$\overline{M_i} = \left[\frac{\partial(nM)}{\partial n_i}\right]_{P,\,T,\,n_j} \quad T,\ P = \text{const}$$

일정량의 용액에 미분량의 성분 i를 첨가할 때 용액의 총 성질 nM의 변화를 나타내는 응답함수

· 용액성질 M : $V,\ U,\ H,\ S,\ G$

· 부분몰성질 $\overline{M_i}$: $\overline{V_i},\ \overline{U_i},\ \overline{H_i},\ \overline{S_i},\ \overline{G_i}$

· 순수성분성질 M_i : $V_i,\ U_i,\ H_i,\ S_i,\ G_i$

$$M = \sum x_i \overline{M_i}$$

① $\overline{G_i} = \left[\dfrac{\partial(nG)}{\partial n_i}\right]_{P,\,T,\,n_j} \equiv \mu_i$

$$\mu_i \equiv \overline{G_i}$$

② 몰성질과 부분몰성질의 관계식

단일 상으로 구성된 계의 어떤 열역학 함수 M은 온도, 압력 및 조성의 함수로 나타낼 수 있다.

$$nM = M(T,\ P,\ n_1,\ n_2,\ \cdots,\ n_i,\ \cdots)$$

$$d(nM) = \left[\frac{\partial(nM)}{\partial P}\right]_{T,\,n} dP + \left[\frac{\partial(nM)}{\partial T}\right]_{P,\,n} dT$$
$$+ \sum_i \left[\frac{\partial(nM)}{\partial n_i}\right]_{P,\,T,\,n_j} dn_i$$

$$d(nM) = n\left(\frac{\partial M}{\partial P}\right)_{T,\,x} dP + n\left(\frac{\partial M}{\partial T}\right)_{P,\,x} dT + \sum_i \overline{M_i}\, dn_i$$

$$dn_i = d(nx_i) = x_i dn + n dx_i$$

$$d(nM) = ndM + Mdn$$

위의 미분을 활용하여 원래 식에 대입하면

$$ndM + Mdn = n\left(\frac{\partial M}{\partial P}\right)_{T,\,x} dP + n\left(\frac{\partial M}{\partial T}\right)_{P,\,x} dT$$
$$+ \sum_i \overline{M_i}(x_i dn + n dx_i)$$

$$\left[dM - \left(\frac{\partial M}{\partial P}\right)_{T,\,x} dP - \left(\frac{\partial M}{\partial T}\right)_{P,\,x} dT - \sum_i \overline{M_i} dx_i\right]n$$
$$+ \left[M - \sum_i x_i \overline{M_i}\right] dn = 0$$

$$dM = \left(\frac{\partial M}{\partial P}\right)_{T,\,x} dP + \left(\frac{\partial M}{\partial T}\right)_{P,\,x} dT + \sum_i \overline{M_i} dx_i \ \cdots\ⓐ$$

$$M = \sum_i x_i \overline{M_i} \ \cdots\ ⓑ$$

$$dM = \sum_i x_i d\overline{M_i} + \sum_i \overline{M_i} dx_i \ \cdots\ ⓒ$$

Gibbs-Duhem식 :

$$\left(\frac{\partial M}{\partial P}\right)_{T,\,x} dP + \left(\frac{\partial M}{\partial T}\right)_{P,\,x} dT - \sum_i x_i d\overline{M_i} = 0 \ \cdots\ⓓ$$

$T,\ P$가 일정하고, $\sum_i x_i d\overline{M_i} = 0$

$$\lim_{x_i \to 1} M = \lim_{x_i \to 1} \overline{M_i} = M_i$$

1-1. i성분의 부분 몰 성질($\overline{M_i}$)을 옳게 나타낸 것은?(단, M : 열역학적 용량변수의 단위몰당의 값, n_i : i성분의 몰 수, n_j : i번째 성분 이외의 모든 몰수를 일정하게 유지한다는 것을 의미한다)

① $\overline{M_i} = \left[\dfrac{\partial(nH)}{\partial n_i} \right]_{nS, nP, n_j}$

② $\overline{M_i} = \left[\dfrac{\partial(nM)}{\partial n_i} \right]_{T, P, n_j}$

③ $\overline{M_i} = \left[\dfrac{\partial(nA)}{\partial n_i} \right]_{P, nV, n_j}$

④ $\overline{M_i} = \left[\dfrac{\partial(nU)}{\partial n_i} \right]_{T, nS, n_j}$

1-2. 열역학성질 중 부분 몰 성질($\overline{M_i}$)에 해당하지 않는 것은?(단, H는 엔탈피, S는 엔트로피, f는 퓨가시티, γ 활동도계수이다)

① $\overline{H_i}$　　　　　　　② $\overline{S_i}$

③ f_i　　　　　　　　　④ $RT\ln\gamma_i$

1-3. $f_i{}^\circ$를 기준상태하에서의 순수한 i 성분의 퓨가시티라고 하면 그 함수형을 옳게 나타낸 것은?(단, y는 기상 몰분율을 나타낸다)

① $f_i{}^\circ = f(T, P, y_1, y_2, \cdots y_{n-1})$

② $f_i{}^\circ = f(T, y_1, y_2, \cdots y_{n-1})$

③ $f_i{}^\circ = f(T)$

④ $f_i{}^\circ = f(T, P)$

|해설|

1-1

$\overline{M_i} = \left[\dfrac{\partial(nM)}{\partial n_i} \right]_{P, T, n_j}$

1-2

$\phi_i = \dfrac{f_i}{P} \rightarrow f_i = \phi_i P$

1-3

순수한 i 성분의 퓨가시티 f_i는 온도와 압력의 함수이다.

정답 1-1 ② 1-2 ③ 1-3 ④

---

(1) 과잉 성질의 정의식

$$V^E = V - V^{id}$$
$$\quad = V - \sum_i x_i V_i$$

$$H^E = H - \sum_i x_i H_i$$

$$S^E = S - \sum_i x_i S_i + R\sum_i x_i \ln x_i$$

$$G^E = G - \sum_i x_i G_i - RT\sum_i x_i \ln x_i$$

우변에 $M - \sum_i x_i M_i$로 표시되는 값을 혼합에 의한 물성변화라고 하며 ΔM으로 표시한다.

$$\Delta M = M - \sum_i x_i M_i$$

같은 T, P에서, M : 몰당 용액의 성질

M_i : 몰당 순수성분의 성질

$$V^E = \Delta V$$

$$H^E = \Delta H$$

$$S^E = \Delta S + R\sum_i x_i \ln x_i$$

$$G^E = \Delta G - RT\sum_i x_i \ln x_i$$

여기서, ΔG : 혼합에 의한 Gibbs 에너지

ΔS : 엔트로피

ΔV : 부피

ΔH : 엔탈피 변화

(2) 이상용액의 과잉성질

이상용액에 대한 과잉성질은 0이다.

$$\Delta V^{id} = 0$$

$$\Delta H^{id} = 0$$

$$\Delta S^{id} = -R\sum_i x_i \ln x_i$$

$$\Delta G^{id} = RT\sum_i x_i \ln x_i$$

이상 용액으로의 혼합 과정에서, 혼합 전후의 총 부피와 엔탈피는 같다. 하지만 엔트로피는 증가하고, 깁스 에너지는 감소한다. 실제 혼합 과정에서도 마찬가지다.

(3) 혼합에 의한 물성 변화

2성분계 혼합 과정에서 혼합 과정 중 계는 압력이 일정하도록 피스톤이 이동하여 팽창 및 압축한다. 또한 일정 온도를 유지하기 위해 열이 추가되거나 제거된다. 혼합이 완료되면 계의 총 부피 변화는

$$\Delta V^t = (n_1 + n_2)V - n_1 V_1 - n_2 V_2 \cdots \text{ⓐ}$$

혼합 과정은 압력이 일정한 상태에서 이루어지므로 총 전달열량 Q는 계의 엔탈피와 같다고 할 수 있다.

$$Q = H^t = (n_1 + n_2)H - n_1 H_1 - n_2 H_2 \cdots \text{ⓑ}$$

ⓐ와 ⓑ를 전체 몰수($n_1 + n_2$)로 나누면

$$\Delta V = V - x_1 V_1 - x_2 V_2 = \frac{\Delta V^t}{n_1 + n_2}$$

$$\Delta H = H - x_1 H_1 - x_2 H_2 = \frac{Q}{n_1 + n_2}$$

혼합에 의한 부피 변화(ΔV)와 엔탈피 변화(ΔH)는 ΔV와 Q를 측정함으로써 구해진다.
ΔH는 Q와의 관련성 때문에 혼합열이라 한다.

┃핵심예제┃

2-1. 다성분 상평형에 대한 설명으로 옳지 않은 것은?

① 각 성분의 화학포텐셜이 모든 상에서 같다.
② 각 성분의 퓨가시티가 모든 상에서 동일하다.
③ 시간에 따라 열역학적 특성이 변하지 않는다.
④ 엔트로피가 최소이다.

2-2. 이상용액의 혼합에 의한 물성변화로 적합하지 않은 것은?(단, H^E는 과잉 엔탈피, V^E는 과잉 부피, S^E는 과잉 엔트로피, C_P^E는 과잉 정압열용량이다)

① $H^E = 0$ ② $V^E = 0$
③ $S^E = 0$ ④ $C_P^E = 0$

2-3. 과잉 물성치를 가장 옳게 설명한 것은?

① 실제 물성치와 동일한 온도, 압력 및 조성에서 이상용액 물성치와의 차이이다.
② 이상용액의 물성치와 표준상태에서의 실제 물성치와의 차이이다.
③ 표준 상태에서의 이상용액의 물성치와 특정 상태에서의 실제 물성치와의 차이이다.
④ 실제 물성치와 표준상태에서의 실제 물성치와의 차이이다.

2-4. 순수한 메탄올 30mol을 물에 섞어 25℃, 10atm에서 메탄올이 30mol%인 수용액을 만들었다. 용액은 약 몇 L가 되겠는가?(단, 25℃, 1atm에서 순수성분 및 30mol% 수용액의 부분몰 부피는 표와 같으며, 용액은 100mol을 기준으로 한다)

구 분	물	메탄올
순수 성분 부피(cm³/mol)	18.1	40.7
부분몰 부피(cm³/mol)	17.8	38.6

① 1.22   ② 2.40
③ 3.76   ④ 5.83

┃해설┃

2-1
상평형에서 엔트로피는 최대, 자유에너지는 최소이다.

2-2
이상용액의 과잉 물성 $M^E = 0$
$\Delta V^{id} = 0$
$\Delta H^{id} = 0$
$\Delta S^{id} = -R\sum_i x_i \ln x_i$
$\Delta G^{id} = RT\sum_i x_i \ln x_i$

2-3
$M^E = M - M^{id}$

2-4
$V = \sum_i x_i \overline{V_i} = 0.3 \times 38.6 + 0.7 \times 17.8 = 24.04 \text{cm}^3/\text{mol}$
용액 100mol 기준으로 환산하므로,
$24.04 \text{cm}^3/\text{mol} \times 100 \text{mol} = 2,404 \text{cm}^3$
∴ 2.40L

정답 **2-1** ④ **2-2** ③ **2-3** ① **2-4** ②

(1) 혼합열

$$\Delta H = H - \sum_i x_i H_i$$

순수한 성분이 일정한 T, P에서 1mol의 용액으로 혼합될 때의 엔탈피 변화이다.

2성분계에서 위 식은

$$\Delta H = H - x_1 H_1 - x_2 H_2$$
$$H = x_1 H_1 + x_2 H_2 + \Delta H$$

화학 반응은 분자 구조의 변화에 의한 분자 내의 상호작용(결합력) 차이, 혼합과정은 분자 사이 자체의 상호작용(반데르발스 힘) 차이에 의해 과정 전후로 에너지 차이가 나타나게 된다. 분자 내의 상호작용은 분자 사이의 힘보다 작용 거리가 훨씬 짧으므로 차이가 훨씬 커지게 된다. 따라서 반응열이 혼합열보다 큰 값을 가진다.

(2) 용해열

고체나 기체가 액체에 녹아드는 경우에 발생하는 열이다. 따라서 용해열은 고체나 기체(용질) 단위 질량, 혹은 몰당 값으로 표현된다.

$$\Delta \widetilde{H} = \frac{\Delta H}{x_1}$$

여기서, x_1은 용액 단위 mol당 용질의 몰수이다. 용질 분자 하나당 몇 개의 용매 분자가 둘러싸는지에 대한 반응식으로 쉽게 나타낼 수 있기 때문에 혼합열과 달리 단위 몰당 값을 사용하는 것이다.

핵심예제

온도는 일정하고 물질의 상이 바뀔 때 흡수하거나 방출하는 열을 무엇이라고 하는가?

① 잠 열　　　　② 현 열
③ 반응열　　　　④ 흡수열

정답 ①

7-1. 화학평형

핵심이론 01 반응엔탈피

(1) 엔탈피

어떤 온도와 압력에서 물질이 가지고 있는 에너지를 의미한다.

(2) 반응엔탈피(ΔH)

① 반응하는 물질, 즉 계의 관점에서 일정한 압력에서 화학 반응이 일어날 때 물질의 에너지 변화를 의미하게 되는데 이는 수식으로 다음과 같이 나타낼 수 있습니다.

　　ΔH = 생성물의 엔탈피의 합 – 반응물의 엔탈피의 합

② 발열반응과 흡열반응을 반응엔탈피의 관점에서 보면

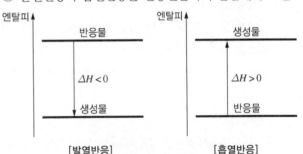

[발열반응]　　　　[흡열반응]

㉠ 발열 반응 : 반응물의 에너지가 생성물의 에너지보다 높다. 생성물이 될 때, 반응하는 계의 입장에서는 에너지가 감소하게 되며, 반응엔탈피는 음수 값을 가지게 된다.

㉡ 흡열 반응 : 생성물의 에너지가 반응물의 에너지보다 높다. 생성물이 될 때 반응하는 계의 입장에서는 물질이 가지게 되는 에너지가 증가하게 되며, 흡열반응의 반응엔탈피는 양수 값을 가지게 된다.

• 발열반응 : $H_{반응물} > H_{생성물}$, $\Delta H < 0$
• 흡열반응 : $H_{반응물} < H_{생성물}$, $\Delta H > 0$

(3) 반응엔탈피의 종류

① 생성 엔탈피

ⓐ 어떤 물질 1mol이 성분 원소의 가장 안정한 원소로부터 생성될 때 반응 엔탈피

ⓑ 표준생성엔탈피 : 25℃, 1기압에서의 생성 엔탈피
- 물질 1mol이 생성된다.
- 성분 원소의 형태에 따라 반응 엔탈피가 달라질 수 있기 때문에, 가장 안정한 성분 원소로 반응식이 구성된 것이 맞는지 반드시 확인해주어야 한다.

② 연소엔탈피

ⓐ 어떤 물질 1mol이 완전 연소하여 가장 안정한 생성물이 될 때의 반응 엔탈피

ⓑ 수소 원자가 포함된 화합물이 연소할 때 H_2O를 발생시킨다. H_2O의 가장 안정한 형태는 온도에 따라서 달라지는데 0℃~100℃ 사이의 온도이면 액체 상태, 100℃ 이상이면 기체 상태가 가장 안정한 형태가 된다.

ⓒ 연소 반응은 발열반응이기 때문에 연소 엔탈피는 항상 음수의 값을 가진다.

③ 결합에너지

ⓐ 기체 상태의 물질을 구성하는 두 원자 사이의 공유 결합 1mol을 끊어 원자 상태로 만들 때 필요한 에너지

ⓑ 결합 에너지의 값이 크면 클수록 원자 사이의 결합의 세기가 크다.

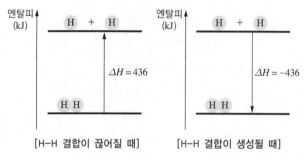

[H-H 결합이 끊어질 때]　　[H-H 결합이 생성될 때]

핵심예제

$\Delta G_f^{\circ}(g, CO_2)$, $\Delta G_f^{\circ}(l, H_2O)$, $\Delta G_f^{\circ}(g, CH_4)$값이 각각 −94.3kcal/mol, −56.7kcal/mol, −12.14kcal/mol일 때, 298K에서 다음 반응의 표준 깁스에너지 변화 ΔG°값은 약 몇 kcal/mol인가?(단, ΔG_f°는 298K에서의 표준생성에너지이다)

$CH_4(g) + 2O_2(g)^{\cdot} \rightarrow CO_2(g) + 2H_2O(l)$

① −180.5　　　　② −195.6
③ −220.3　　　　④ −340.2

|해설|

$$\Delta G^{\circ} = \sum_p |\nu_i| G_i^{\circ} - \sum_r |\nu_i| G_i^{\circ} \text{ (여기서 } p : \text{생성물}, r : \text{반응물)}$$
$$= 1 \times (-94.3\text{kcal/mol}) + 2 \times (-56.7\text{kcal/mol})$$
$$\quad - 1 \times (-12.14\text{kcal/mol}) - 2 \times 0$$
$$= -195.56\text{kcal/mol}$$

정답 ②

(1) 화학반응에 대한 평형 판정 기준

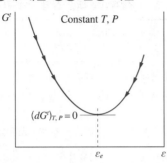

[반응좌표에 대한 전체 Gibbs 에너지]

① $\Delta G < 0$: 자발적인 반응

② $\Delta G > 0$: 비자발적인 반응

③ $\Delta G = 0$: 평형

    ㉠ $\mu_A > \mu_B$: A → B

    ㉡ $\mu_A < \mu_B$: A ← B

    ㉢ $\mu_A = \mu_B$: 평형상태

(2) 평형의 조건

단일상 계에 대한 기본적 성질 관계식인 Gibbs 에너지의 전미분식은 다음과 같다.

$$d(nG) = (nV)dP - (nS)dT + \sum \mu_i dn_i$$

닫힌계에서 단일화학반응 결과로 몰수 n_i가 변하면 $dn_i = \nu_i d\epsilon$로 치환할 수 있다.

$$d(nG) = (nV)dP - (nS)dT + \sum \mu_i \nu_i d\epsilon$$

$$\sum \nu_i \mu_i = \left[\frac{\partial (nG)}{\partial \epsilon}\right]_{T,P} = \left[\frac{\partial G^t}{\partial \epsilon}\right]_{T,P}$$ 이므로,

평형상태일 때

$$\left[\frac{\partial G^t}{\partial \epsilon}\right]_{T,P} = 0, \quad \sum \nu_i \mu_i = 0$$

평형상태의 판정기준 : $\sum \nu_i \mu_i = 0$

(3) 평형상수

용액에서 화학종 i의 퓨가시티는 다음과 같다.

$$\mu_i = \Gamma_i(T) + RT \ln \hat{f}_i$$

표준상태의 순수한 화학종 i에 대하여

$$G_i^\circ = \Gamma_i(T) + RT \ln \hat{f}_i^\circ$$

$$\therefore \mu_i = G_i^\circ + RT \ln \frac{\hat{f}_i}{f_i^\circ}$$

$$\prod_i \left(\frac{\hat{f}_i}{f_i^\circ}\right)^{\nu_i} = K$$

$$K \equiv \exp\left(\frac{-\Delta G^\circ}{RT}\right)$$

$$\therefore \ln K = \frac{-\Delta G^\circ}{RT}$$

① 평형상수 K는 온도만의 함수이다.

② $\Delta G^\circ = \sum \nu_i G_i^\circ$은 반응의 표준 Gibbs 에너지 변화이다.

(4) 평형상수의 계산

$$a\mathrm{A} + b\mathrm{B} \rightarrow c\mathrm{C} + d\mathrm{D}$$

평형상수 $K = \dfrac{[\mathrm{C}]^c [\mathrm{D}]^d}{[\mathrm{A}]^a [\mathrm{B}]^b}$

(5) 평형상수에 대한 온도와 압력의 영향

ΔG°의 T에 대한 의존성은 다음과 같이 나타낼 수 있다.

$$\frac{d(\Delta G^\circ / RT)}{dT} = -\frac{\Delta H^\circ}{RT^2}$$

$$\frac{d\ln K}{dT} = \frac{\Delta H^\circ}{RT^2} \cdots ⓐ$$

① ⓐ식에 의하면 평형상수 K에 대한 온도의 영향은 ΔH°의 부호에 의해 결정된다.

    ㉠ $\Delta H^\circ > 0$(흡열반응) : 온도가 증가할 때 K가 증가하고 일정 P에서 K값이 증가하면 $\prod_i (y_i)^{\nu_i}$가 증가한다. 이것은 반응이 오른쪽으로 이동하고, ϵ_e값이 증가한다는 것을 의미한다.

ⓛ $\Delta H° < 0$(발열반응) : 온도가 증가할 때 K가 감소하고 일정 P에서 $\prod_i (y_i)^{\nu_i}$가 감소한다. 이것은 반응이 왼쪽으로 이동하고 ε_e값이 감소한다는 것을 의미한다.

② 총양론계수 $\nu (\equiv \sum_i \nu_i)$

  ㉠ ν가 음수이면 일정 T에서 압력이 증가할 때 $\prod_i (y_i)^{\nu_i}$가 증가하여 반응이 오른쪽으로 이동하고, ε_e값은 증가한다.

  ㉡ ν가 양수이면 일정 T에서 압력이 증가할 때 $\prod_i (y_i)^{\nu_i}$가 감소하여 반응이 왼쪽으로 이동하고, ε_e값은 감소한다.

③ 표준반응엔탈피 $\Delta H°$가 T와 무관하다고 가정하면

$$\ln \frac{K_2}{K_1} = -\frac{\Delta H°}{R}\left(\frac{1}{T_2} - \frac{1}{T_1}\right)$$

(6) 평형상수와 반응지수

$$\Delta G = RT \ln \frac{Q}{K}$$

① $K = Q$: 평형상태, $\Delta G = 0$
② $K > Q$: 자발적 반응(오른쪽으로 이동), $\Delta G < 0$
③ $K < Q$: 역반응, $\Delta G > 0$

2-1. 화학반응의 평형상수 K의 정의로부터 다음의 관계식을 얻을 수 있을 때 이 관계식에 대한 설명 중 틀린 것은?

$$\frac{d\ln K}{dT} = \frac{\Delta H°}{RT^2}$$

① 온도에 대한 평형상수의 변화를 나타낸다.
② 발열반응에서는 온도가 증가하면 평형상수가 감소함을 보여준다.
③ 주어진 온도 구간에서 $\Delta H°$가 일정하면 $\ln K$를 T의 함수로 표시했을 때 직선의 기울기가 $\frac{\Delta H°}{R^2}$이다.
④ 화학반응의 $\Delta H°$를 구하는 데 사용할 수 있다.

2-2. 반응 평형에 대한 설명 중 옳지 않은 것은?
① 평형상수의 계산을 위해서는 각 물질의 생성 깁스 에너지를 알아야 한다.
② 평형상수의 온도 의존성을 위해서는 각 물질의 생성 엔탈피와 열용량을 알아야 한다.
③ 평형상수를 이용하면 반응의 속도를 정확히 알 수 있다.
④ 평형상수를 이용하면 반응 후 최종 조성을 정확히 알 수 있다.

2-3. 어떤 반응의 화학평형 상수를 결정하기 위하여 필요한 자료로 가장 거리가 먼 것은?
① 각 물질의 생성 엔탈피
② 각 물질의 열용량
③ 화학양론 계수
④ 각 물질의 증기압

2-4. 화학반응에서 정방향으로 반응이 계속 일어나는 경우는?(단, ΔG는 깁스자유에너지(Gibbs Free Energy) 변화, K_c는 평형 상수이다)
① $\Delta G = K_C$ ② $\Delta G = 0$
③ $\Delta G > 0$ ④ $\Delta G < 0$

핵심예제

2-5. 어떤 화학반응이 평형상수에 대한 온도의 미분계수가 $\left(\dfrac{\partial \ln K}{\partial T}\right)_P > 0$으로 표시된다. 이 반응에 대하여 옳게 설명한 것은?

① 흡열반응이며 온도 상승에 따라 K값은 커진다.
② 발열반응이며 온도 상승에 따라 K값은 커진다.
③ 흡열반응이며 온도 상승에 따라 K값은 작아진다.
④ 발열반응이며 온도 상승에 따라 K값은 작아진다.

2-6. 발열반응인 경우 표준 엔탈피 변화($\Delta H°$)는 (−)의 값을 갖는다. 이 때 온도증가에 따라 평형상수(K)는 어떻게 되는가?(단, 현열은 무시한다)

① 증가한다.
② 감소한다.
③ 감소했다가 증가한다.
④ 증가했다가 감소한다.

2-5

$$\frac{d\ln K}{dT} = \frac{\Delta H°}{RT^2} > 0 \cdots \text{ⓐ}$$

ⓐ > 0이면 $\Delta H° > 0$(흡열), ⓐ < 0이면 $\Delta H° < 0$(발열)

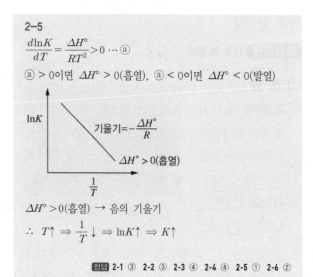

$\Delta H° > 0$(흡열) → 음의 기울기

$$\therefore \ T\uparrow \ \Rightarrow \ \frac{1}{T}\downarrow \ \Rightarrow \ \ln K\uparrow \ \Rightarrow \ K\uparrow$$

|해설|

2-1

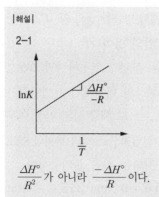

$\dfrac{\Delta H°}{R^2}$ 가 아니라 $\dfrac{-\Delta H°}{R}$ 이다.

2-2
온도만의 함수로 반응속도를 알 수 없다.

2-3

$$\frac{d\ln K}{dT} = \frac{\Delta H°}{RT^2}, \ \frac{d\ln K}{d\left(\dfrac{1}{T}\right)} = -\frac{\Delta H°}{R}$$

$$\ln\frac{K}{K_1} = -\frac{\Delta H°}{R}\left(\frac{1}{T} - \frac{1}{T_1}\right)$$

화학평형상수(K)를 결정하기 위해 $\Delta H°$(생성엔탈피, 열용량, 화학양론계수)와 T가 필요하다.

7-2. 상평형

(1) 평 형

① 평형이란 계 내의 어떤 물질이 시간에 따라 변하지 않는 상태를 의미한다. 이는 한 상에서 다른 상으로의 물질 이동이 없는 상태를 의미하는 것이 아니라 상 간에 이동되는 양이 서로 같게 되는 동적평형을 의미한다.

② 평형과 안정성

$(dG^t)_{T,P} \leq 0$

㉠ 일정한 T, P에서 일어나는 모든 비가역과정은 Gibbs 에너지를 감소시키는 방향으로 진행한다. 닫힌계의 평형상태는 주어진 T, P에서의 모든 변화에 대하여 전체 Gibbs 에너지가 최소인 상태이다.

㉡ 열역학 제1법칙을 통해 상태함수에 해당하는 계의 에너지 변화를 확인하였으며, 열역학 제2법칙을 통해 계의 안정화를 이루기 위해 이루어지는 반응의 자발성 및 가역성을 확인하였다. 이렇게 확인한 두 가지 사실을 조합하면, 우리는 상(Phase)이 안정(평형)에 도달하였는지, 혹은 아직 상이 불안정하여 안정(평형)에 도달하기 위해 반응이 진행 중인지 등의 여부, 즉 상의 안정성(Phase Stability)을 확인할 수 있게 된다.

㉢ $(dG^t)_{T,P}$와 반응의 관계

$(dG^t)_{T,P} = 0$: 평형상태

$(dG^t)_{T,P} < 0$: 자발적 반응

$(dG^t)_{T,P} > 0$: 비자발적 반응

③ 상의 안정조건

온도가 일정한 조건에서 비가역반응이 완료된 경우,

㉠ 안정된 상이 최종적으로 갖는 엔트로피의 변화량

$: \Delta S_{sys} = \dfrac{Q_{irrev}}{T} + \Delta S_{irrev}$

㉡ 상이 안정될 때, 주변 계에서 방출한 열의 양 :

$Q_{irrev} = T(\Delta S_{sys} - \Delta S_{irrev})$

④ 내부에너지로 상의 안정성 판단하기

계의 내부에너지 변화는 외부 계에서 일어나는 내부에너지 변화량에 마이너스를 곱해줌으로써 구하게 된다. 흡열반응의 경우, 외부의 내부에너지 감소량은 곧 계의 내부에너지 증가량에 해당하기 때문이며, 발열반응의 경우, 외부의 내부에너지 증가량은 곧 계의 내부에너지 감소량에 해당한다.

㉠ 계(상)의 내부에너지 변화량

$\Delta E_{sys} = -\Delta E_{surr} = E_2 - E_1$

$\qquad = Q_{irrev} - P\Delta V$

$\therefore \ \Delta E_{sys} = Q_{irrev} - P\Delta V$

$\qquad = T(\Delta S_{sys} - \Delta S_{irrev}) - P\Delta V$

(단, Q_{irrev}는 외부 계가 방출한 열의 양, $P\Delta V$는 계가 외부 계에 한 일의 양이다)

계가 갖는 엔트로피와 부피가 일정하다면($\Delta S_{sys} = 0$, $\Delta V = 0$) 평형상의 내부에너지 변화량은 $\Delta E_{sys} = -T\Delta S_{irrev}$ 으로 해당 상의 안정 여부를 판단할 수 있으나 실험적으로 계의 부피와 엔트로피를 일정하게 유지하는 일은 불가능하다.

For reversible, $\Delta E = 0$ and $\Delta S_{rev} = 0$(at equilibrium)

⑤ 엔탈피로 상의 안정성 판단하기

외부 계를 기준으로 한 엔탈피의 변화를 먼저 계산한 다음에 마이너스를 곱해주어 계(System or Phase)의 엔탈피 변화를 다음과 같이 구한다.

㉠ 계(상)의 엔탈피 변화량

$\Delta H_{sys} = -\Delta H_{surr}$

$\qquad = -\Delta E_{surr} + P\Delta V + V\Delta P$

$\qquad = -(-Q_{irrev} + P\Delta V) + P\Delta V + V\Delta P$

$\qquad = Q_{irrev} + V\Delta P$

$$\therefore \Delta H_{sys} = Q_{irrev} + V\Delta P$$
$$= T(\Delta S_{sys} - \Delta S_{irrev}) + V\Delta P$$

상의 압력과 엔트로피가 일정하다면($\Delta S_{sys} = 0$, $\Delta P = 0$), 상의 엔탈피 변화는 $\Delta H_{sys} = - T\Delta S_{irrev}$ 로 구할 수 있다. 그러나 계의 엔트로피를 일정하게 유지하는 것은 불가능하기 때문에 엔탈피의 변화를 통해 상의 안정성을 판단하는 일은 불가능하다.

For reversible, $\Delta H = 0$ and $\Delta S_{rev} = 0$ (at equilibrium)

⑥ 깁스 자유에너지로 상의 안정성 판단하기

$$G = H - TS$$

㉠ 계(상)의 깁스 자유에너지 변화량

$$\Delta G_{sys} = \Delta H_{sys} - T\Delta S_{sys} - S_{sys}\Delta T$$
$$= (T\Delta S_{sys} - T\Delta S_{irrev} + V\Delta P)$$
$$- T\Delta S_{sys} - S_{sys}\Delta T$$
$$= - T\Delta S_{irrev} + V\Delta P - S_{sys}\Delta T$$
$$\therefore \Delta G_{sys} = - T\Delta S_{irrev} + V\Delta P - S_{sys}\Delta T$$

계의 깁스 자유에너지 변화량은 상의 압력과 온도를 일정하게 유지시켜줌으로써($\Delta T = 0$, $\Delta P = 0$)
$\Delta G_{sys} = - T\Delta S_{irrev}$ 의 식을 구할 수 있다.

For reversible, $\Delta G = 0$ (at equilibrium)
계에 포함된 엔탈피가 작고 온도와 엔트로피 곱이 클수록 계는 안정적이다.

1-1. 일정한 T, P에 있어 닫힌계가 평형상태에 도달하는 조건에 해당하는 것은?

① $(dG^t)_{T,P} = 0$ ② $(dG^t)_{T,P} > 0$

③ $(dG^t)_{T,P} < 0$ ④ $(dG^t)_{T,P} = 1$

1-2. 에너지에 관한 설명으로 옳은 것은?

① 계의 최소 깁스(Gibbs) 에너지는 항상 계와 주위의 엔트로피를 합한 것의 최대에 해당한다.
② 계의 최소 헬름홀츠(Helmholtz) 에너지는 항상 계와 주위의 엔트로피를 합한 것의 최대에 해당한다.
③ 온도와 압력이 일정할 때 자발적 과정에서 깁스(Gibbs) 에너지는 감소한다.
④ 온도와 압력이 일정할 때 자발적 과정에서 헬름홀츠(Helmholtz) 에너지는 감소한다.

|해설|

1-2
• T와 P가 일정한 닫힌계의 평형에서 G=최소, A=최소이다.
• $(dG^t)_{T,P} < 0$
• $(dA^t)_{T,V} < 0$

정답 1-1 ① 1-2 ③

(1) 2성분 혼합물 기-액 평형

$$\hat{f}_i^v = \hat{f}_i^l \ (i = 1, \ 2, \ \cdots \ N)$$

여기서, v : 증기상

l : 액상

$$\hat{f}_i^v = \hat{\phi}_i^v y_i P, \ \hat{f}_i^l = x_i \gamma_i f_i$$

$$\therefore \ \hat{\phi}_i^v y_i P = x_i \gamma_i f_i$$

(2) 2성분 혼합물 액-액 평형

$$\hat{f}_i^\alpha = \hat{f}_i^\beta$$

$$x_i^\alpha \gamma_i^\alpha f_i^\alpha = x_i^\beta \gamma_i^\beta f_i^\beta \ (f_i^\alpha = f_i^\beta)$$

$$\therefore \ x_i^\alpha \gamma_i^\alpha = x_i^\beta \gamma_i^\beta$$

(3) 라울의 법칙

① 증기상의 이상기체 : $\hat{\phi}_i^v = 1$

② 액상의 Lewis-Randall 법칙에 맞는 이상용액

$$\hat{\phi}_i^l = \frac{\hat{f}_i^l}{x_i P} = \frac{x_i f_i^l}{x_i P} = \frac{f_i^l}{P} = \phi_i$$

여기서, f_i^l : 계의 T, P하에 있는 순액 i의 Fugacity

$$f_i^l = f_i^{sat}$$

$$f_i^{sat} = P_i^{sat}, \ f_i^l = P_i^{sat}$$

$$\therefore \ \hat{\phi}_i^l = \frac{P_i^{sat}}{P}, \ y_i = \frac{x_i P_i^{sat}}{P}$$

(4) 활동도

활동도 $\alpha_i = \dfrac{f_i}{f_i^\circ}$

2-1. 다음은 이상기체일 때 퓨가시티(Fugacity) f_i를 표시한 함수들이다. 틀린 것은?(단, $\hat{f}_i$: 용액 중 성분 i의 퓨가시티, f_i : 순수성분 i의 퓨가시티, x_i : 용액의 몰분율, P : 압력)

① $f_i = x_i \hat{f}_i$ 　　② $f_i = cP(c = 상수)$

③ $\hat{f}_i = x_i P$ 　　④ $\lim\limits_{P \to 0} f_i / P = 1$

2-2. 기상 반응계에서 평형상수 K가 다음과 같이 표시되는 경우는?(단, ν_i 는 i의 양론계수이고, $\nu = \sum\limits_i \nu_i$ 및 $\prod\limits_i$ 는 모든 화학종 i의 곱을 나타낸다)

$$K = \left(\frac{P}{P^\circ}\right)^\nu \prod_i y_i^{\nu_i}$$

① 평형혼합물이 이상기체이다.
② 평형혼합물이 이상용액이다.
③ 반응에 따른 몰수의 변화가 없다.
④ 반응열이 온도에 관계없이 일정하다.

2-3. 액상과 기상이 서로 평형이 되어 있을 때에 대한 설명으로 틀린 것은?

① 두 상의 온도는 서로 같다.
② 두 상의 압력은 서로 같다.
③ 두 상의 엔트로피는 서로 같다.
④ 두 상의 화학퍼텐셜은 서로 같다.

| 해설 |

2-1

- 이상용액에서 $\gamma_i = 1$이므로 $\hat{f}_i = x_i f_i$
- $\phi = \dfrac{f}{P}$, $\phi_i = \dfrac{f_i}{P}$ (순수성분 i)

  $\rightarrow f_i = \phi_i P = cP$
- 이상기체면 $\hat{\phi}_i = 1$이므로 $\hat{f}_i = y_i P$
- 이상기체면, $P \rightarrow 0$이므로 $\lim\limits_{P \to 0} \dfrac{f_i}{P} = \lim\limits_{P \to 0} \dfrac{P}{P} = 1$ (즉 $\phi_i = 1$)

2-2

- 이상기체 : $\prod\limits_i (y_i)^{\nu_i} = \left(\dfrac{P}{P^o} \right)^{-\nu} K$
- 이상용액 : $\prod\limits_i (x_i)^{\nu_i} = K$

2-3

기-액평형은 T, P, μ_i가 같다.

정답 2-1 ① 2-2 ① 2-3 ③

핵심이론 03 상 률

(1) 상률(자유도)

① 화학반응이 일어나지 않는 계(평형상태)

$$F = 2 - \pi + N$$

여기서, F : 자유도

π : 상의 수

N : 성분의 수

② 화학반응이 일어나는 계

$$F = 2 - \pi + N - r - s$$

여기서, r : 화학반응식의 수

s : 특별한 제한조건의 수

핵심예제

3-1. 3성분계의 기-액 상평형 계산을 위하여 필요한 최소의 변수의 수는 몇 개인가?(단, 반응이 없는 계로 가정한다)

① 1개　　　　　　　　② 2개

③ 3개　　　　　　　　④ 4개

3-2. 알코올 수용액의 증기와 평형을 이루고 있는 시스템(System)의 자유도는?

① 0　　　　　　　　　② 1

③ 2　　　　　　　　　④ 3

3-3. 반응이 수반되지 않은 계의 깁스(Gibbs)의 상법칙은? (단, F는 자유도, C는 성분의 수, P는 상의 수이다)

① $F = C - P + 2$

② $F = C + 1 - P$

③ $F = C - P$

④ $F = C + P - 2$

| 해설 |

3-1

$$F = 2 - P + C = 2 - 2 + 3 = 3$$

3-2

$$F = 2 - P + C = 2 - 2 + 2 = 2$$

정답 3-1 ③ 3-2 ③ 3-3 ①

1-1. 비반응계 물질수지

핵심이론 01 단위환산

(1) 차원(Dimension)

① 길이(L), 시간(T), 질량(M), 온도(t)와 같은 측정의 기본 개념이다.

㉠ L : m, cm, mm, ft, in

㉡ M : kg, g, lb

㉢ t : ℃, ℉, K, R

㉣ T : s, h

(2) 단위(Unit)

① 차원을 나타내는 수단이다.

② SI 단위

	시 간	s(초)
SI 기본단위	길 이	m(미터)
	질 량	kg(킬로그램)
	전 류	A(암페어)
	온 도	K(켈빈)
	물질량	mol(몰)
	광 도	cd(광도)
SI 보조단위	평면각	rad(라디안)
	입체각	sr(스테라디안)

③ 단 위

㉠ 기본단위 : 길이, 시간, 질량, 온도

㉡ 유도단위 : 기본단위를 곱하거나 나누어서 얻은 새로운 단위

예 밀도(g/cm^3), 가속도(m/s^2)

(3) 단위계의 종류

① 절대단위계 : 질량을 기본 양으로 나타낸 단위

㉠ M.K.S 단위 : 길이(m), 질량(kg), 시간(s)을 기본 단위로 하는 단위

㉡ c.g.s 단위 : 길이(cm), 질량(g), 시간(s)을 기본 단위로 하는 단위

② 공학(중력)단위계 : 힘을 기본 양으로 나타낸 단위

㉠ 힘, $F = ma$

㉡ 무게, $F = mg$

• $1kgf = 1kg \times 9.8m/s^2 = 9.8kg \cdot m/s^2 = 9.8N$

• $1kgf = 9.8N$

• $1N = \dfrac{1}{9.8}kgf$

─ 핵심예제 ─

다음 중 에너지의 단위가 아닌 것은?

① $N \cdot m$　　　　② $L \cdot atm$
③ kcal　　　　　④ J/s

| 해설 |

동력 $1W = 1J/s$

정답 ④

(1) 질 량

① 물체가 가지는 고유한 양이다.
② 장소 변화에 영향을 받지 않는다.
③ 단위 : kg, g, lb

(2) 무 게

① 중력이 물체를 끌어당기는 힘의 크기이다.
② 장소 변화에 영향을 받는다.
③ 단위 : N, Kgf, gf, lb$_f$, dyne

(3) 힘

① 물체의 운동상태나 형태를 변화시키는 원인이 되는 물리량을 말한다.
② $F = ma = mg = 1kg \times 9.8m/s^2 = 9.8N$
③ 절대단위 $\overset{\div g_c}{\underset{\times g_c}{\rightleftharpoons}}$ 중력단위

(4) 온 도

① 물체의 차고 뜨거운 정도를 나타낸다.
② 열의 이동 원인이 된다.
③ 에너지 흐름을 결정하는 물리량이다.
④ 상용온도(t)
    ㉠ 섭씨온도 : t_c(℃)
        물의 어는점을 0℃, 끓는점을 100℃로 하여 두 정점 사이를 100등분한 온도이다.
$$t_c = \frac{5}{9}(t_F - 32)(℃)$$
    ㉡ 화씨온도 : t_F(℉)
        물의 어는점을 32℉, 끓는점을 212℉로 하여 두 정점 사이를 180등분한 온도이다.
$$t_F = \frac{9}{5}t_c + 32(℉)$$

⑤ 절대온도(T)
    ㉠ 켈빈의 절대온도 : K
        섭씨온도를 기준으로 한 절대온도
$$T(K) = t(℃) + 273$$
    ㉡ 랭킨의 절대온도 : ℉R
        화씨온도를 기준으로 한 절대온도

핵심예제

2-1. 다음에서 중력상수(g_c)를 바르게 나타내지 못한 것은?

① $9.8kg \cdot m/kgf \cdot s^2$
② $980g \cdot cm/gf \cdot s^2$
③ $32.174lb \cdot F/lbf \cdot s^2$
④ $1,000g \cdot cm/gf \cdot s^2$

2-2. 다음에서 Joule 단위를 가장 정확하게 표현한 것은?

① $10^7 g \cdot cm^2/s^2$
② $10^7 g \cdot cm/s^2$
③ $10^5 dyne \cdot cm^2/s$
④ $10^5 dyne \cdot cm/s$

2-3. 섭씨온도와 화씨온도가 같아지는 온도는 몇 도인가?

① 0℃, 0℉
② -40℃, -40℉
③ -20℃, -20℉
④ -273℃, -273℉

|해설|

2-3
$t_C = -40℃$일 때,
$$t_F = \frac{9}{5}t_C + 32$$
$$= \frac{9}{5} \times (-40) + 32$$
$$\therefore t_F = -40℉$$

정답 2-1 ④ 2-2 ① 2-3 ②

(1) 압력 : 단위면적에 작용하는 힘이다.

① $P = \dfrac{F(\mathrm{N})}{A(\mathrm{m}^2)} = \dfrac{mg}{A} = \dfrac{mg \times h}{A \times h} = \dfrac{mgh}{Ah} = \dfrac{mgh}{V}$
   $= \rho g h$

② 절대압력 = 대기압 + 게이지압

③ 진공압 = 대기압 − 절대압력

④ 1atm(대기압) = 760mmHg = 760torr
   $= 1.0332\mathrm{kgf/cm}^2$
   $= 10.33\mathrm{mH_2O} = 1013.25\mathrm{mbar}$

(2) 일

① 물체에 작용하는 힘에 그 방향으로 움직인 거리를 곱한 것이다.

② $W = F \times S(\mathrm{N \cdot m})(\mathrm{J}) = \displaystyle\int_{V_1}^{V_2} P\,dV(\mathrm{atm \cdot L})$

③ $1\mathrm{J} = 1\mathrm{N \cdot m} = 10^7\mathrm{erg} = 10^7\mathrm{dyne \cdot cm}$

(3) 열

① 물체의 온도를 올리거나 내리는 원인이다.

② 1kcal : 표준대기압 하에서 순수한 물 1kg을 1℃ 높이는 데 필요한 열량

③ 1cal : 표준대기압 하에서 순순한 물 1g을 1℃ 높이는 데 필요한 열량(1cal = 4.184J)

④ 1BTU : 표준대기압 하에서 순수한 물 1lb를 1°F 높이는 데 필요한 열량(1BTU = 252cal)

(4) 에너지

① 일을 할 수 있는 능력(J)이다.

② 운동에너지 : $E_K = \dfrac{1}{2}mv^2$

③ 압력에너지 : $E_P = mgh$

(5) 동 력

① 단위시간에 하는 일이다.

② $1\mathrm{W(Watt)} = 1\mathrm{J/s} = 10^7\mathrm{erg/s}$

③ $1\mathrm{kW} = 1,000\mathrm{W} = 860\mathrm{kcal/h}$

④ $1\mathrm{HP} = 76\mathrm{kgf \cdot m/s}$

⑤ $1\mathrm{PS} = 75\mathrm{kgf \cdot m/s}$

핵심예제

3-1. 표준 대기압은 대략 몇 kPa인가?

① 1.01kPa   ② 10.1kPa
③ 101kPa   ④ 1,013kPa

3-2. 질량 20kg의 물체가 20m/s로 움직일 때의 운동에너지는 몇 kcal인가?

① 0.656   ② 0.756
③ 0.856   ④ 0.956

|해설|

3-1
표준대기압
$1\mathrm{atm} = 760\mathrm{mmHg} = 760\,\mathrm{torr}$
$= 10.33\mathrm{mH_2O}$
$= 1.013\mathrm{bar}$
$= 1.01325 \times 10^5\mathrm{N/m^2\,(Pa)} = 1,013\mathrm{hPa} = 101.325\mathrm{kPa}$
$\fallingdotseq 101\mathrm{kPa}$

3-2
$E_k = \dfrac{1}{2}mv^2$
$\quad = \dfrac{1}{2} \times 20\mathrm{kg} \times (20\mathrm{m/s})^2 = 4,000\mathrm{J}$

$1\mathrm{cal} = 4.184\mathrm{J}$이므로
$4,000\mathrm{J}/4.184 = 956\mathrm{cal} = 0.956\mathrm{kcal}$

정답 3-1 ③ **3-2** ④

핵심이론 04 밀도

(1) 밀도
① 단위부피에 대한 질량의 비

② $d = \dfrac{m}{V}$

③ 단위 : g/cm^3, kg/m^3, lb/ft^3

(2) 비중
① 기준 물질의 밀도에 대한 목적 물질의 밀도 비

② 비중 $= \dfrac{\text{목적 물질의 밀도}}{\text{기준 물질의 밀도}}$

③ 단위 없음

(3) 비용
① 단위질량당 부피(cm^3/g)

② $v = \dfrac{1}{\text{밀도}} = \dfrac{1}{\rho}$

핵심예제

4-1. 다음 중 원유의 비중을 나타내는 지표로 사용되는 것은?

① Baumé   ② Twaddell
③ API   ④ Sour

4-2. 70% H_2SO_4 용액 1,000kg이 차지하는 부피는 약 몇 m^3 인가?(단, 이 용액의 비중은 1.62이다)

① 0.617   ② 0.882
③ 1.582   ④ 1.620

|해설|

4-2

$\rho = \dfrac{m}{V}$

$V = \dfrac{m}{\rho} = \dfrac{1{,}000\text{kg}}{1.62 \times 1{,}000\text{kg}/m^3}$

$\therefore\ V = 0.617m^3$

정답 4-1 ③   4-2 ①

핵심이론 05 기본성질

(1) 크기성질과 세기성질
① 크기성질
  ㉠ 물질의 양과 크기에 따라 변하는 물성
  ㉡ 종류 : V(부피), m(질량), n(몰), U(내부에너지), H(엔탈피), A(자유에너지), G(깁스자유에너지)

② 세기성질
  ㉠ 물질의 양과 크기에 상관없는 물성
  ㉡ 종류 : T(온도), P(압력), d(밀도)

(2) 상태함수와 경로함수
① 상태함수
  ㉠ 경로에 관계없이 처음과 끝의 상태에만 영향을 받는 함수
  ㉡ 종류 : T(온도), P(압력), d(밀도), U(내부에너지), A(자유에너지), G(깁스자유에너지)

② 경로함수
  ㉠ 경로에 영향을 받는 함수
  ㉡ 종류 : Q(열), W(일)

핵심예제

5-1. 다음 중 세기성질이 아닌 것은?

① 내부에너지   ② 온도
③ 압력   ④ 질량/길이^3

5-2. 다음 중 경로함수끼리 짝지어진 것은?

① 내부에너지-일
② 위치에너지-엔탈피
③ 엔탈피-내부에너지
④ 일-열

정답 5-1 ①   5-2 ④

1-2. 반응계 물질수지

핵심이론 01 반응계 물질수지

(1) 화공양론

① 화학종이 또 다른 화학종과 결합할 때 그 비례에 관한 이론이다.

② 분자 앞의 숫자들을 화학양론계수라 한다.

예 $2H_2 + O_2 \rightarrow 2H_2O$의 경우 2, 1, 2가 된다.

(2) 한정반응물과 과잉반응물

① 한정반응물 : 반응이 완전히 진행될 때 먼저 없어지는 반응물

② 과잉반응물 : 한정 반응물이 아닌 다른 반응물

예 $C + O_2 \rightarrow CO_2$

C : 100mol, O_2 : 90mol이 반응할 경우, 1 : 1로 반응하기 때문에 O_2가 한정반응물, C는 과잉반응물이 된다.

(3) 과잉백분율

과잉백분율

$$= \frac{\text{과잉반응물의 몰 수} - \text{화학양론에 해당하는 몰수}}{\text{화학양론에 해당하는 몰수}} \times 100\%$$

예 위의 경우 C의 과잉백분율을 구하면

$$\frac{100 - 90}{90} \times 100\% = 11.11\%$$

(4) 전화율, 수율, 선택도

① 전화율(Conversion, f)

$$= \frac{\text{반응한 A의 몰수}}{\text{초기에 공급된 A의 몰수}} (\leq 1)$$

② 수율(Yield) $= \dfrac{\text{희망하는 생성물의 생성된 몰수}}{\text{공급된 반응물의 몰수}}$

$$= \frac{\text{희망하는 생성물의 몰수}}{\text{소비된 반응물의 몰수}}$$

③ 선택도(Selectivity)

$$= \frac{\text{원하는 생성물이 형성된 몰수}}{\text{원하지 않는 생성물이 형성된 몰수}}$$

핵심예제

1-1. 다음 반응에서 수소생성속도는 6mol/h이다. 메탄이 수증기와 반응하여 일산화탄소와 수소를 정상적으로 생성시킬 때 메탄의 소비속도(mol/h)는?

$CH_4 + H_2O \rightarrow CO + 3H_2$

① 0.5 　　　　　② 1

③ 1.5 　　　　　④ 2

1-2. 공기 319kg과 탄소 24kg을 반응로 안에서 완전연소시킬 때 미반응 산소의 양은 약 몇 kg인가?

① 9.9 　　　　　② 4.9

③ 2.3 　　　　　④ 0

1-3. 다음과 같은 화학반응에서 공급물의 몰유량(Mole Flow Rate)은 100kmol/h이고, C_2H_4 40kmol/h가 생산되고 CH_4의 생산이 5kmol/h로 병행되고 있다면 메탄에 대한 에틸렌의 선택도(Selectivity) S는?

$C_2H_6 \rightarrow C_2H_4 + H_2$ (주반응)
$C_2H_6 + H_2 \rightarrow 2CH_4$ (부반응)

① S=0.05mol CH_4/mol 공급물

② S=0.8mol 공급물/mol CH_4

③ S=8mol C_2H_4/mol CH_4

④ S=8mol C_2H_4/mol 공급물

1-1

$$CH_4 + H_2O \rightarrow CO + 3H_2$$

$1mol/h$		$3mol/h$
x		$6mol/h$

$1 : 3 = x : 6$

$\therefore x = 2mol/h$

1-2

$$C + O_2 \rightarrow CO_2$$

$1 : 1$로 반응하므로,

- $24kg\,C \times \dfrac{1}{12kg/kgmol} = 2kgmol\,C$ (한정반응물)

- $319kg\,air \times \dfrac{1}{29kg/kgmol} = 11kgmol\,air$ (과잉반응물)

→ $11kgmol\,air \times 0.21 = 2.31kgmol\,O_2$

$\therefore 2.31kgmol - 2kgmol = 0.31kgmol \times 32kg/kgmol$

$= 9.92kg\,O_2 \doteqdot 9.9kg\,O_2$

1-3

$$S = \frac{\text{원하는 생성물이 형성된 몰수}}{\text{원하지 않는 생성물이 형성된 몰수}}$$

$$= \frac{40kmol/h\,C_2H_4}{5kmol/h\,CH_4} = 8mol\,C_2H_4/1mol\,CH_4$$

정답 1-1 ④ 1-2 ① 1-3 ③

핵심이론 **02 연소반응**

(1) 연소반응

① 물질이 공기 중 산소를 매개로 많은 열과 빛을 동반하면서 불꽃을 내며 타는 현상을 말한다.

② 탄화수소가 산소와 반응하여 이산화탄소와 물을 생성하는 반응이다.

예 $CH_4(g) + 2O_2(g) \rightarrow CO_2(g) + 2H_2O(g)$

(2) 연소의 조건

① 연료 : 타는 물질로 고체연료, 액체연료, 기체연료가 있으며, 일반적으로 고체보다는 액체가, 액체보다는 기체가 더 잘 연소된다.

② 온도 : 불꽃이 직접 닿지 않고 열에 의해 스스로 불이 붙는 온도(발화점) 이상의 온도가 필요하다.

③ 산소 : 일정량 이상의 산소가 있어야 한다.

(3) 연소반응

① 일반적인 형태 : $C + O_2 \rightarrow CO_2 + Q$(발열반응)

② 수소의 완전연소 : $2H_2 + O_2 \rightarrow 2H_2O$

③ 탄화수소의 완전연소

㉠ $CH_4(g) + 2O_2(g) \rightarrow CO_2(g) + 2H_2O(g)$

㉡ $2CH_3OH(g) + 3O_2(g) \rightarrow 2CO_2(g) + 4H_2O(g)$

(4) 완전연소, 불완전연소

① 완전연소 : 이산화탄소와 물만 생성하는 탄화수소의 산화이다.

② 불완전연소 : 생성물로 이산화탄소와 물뿐만 아니라 일산화탄소와 탄소(그을음)를 생성하는 산화반응이다.

(5) 습기준과 건기준 조성

① 습기준 조성 : 수분을 포함하여 계산한 기체성분의 몰분율이다.

② 건기준 조성 : 수분을 제외하고 계산한 같은 기체성분의 몰분율이다.

(6) 이론공기량과 과잉공기량

① 이론산소량 : 반응기에 급송된 연료 전부를 완전히 연소시키는 데 필요한 O_2의 몰수이다.

② 이론공기량 : 이론량의 산소를 포함하는 공기의 양이다.

③ 과잉공기량 : 이론량을 초과하여 반응기에 급송된 공기의 양이다.

─ **핵심예제** ─

탄소 3g이 산소 16g 중에서 완전 연소되었다면 연소 후 혼합기체의 부피는 표준상태를 기준으로 몇 L인가?

① 5.6   ② 11.2

③ 16.8   ④ 22.4

|해설|

- $3g \times \dfrac{1}{12g/mol} = 0.25mol \ C$

- $16g \times \dfrac{1}{32g/mol} = 0.5mol \ O_2$ 이므로,

	C	+	O_2	→	CO_2
반응전	0.25mol		0.5mol		0
반응	−0.25mol		−0.25mol		0.25mol
반응후 (평형)	0		0.25mol		0.25mol

$n_{total} = 0.25 + 0.25 = 0.5mol$

$1mol : 22.4L = 0.5mol : x$

$\therefore \ x = 22.4 \times 0.5 = 11.2L$

정답 ②

1-3. 순환과 분류

핵심이론 01 순환과 분류

(1) 순 환

공정을 거쳐 나온 흐름의 일부를 다시 되돌아가게 하여 공정으로 들어가는 흐름에 결합하여 공정에 들어가는 조작이다.

(2) 분 류

흐름의 일부가 공정을 거치지 않고 나온 흐름과 합하여 나가는 조작이다.

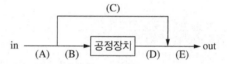

(3) 퍼 징

퍼징은 밀폐된 공간에 포함되어 있는 비흡수 가스 또는 증기를 제거하는 방법이다.

(4) 증발(Evaporation)

어떤 물질이 액체 상태에서 기체 상태로 변하는 것을 말한다.

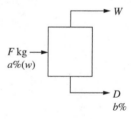

① $F = W + D$

$$\dfrac{a}{100} \times F = (F - W) \times \dfrac{b}{100}$$

$$aF = bF - bW$$

$$(b - a)F = bW$$

$$\therefore \ W = (1 - \dfrac{a}{b})F(kg)$$

(5) 증류(Distillation)

액체를 가열하여 생긴 기체를 냉각하여 다시 액체로 만드는 것을 말한다.

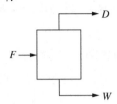

① $F = D + W$

$$Fx_F = Dx_D + Wx_W$$

$$x_F(D + W) = Dx_D + Wx_W$$

$$(x_F - x_W)W = (x_D - x_F)D$$

$$\therefore \frac{W}{D} = \frac{x_D - x_F}{x_F - x_W}$$

핵심예제

1-1. 다음 그림과 같은 순환조작에서 각 흐름의 질량관계를 옳지 않게 나타낸 것은?

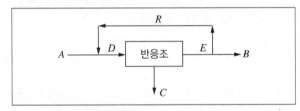

① $D = B + C$

② $A + R = D$

③ $A + R = E + C$

④ $E = R + B$

1-2. 10wt%의 식염수 100kg을 20wt%로 농축하려면 몇 kg의 수분을 증발시켜야 하는가?

① 25   ② 30

③ 40   ④ 50

1-3. 그림과 같은 증류장치에서는 원료액(F) 100kg당 몇 kg의 증류액(D)을 얻을 수 있는가?

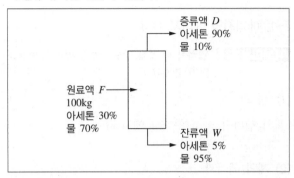

① 29.41   ② 34.52

③ 70.63   ④ 90.04

|해설|

1-2

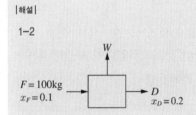

- $F = W + D = 100$
- $100 \times 0.1 = D \times 0.2 = (100 - W) \times 0.2$

  $\therefore W = 50kg$

1-3

- $F = D + W = 100$
- $100 \times 0.3 = D \times 0.9 + W \times 0.05$

  $30 = 0.9D + 0.05(100 - D)$

  $\therefore D = 29.412kg$

정답 **1-1** ① **1-2** ④ **1-3** ①

2-1. 에너지와 에너지 수지

핵심이론 01 열역학 제1법칙(The First Law of Thermo-dynamics)

(1) 정 의

(계의 에너지) + Δ(주위의 에너지) = 0

(2) 계의 에너지

계에 저장되는 에너지

Δ(계의 에너지) = $\Delta U + \Delta E_k + \Delta E_p$

① 내부에너지(U)

    ㉠ 계에 존재하는 분자 수준 에너지의 총합

    ㉡ $\Delta U = q_V = nC_{V,m}\Delta T$(압력에 무관한 함수)

        여기서, n : 화학조성

              $C_{V,m}$: 물질의 상

              ΔT : 계의 온도

② 운동에너지

    ㉠ 이동하는 물체의 운동에너지 : $E_k = \dfrac{1}{2}mv^2$

    ㉡ 유체의 경우 질량유속으로 표현 가능(J/s)

③ 위치에너지

    ㉠ 중력에 의한 퍼텐셜에너지 : $E_p = mgh$

    ㉡ 유체의 경우 질량유속으로 표현 가능(J/s)

(3) 주위의 에너지

계의 바깥에서 흘러들어오고 나가는 에너지

Δ(주위의 에너지) = $\pm Q \pm W$

① 일(W)

    ㉠ 작용하는 힘의 결과이다.

    ㉡ 계와 주위 사이의 경계를 가로질러 흐르는 에너지의 양을 말한다.

    ㉢ 일은 계와 주위의 상태가 변하는 동안에만 나타난다.

    ㉣ 일은 변화 후에 U, E_k, E_p로 저장된다.

    ㉤ $dW \equiv -PdV$

        $W = -P\displaystyle\int dV$

    ㉥ 팽창하면 (−)값을 가지고, 압축되면 (+)의 값을 가진다.

    ㉦ 피스톤에 힘을 줘서 압축하는 것이 계에 에너지를 더해주는 (+)라고 기준을 잡는다.

② 열(Q)

    ㉠ 무질서한 분자의 움직임을 만드는 형태의 에너지이다.

    ㉡ 온도가 높은 쪽에서 낮은 쪽으로 흐른다.

    ㉢ 외계와 온도차이가 없거나 단열공정인 경우, $Q = 0$

    ㉣ 계에게 열이 가해지는 것은 (+), 계에서 열이 빠져나가는 것은 (−)부호로 나타낸다.

핵심예제

1-1. 지구표면에서 높이가 10m의 위치에 놓인 쇠구슬이 10kg일 때 위치에너지는 몇 kgf · m인가?

① 1kgf · m   ② 10kgf · m

③ 100kgf · m   ④ 1,000kgf · m

1-2. 물체가 외부에 대하여 행하는 일량을 δW, 압력을 P, 체적을 V라고 할 때 다음 관계식 중 옳은 것은?

① $\delta W = VdP$ ② $\delta W = V + dP$

③ $\delta W = -PdV$ ④ $\delta W = P + dV$

1-3. 에너지 수지식은 다음 중 어느 법칙에 기인하는 것인가?

① 열역학 제1법칙   ② 열역학 제2법칙

③ 열역학 제3법칙   ④ 열역학 제0법칙

|해설|

1-1

$$E_P = m\frac{g}{g_c}h = 10\text{kg} \times \frac{9.8\text{m/s}^2}{(1\text{kg} \times 9.8\text{m/s}^2)/\text{kgf}} \times 10\text{m}$$
$$= 100\text{kgf} \cdot \text{m}$$

정답 1-1 ③   1-2 ③   1-3 ①

핵심이론 02 닫힌계/열린계의 에너지 수지

(1) 계와 주위

① 계 : 열역학적 연구 대상이 되는 우주의 한 부분이다.
   ⊙ 일정량의 물질과 공간을 포함해야 한다.
   ⓛ 계의 상태를 기술할 수 있는 몇 가지 변수를 포함해야 한다.
② 주위 : 계를 제외한 나머지 우주이다.

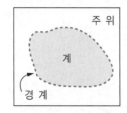

[닫힌계와 그 경계]

(2) 계의 종류

① 고립계 : 물질 전달 ×, 에너지 전달 ×
② 닫힌계 : 물질 전달 ×, 에너지 전달 ○
③ 열린계 : 물질 전달 ○, 에너지 전달 ○
④ 단열계 : 열전달 ×

(3) 닫힌계와 열린계의 에너지 수지

① 닫힌계 에너지식
   ⊙ 닫힌계에서는 에너지만 이동할 수 있다.
   ⓛ 외부에서 행해지는 에너지가 그대로 계의 에너지로 저장된다.
   ⓒ $\Delta U + \Delta E_k + \Delta E_p = Q + W$
   ⓔ 계의 상황에 따라 운동에너지와 위치에너지는 무시될 수 있다.
② 열린계 에너지식
   ⊙ 열린계에서는 에너지와 물질이 모두 이동할 수 있다.
   ⓛ $\Delta \dot{H} + \Delta \dot{E}_k + \Delta \dot{E}_p = \dot{Q} + \dot{W}_s$

핵심예제

2-1. 어떤 계의 내부에너지가 400kJ 증가하면서 주위로 300kJ의 일을 행하였다. 다음 중 옳은 것은?
① 계에서 주위로 700kJ의 열이 전달되었다.
② 주위에서 계로 700kJ의 열이 전달되었다.
③ 계에서 주위로 100kJ의 열이 전달되었다.
④ 주위에서 계로 100kJ의 열이 전달되었다.

2-2. 열역학적 시스템은 주위와 열, 일 그리고 물질의 교환을 통하여 상호작용하고 있다. 다음 중 열과 물질의 교환이 일어나지 않는 시스템을 지칭하는 것으로 가장 적당한 것은?
① 단열공정(Adiabatic Process)
② 열린계(Open System)
③ 고립계(Isolated System)
④ 등온과정(Isothermal Process)

|해설|

2-1
열역학 제1법칙 : 에너지 보존법칙($\Delta U = Q - W$)
$Q = (U_2 - U_1) + W = 400 + 300 = 700$
주위에서 계로 700kJ의 열이 전달되었다.

정답 2-1 ②   2-2 ③

(1) 정용변화(Constant Volume)

$$dW = -PdV = 0$$

$$dU = dQ_v = C_v dT$$

$$\therefore\ C_v = \left(\frac{\partial Q}{\partial T}\right)_v = \left(\frac{\partial U}{\partial T}\right)_v$$

(2) 정압변화(Constant Pressure)

$$-dW = PdV = d(PV)$$

$$dU + d(PV) = dH = dQ_p = C_p dT$$

$$\therefore\ C_p = \left(\frac{\partial Q}{\partial T}\right)_p = \left(\frac{\partial H}{\partial T}\right)_p$$

(3) 정온변화(Constant Temperature)

$$dU = dQ - PdV = 0$$

$$Q = -W = P\int_{V_1}^{V_2} dV = \int_{V_1}^{V_2} PdV = \int_{V_1}^{V_2} \frac{RT}{V} dV$$

$$= RT\ln\frac{V_2}{V_1}$$

$$\therefore\ Q = -W = nRT\ln\frac{V_2}{V_1} = nRT\ln\frac{P_1}{P_2}$$

(4) 단열변화(Reversible Adiabatic)

$$dU = dQ + dW$$

$$Q = 0\text{이므로},\ dW = -PdV$$

$$\therefore\ dU = C_v dT = -PdV$$

여기서, $P = \dfrac{RT}{V}$를 대입하면,

$$\therefore\ \frac{dT}{T} = -\frac{R}{C_v}\frac{dV}{V}\ \cdots\ ⓐ$$

① 열용량의 비 $\dfrac{C_p}{C_v} = \gamma$라 하면

$$C_p = C_v + R$$

$$\gamma = \frac{C_v + R}{C_v} = 1 + \frac{R}{C_v}$$

$\dfrac{R}{C_v} = \gamma - 1$이므로 ⓐ의 식에 대입하면

$$\frac{dT}{T} = -(\gamma - 1)\frac{dV}{V}$$

$$\ln\frac{T_2}{T_1} = -(\gamma - 1)\ln\frac{V_2}{V_1}$$

$$\therefore\ \frac{T_2}{T_1} = \left(\frac{V_1}{V_2}\right)^{\gamma - 1}$$

② $\Delta U = W = C_v \Delta T$

③ $W = C_v \Delta T = \dfrac{R}{\gamma - 1}\Delta T$

(5) Joule-Thomson 효과

① $\mu = \left(\dfrac{\partial T}{\partial P}\right)_H$

② 세공을 통하여 양쪽에 압력차를 주어 일정하게 유지하고 기체를 단열적으로 팽창시키면 기체의 온도가 변한다.

3-1. 실린더 내부에 기체가 채워져 있고 실린더에는 피스톤이 끼워져 있으며 피스톤 위에는 추가 놓여 있다. 초기 압력 100 kPa, 초기 체적 0.1m³인 기체를 버너로 압력을 일정하게 유지하면서 가열하여 기체 체적이 0.5m³가 되었다면 이 과정동안 시스템이 한 일은?

① 10kJ   ② 20kJ
③ 30kJ   ④ 40kJ

3-2. 온도가 127℃, 압력이 0.5MPa, 비체적 0.4m³/kg인 이상기체가 같은 압력 하에서 비체적이 0.3m³/kg으로 되었다면 약 몇 ℃인가?

① 95.25℃   ② 27℃
③ 100℃   ④ 20℃

|해설|

3-1

정압과정의 닫힌계 일

$$W = \int_1^2 PdV = P(V_2 - V_1) = 100 \times (0.5 - 0.1) = 40\text{kJ}$$

3-2

압력이 같은 상황에서 $\dfrac{T_2}{T_1} = \dfrac{V_2}{V_1}$

$$T_2 = \frac{V_2}{V_1} \times T_1 = \frac{0.3}{0.4} \times 400\text{K} = 300\text{K}$$

$$\therefore \ 300\text{K} - 273 = 27℃$$

정답 3-1 ④   3-2 ②

핵심이론 04 엔탈피

(1) 내부에너지와 압력, 부피의 곱으로 정의된다.

① $H \equiv U + PV$

$\quad \Delta H = \Delta U + \Delta(PV)$

$\quad \Delta H \equiv U + PV$

② 온도변화, 상변화, 화학반응에 의존하는 함수이다.

$$\Delta H + \frac{\Delta u^2}{2g_c} + \frac{g}{g_c}\Delta Z = Q - W_s$$

4-1. 다음의 에너지 보존식이 성립하기 위한 조건이 아닌 것은?

$$\Delta H + \frac{\Delta u^2}{2} + g\Delta Z = Q + W_s$$

① 열린계(Open System)
② 등온계(Isothermal System)
③ 정상상태로 흐르는 계(Steady State)
④ 각항은 유체단위 질량당 에너지를 나타냄

4-2. 열역학 기본관계식 중 엔탈피 H를 옳게 나타낸 것은?

① $H \equiv U - P$
② $H \equiv U + TS$
③ $H \equiv U + PV$
④ $H \equiv U - TS$

정답 4-1 ②   4-2 ③

핵심이론 05 기계적 에너지 수지

(1) 기계적 에너지 수지

$$\frac{\Delta u^2}{2g_c} + \frac{g}{g_c}\Delta Z + \int_{p_1}^{p_2} v dp + W_s + F = 0$$

여기서, F : 기계적 에너지 손실

W_s : 유용한 일

(2) 유체가 비압축성 유체인 경우

① $\displaystyle\int_{p_1}^{p_2} v dp = v(p_2 - p_1) = \frac{p_2 - p_1}{\rho}$

$$\frac{\Delta u^2}{2g_c} + \frac{g}{g_c}\Delta Z + \frac{\Delta p}{\rho} + W_s + F = 0$$

$$\frac{u_1^2}{2g_c} + \frac{g}{g_c}Z_1 + \frac{p_1}{\rho} + W_p = \frac{u_2^2}{2g_c} + \frac{g}{g_c}Z_2 + \frac{p_2}{\rho} + \sum F$$

② 반응기, 증류탑, 증발기, 열교환기와 같은 온도변화/상변화/화학반응이 있는 화학공정장치에서는 축 일과 운동 및 위치에너지는 무시할 수 있다.

20L/min의 물이 그림과 같이 원관에 흐를 때 ㉠지점에서 요구되는 압력은 약 몇 kPa인가?(단, ㉠지점과 ㉡지점의 높이 차이는 50m이고, 마찰손실은 무시한다)

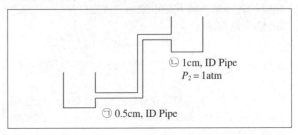

㉡ 1cm, ID Pipe
$P_2 = 1$atm

㉠ 0.5cm, ID Pipe

① 45
② 202
③ 456
④ 742

| 해설 |

$$\frac{u_1^2}{2g_c} + \frac{gz_1}{g_c} + \frac{p_1}{\rho} = \frac{u_2^2}{2g_c} + \frac{gz_2}{g_c} + \frac{p_2}{\rho}$$

$$W = \rho Q = \rho u A = \text{const}$$

$$u_1 A_1 = u_2 A_2$$

$$u_1 = \frac{Q_1}{A_1} = \frac{20\text{L/min}}{\frac{\pi}{4}(0.5\text{cm})^2} \times \frac{1,000\text{cm}^3}{1\text{L}} \times \frac{1\text{m}}{100\text{cm}} \times \frac{1\text{min}}{60\text{s}}$$

$$= 17\text{m/s}$$

$$u_2 = \frac{Q_2}{A_2} = \frac{20\text{L/min}}{\frac{\pi}{4}(1\text{cm})^2} \times \frac{1,000\text{cm}^3}{1\text{L}} \times \frac{1\text{m}}{100\text{cm}} \times \frac{1\text{min}}{60\text{s}}$$

$$= 4.25\text{m/s}$$

여기서, 1atm = 10,332kg/m²이므로

$$P_1 = \left[\frac{u_2^2 - u_1^2}{2g_c} + \frac{g}{g_c}(z_2 - z_1) + \frac{P_2}{\rho}\right] \times \rho$$

$$= \left[\frac{(4.25^2 - 17^2)\text{m}^2/\text{s}^2}{2 \times 9.8\text{m/s}^2} + 50\text{m} + \frac{(10,332 - P_1)\text{kg/m}^2}{1,000\text{kg/m}^3}\right]$$

$$\times 1,000\text{kg/m}^3$$

$$= 46,508.7\text{kg/m}^2 \times \frac{0.00981\text{kPa}}{1\text{kg/m}^2}$$

$$= 456.2\text{kPa}$$

$$\fallingdotseq 456\text{kPa}$$

정답 ③

2-2. 열전달 원리

핵심이론 01 열용량

(1) **열용량** : 물질의 일정량을 1℃ 또는 1℉ 높이는 데 필요한 열량(cal, BTU)

① 정압열용량(C_p)

$$C_p \equiv \left(\frac{\partial Q}{\partial T}\right)_p = \left(\frac{\partial H}{\partial T}\right)_p$$

$$dH = C_p dT (압력일정)$$

$$\Delta H = \int_{T_1}^{T_2} C_p dT (압력일정)$$

$$\therefore Q = n\Delta H = n\int_{T_1}^{T_2} C_p dT (압력일정)$$

② 정용열용량(C_v)

$$C_v \equiv \left(\frac{\partial Q}{\partial T}\right)_v = \left(\frac{\partial U}{\partial T}\right)_v$$

$$dU = C_v dT (부피일정)$$

$$\Delta U = \int_{T_1}^{T_2} C_v dT (부피일정)$$

$$\therefore Q = n\Delta U = n\int_{T_1}^{T_2} C_v dT (부피일정)$$

(2) **몰열용량**

① $Q = nc\Delta T$

여기서, c : cal/mol · ℃

n : mol

(3) **C_p와 C_v의 관계**

$$dH = dU + d(PV) = dU + RdT$$

$$C_p dT = C_v dT + RdT$$

$$C_p = C_v + R$$

$$\therefore \frac{C_p}{C_v} = \gamma(비열비)$$

1-1. 정압열용량(C_p)을 옳게 나타낸 것은?

① $C_p = \left(\frac{\partial V}{\partial T}\right)_p$

② $C_p = \left(\frac{\partial H}{\partial P}\right)_p$

③ $C_p = \left(\frac{\partial H}{\partial T}\right)_p$

④ $C_p = \left(\frac{\partial U}{\partial T}\right)_p$

1-2. 물질의 성질 중에서 그 양에 따라 변하는 상태량을 크기인자(Extensive Factor)라하고, 양에 무관한 상태량을 세기인자(Intensive Factor)라고 한다. 다음 중 크기인자가 아닌 것은?

① 열용량
② 엔탈피
③ 내부에너지
④ 화학퍼텐셜

|해설|

1-2

시강특성치(세기성질) : 크기, 양에 관계없이 일정한 값

예 T, P, d(밀도), $\overline{V}$(질량당 부피), $\overline{H}$(질량당 엔탈피), $\overline{U}$(질량당 내부에너지)

정답 1-1 ③ 1-2 ④

핵심이론 02 상변화 조작

(1) 상 률
계의 시강상태를 결정하기 위하여 임의로 고정시켜야 하는 독립변수의 수

(2) 계의 자유도(F)
① 반응이 없는 계(평형 조건) : $F = 2 - P + C$
② 반응이 있는 계 : $F = 2 - P + C - r - s$

여기서, P : 상의 수
C : 성분의 수
r : 화학반응수
s : 특별한 제한조건의 수

핵심예제

물과 수증기와 얼음이 공존하는 삼중점에서 자유도의 수는?

① 0   ② 1
③ 2   ④ 3

|해설|

$F = 2 - P + C$
$\quad = 2 - 3 + 1 = 0$

정답 ①

핵심이론 03 용해도

(1) 고체의 용해도
일정한 온도에서 용매 100g에 녹을 수 있는 용질의 최대 g 수를 나타낸다.

(2) 액체의 용해도
극성 액체는 극성 용매에, 무극성 액체는 무극성 용매에 용해된다.

(3) 기체의 용해도
① 온도가 상승하면 기체의 용해도는 감소한다.
② 기체의 부분 압력에 비례하여 증가한다(Henry의 법칙).

핵심예제

질산나트륨 표준 포화용액을 불포화용액으로 만들 수 있는 방법으로 가장 적절한 것은?

① 온도를 올린다.
② 압력을 증가시킨다.
③ 용질을 가한다.
④ 물을 증발시킨다.

|해설|

포화용액을 불포화용액으로 만들 때에는 온도를 높여준다.

정답 ①

2-3. 반응공정의 에너지 수지

핵심이론 01 반응열

(1) 반응열

화학 반응 시 방출되거나 흡수되는 열을 말한다.

(2) 표준반응열

표준상태(1atm, 25℃)에서 반응 시 엔탈피 변화이다.

(3) 표준반응열 계산

① 반응물 → 생성물

② 표준반응열

$$\Delta H_{R^\circ 298} = \sum (n\Delta H_{f^\circ 298})_{product} - \sum (n\Delta H_{f^\circ 298})_{reactant}$$

─ 핵심예제 ─

$Al_2O_3(s)$와 $Fe_2O_3(s)$의 표준생성열은 각각 −399.0, −198.5kcal/mol
이다. 다음 반응의 표준반응열은?

$$Fe_2O_3(s) + 2Al(s) \rightarrow Al_2O_3(s) + 2Fe(s)$$

① −597.5kcal/mol

② 597.5kcal/mol

③ −200.5kcal/mol

④ 200.5kcal/mol

|해설|

$$\Delta H_r = \sum_p |\nu_i| \left(\Delta \widehat{H}_f\right)_i - \sum_r |\nu_i| \left(\Delta \widehat{H}_f\right)_i$$
$$= 1 \times (-399.0) - 1 \times (-198.5)$$
$$= -200.5 \text{kcal/mol}$$

정답 ③

핵심이론 02 생성열

(1) 생성열

① 물질 1mol을 그의 성분 원소로부터 만들 때 발생 또는
흡수되는 열량

② 반응열 : ΔH_R = 생성물의 생성열 − 반응물의 생성열

③ 홀원소물질의 생성열은 0이다.

　예 C, O_2, H_2

─ 핵심예제 ─

다음 실험 데이터로부터 CO의 표준생성열(ΔH)을 구하면 몇
kcal/mol인가?

$$C(s) + O_2(g) \rightarrow CO_2(g), \ \Delta H = -94.052\text{kcal/mol}$$
$$CO(g) + \frac{1}{2}O_2(g) \rightarrow CO_2(g), \ \Delta H = -67.636\text{kcal/mol}$$

① −52.832

② −26.416

③ 52.832

④ 26.416

|해설|

$$C + O_2 \rightarrow CO_2, \ \Delta H_1 = -94.052\text{kcal/mol}$$
$$- \left| CO_2 \rightarrow \frac{1}{2}O_2 + CO, \ \Delta H_2 = 67.636\text{kcal/mol} \right.$$
$$\overline{C + \frac{1}{2}O_2 \rightarrow CO \qquad \Delta H = \Delta H_1 + \Delta H_2}$$
$$\therefore \ \Delta H = (-94.052) + (+67.636)$$
$$= -26.416\text{kcal/mol}$$

정답 ②

핵심이론 03 연소열

(1) 연소열

① 반응열 : ΔH_R = 생성물의 연소열 − 반응물의 연소열

② 1mol의 물질을 완전 연소시키는 데 필요한 열량을 말한다.

③ 이미 연소가 끝난 물질인 CO_2, H_2O는 더 이상 연소하지 않는다.

④ 총발열량(고발열량) : 연소해서 생성된 물이 액체일 때의 발열량

⑤ 진발열량(저발열량) : 연소해서 생성된 물이 수증기일 때의 발열량

핵심예제

다음 반응열 자료를 참고하여 불완전 연소반응 $C(s) + \frac{1}{2}O_2(g)$ → $CO(g)$의 반응열을 구하면 몇 kJ/mol인가?

$$C(s) + O_2(g) \rightarrow CO_2(g), \ \Delta H_r = -393.51\text{kJ/mol}$$
$$CO(g) + \frac{1}{2}O_2(g) \rightarrow CO_2(g), \ \Delta H_r = -282.99\text{kJ/mol}$$

① −110.5   ② 110.5
③ −676.5   ④ 676.5

|해설|

$$C(s) + O_2(g) \rightarrow CO_2(g), \ \Delta H_{r1} = -393.51\text{kJ/mol}$$
$$+ \ CO_2(g) \rightarrow CO(g) + \frac{1}{2}O_2(g), \ \Delta H_{r2} = 282.99\text{kJ/mol}$$

$$C(s) + \frac{1}{2}O_2 \rightarrow CO(g), \ \Delta H_r = \Delta H_{r1} + \Delta H_{r2}$$
$$= -393.51 + 282.99$$
$$= -110.5\text{kJ/mol}$$

정답 ①

핵심이론 04 연료와 연소

(1) 연료의 종류

① 고체연료
  ㉠ 연소장치가 간단하다.
  ㉡ 인화, 폭발의 위험성이 적다.
  ㉢ 가격이 저렴하다.
  ㉣ 운반, 취급이 불편하다.
  ㉤ 액체연료에 비해 수소함량은 적고, 산소함량은 크다.
  ㉖ 석탄(갈탄, 무연탄, 흑연 등)

② 액체연료
  ㉠ 발열량이 크고 품질이 일정하며 효율이 높다.
  ㉡ 저장, 운반이 용이하다.
  ㉢ 점화, 소화 및 연소조절이 용이하다.
  ㉣ 인화 및 역화의 위험이 크다.
  ㉤ 수입에 의존하므로 가격이 비싸다.
  ㉖ 석유류(가솔린, 등유, 경유 등)

③ 기체연료
  ㉠ 적은 공기로 완전연소가 가능하다.
  ㉡ 매연이나 SO_2의 발생이 거의 없다.
  ㉢ 부하 변동 범위가 넓고 점화 및 소화가 간단하다.
  ㉣ 저장, 수송이 어렵다.
  ㉤ 역화, 폭발의 위험성이 크다.
  ㉖ LNG, LPG

(2) 화석연료

① 완전연소 : 충분한 산소가 공급되어 H_2O와 CO_2가 생성된다.

② 불완전연소 : 불충분한 산소가 공급되어 CO와 CO_2, H_2O이 생성된다.

(3) 연소의 조건

① 연소물질, 산소, 발화점 이상의 온도

② 연소 조건 중 한 가지만 제거하면 소화된다.

(4) 연소 생성물 확인

① CO_2 검출 : 석회수($Ca(OH)_2$)와 반응하여 흰색 앙금이 생성된다(침전).
② H_2O 검출 : 염화코발트 종이의 색이 변한다(청색 → 붉은색).

(5) 연소형태

① **표면연소** : 불꽃, 가스의 발생 없이 열분해에 의해 물질 자체가 표면에서 연소하는 현상이다.
② **분해연소** : 열분해에 의해 발생하는 가연성 가스가 공기 중의 산소와 화합해서 연소하는 현상이다.
③ **증발연소** : 가연성 물질을 가열했을 때 열분해를 일으키지 않고 그대로 증발한 증기가 연소하는 현상이다.
④ **자기연소** : 연소에 필요한 산소의 전부 또는 일부를 자기 분자 속에 포함하고 있는 물체가 연소하는 현상이다.
⑤ **확산연소** : 가연성 가스가 공기 중에 확산되어 연소범위에 도달했을 때 점화원에 의해 점화되어 연소하는 현상이다.

─ 핵심예제 ─

다음 중 가연성 가스의 연소형태에 해당하는 것은?

① 분해연소
② 증발연소
③ 표면연소
④ 확산연소

정답 ④

3-1. 유체 정역학

핵심이론 01 유체 정역학적 평형

• 유체 정역학 : 전단응력이 없는 평형 상태의 유체를 다룬다.
• 유체 동역학 : 움직이는 유체를 다룬다.

(1) 유 체

① 액체와 기체를 합쳐 부르는 용어이다.
② 변형이 쉽고 흐르는 성질을 갖고 있으며 형상이 정해지지 않았다는 특징이 있다.
③ 유체는 온도와 압력이 일정하면 밀도 또한 일정하다. 즉, 온도와 압력이 유체의 밀도에 영향을 준다는 뜻이다.

(2) 온도와 압력의 변화에 따른 유체의 분류

① **비압축성 유체** : 온도와 압력의 변화에 따라 밀도 변화가 거의 없는 유체로 액체가 이에 해당한다.
② **압축성 유체** : 온도와 압력의 변화에 따라 밀도 변화가 크게 변하는 유체로 기체가 이에 해당한다.

(3) 유체의 정역학

정역학이란 힘이 어느 한 쪽으로 치우치지 않는다는, 힘이 균형을 이룬다는 뜻이다.

$\Sigma F = 0$, 힘의 변화량은 0이다.

(4) 유체의 정역학적 평형

① 평면에 수직으로 작용하는 중력이 있을 때

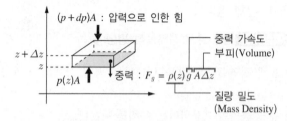

단면적 A인 기둥에 밀도가 ρ인 유체가 들어 있다. 바닥기준으로 높이 z에서의 압력은 p이다. Δz에는 세 가지 수직력이 작용한다.

㉠ 압력 p에 의해 위로 작용하는 힘 : pA

㉡ 압력 $p + dp$에 의해 아래로 작용하는 힘 : $(p + dp)A$

㉢ 아래로 작용하는 중력 : $\rho(z)gA\Delta z$

∴ 역학적 평형(Equilibrium) : $(p + dp)A - p(z)A + F_g = 0$

$dp \rightarrow 0$일 때 미분하면, $\dfrac{dp}{dz} = -\rho(z)g$

유체가 비압축성 유체라면 $\dfrac{p}{\rho} + gZ = $ 상수

핵심예제

유체의 성질에 대한 설명으로 가장 거리가 먼 것은?

① 유체란 비틀림(Distortion)에 대하여 영구적으로 저항하지 않는 물질이다.
② 이상유체에도 전단응력 및 마찰력이 있다.
③ 전단응력의 크기는 유체의 점도와 미끄럼 속도에 따라 달라진다.
④ 유체의 모양이 변형할 때 전단응력이 나타난다.

|해설|

이상유체 = 완전유체 : 점성이 없고(마찰이 없고) 비압축성이다.

정답 ②

3-2. 유동현상 및 기본식

핵심이론 01 유체의 유동

(1) 유체의 속도

$$\bar{u} = \frac{Q}{A} = \frac{Q}{\dfrac{\pi D^2}{4}} \text{ (m/s)}$$

여기서, $\bar{u}$: 평균유속(m/s)
 Q : 유량(m^3/s)
 A : 유로의 단면적(m^2)
 D : 관의 내부지름(m)

(2) 레이놀즈 수(Reynolds Number)

$$N_{Re} = \frac{D\bar{u}\rho}{\mu}$$

$$\text{단위} = \frac{(\text{m})(\text{m/s})(\text{kg/m}^3)}{(\text{kg/m} \cdot \text{s})} = \text{무차원}$$

여기서, D : 직경
 $\bar{u}$: 평균유속
 ρ : 밀도
 μ : 점도

① 층류(Laminar Flow) : 유체가 관벽에 직선으로 흐른다. 선류, 점성류라고도 한다.
 $N_{Re} < 2,100$

② 난류(Turbulent Flow) : 유체가 불규칙적으로 흐른다.
 $N_{Re} > 4,000$

③ 전이영역 : $2,100 < N_{Re} < 4,000$

(3) 마찰계수(f), 최대속도(U_{max})

① 패닝(Fanning)의 마찰계수(f) $= \dfrac{16}{N_{Re}}$ (층류)

② 평균속도

 ㉠ 층류 평균속도($\bar{u}$) : $\dfrac{1}{2}U_{max}$

 ㉡ 난류 평균속도($\bar{u}$) : $0.8U_{max}$

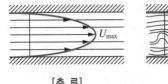

[층 류]　　　　[난 류]

(4) 전이길이(L_t, Transition Length)

관입구에서부터 경계층이 관의 중심에 도달하여 완전발달흐름(속도분포가 변하지 않는 흐름)이 되기까지의 거리이다.

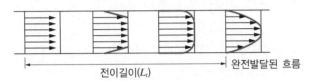

전이길이(L_t)　　　　완전발달된 흐름

① 층류 전이길이(L_t) : $0.05N_{Re}D$

② 난류 전이길이(L_t) : $40\sim50D$

　여기서, D : 직경(m)

(5) 질량유량(kg/s)

$$W = \rho Q = \rho \bar{u} A\,(\text{kg/s}) = GA$$

여기서, ρ : 밀도(kg/m^3)

　　　　G : 질량속도, 단위면적당 질량유량(kg/m^2 · s)

　　　　A : 유료의 단면적(m^2)

핵심예제

1-1. 유체 흐름에 대한 설명 중 틀린 것은?

① 유체의 유동에 대한 저항을 점도라 한다.

② 흐르는 액체 중의 한 면에 있어서의 전단응력은 속도구배에 비례한다.

③ 절대 점도를 유체의 밀도로 나눈 값을 운동 점도라 한다.

④ 비중과 점도와의 관계를 비점도라 한다.

1-2. 비중 0.9, 점도 1Poise의 유체를 직경 30.5cm의 배관을 통하여 10m^3/h로 수송한다. 이때 레이놀즈수는 약 얼마인가?

① 104.3

② 232

③ 1,160

④ 2,321

1-3. 안지름이 5cm인 관에서 레이놀즈(Reynolds)수가 1,500일 때, 관 입구로부터 최종 속도분포가 완성되기까지의 전이길이(Transition Length)는 약 몇 m인가?

① 2.75

② 3.75

③ 5.75

④ 6.75

1-4. 비중 0.8, 점도 5cP인 유체를 10cm/s의 평균속도로 안지름 10cm의 원관을 사용하여 수송한다. Fanning식의 마찰계수 값은 약 얼마인가?

① 0.1

② 0.01

③ 0.001

④ 0.0001

1-5. 관에서 유체가 층류로 흐를 때 일반적으로 평균유속과 최대유속의 비(평균유속/최대유속)는 얼마인가?

① 2.0

② 1.0

③ 0.5

④ 0.1

|해설|

1-1

$$\text{비점도} = \frac{\text{어떤 물질의 점도}}{\text{기준 물질의 점도}}$$

1-2

• $N_{Re} = \dfrac{D\bar{u}\rho}{\mu}$

• $\bar{u} = \dfrac{Q}{A} = \dfrac{10\text{m}^3/\text{h}}{\dfrac{\pi}{4}(30.5\text{cm})^2} \times \left(\dfrac{100\text{cm}}{1\text{m}}\right)^3 \times \dfrac{1\text{h}}{3,600\text{s}} = 3.8\text{m/s}$

∴ $N_{Re} = \dfrac{D\bar{u}\rho}{\mu} = \dfrac{30.5\text{cm} \times 3.8\text{m/s} \times 0.9\text{g/cm}^3}{1\text{g/cm} \cdot \text{s}}$

　　$= 104.3$

1-3

$L_t = 0.05N_{Re}D$

　$= 0.05 \times 1,500 \times 0.05\text{m}$

　$= 3.75\text{m}$

1-4

$N_{Re} = \dfrac{D\bar{u}\rho}{\mu} = \dfrac{10\text{cm} \times 10\text{cm/s} \times 0.8\text{g/cm}^3}{0.05\text{g/cm} \cdot \text{s}} = 1,600$

$N_{Re} < 2,100$이므로 층류이다.

∴ $f = \dfrac{16}{N_{Re}} = \dfrac{16}{1,600} = 0.01$

1-5

$\bar{u} = 0.5U_{\max}$ (층류)

정답 1-1 ④ 1-2 ① 1-3 ② 1-4 ② 1-5 ③

핵심이론 02 유체의 성질 및 종류

(1) 유체의 성질

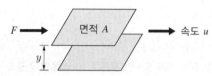

$$\tau = \frac{F}{A} = \mu \frac{du}{dy} \, (kg/m \cdot s^2)$$

여기서, τ : 전단응력, μ : 점성계수

① 절대점도(μ)

  ㉠ 1Poise = 1g/cm · s

  ㉡ 1P = 100cP = 0.1kg/m · s = 1g/cm · s

② 운동점도(ν)

  ㉠ 유체의 점도를 밀도로 나눈 값

  ㉡ $\nu = \dfrac{\mu}{\rho} \, (cm^2/s = Stokes)$

③ 비점도 : 기준 물질에 대한 점도비

$$비점도 = \frac{어떤 \ 물질의 \ 점도}{기준 \ 물질의 \ 점도}$$

(2) 유체의 종류

$$(\tau - \tau_0)^n = \mu \frac{du}{dy}$$

여기서, n : 유체 고유의 상수

  τ_0 : 유동이 일어나지 않는 τ의 한계로 항복점

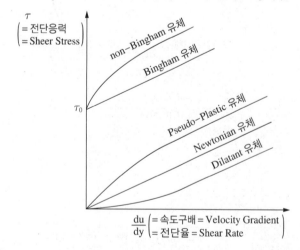

① 점성유체($\tau_0 = 0$) : 외력이 작용하면 그대로 유동을 일으키는 유체

  ㉠ $n = 1$: 뉴턴유체

    내부 마찰력이 속도구배($\dfrac{du}{dy}$)에 비례하는 유체

    (대부분 용액)

  ㉡ $n \neq 1$: 비뉴턴유체(Non-Newton 유체)

    $n > 1$: 의소성 유체(Pseudo-plastic 유체)

        고분자용액, 펄프 용액

    $n < 1$: 팽창성 유체(Dilatant 유체)

        고온유리, 아스팔트

② 소성유체($\tau_0 \neq 0$) : 외력이 어떤 크기의 τ_0을 넘지 못하면 유동이 일어나지 않는다.

  ㉠ $n = 1$: Bingham 유체

        슬러리, 왁스

  ㉡ $n \neq 1$: non-Bingham 유체

핵심예제

2-1. 점도가 5cP인 액체가 있다. 이것을 kg/m · h로 환산하면 얼마가 되는가?

① 15   ② 18

③ 21   ④ 24

2-2. 임계전단응력 이상이 되어야 흐르기 시작하는 유체는?

① 유사가소성 유체(Pseudo Plastic Fluid)

② 빙햄가소성 유체(Bingham Plastic Fluid)

③ 뉴턴 유체(Newtonian Fluid)

④ 팽창성 유체(Dilatant Fluid)

|해설|

2-1

5cP = 0.05g/cm · s

$$\therefore \frac{0.05g}{cm \cdot s} \times \frac{1kg}{1,000g} \times \frac{100cm}{1m} \times \frac{3,600s}{1h} = 18\,kg/m \cdot h$$

정답 2-1 ② 2-2 ②

(1) 연속식

① 질량보존의 법칙을 바탕으로 정상류(Steady State Flow)
   인 경우 질량유량(w)은 일정하다.

　ㄱ $w = \rho_1 \overline{u_1} A_1 = \rho_2 \overline{u_2} A_2 = G_1 A_1 = G_2 A_2$

　ㄴ $G = \rho u$

　　여기서, G : 질량속도($\mathrm{kg/m^2 \cdot s}$)

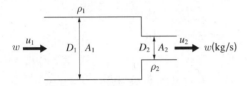

② 비압축성 유체인 경우 $\rho_1 = \rho_2$이므로

　부피유량 $Q = \dfrac{w}{\rho} = \overline{u}_1 A_1 = \overline{u}_2 A_2$

　$\dfrac{\overline{u}_1}{\overline{u}_2} = \dfrac{A_2}{A_1} = \left(\dfrac{D_2}{D_1}\right)^2$

　∴ 유체의 유속은 단면적에 반비례한다.

③ 밀도 $= \dfrac{\text{질량}}{\text{부피}} = \dfrac{\text{질량유량}}{\text{부피유량}}$

　$\rho = \dfrac{m}{V} = \dfrac{m/\text{time}}{V/\text{time}} = \dfrac{\dot{m}}{Q} = \dfrac{w}{Q}$

3-1. 다음 그림과 같은 축소관에 물이 흐르고 있다. 1지점에서의 안지름이 0.25m, 평균유속이 2m/s일 때, 안지름이 0.125m인 2지점에서의 평균유속은 몇 m/s인가?(단, 축소에 의한 손실은 없다고 가정한다)

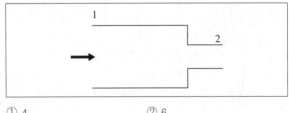

① 4　　　　　　　　② 6
③ 8　　　　　　　　④ 12

3-2. 안지름 20cm의 원관 내를 5m/s의 평균유속으로 흐르는 비중 0.8인 유체가 안지름 10cm의 원관 내를 흐른다면 평균유속은 몇 m/s인가?

① 10　　　　　　　② 20
③ 30　　　　　　　④ 40

|해설|

3-1

$\dfrac{\overline{u}_1}{\overline{u}_2} = \left(\dfrac{A_2}{A_1}\right) = \left(\dfrac{D^2}{D^1}\right)^2$

$\therefore \overline{u}_2 = \dfrac{\overline{u}_1}{\left(\dfrac{D_2}{D_1}\right)^2} = \dfrac{2}{\left(\dfrac{0.125}{0.25}\right)^2} = 8\mathrm{m/s}$

3-2

$\dfrac{\overline{u}_1}{\overline{u}_2} = \left(\dfrac{A_2}{A_1}\right) = \left(\dfrac{D^2}{D^1}\right)^2$

$\therefore \overline{u}_2 = \dfrac{\overline{u}_1}{\left(\dfrac{D_2}{D_1}\right)^2} = \dfrac{5}{\left(\dfrac{0.1}{0.2}\right)^2} = 20\mathrm{m/s}$

정답 3-1 ③ 3-2 ②

(1) 전체 에너지 수지식

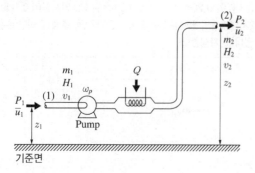

기준면

① 유체 1kg에 대하여 펌프로부터 W_p의 에너지를 받고 열교환기에서 Q의 열을 받았다고 할 때

$$\frac{u_1^2}{2g_c} + \frac{g}{g_c}z_1 + p_1v_1 + U_1 + W_p + Q$$

$$= \frac{u_2^2}{2g_c} + \frac{g}{g_c}z_2 + p_2v_2 + U_2$$

$pv + U = H$ 이용하여

$$\therefore \frac{\overline{u_1}^2}{2g_c} + \frac{g}{g_c}z_1 + H_1 + W_p + Q = \frac{\overline{u_2}^2}{2g_c} + \frac{g}{g_c}z_2 + H_2$$

(2) 기계적 에너지수지

① 유체를 흐르게 하기 위해 Pump가 해야 할 일의 크기

$$W_p = \frac{\overline{u_2}^2 - \overline{u_1}^2}{2g_c} + \frac{g}{g_c}(z_2 - z_1) + \int_{p_1}^{p_2} vdp + \sum F$$

② Bernoulli 정리(유체가 비압축성 유체, 즉 액체인 경우)

$$\frac{\overline{u_1}^2}{2g_c} + \frac{g}{g_c}z_1 + \frac{p_1}{\rho} + W_p = \frac{\overline{u_2}^2}{2g_c} + \frac{g}{g_c}z_2 + \frac{p_2}{\rho_2} + \sum F$$

㉠ $\left(\dfrac{g}{g_c}\right)(z_2 - z_2) + \dfrac{\overline{u_2}^2 - \overline{u_1}^2}{2g_c} + p_2v_2 - p_1v_1 = 0$

㉡ $\dfrac{\Delta u^2}{2g_c} + \dfrac{g}{g_c}\Delta z + \dfrac{\Delta p}{\rho} = $ 일정

㉢ $z + \dfrac{u^2}{2g} + \dfrac{p}{\rho} = $ 일정

(3) 두(유체의 두)

① 유체가 지나는 에너지를 길이의 단위로 나타낸 것이다.

㉠ $\dfrac{\overline{u}^2}{2g}$: 속도두, z : 위치두, $\dfrac{g_c}{g}pv$: 정압두,

$\dfrac{g_c}{g}\sum F$: 두손실

㉡ 밀도가 ρ인 액체의 두(H)와 압력(P) 사이의 관계는 $P = \rho H$이다.

$$\overline{u} = \sqrt{2(gz - g_cF)}$$

㉢ Torricelli의 정리

분출 속도는 액의 높이에 따라 결정되며, 액의 종류는 무관함을 나타낸다.

$$\overline{u} = \sqrt{2gz}$$

━━━ 핵심예제 ━━━

4-1. 유체가 이동하고 있을 때 유압이 증가하면 유속이 감소하고 유속이 증가하면 유압이 감소한다는 원리를 나타내는 식은?

① 레이놀즈(Reynolds)의 식
② 경계층(Boundary Layer)의 식
③ 베르누이(Bernoulli)의 식
④ 푸리에(Fourier)의 식

4-2. 수조에서 5m 높이의 개방탱크에 내경이 5cm인 관을 사용하여 3.13m/s의 유속으로 물을 퍼 올린다. 유로의 마찰손실을 무시할 때 펌프가 하는 일은 몇 kgf·m/kg인가?

① 5.5
② 9.9
③ 55
④ 99

|해설|

4-2

$$W = \frac{\overline{u_2}^2 - \overline{u_1}^2}{2g_c} + \frac{g}{g_c}(z_2 - z_1) + \frac{P_2 - P_1}{\rho} = \frac{3.13^2}{2 \times 9.8} + 5$$

$$= 5.49 ≒ 5.5$$

정답 4-1 ③ 4-2 ①

3-3. 유체수송 및 계량

핵심이론 01 유체의 수송 동력

(1) 이론 소요동력

$$P = W \cdot w (\text{kgf} \cdot \text{m/s}) = \frac{W \cdot w}{75} \text{PS} = \frac{W \cdot w}{76} \text{HP}$$

$$= \frac{W \cdot w}{102} \text{kW}$$

여기서, W : 1kg을 수송하는 데 한 일(에너지)(kgf · m/kg)

w : 유체의 질량유량(kg/s)

P : 동력

(2) 효율이 η일 경우, 실제 소요동력

$$P_T = \frac{W \cdot w}{\eta}(\text{kgf} \cdot \text{m/s}) = \frac{W \cdot w}{75\eta} \text{PS}$$

$$= \frac{W \cdot w}{76\eta} \text{HP} = \frac{W \cdot w}{102\eta} \text{kW} = \frac{\Delta P Q}{\eta}$$

여기서, ΔP : 압력차(kgf/m^2)

Q : 체적유량(m^3/s)

(3) 유체 수송에 있어서 두손실(Head Loss)

① 직관에서의 두손실

㉠ 층 류

$$F = \frac{\Delta P}{\rho} = \frac{32\mu \bar{u} L}{g_c D^2 \rho}$$

여기서, L : 직관의 길이

$$f(\text{패닝마찰계수}) = \frac{16}{N_{Re}}$$

㉡ 난류 : Fanning 식

$$F = \frac{\Delta P}{\rho} = \frac{2f\bar{u}^2 L}{g_c D}$$

㉢ 유로가 원형이 아닌 경우 상당직경 사용

• 상당직경 $= 4 \times \dfrac{\text{유로의 단면적}}{\text{유체가 접한 총 길이}}$

• 상당직경 $= 4 \times \dfrac{ab}{2(a+b)} = \dfrac{2ab}{a+b}$

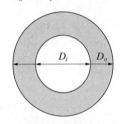

• 상당직경 $= D_o - D_i$

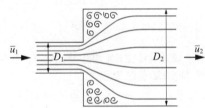

② 관의 축소·확대에 의한 두손실

㉠ 관의 확대에 의한 두 손실(F_e)

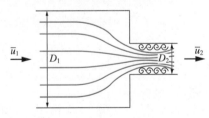

$$F_e = K_e \frac{\bar{u_1}^2}{2g_c}(\text{kgf} \cdot \text{m/kg})$$

여기서, $K_e : \left(1 - \dfrac{A_1}{A_2}\right)^2$ 확대손실계수

㉡ 관의 축소에 의한 두 손실(F_c)

$$F_c = K_c \frac{\bar{u_2}^2}{2g_c}$$

여기서, $K_c : 0.4\left(1 - \dfrac{A_2}{A_1}\right)$ 축소손실계수

③ 관 부속품에 의한 두손실

　㉠ 관로에 관 부속물 등이 있을 때 두손실이 발생되며 이 때 상당길이를 참고한다.

$$F_t = 4f\left(\frac{L+L_e}{D}\right)\left(\frac{\overline{u}^2}{2g_c}\right)$$

　　여기서, L_e : 상당길이

　㉡ 손실계수(k_f) 사용한 두손실

$$\sum F = F + F_e + F_c + F_f$$

$$= \left(\frac{4fL}{D} + k_e + k_c + k_f\right)\frac{\overline{u_1}^2}{2g_c}(\mathrm{kgf} \cdot \mathrm{m/kg})$$

핵심예제

1-1. 단면이 가로 5cm, 세로 20cm인 직사각형 관로의 상당 직경은 몇 cm인가?

① 16　　　　　　② 12
③ 8　　　　　　④ 4

1-2. 원관 내의 유체 흐름에 따른 패닝(Fanning) 마찰계수 f 에 대한 설명으로 틀린 것은?

① 층류흐름일 경우 f와 N_{Re}는 반비례한다.
② 층류흐름일 경우 f는 관 거칠기에 큰 영향을 받지 않는다.
③ f는 속도두에 반비례한다.
④ 층류흐름일 경우 난류의 경우보다 작은 f값을 갖는다.

1-3. 비중 1.0, 점도가 1cP인 물이 내경 5cm 관을 4m/s의 유속으로 흐르다가 내경이 10cm인 관을 통해 흐르고 있다. 이 경우 확대손실은 약 몇 kgf · m/kg인가?

① 0.23　　　　　　② 0.46
③ 0.82　　　　　　④ 0.91

| 해설 |

1-1

$$D_{eq} = \frac{2ab}{a+b}$$

$$= \frac{2 \times 20\mathrm{cm} \times 5\mathrm{cm}}{(20+5)\mathrm{cm}}$$

$$= 8\mathrm{cm}$$

1-2

마찰계수는 레이놀즈 수에 반비례한다. 레이놀즈 수는 층류에 대해 가장 작으므로 마찰계수 값이 더 높아진다.

1-3

$$F_e = K_e \frac{u_1^2}{2g_c}$$

$$u_2 = u_1 \times \left(\frac{D_1}{D_2}\right)^2 = 4 \times \left(\frac{5}{10}\right)^2 = 1\mathrm{m/s}$$

$$\therefore \; F_e = \frac{(u_1 - u_2)^2}{2g_c} = \frac{(4\mathrm{m/s} - 1\mathrm{m/s})^2}{2 \times 9.8\mathrm{kg} \cdot \mathrm{m/kgf} \cdot \mathrm{s}^2}$$

$$= 0.459 \fallingdotseq 0.46\mathrm{kgf} \cdot \mathrm{m/kg}$$

정답 **1-1** ③　**1-2** ④　**1-3** ②

(1) 오리피스미터(Orifice Meter)

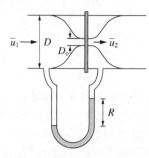

① 오리피스판을 유료의 흐름에 직각으로 장치하면 경계층 분리현상이 일어나 형태 마찰에 의한 압력손실이 발생한다.

② 흐름이 가장 좁은 부분, 축류부 근처와 오리피스 상류의 한 점에 마노미터를 연결하여 압력강하의 크기를 측정하여 유량을 구한다.

③ 차압유량계는 유량의 변동에 의해 달라지는 압력강화를 유량과 연관시킨다.

④ 유량(Q_o)

$$Q_o = A_o \bar{u}_o = \frac{\pi}{4} D_o^2 \frac{C_o}{\sqrt{1 - m^2}} \sqrt{\frac{2g(\rho_A - \rho_B)R}{\rho_B}}$$

여기서, $\bar{u}_o$: 오리피스에서의 유속

C_o : 유출계수

m : 개구비 $\left(\dfrac{D_o}{D}\right)^2$

ρ_A : 마노미터 유체밀도($\mathrm{kg/m^3}$)

ρ_B : 유체밀도($\mathrm{kg/m^3}$)

R : 마노미터 읽음(m)

D_o : 오리피스 지름

D : 관지름

(2) 벤투리미터(Venturi Meter)

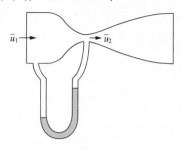

① 오리피스와 같이 차압유량계이지만 노즐 후방에 확대관을 두어 두손실을 적게 하고 압력을 회복하도록 한 것이다.

② 유량(Q_v)

$$Q_v = A_v \bar{u}_v = \frac{\pi}{4} D_v^2 \frac{C_v}{\sqrt{1 - m^2}} \sqrt{\frac{2g(\rho_A - \rho_B)R}{\rho_B}}$$

여기서, $\bar{u}_v$: 벤투리에서의 유속

C_v : 유출계수

m : 개구비($\dfrac{A_v}{A_1}$)

ρ_A : 마노미터 유체밀도

ρ_B : 유체밀도

R : 마노미터 읽음

D_o : 벤투리 지름

D : 관지름

(3) 피토관(Pitot Tube)

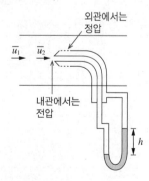

① 국부속도를 측정할 수 있는 장치이다.

② 중심이 같은 2중 원판으로 되어 있으며, 외관의 끝부분에는 흐름에 수직으로 작은 구멍이 뚫려 있다.

③ 내관에서는 유체의 전압, 외관에서는 정압을 측정하도록 되어 있고, 이것을 각자 마노미터의 두 끝에 연결하여 압력차(동압)를 읽을 수 있다.

④ 국부속도(u)

$$u = C\sqrt{2g\frac{(P_t - P_s)}{\gamma}} = C\sqrt{2gh}$$

여기서, C : 피토관계수

γ : 비중량(단위부피당 중량)

P_t : 전압

P_s : 정압

(4) 로터미터

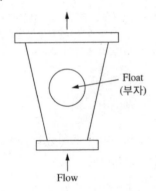

Float (부자)

Flow

① 면적유량계(유체가 흐르는 유로의 면적이 유량에 따라 변하도록 한다)이다.

② 관 속에 작은 구를 넣고 유체가 흐를 때 유량에 따라 달라진 부자의 높이에 대한 눈금을 읽는 유량계로 기체 측정에 많이 사용된다.

2-1. 다음 중 유체의 유속(유량)을 측정하는 장치가 아닌 것은?

① 피토관(Pitot Tube)

② 벤투리미터

③ 오리피스미터

④ 멀티미터

2-2. 오리피스 유량계에서 유체가 난류($N_{Re} > 30,000$)로 흐르고 있다. 사염화탄소(비중 1.6) 마노미터를 설치하여 60cm의 읽음을 얻었다. 유체의 비중은 0.8이고 점도는 15cP일 때 오리피스를 통과하는 유체의 유속은 약 몇 m/s인가?(단, 오리피스 계수는 0.61이고, 개구비는 0.09이다)

① 2.1   ② 4.2

③ 12.1   ④ 15.2

|해설|

2-2

• $Q_o = A_o \overline{u_o} = \frac{\pi}{4}D_o^2 \times \frac{C_o}{\sqrt{1-m^2}}\sqrt{\frac{2g(\rho'-\rho)R}{\rho}}$

여기서, $1 - m^2 = 1$ (m^2값이 매우 작음)

• $\overline{u_o} = C_o \times \sqrt{\frac{2g(\rho'-\rho)R}{\rho}}$

$\therefore \overline{u_o} = 0.61 \times \sqrt{\dfrac{2 \times 9.8\text{m/s}^2 \times (1.6-0.8) \times 10^3\,\text{kg/m}^3 \times 0.6\text{m}}{0.8 \times 1,000\,\text{kg/m}^3}}$

$= 2.09\text{m/s} \fallingdotseq 2.1\text{m/s}$

정답 2-1 ④ 2-2 ①

4-1. 열전달 원리

핵심이론 01 전 도

(1) 전 도

① 물체의 한쪽에 열을 가했을 때 열을 받은 분자들이 인접한 다른 분자와 충돌하면서 열을 전달하는 방법이다.

② 같은 물체나 접촉하고 있는 다른 물체 사이에 온도차가 있는 경우

　ㄱ 유체 : 분자 운동이나 직접 충돌에 의해 열전달이 일어난다.

　ㄴ 금속 : 전자의 이동에 의해 고온부에서 저온부로 열전달이 일어난다.

③ 분자 자신은 진동만 하며 이동하지 않으며, 주로 고체에서는 전도를 통해 열이 전달된다.

(2) 푸리에의 법칙(Fourier's Law)

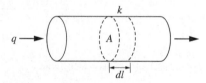

① $q = \dfrac{dQ}{d\theta} = -kA\dfrac{dt}{dl}$

여기서, q : 열전달속도(kcal/h)

　　　　k : 열전도도(kcal/m · h · ℃)

　　　　A : 열전달면적(m²)

　　　　dl : 미소거리(m)

　　　　dt : 온도차(℃)

② 열전도도

　ㄱ $q = \dfrac{k_{av}(t_1 - t_2)}{\displaystyle\int_{l_1}^{l_2}\dfrac{dl}{A}}$ (kcal/h)

　ㄴ 평균열전도도 : $k_{av} = \dfrac{k_1 + k_2}{2}$

핵심예제

열전달과 온도 관계를 표시한 가장 기본이 되는 법칙은?

① 뉴턴의 법칙

② 푸리에의 법칙

③ 픽의 법칙

④ 후크의 법칙

정답 ②

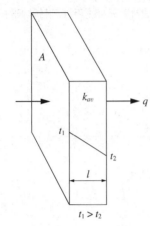

$$① \quad q = k_{av}A\frac{t_1 - t_2}{l} = \frac{t_1 - t_2}{\dfrac{l}{k_{av}A}} = \frac{\Delta t}{R}\,(\text{kcal/h})$$

여기서, Δt : 온도차(추진력)

R : 열저항$\left(= \dfrac{l}{k_{av}A}\right)$

2-1. 두께 150mm의 노벽에 두께 100mm의 단열재로 보온한다. 노벽의 내면온도는 700℃이고, 단열재의 외면 온도는 40℃이다. 노벽 10m²로부터 10시간 동안 잃은 열량은?(단, 노벽과 단열재의 열전도도는 각각 3.0 및 0.1kcal/m·h·℃이다)

① 6,285.7kcal

② 6,754.4kcal

③ 62,857.0kcal

④ 67,544kcal

2-2. 두께가 50mm이고, 열전달 표면적이 2.83m²이며, 평균 열전도도가 0.052kcal/m·h·℃인 평판보온재가 있다. 이 보온재의 단위면적당 저항은 몇 h·℃/kcal인가?

① 0.34   ② 0.54

③ 0.7   ④ 0.9

|해설|

2-1

$$q = \frac{\Delta T}{\dfrac{l_1}{k_1 A_1} + \dfrac{l_2}{k_2 A_2}}$$

$$= \frac{(700-40)℃}{\dfrac{0.15\text{m}}{3.0\text{kcal/m}\cdot\text{h}\cdot℃\times10\text{m}^2} + \dfrac{0.1\text{m}}{0.1\text{kcal/m}\cdot\text{h}\cdot℃\times10\text{m}^2}}$$

$$= 6,285.7\text{kcal/h}$$

∴ 10시간 동안 잃은 열량

$\quad = q \times h = 6,285.7\text{kcal/h}\times10\text{h} = 62,857\text{kcal}$

2-2

$$q = kA\frac{\Delta T}{l} = \frac{\Delta T}{l/kA} = \frac{\Delta T}{R}$$

$$\therefore \; R = \frac{l}{kA} = \frac{0.05\text{m}}{0.052\text{kcal/m}\cdot\text{h}\cdot℃\times2.83\text{m}^2}$$

$$= 0.339 ≒ 0.34\text{h}\cdot℃/\text{kcal}$$

정답 2-1 ③   **2-2** ①

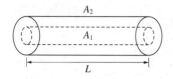

① $q = \dfrac{k_{av}\overline{A_L}(t_1 - t_2)}{l} = \dfrac{t_1 - t_2}{\dfrac{l}{k_{av}\overline{A_L}}} = \dfrac{\Delta t}{R}$ (kcal/h)

$\overline{A_L} = 2\pi \bar{r} L = \dfrac{A_2 - A_1}{\ln\dfrac{A_2}{A_1}}$

여기서, $l = r_2 - r_1$

② 평균전열면적($\overline{A_L}$)

㉠ $\dfrac{A_2}{A_1} < 2$

∴ 산술평균 $\overline{A} = \dfrac{A_1 + A_2}{2} = \dfrac{\pi L(D_1 + D_2)}{2}$

㉡ $\dfrac{A_2}{A_1} \geq 2$

∴ 대수평균 $\overline{A_L} = \dfrac{A_2 - A_1}{\ln\dfrac{A_2}{A_1}} = \dfrac{\pi L(D_2 - D_1)}{\ln\dfrac{D_2}{D_1}}$

핵심예제

내경 0.05m, 외경 0.15m의 원통벽의 열전도도가 0.1kcal/m·h·℃이고, 내면온도가 120℃, 외면온도가 20℃일 때 원통 1m 당 열손실은 몇 kcal/h인가?

① 57   ② 140
③ 152   ④ 165

|해설|

• $q = \dfrac{t_1 - t_2}{\dfrac{l}{k_{av}\overline{A_L}}}$

• $\overline{A_L} = 2\pi \bar{r} L = \dfrac{A_2 - A_1}{\ln\dfrac{A_2}{A_1}}$

$A_1 = \pi D_1 L = \pi \times 0.05 \times 1$
$A_2 = \pi D_2 L = \pi \times 0.15 \times 1$
$\overline{A_L} = \dfrac{(0.15 - 0.05)\pi}{\ln\dfrac{0.15}{0.05}} = 0.286$

∴ $q = \dfrac{0.1 \times (120 - 20) \times 0.286}{0.05}$

    $= 57.2 \text{kcal/m} \cdot \text{hr} \fallingdotseq 57 \text{kcal/m} \cdot \text{hr}$

정답 ①

핵심이론 04 여러 층으로 된 벽에서의 열전도

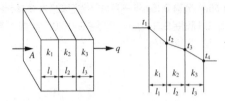

① 동일 단면적 A, 다른 종류의 평면벽, 정상상태에서
$q_1 = q_2 = q_3 = q$로 나타낼 수 있다.

② $q = q_1 + q_2 + q_3 = \dfrac{\Delta t_1 + \Delta t_2 + \Delta t_3}{R_1 + R_2 + R_3}$

$= \dfrac{\Delta t_1 + \Delta t_2 + \Delta t_3}{\dfrac{l_1}{k_1 A} + \dfrac{l_2}{k_2 A} + \dfrac{l_3}{k_3 A}} = \dfrac{t_1 - t_4}{R_1 + R_2 + R_3}$

③ 전체저항 : $R = R_1 + R_2 + R_3$

④ $\Delta t : \Delta t_1 : \Delta t_2 = R : R_1 : R_2$

→ 고체 벽면 사이의 온도를 구할 때 사용

핵심예제

벽의 외부는 두께 6cm의 벽돌로 되어 있고 내부는 두께 10cm
의 콘크리트로 되어 있다. 바깥 표면의 온도가 0℃이고 안쪽
표면의 온도가 18℃로 유지될 때 단위 면적당 열손실속도는 몇
$\text{cal/cm}^2 \cdot \text{s}$인가?(단, 벽돌과 콘크리트의 열전도도는 각각
0.0015cal/cm·s·℃와 0.002cal/cm·s·℃이다)

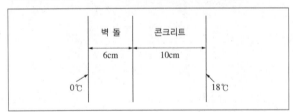

① 5×10^{-3}　　　　② 4×10^{-3}
③ 3×10^{-3}　　　　④ 2×10^{-3}

|해설|

$q/A = \dfrac{\Delta T}{l_1/k_1 + l_2/k_2}$

$= \dfrac{(18-0)℃}{\dfrac{6\text{cm}}{0.0015\text{cal/cm} \cdot \text{s} \cdot ℃} + \dfrac{10}{0.002\text{cal/cm} \cdot \text{s} \cdot ℃}\text{cm}}$

$= 0.002\text{cal/cm}^2 \cdot \text{s}$

정답 ④

핵심이론 05 중공구벽의 전도

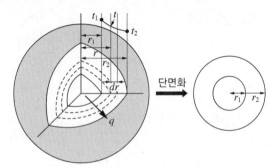

① $q = k_{av} \dfrac{\sqrt{A_1 A_2}}{r_2 - r_1} (t_1 - t_2) = \dfrac{t_1 - t_2}{\dfrac{l}{k_{av} A_{av}}} = \dfrac{\Delta t}{R}$

여기서, $A = 4\pi r^2 (\text{m}^2)$

$A = \sqrt{A_1 A_2}$

$l = r_2 - r_1$

핵심예제

외측반경 100mm, 내측반경 50mm의 중공 구상벽($k_{av} = 0.04$kcal
/m·h·℃)이 있다. 외벽 및 내벽의 온도를 각각 20℃, 200℃
라고 할 때 이 구에서의 열손실은 약 몇 kcal/h인가?

① 10.24　　　　② 9.04
③ 8.65　　　　④ 5.05

|해설|

$q = k_{av} \dfrac{\sqrt{A_1 A_2}}{r_2 - r_1} (t_1 - t_2)$

$A_1 = 4\pi (0.05)^2 = 0.0314$

$A_2 = 4\pi (0.1)^2 = 0.1256$

$\therefore q = 0.04\text{kcal/m} \cdot \text{h} \cdot ℃ \times \dfrac{\sqrt{0.0314 \times 0.1256}\,\text{m}^2}{0.05\text{m}}$

$\times (200 - 20)℃$

$= 9.04\text{kcal/h}$

정답 ②

(1) 대 류

① 열이 있는 유체가 이동하여 열을 다른 물질로 운반하는 것을 말한다.

② 유체가 열에 의해 뜨거워지면 부피가 커지기 때문에 밀도가 가벼워져 위쪽으로 이동하고, 반대로 차가워지면 아래쪽으로 이동한다.

③ 고온의 유체분자가 직접 이동하여 밀도차에 의한 혼합으로 열전달이 일어나는 현상이다.

(2) 대류의 종류

① 자연대류 : 가열이나 그 외의 원인으로 유체 내에 밀도차가 생겨 자연적으로 분자가 이동한다.

② 강제대류 : 유체를 교반하거나 펌프 등의 기구를 이용하여 기계적으로 열을 이동시킨다.

핵심예제

자연대류의 원인이 되는 것은?

① 농도 차이
② 밀도 차이
③ 압력 차이
④ 점도 차이

정답 ②

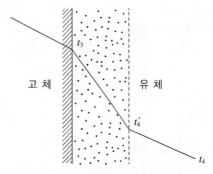

① $q = hA(t_3 - t_4) = hA\Delta t \text{(kcal/h)}$

여기서, Δt : 고체 벽과 유체사이의 온도차

　　　　h : 경막 열전달계수(경막계수)

② $h = \dfrac{k}{l} \text{(kcal/m}^2 \cdot \text{h} \cdot \text{℃)}$

핵심예제

면적이 0.25m²인 250℃ 상태의 물체가 있다. 50℃ 공기가 그 위에 있을 때 전열속도는 약 몇 kW인가?(단, 대류에 의한 열전달계수 = 30W/m² · ℃)

① 1.5
② 1.875
③ 1,500
④ 1,875

|해설|

$q = hA\Delta T$
$= 30\text{W/m}^2 \cdot \text{℃} \times 0.25\text{m}^2 \times (250 - 50)\text{℃}$
$= 1,500\text{W} = 1.5\text{kW}$

정답 ①

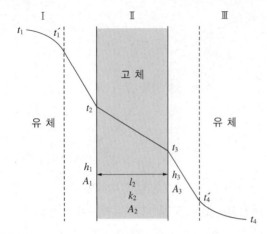

① 영역 I

$$q = h_1 A_1 (t_1 - t_2) = \frac{t_1 - t_2}{\dfrac{1}{h_1 A_1}} (\text{kcal/h})$$

② 영역 II

$$q = k_2 A_2 \frac{(t_2 - t_3)}{l_2} = \frac{t_2 - t_3}{\dfrac{l_2}{k_2 A_2}} (\text{kcal/h})$$

③ 영역 III

$$q = h_3 A_3 (t_3 - t_4) = \frac{t_3 - t_4}{\dfrac{1}{h_3 A_3}} (\text{kcal/h})$$

④ 총괄 열(영역 I ~ III)

$$q = \frac{t_1 - t_4}{\left(\dfrac{1}{h_1 A_1}\right) + \left(\dfrac{l_2}{k_2 A_2}\right) + \left(\dfrac{1}{h_3 A_3}\right)}$$

$$= \frac{\Delta t}{R_1 + R_2 + R_3}$$

$$= \frac{A_1(t_1 - t_2)}{\left(\dfrac{1}{h_1}\right) + \left(\dfrac{l_2}{k_2}\right)\left(\dfrac{A_1}{A_2}\right) + \left(\dfrac{1}{h_3}\right)\left(\dfrac{A_1}{A_3}\right)}$$

⑤ 총괄 열전달계수(U_1)

$$U_1 = \frac{1}{\left(\dfrac{1}{h_1}\right) + \left(\dfrac{l_2 A_1}{k_2 A_2}\right) + \left(\dfrac{A_1}{h_3 A_3}\right)} (\text{kcal/m}^2 \cdot \text{h} \cdot ℃)$$

$$= \frac{1}{\left(\dfrac{1}{h_1}\right) + \left(\dfrac{l_2}{k_2}\right)\left(\dfrac{D_1}{D_2}\right) + \left(\dfrac{1}{h_3}\right)\left(\dfrac{D_1}{D_3}\right)}$$

여기서, h : 경막 열전달계수(경막계수)

Δt : 온도차

A : 열전달면적

R : 열저항

l : 열전달면의 두께

k : 열전도도

D : 관의 지름

$q = UA\Delta t$ (kcal/h)이므로,

접촉면이 일정한 경우

$$\therefore \ U = \frac{1}{\dfrac{1}{h_1} + \dfrac{l_2}{k_2} + \dfrac{1}{h_3}} (\text{kcal/m}^2 \cdot \text{h} \cdot ℃)$$

─ 핵심예제

스팀의 평균온도가 120℃이고, 물의 평균온도가 60℃이며 총괄 열전달계수가 3,610kcal/m² · h · ℃, 열전달 표면적이 0.0535m² 인 회분식 열교환기에서 매 시간당 전달된 열량은 약 몇 kcal 인가?

① 3,753 ② 8,542
③ 10,451 ④ 11,588

|해설|

$q = UA\Delta T$
$= 3,610\text{kcal/m}^2 \cdot \text{h} \cdot ℃ \times 0.0535\text{m}^2 \times (120 - 60)℃$
$= 11,588.1\text{kcal/h} ≒ 11,588\text{kcal/h}$

정답 ④

(1) 열전달에 관계되는 무차원수

① Reynolds No. (N_{Re})

$$N_{Re} = \frac{Du\rho}{\mu} = \frac{관성력}{점성력}$$

② Nusselt No. (N_{Nu})

$$N_{Nu} = \frac{hD}{k} = \frac{대류\ 열전달}{전도\ 열전달} = \frac{전도\ 열저항}{대류\ 열저항}$$

─ **핵심예제** ─

다음 중에서 Nusselt 수(N_{Nu})를 나타내는 것은?(단, h는 경막 열전달계수, D는 관의 직경, k는 열전도도이다)

① $k \cdot D \cdot h$ ② $k \cdot D$

③ $\dfrac{D}{k \cdot h}$ ④ $\dfrac{D \cdot h}{k}$

|정답| ④

(1) 복 사

① 열에너지가 전자파의 형태로 물체에 직접 전달되는 현상이다.

② 모든 물체가 절대온도 0K가 아니라면 그 온도에 해당하는 열에너지를 표면으로부터 모든 방향에 전자파로 복사한다.

③ 매개체 없이 에너지 복사선을 표면에서 주위로 방출한다.

(2) 흑 체

① 흡수율(α)이 1인 물체로서 받은 복사에너지를 전부 흡수하고 반사나 투과는 전혀 없다.

② 어떤 주어진 온도에서 최대의 방사율을 가지며, 모든 복사체의 기본이 되는 물질이다.

③ 슈테판-볼츠만의 법칙

   ⊙ 흑체의 총 방사력은 절대온도의 4제곱에 비례한다.

   ⓛ $W = \sigma A T^4 = 4.88 A \left(\dfrac{T}{100}\right)^4 (\text{kcal/h})$

$$= 4.88 \times 10^{-8} A T^4$$

(3) 복사에너지

$1 = \gamma\,(반사율) + \delta(투과율) + \alpha\,(흡수율)$

─ **핵심예제** ─

완전 복사체로부터의 에너지 방사속도를 나타내는 식은?(단, σ는 슈테판-볼츠만 상수, T는 절대온도이다)

① σT ② σT^2

③ σT^3 ④ σT^4

|정답| ④

4-2. 열전달 응용

핵심이론 01 열교환기

(1) 정 의

어느 유체를 가열 또는 냉각하려고 할 때 고온의 유체에서 저온의 유체로 열을 전달하여 Heating, Cooling, Condensing 등의 기능을 수행하는 장치이다.

(2) 유체의 흐름 방향에 따른 분류

① 병 류

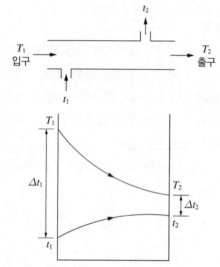

계산식 : $\dfrac{\Delta t_1}{\Delta t_2} < 2$

$$\therefore \ \Delta t = \dfrac{\Delta t_1 + \Delta t_2}{2}$$

② 향 류

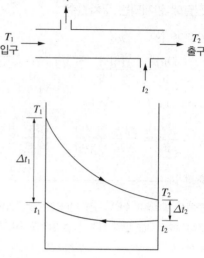

계산식 : $\dfrac{\Delta t_1}{\Delta t_2} \geq 2$

$$\therefore \ \Delta t = \dfrac{\Delta t_1 - \Delta t_2}{\ln \dfrac{\Delta t_1}{\Delta t_2}}$$

(3) 사용목적에 따른 분류

① 열교환기

② 냉각기각

③ 가열기

④ 응축기

⑤ 증발기

⑥ 재비기

⑦ 예열기

(4) 형태에 따른 분류

① 원통다관식 열교환기

② 이중관식 열교환기

③ 평판형 열교환기

④ 공랭식 냉각기

⑤ 가열로

⑥ 코일식 열교환기

원관 내 25℃의 물을 65℃까지 가열하기 위해서 100℃의 포화수증기를 관 외부로 도입하여 그 응축열을 이용하고 100℃의 응축수가 나오도록 하였다. 이때 대수평균온도차는 몇 ℃인가?

① 0.56 　　　　　　 ② 0.85
③ 52.5 　　　　　　 ④ 55.5

|해설|

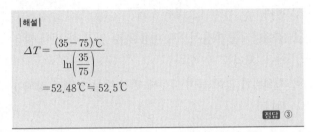

$$\Delta T = \frac{(35-75)℃}{\ln\left(\dfrac{35}{75}\right)}$$
$$= 52.48℃ ≒ 52.5℃$$

정답 ③

핵심이론 02 증발관

(1) 증발관
① 관이나 판으로 되어 있는 열전달벽의 한쪽에서 증기를 응축시키고 그 응축 숨은열에 의해 다른 쪽에 있는 액을 증발 농축시키는 장치이다.
② 용액의 농축에 사용된다.

(2) 증발관의 종류
① 수평관식 증발관
　　㉠ 거품이 나기 쉬운 액체를 증발할 때 사용한다.
　　㉡ 액층이 깊지 않아서 비점상승도가 작다.
　　㉢ 비응축 기체의 탈기효율이 우수하다.
　　㉣ 관석의 생성 염려가 없는 경우에 사용한다.
　　㉤ 침수식과 액막식이 존재한다.
② 수직관식 증발관
　　㉠ 액의 순환이 좋으므로 열전달계수가 커 증발효과가 크다.
　　㉡ 관석이 생성될 경우 가열관 청소가 쉽다.
　　㉢ 수직관식이 수평관식보다 많이 사용된다.

(3) 증발관의 운전
① 증발관의 능력
　　$q = UA\Delta t(\text{kcal/h})$
　　여기서, U : 총괄 열전달계수(kcal/m^2 · h · ℃)
　　　　　　 A : 가열면적(m^2)
　　　　　　 Δt : 유효온도차(℃)
② 수증기를 열원으로 사용 시 장점
　　㉠ 압력조절밸브를 이용하여 쉽게 온도를 변화 · 조절할 수 있다.
　　㉡ 가열이 균일하여 국부적인 과열의 염려가 없다.
　　㉢ 물은 열전도도가 커서 열원 측의 열전달계수가 커진다.
　　㉣ 증기기관의 폐증기를 이용할 수 있다.

ⓜ 자기증기 압축법에 의한 증발을 할 수 있다.

ⓗ 가격이 싸고, 쉽게 얻을 수 있다.

③ 증발조작에서 일어나는 현상

　　ⓐ 비점상승 : 일정온도에서 순수한 용매에 용질을 첨가하면 그 용액의 증기압은 용매의 증기압보다 낮아진다. 용액의 비점은 순용매의 비점보다 높아진다.

　　ⓑ 비말동반 : 증기 속에 존재하는 액체 방울의 일부가 증기와 함께 밖으로 배출되는 현상으로 기포가 액면에서 파괴될 때 생성되는 현상이다.

　　ⓒ 거품 : 끓는 액체의 표면에 안정한 기체담요를 형성한다.

　　ⓓ 관석 : 관벽에 침전물이 단단하고 강하게 부착되는 현상이다.

─ 핵심예제 ─

2-1. 다음 중 증발관의 증발능력이 작게 되는 요인은?

① 용액의 농도가 낮을 때

② 전열면적이 클 때

③ 비등점이 상승할 때

④ 총괄 열전달계수가 클 때

2-2. 수증기를 증발관의 열원으로 이용할 때의 장점이 아닌 것은?

① 가열이 균일하여 국부적인 과열의 염려가 적다.

② 증기 기관의 폐증기를 이용할 수 있다.

③ 비교적 값이 싸며, 쉽게 얻을 수 있다.

④ 열전도가 작고, 열원 쪽의 열전달계수가 작다.

|해설|

2-1

증발관의 능력은 열전달 속도로 결정된다. 비점상승도가 커지면 유효온도차가 떨어지고, 열전달 속도도 떨어진다. 이는 증발관 능력을 감소시킨다.

정답 2-1 ③　2-2 ④

핵심이론 03 다중효용증발

(1) 원리와 목적

① 수증기의 잠열을 회수하여 다음 증발관의 가열부로 보내 가열용 수증기를 절약하는 방식이다.

② 임의의 N개의 단일효용 증발관을 수증기 흐름 순에 따라 직렬로 늘어놓은 것을 N중 효용증발관이라고 한다.

③ 열에너지를 효율적으로 이용할 수 있고 한 번에 많은 양을 처리할 수 있다.

④ 시설비가 많이 들기 때문에 관의 수를 알맞게 정해야 한다.

(2) 급액방법

① 순류식 급액 : 가장 큰 농도의 액이 가장 낮은 온도에 있는 관에서 끓는다.

② 역류식 급액 : 순류식의 결점을 보강한 것으로 원액을 마지막 관에서 급송한다.

③ 혼합식 급액 : 순류식과 역류식의 결점을 제거한 방식이다.

④ 평행식 급액 : 원액을 각 증발관에 공급하고 수증기만 순환시키는 방식이다.

(3) 다중효용 증발관의 능력 계산

$$q = q_1 + q_2 + q_3$$
$$= U_1 A_1 \Delta t_1 + U_2 A_2 \Delta t_2 + U_3 A_3 \Delta t_3$$

─ 핵심예제 ─

다중효용증발 조작의 목적으로 다음 중 가장 중요한 것은?

① 열을 경제적으로 이용하기 위한 것이다.

② 제품의 순도를 높이기 위한 것이다.

③ 작업을 용이하게 하기 위한 것이다.

④ 장치비를 절약하기 위한 것이다.

정답 ①

5-1. 물질전달원리

핵심이론 01 확산의 원리

(1) 물질전달

① 같은 상이나 서로 다른 상 사이의 경계면에서 물질이 서로 이동하는 것이다.

② 기체의 분압 또는 용액의 농도가 불균일할 때 전체의 농도와 조성이 같게 될 때까지 농도(분압)가 높은 곳 으로부터 낮은 곳으로 분자들이 이동하는 성질이 있 는데, 이와 같이 농도 차이에 의한 물질의 이동을 확 산이라 한다.

③ 등몰확산

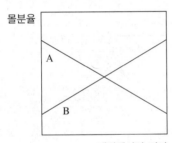

몰분율

계면에서의 거리

　㉠ A, B 두 성분이 동시에 확산한다.

　㉡ 속도는 같지만 방향은 반대이다. 예 증류

④ **일방확산** : 한 성분이 한 방향으로만 확산한다.
　예 증발, 추출, 흡수, 건조

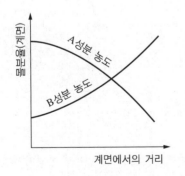

몰분율(계면)

계면에서의 거리

(2) 확 산

① 분자확산

　㉠ 물질 자체의 분자 운동에 의해 발생한다.

　㉡ 각 분자가 무질서한 개별운동에 의해 유체 속을 이동하는 것이다.

② **난류확산** : 교반이나 빠른 유속에 의한 난류 상태에서 일어나는 확산이다.

┌ **핵심예제** ┐

그림은 분자 확산 때의 농도 구배를 그린 것이다. A와 B를 옳 게 나타낸 것은?

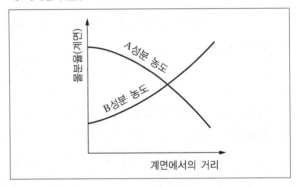

① A : 확산, B : 정지

② A : 정지, B : 확산

③ A, B : 동방향 확산

④ A, B : 반대방향확산

정답 ①

(1) 기상 내의 물질전달속도

① 물질전달속도 식

$$\frac{dn_A}{d\theta} = k_G A (p_{A_1} - p_{A_2}) = k_G A P (y_1 - y_2)$$

여기서, n_A : 1 → 2로 전달된 A의 몰수

θ : 시간

A : 물질전달 방향에 직각인 넓이

p_A : 성분 A의 분압

y : 성분 A의 몰분율

k_G : 기상물질 전달계수(kmol/hr·m²·atm)

② Fick의 제1법칙

$$N_A = \frac{dn_A}{d\theta} = -D_G A \frac{dC_A}{dx} \text{(kmol/hr)}$$

여기서, D_G : 분자확산계수(m²/hr)

③ 일방확산

㉠ $N_A = \dfrac{D_G P A (p_{B_2} - p_{B_1})}{R T_x P_{BM}}$

㉡ 기상물질 전달계수

$$k_G = \frac{D_G P}{R T_x P_{BM}} \text{(kmol/hr·m²·atm)}$$

④ 등몰확산

㉠ $N_A = \dfrac{D_G A (p_{A_1} - p_{A_2})}{R T_x}$

㉡ 분자확산계수

$$k_G = \frac{D_G}{R T_x}$$

(2) 액상 내의 물질전달속도

① 물질전달속도 식

$$\frac{dn_A}{d\theta} = k_L A (C_{A_1} - C_{A_2}) = k_L A \rho_m (x_{A_1} - x_{A_2})$$

여기서, n_A : 1 → 2로 전달된 A의 몰수

θ : 시간

A : 물질전달 방향에 직각인 넓이

ρ_m : 액상 A의 몰밀도

x : 성분 A의 몰분율

k_L : 액상물질 전달계수[kmol/hr·m²(kmol/m³)]

C_A : 성분 A의 몰농도

② 일방확산

$$N_A = \frac{D_L}{x} \frac{\rho_m}{C_{BM}} A (C_{A_1} - C_{A_2})$$

$$= \frac{D_L}{x} \frac{\rho_m}{x_{BM}} A (x_{A_1} - x_{A_2})$$

③ 등몰확산

$$N_A = \frac{D_L A (C_{A_1} - C_{A_2})}{x}$$

$$= \frac{D_L \rho_m}{x} A (x_{A_1} - x_{A_2})$$

핵심예제

확산계수의 차원으로 옳은 것은?(단, L은 길이, T는 시간이다)

① L/T
② L²/T
③ L³/T
④ L/T²

|해설|

$$J_{AB}(\text{mol/m}^2 \cdot \text{h}) = -D_{AB} \frac{dx_A}{dz}$$

$$= D_{AB} \times \frac{(\text{mol/m}^3)}{(\text{m})}$$

$$\therefore D_{AB} = (\text{m}^2/\text{h}) = \text{L}^2/\text{T}$$

정답 ②

5-2. 증 류

기액평형

(1) 증 류

① 휘발성의 차이를 이용하여 액체 혼합액으로부터 각 성분을 분리하는 조작 방법이다.
② 2종 이상의 휘발 성분을 함유한 액체 혼합물을 가열하여 발생하는 증기의 조성은 액체(원액)의 조성과는 다르다(휘발성 성분의 함량이 훨씬 많다).

(2) 기액평형

① 비점도표
  ㉠ 일정한 압력에서 일정 온도로 비등하고 있을 때 액체의 조성과 증기의 조성, 그때의 온도를 도시한 곡선이다.
  ㉡ 액체의 조성(x)과 기체의 조성(y)은 평형상태에 있다.

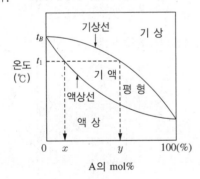

② 기액평형 도표($x - y$ 도표)
  비점 도표를 이용하여 평형상태에 있는 벤젠의 액상 조성(x)과 기상 조성(y)을 동일 도표에 도시하였다.

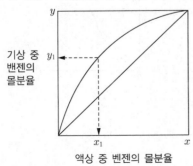

액상 중 벤젠의 몰분율

③ 증기압 도표

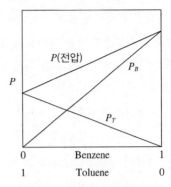

여기서, P_B : Benzene의 부분압
         P_T : Toluene의 부분압
         P : 전압

④ Raoult's Law
  ㉠ 특정 온도에서 혼합물 중 한 성분의 증기분압은 그 성분의 몰분율에 같은 온도에서 그 성분의 순수한 상태에서의 증기압을 곱한 것과 같다.
  ㉡ $p_A = P_A \cdot x$, $p_B = P_B(1-x)$
    여기서, p_A, p_B : A, B의 증기분압
            x : A의 몰분율
            P_A, P_B : 각 성분의 순수한 상태의 증기압
            A : 저비점 성분
            B : 고비점 성분
    $\therefore P = p_A + p_B = P_A \cdot x + P_B(1-x)$
  ㉢ Raoult's Law에 적용되는 용액을 이상용액이라 한다.
  ㉣ Dalton의 분압 법칙
    $$y_A = \frac{p_A}{p_A + p_B} = \frac{P_A \cdot x}{P_A \cdot x + P_B(1-x)} = \frac{P_A \cdot x}{P}$$
    증기 중 성분 A의 몰분율인 y_A는 전압에 대한 A의 분압의 비와 같다.

⑤ 비휘발도(상대휘발도)

㉠ 비휘발도가 클수록 증류에 의한 분리가 용이하다.

㉡ 액상과 평형상태에 있는 증기상에 대하여 성분 B에 대한 성분 A의 비휘발도를 다음과 같이 나타낼 수 있다.

$$\alpha_{AB} = \frac{y_A/y_B}{x_A/x_B} = \frac{y_A/(1-y_A)}{x_A/(1-x_A)}$$

㉢ 만일 액상이 Raoult's Law를 따르고, 기상이 Dalton의 법칙을 따른다고 하면

$$y = \frac{P_A \cdot x}{P}, \quad 1-y = \frac{P_B(1-x)}{P},$$

$$\alpha_{AB} = \frac{P_A}{P_B} \text{이므로}$$

$$\therefore y = \frac{\alpha x}{1+(\alpha-1)x}$$

핵심예제

1-1. 2가지 이상의 휘발성 물질의 혼합물을 분리시키는 조작은?

① 증 류   ② 추 출
③ 침 출   ④ 증 발

1-2. 라울(Raoult)의 법칙을 이용하여 혼합물 중 한 성분의 증기분압을 구하려고 한다. 이때 액상에서의 그 성분의 몰분율과 동일 온도에서 그 성분의 순수한 상태가 나타내는 어떤 값을 곱해야 하는가?

① 휘발도   ② 밀 도
③ 증기압   ④ 질량분율

1-3. 에탄올 수용액이 증기와 평형을 이루고 있다. 증기상의 에탄올 몰분율은 0.8이고, 액체상의 에탄올 몰분율은 0.4일 때 상대휘발도($\alpha_{\text{에탄올-물}}$)는 얼마인가?

① 1   ② 2
③ 3   ④ 6

|해설|

1-3

$$\alpha_{AB} = \frac{y_A/x_A}{y_B/x_B} = \frac{0.8/0.4}{0.2/0.6} = 6$$

정답 1-1 ① 1-2 ③ 1-3 ④

핵심이론 02 공비혼합물

• 공비점 : 한 온도에서 평형상태에 있는 증기의 조성과 액체의 조성이 동일한 점이다.

(1) 휘발도가 이상적으로 낮은 경우-최고공비혼합물

① 휘발도가 이상적으로 낮은 경우($\gamma_A < 1$, $\gamma_B < 1$)
   여기서, γ_A, γ_B : 활동도 계수

② 증기압은 낮아지고 비점은 높아진다.

③ 같은 분자간 친화력 < 다른 분자간 친화력

④ 증기압도표 : 극소점
   비점 도표 : 극대점

㉠ 최고공비혼합물의 증기압 도표

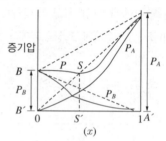

㉡ 최고공비혼합물의 끓는점 도표

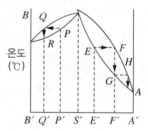

㉢ 최고공비혼합물의 $x-y$ 도표

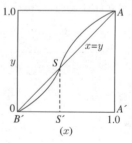

(2) 휘발도가 이상적으로 높은 경우–최저공비혼합물

① 휘발도가 이상적으로 높은 경우($\gamma_A > 1$, $\gamma_B > 1$)

② 증기압은 높아지고 비점은 낮아진다.

③ 같은 분자 간 친화력 > 다른 분자간 친화력

④ 증기압 도표 : 극대점

비점 도표 : 극소점

㉠ 최저공비혼합물의 증기압 도표

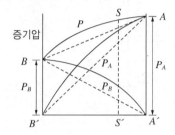

㉡ 최저공비혼합물의 끓는점 도표

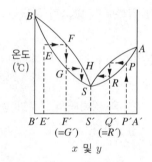

x 및 y

㉢ 최저공비혼합물의 $x - y$ 도표

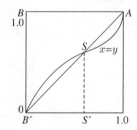

핵심예제

A와 B의 혼합용액에서 γ를 활동도 계수라 할 때 최고공비혼합물이 가지는 γ값의 범위를 옳게 나타낸 것은?

① $\gamma_A = 1$, $\gamma_B = 1$

② $\gamma_A < 1$, $\gamma_B > 1$

③ $\gamma_A < 1$, $\gamma_B < 1$

④ $\gamma_A > 1$, $\gamma_B > 1$

정답 ③

핵심이론 03 증류방법

(1) 종 류

① 평형 증류(Flash 증류)

원액을 연속적으로 공급하여 발생증기와 잔액이 평형을 유지하면서 증류하는 조작이다.

② 미분 증류(단증류, 회분단증류)

액체를 끓여 발생증기가 액과 접촉하지 못하게 하여 발생한 것들을 응축시키는 조작이다.

③ 정 류

㉠ 정류탑에서 나온 증기를 응축기에서 응축시킨 후 그 응축액의 상당량을 정류탑으로 되돌아가게 환류시켜 이 액이 상승하는 증류탑 내의 증기와 충분한 향류식 접촉을 시켜 각 성분의 순수한 물질로 분리시키는 조작이다.

㉡ 정류탑

- 단탑 : 체판탑, 다공판탑, 포종탑(비교적 효율이 좋고, 처리량이 많은 경우 유리하며 공업적으로 널리 사용한다)

- 충전탑 : 충전물의 표면에서 액체와 증기의 접촉이 연속적으로 일어난다.

㉢ 정류장치

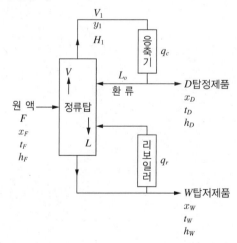

기포탑(Bubble Tower)과 비교한 충전탑의 특성과 거리가 먼 것은?

① 구조가 간단하다.
② 편류가 형성되는 단점이 있다.
③ 부식 및 압력에 의한 문제점이 크다.
④ 충전물에 오염물이 부착될 수 있는 단점이 있다.

|해설|

충전탑의 특성
• 구조가 간단하다.
• 편류가 형성되는 단점이 있다.
• 충전물에 오염물이 부착될 수 있는 단점이 있다.

정답 ③

핵심이론 04 McCabe-Thiele 법

(1) $x-y$ 도표를 이용하여 도해적 풀이로 이론단수를 결정한다.

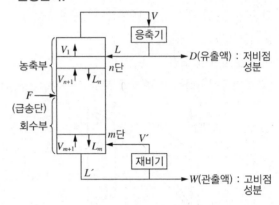

(2) McCabe-Thiele 가정
① 관벽에 의한 열손실이 없으며 혼합열도 적어서 무시한다.
② 각 성분의 분자증발 잠열(λ) 및 액체의 엔탈피(H)는 탑 내에서 같다.
③ 상승 증기의 몰수와 강하액의 몰수가 농축부와 회수부에서 각각 일정하다.

(3) 농축부에서의 물질수지

$$환류비(R_D) = \frac{L_0}{D}$$

$$y_{n+1} = \frac{R_D}{R_D+1}x_n + \frac{x_D}{R_D+1} \text{(농축조작선의 방정식)}$$

(4) 회수부에서의 물질수지
공급액 중 액량이 분율을 q라 히면,

$$y_{m+1} = \frac{L+qF}{L+qF-W}x_m - \frac{W}{L+qF-W}x_W$$

(회수조작선의 방정식)

(5) 급송단(원료선)의 방정식 – q선의 방정식

$$y = \frac{q}{q-1}x - \frac{x_f}{q-1}$$

(q – line 방정식 : 급액선, 원료선의 방정식)

(6) 환류비(R)의 특징

① R은 환류량(L)/유출량(D)으로 정의된다.

② R이 클수록 각 성분의 분리도가 좋다.

③ $R \to \infty$이면 유출량(D) = 0이다. 최소이론단수라 하며 정류효과는 최대이지만 제품을 얻지 못한다.

④ $R \to 0$이면 유출량(D)는 증가한다. 무한대 단수이며 정류는 나빠진다.

⑤ R이 클수록 이론단수는 줄어든다.

▶ 핵심예제

4-1. 농축 조작선 방정식에 환류비가 R일 때 조작선의 기울기를 옳게 나타낸 것은?(단, x_W는 탑저제품 몰분율이고, x_D는 탑상 제품 몰분율이다.

① $\dfrac{1}{R+1}$ ② $\dfrac{x_W}{R+1}$

③ $\dfrac{x_D}{R+1}$ ④ $\dfrac{R}{R+1}$

4-2. 증류탑에서 환류비에 대한 설명으로 틀린 것은?

① 환류비를 크게 하면 이론단수가 줄어든다.

② 환류비를 최소로 하면 유출량이 0에 가깝게 되어 실제로는 사용되지 않는다.

③ 환류비를 크게 하면 제품의 순도가 높아진다.

④ 환류비가 무한대일 때의 이론단수를 최소 이론단수라고 한다.

4-3. 증류의 이론단수 결정에서 McCabe–Thiele의 방법을 사용할 경우 필요한 가정에 해당하는 것이 아닌 것은?

① 각 단에서 증기와 액의 현열 변화는 무시한다.

② 혼합열과 탑 주위로의 복사열은 무시한다.

③ 각 단에서 증발잠열은 같다.

④ 모든 단에서 증기의 조성은 같다.

4-4. 다음 $x-y$ 도표에서 최소 환류비를 결정하기 위한 농축부 조작선은 어느 것인가?

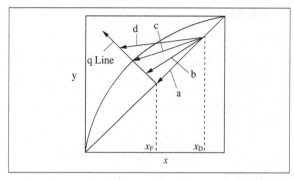

① a ② b
③ c ④ d

| 해설 |

4-2

환류비$\left(R = \dfrac{L}{D}\right)$를 최소로 하면 환류량($L$)이 최소가 되고 유출량($D$)은 최대가 된다.

4-3

각 단의 상승증기와 강하액의 몰수가 농축부와 회수부에서 각각 일정하다.

4-4

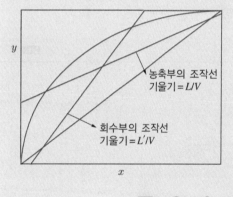

농축부의 조작선 기울기 = L/V

회수부의 조작선 기울기 = L'/V

정답 4-1 ④ 4-2 ② 4-3 ④ 4-4 ③

핵심이론 05 공비혼합물의 증류

(1) 추출증류

공비혼합물 중의 한 성분과 친화력이 크고 휘발성 물질을 첨가하여 액액추출의 효과와 증류의 효과를 이용하여 분리하는 조작이다.

예 물–질산에 황산 첨가, Benzene–Cyclohexane에 Furfural 사용

(2) 공비증류

첨가하는 물질이 한 성분과 친화력이 크고 휘발성이어서 원료 중의 한 성분과 공비혼합물을 만들어 고비점 성분을 분리시키고 다시 새로운 공비혼합물을 분리시키는 조작이다. 이 때 사용된 첨가제를 공비제라고 한다.

예 벤젠 첨가에 의한 알코올의 탈수증류

─ **핵심예제** ─

벤젠을 이용한 에탄올과 물의 분리는 다음 중 어떤 증류에 가장 가까운가?

① 수증기 증류　　　② 평형증류
③ 공비증류　　　　④ 미분증류

정답 ③

핵심이론 06 수증기 증류

(1) 수증기 증류

① 끓는점이 높고, 물에 거의 녹지 않는 유기화합물에 수증기를 불어넣어, 그 물질의 끓는점보다 낮은 온도에서 수증기와 함께 유출되어 나오는 물질의 증기를 냉각하여, 물과의 혼합물로서 응축시키고 그것을 분리시키는 증류법이다.

② 끓는점이 높은 유류를 수증기의 존재하에 그 끓는점보다 낮은 온도에서 유출시키는 증류법이다.

(2) 수증기 증류의 목적

① 증기압이 낮은 물질(끓는점이 높은 물질)을 비휘발성 물질로부터 분리한다.

② 고온에서 분해하는 물질로부터 분리한다.

③ 물과 섞이지 않는 물질로부터 분리한다.

(3) 진공수증기 증류

① 고급지방산과 같은 비점이 아주 높은 물질에 적용된다.

② 수증기 1kg당 동반되는 목적물의 양이 작아서, 실용 가치가 없다.

(4) 수증기 증류의 원리

① $P = P_A + P_B$

여기서, P : 전압

P_A : 수증기의 증기압

P_B : 증류 목적물의 증기압

② $\dfrac{W_A}{W_B} = \dfrac{P_A M_A}{P_B M_B}$

여기서, W_A, W_B : 증류 목적물의 양, 수증기량

M_A, M_B : 증류 목적물의 분자량, 수증기 분자량

고급 지방산이나 글리세린과 같이 비점이 높은 물질들은 비휘발성 불순물로부터 분리하기가 쉽지 않다. 이와 같이 비점이 높아서 분해의 우려가 있으며 전열이 나쁜 물질 중의 비휘발성 불순물의 분리를 목적으로 할 때 다음 중 가장 적합한 방법은 무엇인가?

① 수증기 증류   ② 단증류
③ 추출증류   ④ 공비증류

정답 ①

핵심이론 **01 추출 및 추출장치**

(1) 추출 정의

① 고체나 액체 원료 중 가용성 성분(추질)을 적당한 용매(추제)로 용해하여 추질(Solute)을 선택적으로 분리하는 조작을 말한다.
② 추료(Feed) : 추제에 가용성인 추질과 불용성인 기타 성분으로 구성된 혼합물
③ 추출상 : 추제가 풍부한 상
④ 추잔상 : 불활성 물질이 풍부한 상

(2) 추제의 조건

① 선택도가 커야 하며, 회수가 용이해야 한다.
② 값이 저렴하고 화학적으로 안정하고 제품에 영향을 미치지 않아야 한다.
③ 비점 및 응고점이 낮으며 증발잠열과 비열이 작아야 한다.
④ 부식성과 유독성이 작아야 한다.
⑤ 추질과의 비중차가 클수록 좋다.

(3) 분 류

① 액체 추출
② 고체 추출

(4) 액-액 추출장치

① 외부의 기계적 에너지를 가해 두 상을 잘 접촉시켜 물질 전달속도를 증가시켜 액체 추출을 원활하게 하는 장치이다.
② 구 분
  ㉠ 회분식 추출장치 : 추료와 추제를 교반조에 넣고 일정시간 심하게 교반한 후 교반기를 정지시켜 중력에 의한 경계층을 만들고 탱크측면의 유리관찰창을 통해 관측하면서 추잔물을 분리·배출한다.

ⓛ 연속식 추출장치 : 추질과 추제가 1회 이상의 접촉이 요구되는 경우 또는 추료의 양이 많은 경우 연속식을 사용한다.

예 혼합 침강기, 분무 추출탑, 충전 추출탑, 다공판탑, 교반탑추출기, 맥동탑, 원심추출기

(5) 액-액 추출 시 추출속도 증가방법

추질이 추료로부터 용해되는 과정은 추질의 물질전달 현상이므로 추질과 추제의 접촉면적을 증가시켜야 한다.

① 교반시켜 액체 입적의 크기를 작게 한다.

② 접촉을 용이하게 하는 충진탑을 이용한다.

핵심예제

1-1. 추출에서 추료(Feed)에 추제(Extracting Solvent)를 가하여 잘 접촉시키면 2상으로 분리된다. 이 중 불활성 물질이 많이 남아 있는 상을 무엇이라 하는가?

① 추출상(Extract)   ② 추잔상(Raffinate)

③ 추질(Solute)   ④ 슬러지(Sludge)

1-2. 고-액 추출이나 액-액 추출에서 추제가 갖추어야 할 조건으로 옳지 않은 것은?

① 선택도가 커야 한다.

② 회수가 용이해야 한다.

③ 응고점이 낮고 부식성이 적어야 한다.

④ 추질과의 비중 차가 작아야 한다.

정답 1-1 ② 1-2 ④

(1) 고-액 추출

① 동일한 추료에 추제를 나누어 반복처리한다.

② 추제비 : 분리된 추제의 양(V)과 남은 추제의 양(v)의 비

ⓖ 추제비$(\alpha) = \dfrac{V}{v}$

ⓛ n회 추출 후 추잔율$(\eta) = \dfrac{a_n}{a_0} = \dfrac{1}{(\alpha+1)^n}$

ⓒ n회 추출 후 추출률$(\eta') = 1 - \dfrac{1}{(\alpha+1)^n}$

③ 향류 다단식 추출

추잔율 $= \dfrac{(\alpha-1)}{(\alpha^{p+1}-1)}$

여기서, p : 단수

(2) 액-액 추출

① 병류 다단 추출

ⓖ n단 추출에 대한 추잔율

$$\eta = \dfrac{x_n}{x_F} = \dfrac{1}{\left(1+m\dfrac{S}{B}\right)^n}$$

여기서, m : 분배계수

　　　S : 추제

　　　B : 원용매

ⓛ n단 추출 후 추출률

$$\eta' = 1 - \dfrac{1}{\left(1+m\dfrac{S}{B}\right)^n}$$

② 향류 다단 추출

ⓖ 추잔율$(\eta) = \dfrac{\alpha-1}{\alpha^{p+1}-1}$

ⓛ 추출률$(\eta') = 1 - \eta = 1 - \dfrac{\alpha-1}{\alpha^{p+1}-1}$

여기서, p : 단수

2-1. 향류 다단 추출에서 추제비 4, 단수 3으로 조작할 때 추출률은?

① 0.21
② 0.431
③ 0.572
④ 0.988

2-2. 고-액 추출에서 $\alpha = 5$일 경우 남는 추제의 양이 10kg/h이라면 분리된 추제의 양은 얼마인가?

① 20kg/h
② 30kg/h
③ 40kg/h
④ 50kg/h

|해설|

2-1

향류 다단 추출에서 추제비 $\alpha = 4$, 단수 $p = 3$이므로,

$$추잔율 = \frac{\alpha - 1}{\alpha^{p+1} - 1} = \frac{4 - 1}{4^{3+1} - 1} = 0.012$$

∴ 추출율 $= 1 - 0.012 = 0.988$

2-2

$$\alpha\ (추제비) = \frac{V}{v}$$

$$5 = \frac{V}{10}$$

∴ $V = 50\text{kg/h}$

정답 2-1 ④ 2-2 ④

핵심이론 03 침출(고-액 추출)

(1) 추출단계

① 1단계 : 추제가 고체 속으로 침투하여 가용성 성분을 용해한다.

② 2단계 : 추질이 농도 차에 의해 고체 내부에서 표면으로 확산된다.

③ 3단계 : 고체 표면의 얇은 막을 통해 추제가 확산된다.

(2) 추출속도에 영향을 미치는 요인

① 입자의 크기

  ㉠ 입자의 크기가 작으면 추제와의 접촉면적이 커져서 추출속도가 증가한다.

  ㉡ 입자의 크기가 너무 작으면 추제의 이동 통로를 막아 순환이 방해되고 여과 시 여과막을 막아 작업 효율성이 저하된다.

② 추제의 점도 : 추제의 점도가 낮으면 순환이 잘 되어 추출 속도가 증가한다.

③ 추출온도가 높을수록, 추제의 유속이 빠를수록 유리하다.

3-1. 고체 혼합물 중 유효성분을 액체 용매에 용해시켜 분리 회수하는 조작은?

① 증 류   ② 건 조

③ 침 출   ④ 흡 착

3-2. 추출에서는 3성분계로 추질 a를 포함하는 용액(추료) b를 용매 S로서 추출하면 서로 혼합되지 않은 두 상, 즉 추출액과 추잔액의 두 층으로 나뉜다. 이 평형계는 3상이 서로 용존해 있으므로 그림과 같이 삼각좌표를 사용한다. 점 P에서의 용매 S의 성분은?

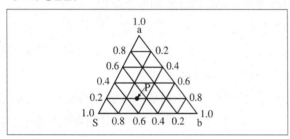

① 60%   ② 50%

③ 30%   ④ 20%

|해설|

3-2
점 P의 성분 : s 50%, a 20%, b 30%

정답 3-1 ③   3-2 ②

5-4. 흡수/흡착

핵심이론 01 흡 수

(1) 흡수(Absorption)

① 흡수제가 고체 또는 액체의 몸체에 완전히 침투하여 화합물 또는 용액을 형성하는 벌크현상이다.

② 기체상 및 액체상이 접촉할 때 기체상으로부터 성분이 액체상으로 전달하는 과정이다.

③ 내열 과정으로 가스 성분이 액체 단계에 흡수되면 열에너지가 주변으로부터 시스템으로 흡수되는 것을 의미한다.

④ 온도영향 : 흡수제는 액체 단계이다. 액체의 온도가 올라가면 액체의 용해된 가스 성분이 액체에서 제거된다. 온도가 내려가면 액체에 용해되는 가스 성분의 양이 증가할 수 있다.

(2) 흡수장치

① 기포탑(Bubble Tower) : 밑으로부터 기체를 강하하는 액중으로 상승공급시켜 향류 접촉시킨다.

② 액저탑(Spray Tower) : 상승하는 기류 중에 액이 분산하며 강하하여 흡수가 일어나도록 한다.

③ 충진탑(Packed Tower) : 충진물질을 채워 접촉면적을 크게 한다.

(3) 흡수 속도를 크게 하기 위한 방법

① K_L(총괄액상물질전달계수), K_G(총괄기상물질전달계수)를 크게 한다.

② 접촉면적 및 접촉시간을 크게 한다.

③ 농도차나 분압차를 크게 한다.

(4) 충진물의 조건

① 큰 공극률을 가질 것

② 비표면적이 크고, 가벼울 것

③ 기계적 강도가 크고, 화학적으로 안정할 것

④ 값이 싸고 구하기 쉬울 것

(5) 충진탑의 성질

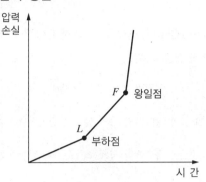

① 편류(Channeling, 채널링)

  ㉠ 액이 한 곳으로만 흐르는 현상

  ㉡ 방지법

    • 탑의 지름을 충진물 지름의 8~10배로 할 것

    • 불규칙 충전할 것

② 부하속도(Loading Velocity)

  기체의 속도가 증가하면 탑 내의 액체유량이 증가하는데, 이때의 속도를 부하속도라 하며 흡수탑의 작업은 부하속도를 넘지 않는 속도 범위에서 해야 한다.

③ 부하점 : 기체 속도가 증가하면 압력 손실이 급격히 커지고 탑 내 액체의 정체량이 증가하며 액체의 이동을 방해하는 지점을 말한다.

④ 왕일점(Flooding Point, 범람점)

  기체의 속도가 아주 커서 액이 거의 흐르지 않고 넘치는 점이다.

(6) 흡수원리

① 기체의 용해도 평형

  ㉠ $C = HP$(Henry의 법칙)

    여기서, H : 용해도 계수, 헨리상수

  ㉡ 용해도가 작은 산소, 수소, 탄산가스는 헨리의 법칙을 잘 따르나, 용해도가 큰 NH_3, HCl 등은 잘 따르지 않는다.

(1) 충전탑의 물질수지

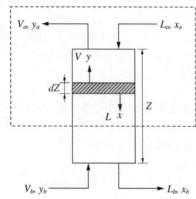

- 총물질수지 : $L_a + V = L + V_a$
- A성분수지 : $L_a \cdot x_a + V \cdot y = L \cdot x + V_a$

① $y = \dfrac{L}{V} x + \dfrac{V_a y_a - L_a x_a}{V}$ (조작선의 식)

　여기서, V : 기상의 몰유속

　　　　L : 액상의 몰유속

(2) 이동단위수(NTU) 및 이동단위높이(HTU)에 의한 충전탑의 높이 결정

① $Z = H_{OG} \times N_{OG}$

　여기서, Z : 충전층의 높이

　　　　H_{OG} : 총괄이동단위 높이(HTU)

　　　　N_{OG} : 총괄이동단위수(NTU)

(3) HETP에 의한 충전탑의 높이 결정

① $\text{HETP} = \dfrac{Z}{N_P} = \dfrac{Z}{NTP}$

　여기서, NTP : 이론단수

2-1. 흡수 충전탑에서 조작선(Operating Line)의 기울기를 $\dfrac{L}{V}$ 이라 할 때 틀린 것은?

① $\dfrac{L}{V}$의 값이 커지면 탑의 높이는 짧아진다.

② $\dfrac{L}{V}$의 값이 작아지면 탑의 높이는 길어진다.

③ $\dfrac{L}{V}$의 값은 흡수탑의 경제적인 운전과 관계가 있다.

④ $\dfrac{L}{V}$의 최솟값은 흡수탑 하부에서 기액 간의 농도차가 가장 클 때의 값이다.

2-2. 흡수탑에서 전달단위수(NTU)는 10이고 전달단위높이(HTU)가 0.5m일 경우, 필요한 충전물의 높이는 몇 m인가?

① 0.5　　　　　　　② 5

③ 10　　　　　　　④ 20

|해설|

2-1

$$y = \frac{L}{V} x + \frac{V_a y_a - L_a x_a}{V}$$

L/V의 값은 흡수탑의 경제적인 운전과 매우 밀접한 관계가 있다. 이 값이 커지면 탑의 높이는 낮아지고, 작아지면 탑의 높이는 높아진다.

2-2

$Z = H_{OG} \times N_{OG} = 0.5\text{m} \times 10 = 5\text{m}$

정답 2-1 ④　2-2 ②

(1) 흡착(Adsorption)

① 흡착제의 분자가 흡착제의 표면에만 집중되는 표면 현상이다.

② 기체상 또는 액체상이 고체상에 접촉할 때 기체상 또는 액체상의 성분이 고체상의 표면에 부착되는 과정이다.

③ 발열과정으로 기체나 액체 성분이 고체상에 흡착될 때 열에너지가 시스템에서 주변으로 방출되는 것을 의미한다.

④ 온도 영향 : 흡착제는 고체 단계이다. 온도가 증가하면 흡착 범위가 감소하며, 이는 고체의 표면에 부착되는 양이 감소함을 의미한다. 온도가 낮아질 때 흡착의 정도가 증가한다.

⑤ 흡착 후 탈락을 통해 목적물질을 회수한다.

(2) 흡착제의 종류

활성탄, 실리카겔, 활성 알루미나, 제올라이트

(3) 흡착공정

① TSA(Thermal Swing Adsorption, 열교대흡착공정) : 고온에서 탈착

② PSA(Pressure Swing Adsorption, 압력교대흡착공정) : 상압에서 흡·탈착

③ VSA(Vacuum Swing Adsorption) : 상압에서 흡착, 감압에서 탈착

(4) 흡착평형

① 흡착량

$q = f(T, P, x)$

여기서, T : 온도

P : 압력

x : 농도

② 흡착등온선 : 주어진 온도에서 유체상에서 흡착층의 농도와 흡착제 입자 속의 흡착질 농도간의 평형관계

㉠ 기체의 경우 : 농도는 일반적으로 분압 또는 몰(%)로 표시한다.

㉡ 액체의 경우 : 농도는 일반적으로 ppm과 같은 질량단위로 표시하며, 흡착질 농도는 흡착제의 단위 질량당 흡착된 질량이다.

㉢ 흡착질이 기체이며, 흡착이 단분자층만 형성하는 경우 흡착현상을 성공적으로 설명해주는 식은 Langmuir 식이다.

㉣ Freundlich 등온흡착식

$$\frac{X}{M} = KC^{1/n}$$

여기서, X : 흡착된 피흡착제(흡착질)의 양(mg)

M : 흡착제 농도

C : 흡착 완료 후의 피흡착제(흡착질) 농도

K : Freundlich 용량계수

$1/n$: Freundlich 민감도 변수

핵심예제

흡착성이 단분자층을 형성한다는 조건에서 유도된 식은?

① Langmuir식
② Henry식
③ BET식
④ Freundlich식

정답 ①

5-5. 건조, 증발, 습도

핵심이론 01 건조 및 증발 원리

(1) 건조, 증발

① 건조 : 고체 물질에 함유되어 있는 수분을 가열에 의해 기화시켜 제거하는 조작

② 증발 : 어떤 물질이 액체 상태에서 기체 상태로 변하는 것

③ 건조의 목적

　㉠ 제품의 운반 경비를 줄인다.

　㉡ 제품의 취급과 포장을 용이하게 한다.

　㉢ 보존 시 안정성을 높인다.

　㉣ 생물 제품 시 박테리아 세포 내의 효소활성을 보존하며 고가의 용매를 회수한다.

④ 건조하기 위한 조건 : 고체 내 포함되어 있는 수분의 양, 수분이 제거되는 속도, 제품이 변성되는 속도에 대한 정보가 필요하다.

(2) 재료의 함수율

① 평형함수율 : 고체 중에 습윤기체와 평형상태에서 남아있는 수분함량

② 자유함수율 : 전체함수율과 평형함수율의 차

③ 임계함수율(= 한계함수율) : 함수율이 항률단계에서 감율단계로 바뀌는 함수율

④ 비결합수분(Unbond Water) : 상대습도 100% 이상 함유된 수분

⑤ 결합수분(Bond Water) : 상대습도 100%와 만나는 점의 평형함수율로 물질의 내부에 포함되어 있는 것으로 일반적인 물과 달라서 유동적이지 못하며 증발시키는 데 많은 열을 필요로 한다.

(3) 건조속도

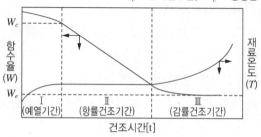

W_c : 한계함수율, W_e : 평형함수율

[건조실험 곡선]

① Ⅰ(재료예열시간) : 재료예열, 함수율이 서서히 감소

② Ⅱ(항률건조시간) : 재료의 함수율이 직선적으로 감소 (건조속도일정, 재료온도일정, 상변화)

③ Ⅲ(감률건조시간) : 함수율이 느리게 감소. 고체 내부의 수분이 건조되는 단계로 직선형, 오목형, 볼록형, 직선+오목형 등 재료의 건조 특성이 단적으로 표시되는 기간

핵심예제

1-1. 건조 조작에서 재료의 임계(Critical)함수율이란?

① 건조속도 0일 때 함수율

② 감률 건조가 끝나는 때의 함수율

③ 항률 단계에서 감률 단계로 바뀌는 함수율

④ 건조 조작이 끝나는 함수율

1-2. 고체 내부의 수분이 건조되는 단계로 재료의 건조 특성이 단적으로 표시되는 기간은?

① 재료 예열기간

② 감률 건조기간

③ 항률 건조기간

④ 항률건조 제2기간

정답 1-1 ③ 1-2 ②

(1) 건조장치

① 고체 건조장치

　㉠ 상자 건조기 : 상자 모양의 건조기 내에 괴상, 입상의 원료를 회분식으로 건조한다.

　㉡ 터널 건조기 : 다량을 연속적으로 건조한다.

　㉢ 회전 건조기 : 다량의 입상, 결정상 물질을 처리할 수 있으며 조작 초기에 고체 수송에 적합하게 건조되어 있어야 하며 건조기 벽에 부착될 정도로 끈끈해서는 안 된다.

② 용액 및 슬러리 건조장치

　㉠ 드럼 건조기 : Roller 사이에서 용액이나 슬러리를 증발, 건조시킨다.

　㉡ 교반 건조기 : 원료가 점착성이어서 회전건조기에서 처리할 수 없고 상자건조기를 사용하기에도 별로 중요하지 않을 때 사용한다.

　㉢ 분무 건조기 : 용액, 슬러리를 미세한 입자의 형태로 가열하여 기체 중에 분산시켜 건조하며, 건조시간이 아주 짧아서 열에 예민한 물질에 효과적이다.

(2) 건조기

① 연속 Sheet상 건조기

　㉠ 원통식 건조기 : 종이나 직물의 연속 시트를 건조한다.

　㉡ 조하식 건조기 : 직물이나 망판인쇄용지 등을 건조한다.

② 특수 건조기

　㉠ 유동층 건조기 : 코크스, 결정염류, 수지분말 등 미립분체 건조에 사용한다.

　㉡ 적외선복사 건조기 : 자동차 페이트, 사진필름 등의 얇은 막의 건조에 사용한다.

　㉢ 고주파 건조기 : 두꺼운 판, 합판 건조에 사용한다.

　㉣ 동결 건조기 : 열에 대해 불안정한 물질의 건조, 동결 후 진공하에 승화시켜 탈수 건조에 사용한다.

핵심예제

다음 중 증발, 건조, 결정화, 분쇄, 분급의 기능을 모두 가지고 있는 건조장치는?

① 적외선복사 건조기
② 원통 건조기
③ 회전 건조기
④ 분무 건조기

정답 ④

(1) 습도(Humidity)

공기 중에 포함된 수증기 양의 정도

(2) 습도의 종류

① 상대습도(Relative Humidity)

㉠ $H_r = \dfrac{P_A}{P_A{}^*} \times 100\%$

여기서, P_A : 공기의 수증기 분압

$P_A{}^*$: 동일 온도에서의 포화 공기의 수증기 분압

㉡ 수증기의 분압을 포화수증기압으로 나눈 것

㉢ 공기가 최대로 품을 수 있는 수증기 양에 대해 실제 포함된 수증기 양을 비율로 나타낸다.

② 절대습도(Absolute Humidity)

㉠ $H_a = \dfrac{x}{V} = \dfrac{P_A}{P - P_A} \times \dfrac{M_A}{M_{dry}}$

여기서, x : 수증기(kg)

V : 건공기(kg)

M_A : 증기의 분자량

M_{dry} : 건조 기체의 평균 분자량

㉡ 건조공기 1kg과 공존하는 증기의 kg 양

㉢ 단위 부피당 포함된 수증기 양

㉣ 절대습도 = 수증기질량/부피

③ 포화습도(Saturated Humidity)

㉠ $H_s = \dfrac{P_A{}^*}{P - P_A{}^*} \times \dfrac{M_A}{M_{dry}}$

㉡ 증기의 분압이 포화되었을 때 그 온도에서의 포화 공기에 대한 습도

④ 비교습도(Percentage Humidity)

㉠ $H_P = \dfrac{H_a(\text{절대습도})}{H_s(\text{포화습도})} \times 100\%$

$= H_r \times \dfrac{P - P_A{}^*}{P - P_A}$

㉡ 절대습도와 포화습도의 비

⑤ 이슬점 : 일정습도를 가진 증기와 기체혼합물을 냉각시켜 포화상태가 될 때의 온도

㉠ 이슬이 맺히기 시작하는 온도

㉡ 대기 중의 수증기 분압이 그 온도에서 포화 증기압과 같아지는 온도

㉢ 상대습도가 100%가 되는 온도

핵심예제

3-1. 30℃, 1atm에서 건조장치로부터 유출된 습한 공기 210kg에 수증기 10kg이 함유되어 있을 때 절대습도는?

① 0.0476　　　　② 0.0445
③ 0.0500　　　　④ 0.0545

3-2. 불포화상태 공기의 상대습도(Relative Humidity)를 H_r, 비교습도(Percentage Humidity)를 H_p로 표시할 때 그 관계를 옳게 나타낸 것은?(단, 습도가 0% 또는 100%인 경우는 제외한다)

① $H_p = H_r$　　　　② $H_p > H_r$
③ $H_p < H_r$　　　　④ $H_p + H_r = 0$

|해설|

3-1

$$H_a = \frac{10\text{kg H}_2\text{O}}{(210 - 10)\text{kg dry air}}$$
$$= 0.05\text{kg H}_2\text{O/kg dry air}$$

3-2

$$H_p = \frac{H_a}{H_s} \times 100\% = \frac{\dfrac{P_A}{P - P_A} \times \dfrac{M_A}{M_{dry}}}{\dfrac{P_A^*}{P - P_A^*} \times \dfrac{M_A}{M_{dry}}} \times 100\%$$

$$= \left(\frac{P_A}{P_A^*} \times 100\% \right) \times \frac{P - P_A^*}{P - P_A}$$

$$= H_r \times \frac{P - P_A^*}{P - P_A}$$

$\therefore P_A^* > P_A$ 이므로 $H_p < H_r$

정답 3-1 ③　3-2 ③

핵심이론 04 고체 중의 수분함량 표시 방법

(1) 수분량(습량기준)

습윤재료에 대한 H_2O의 양

$$x = \frac{W - W_o}{W} \ (kg \ H_2O/kg \ 습윤재료)$$

(2) 함수량(건량기준)

건조재료에 대한 H_2O의 양

$$w = \frac{W - W_o}{W_o} (kg \ H_2O/kg \ 건조재료)$$

여기서, W : 습윤재료의 양(= 건조재료 + 물)

　　　W_o : 완전건조량

── **핵심예제** ──

4-1. 젖은 재료 10kg을 완전히 건조한 다음 무게를 측정한 결과가 8.5kg이었을 때 함수율은 몇 %인가?

① 15　　　　　　　② 17.6

③ 35.5　　　　　　④ 85

4-2. 습한 재료 10kg을 건조한 후 고체의 무게를 측정하니 8kg이었다. 처음 재료의 함수율은 얼마인가?

① 0.25kg H_2O/kg 건조공기

② 0.35kg H_2O/kg 건조공기

③ 0.45kg H_2O/kg 건조공기

④ 0.55kg H_2O/kg 건조공기

| 해설 |

4-1

$$w = \frac{W - W_o}{W_o} = \frac{(10 - 8.5)kg}{8.5kg} = 0.176 = 17.6\%$$

4-2

$$w = \frac{W - W_o}{W_o} = \frac{(10 - 8)kg}{8kg} = 0.25 \ kg \ H_2O/kg \ 건조공기$$

정답 4-1 ②　**4-2** ①

핵심이론 05 증발과 응축

(1) 증발의 특성

① 증발은 액체에서 기체 상태로 상이 변화한다.

② 용액을 가열·비등시켜 용매만을 기화시켜 용액을 분리·농축하는 조작이다.

③ 휘발성 용매와 비휘발성 용질이 혼합용액에서 휘발성 물질을 분리·제거하고 용액을 농축하는 조작을 의미한다. 예 소금물

④ 액체의 증발 속도는 외부 요인(태양, 바람, 환경 온도)과 액체의 내부 요인(액체의 표면적, 액체의 분자간 결합 강도 및 물체의 상대분자 질량)에 따라 달라진다.

(2) 증발관의 능력

① $q = UA\Delta T$

여기서, U : 총괄 열전달계수$[kcal/m^2 \cdot hr \cdot ℃]$

　　　A : 전열면적$[m^2]$

　　　ΔT : 유효온도차$[℃]$

② 가열면적은 주어진 증발관에서 일정하다.

(3) 증발조작 시 특성

① 비점상승 : 용액의 증기압은 순수한 용매의 증기압보다 낮다. 따라서 용액의 비점은 순용매의 비점보다 높다. 일정농도에서 용액의 비점과 용매의 비점을 Plot하면 동일직선이 된다(Duhring법칙).

② 비말동반 : 액체 표면에서 올라간 액체 방울의 일부가 증기와 함께 밖으로 배출되는 현상이다.

③ 거품 : 끓는 액체의 표면에 안정한 기체담요를 형성한다.

④ 관석 : 관벽에 침전물이 단단하고 강하게 부착되는 현상으로 열전도도가 작기 때문에 증발능력을 떨어뜨리는 원인이 된다.

(4) 진공증발

① 1atm 미만의 저압에서 증발한다.

② 열원으로 온도가 낮은 폐증기를 이용한다.

③ 진공펌프를 이용해 압력을 낮추고 비점을 낮추어 유효한 증발을 한다.

④ 과즙, 젤라틴과 같은 열에 예민한 물질을 증발한다.

(5) 응 축

① 응축은 기체 상태에서 액체 상태로 물질의 상변화이자 기화의 역과정이다.

② 시원한 음료 주변의 이슬이 형성되는 현상이다.

(6) 증발과 응축의 차이

① 증발 : 액체 분자는 주변의 에너지를 흡수하여 기체 분자가 된다.

② 응축 : 주변에 에너지를 방출하고 액체 분자가 된다.

핵심예제

5-1. 증발관의 능력을 크게 하기 위한 방법으로 적합하지 않은 것은?

① 액의 속도를 빠르게 해준다.

② 증발관을 열전도도가 큰 금속으로 만든다.

③ 장치 내의 압력을 낮춘다.

④ 증기 측 격막계수를 감소시킨다.

5-2. 증발장치에서 수증기를 열원으로 사용할 때 장점으로 거리가 먼 것은?

① 가열을 고르게 하여 국부과열을 방지한다.

② 온도변화를 비교적 쉽게 조절할 수 있다.

③ 열전도도가 작으므로 열원쪽의 열전달 계수가 작다.

④ 다중효용관, 압축법으로 조작할 수 있어 경제적이다.

|해설|

5-1

$q = UA \Delta T$

• 액의 속도를 빠르게 하면 증발관의 능력이 향상된다.

• 장치 내 압력을 낮추면 비점이 낮아지고 열전달하는 증기량이 많아진다.

• 증기측 격막계수를 감소시키면 증발관의 능력이 감소된다.

5-2

열전도도가 커서 열원 쪽의 열전달계수가 크다.

정답 5-1 ④ 5-2 ③

핵심이론 06 증기압

(1) Raoult의 법칙

$$P_A = y_A P = x_A P_A{}^*$$

여기서, P_A : 기상 A의 분압

　　　　y_A : 기상 A의 몰분율

　　　　P : 전압

　　　　x_A : 액상 A의 몰분율이며, 1에 가까울 때 유용하다.

　　　　$P_A{}^*$: 온도 T에서 순성분 A의 증기압

(2) Henry의 법칙

$$P_A = y_A P = x_A H_A$$

여기서, $H_A(T)$는 용매 내에서 A 성분에 대한 Henry 상수

① 일정온도, 일정부피에서 액체 용매에 녹는 기체의 질량, 즉 용해도는 용매와 평형을 이루고 있는 그 기체의 부분압(P_A)에 비례한다.

② 난용성 기체에 적용된다.

③ 온도가 일정할 때, 기체의 용해도는 기체의 부분압에 비례한다.

6-1. 70℃, 1atm에서 에탄올과 메탄올의 혼합물이 액상과 기상의 평형을 이루고 있을 때 액상의 메탄올의 몰분율은?(단, 이 혼합물은 이상용액으로 가정하며, 70℃에서 순수한 에탄올과 메탄올의 증기압은 각각 543mmHg, 857mmHg이다)

① 0.12   ② 0.31
③ 0.69   ④ 0.75

6-2. 벤젠과 톨루엔은 이상 용액에 가까운 용액을 만든다. 80℃에서 벤젠과 톨루엔의 증기압은 각각 743mmHg 및 280mmHg이다. 이 온도에서 벤젠의 몰분율이 0.2인 용액의 증기압은?

① 352.6mmHg   ② 362.6mmHg
③ 372.6mmHg   ④ 382.6mmHg

|해설|

6-1

$$P = P_A + P_B = y_A P + y_B P = x_A P_A^* + x_B P_B^*$$
$$= x_A \times 857\text{mmHg} + (1 - x_A) \times 543\text{mmHg}$$
$$= 760\text{mmHg} = 1\text{atm}$$
$$\therefore \ x_A = 0.691 ≒ 0.69$$

6-2

$$P = P_A + P_B = y_A P + y_B P = x_A P_A^* + x_B P_B^*$$
$$= 743 \times 0.2 + 280 \times 0.8$$
$$= 372.6\text{mmHg}$$

정답 6-1 ③ 6-2 ③

5-6. 분쇄, 혼합, 결정화

핵심이론 01 분 쇄

• 고체 입자에 힘을 가해 잘게 부수거나 잘라내어 작은 입자로 만드는 입도 감소를 의미한다.
• 마찰력, 압축력, 충격력, 절단력 등을 가해 더 작은 입자로 만드는 것으로 하나 혹은 둘 이상의 기전을 이용한다.

(1) 고체를 잘게 부수는 목적

① 고체의 표면적을 증가시켜 연소반응 속도를 높이고, 건조나 추출의 속도를 증가시킨다.
② 입도를 작게함으로써 고체의 혼합을 용이하게 하거나 분체의 색상을 개선하기 위함이다.

(2) 분쇄방식

① 시료공급 및 회수방법에 따라
   ㉠ 회분방식 : 원료를 분쇄기에 투입하고 분쇄과정을 진행하여 다시 분쇄물을 회수하는 방식이다.
   ㉡ 연속개회로방식 : 한쪽 입구에서 연속적으로 원료를 투입하고, 다른 쪽으로는 연속적으로 분쇄물을 얻는 방식이다.
   ㉢ 연속폐회로방식 : 분쇄기에 의해 일정 크기에 도달한 분쇄물들은 분급기를 통해 얻어지고 아직 도달 못한 것들은 다시 분쇄기로 도입되는 방식이다.
② 분쇄조건에 따라
   ㉠ 건식분쇄 : 미리 건조한 원료를 이용한다.
   ㉡ 습식분쇄 : 물 등 액체를 가해서 분쇄를 수행한다. 분쇄시 먼지 방지, 적은 동력으로 가능, 깨끗하게 진행하는 것이 장점이 된다.
   ㉢ 저온분쇄 : 얼음이나 드라이아이스를 이용해 분쇄를 수행한다.

(3) 분쇄이론(Lewis식)

$$\frac{dW}{dD_p} = -kD_p^{-n}$$

여기서, W : 분쇄에 필요한 일의 양

D_p : 분쇄원료의 대표입경

$k, \ n$: 상수

① Rittinger의 법칙($n=2$)

$$W = k_R\left(\frac{1}{D_{P2}} - \frac{1}{D_{P1}}\right) = k_R(S_2 - S_1)$$

② Kick의 법칙($n=1$)

$$W = k_K \ln\frac{D_{P1}}{D_{P2}}$$

③ Bond의 법칙($n = \frac{3}{2} = 1.5$)

$$W = 2k_B\left(\frac{1}{\sqrt{D_{P2}}} - \frac{1}{\sqrt{D_{P1}}}\right)$$

여기서, D_{P1} : 분쇄원료의 지름(처음상태)

D_{P2} : 분쇄물의 지름(분쇄된 후 상태)

S_1 : 분쇄원료의 비표면적(cm^2/g)

S_2 : 분쇄물의 비표면적(cm^2/g)

k_R : 리팅거 상수

k_K : 킥의 상수

1-1. "분쇄 에너지는 생성입자 입경의 평방근에 반비례한다"는 법칙은?

① Sherwood 법칙

② Rittinger 법칙

③ Kick 법칙

④ Bond 법칙

1-2. "분쇄에 필요한 일은 분쇄전후의 대표 입경의 비(D_{P1}/D_{P2})에 관계되며 이 비가 일정하면 일의 양도 일정하다."는 법칙은 무엇인가?

① Sherwood 법칙

② Rittinger 법칙

③ Bond 법칙

④ Kick 법칙

|해설|

1-1

Bond 법칙 ($n = \frac{3}{2} = 1.5$)

$$\therefore \ W = 2k_B\left(\frac{1}{\sqrt{D_{P2}}} - \frac{1}{\sqrt{D_{P1}}}\right)$$

정답 1-1 ④ 1-2 ④

(1) 파쇄기

① 대량의 고체를 굵게 파쇄하는 저속기계이다.

② 종 류

    ㉠ 조파쇄기

    ㉡ 선회파쇄기

    ㉢ 치상–롤 파쇄기

(2) 미분쇄기

① 파쇄된 원료를 분말로 크기 축소, 200mesh체 통과한다.

② 중간 용량의 다양한 크기 축소 기계

③ 종 류

    ㉠ 해머밀, 충격 미분쇄기

    ㉡ 롤러 밀

    ㉢ 마멸 미분쇄기

    ㉣ 텀블링 밀

(3) 초미분쇄기

① 6nm → 1~50μm 크기의 생성물을 생성한다.

② 평균 크기가 1~20μm의 공업용 분말형태이다.

③ 종 류

    ㉠ 분급 해머밀

    ㉡ 유체에너지 밀

    ㉢ 교반 미분쇄기

    ㉣ 콜로이드 밀

(4) 절단기

① 2~10mm의 것을 생산한다.

② 종이, 고무, 플라스틱 재질의 회수, 재생하는 데 중요하게 응용한다.

③ 회전식 칼날 절단기

핵심예제

2-1. 다음 중 일반적으로 가장 작은 크기로 입자를 축소시킬 수 있는 장치는?

① 칼날 절단기(Knife Cutter)

② 조 파쇄기(Jaw Crusher)

③ 선회 파쇄기(Gyratory Crusher)

④ 유체에너지 밀(Fluid-Energy Mill)

2-2. 초미분쇄기(Ultrafine Grinder)인 유체–에너지 밀(Mill)의 기본 원리는?

① 절 단   ② 압 축

③ 가 열   ④ 마 멸

|해설|

2-1

유체에너지 밀 : 초미분쇄기, 높은 압력의 노즐에서 나오는 유체에 분해할 재료를 빨려 들어가게 해서 입자간 충돌에 의해 분리

정답 2-1 ④ 2-2 ④

핵심이론 03 교 반

① 주로 액체를 대상으로 하는 혼합조작(액/액, 액/기, 액/고)이다.

② 교반의 목적
- ㉠ 성분의 균일화
- ㉡ 물질전달속도의 증대
- ㉢ 열전달속도의 증대
- ㉣ 물리적, 화학적 변화 촉진
- ㉤ 분산액 제조

③ 교반장치
- ㉠ 노형 교반기 : 점도가 낮은 액체에 사용한다.
- ㉡ 공기 교반기 : 액체 속에 공기를 불어넣어 공기의 유동으로 액을 교반한다.
- ㉢ 프로펠러형 교반기 : 점도가 낮은 액체의 다량 처리에 적합하다.
- ㉣ 터빈형 교반기 : 급격한 교반이 필요할 때 사용한다.
- ㉤ 나선형, 리본형 교반기 : 점도가 큰 액체에 사용하며, 교반과 운반이 동시에 이루어진다.
- ㉥ 제트형 교반기, 노즐 교반기

─ **핵심예제** ┌

다음 중 고점도를 갖는 액체를 혼합하는 데 가장 적합한 교반기는?

① 공기(Air) 교반기
② 터빈(Turbine) 교반기
③ 프로펠러(Propeller) 교반기
④ 나선형 리본(Helical-Ribbon) 교반기

정답 ④

핵심이론 04 반죽 및 혼합, 결정화

(1) 반 죽

대량의 고체에 소량의 액체를 혼합한다.

(2) 혼 합

① 두 종 이상의 물리적 성질이 다른 고체입자를 섞어서 균일한 혼합물을 얻는 조작이다.
② 주로 고체 물질을 혼합한다.

(3) 결정화

① 균일상 내에서 불순용액으로부터 순수한 고체를 얻기 위한 방법이다.
② 결정은 구성입자(원자, 분자 또는 이온)가 공간격자라 부르는 3차원 배열로 되어 있다.
③ 단위셀(Unit Cell) : 원자 배열의 규칙성을 나타낼 수 있는 최소단위이다.

5-7. 여 과

핵심이론 01 막 분리(Membrane Seperation)

(1) 막

① 두 개의 상을 나누는 경계에 위치하여 여러 종류의 화학물질의 투과를 제어하는 기능이 있다.

② 두 상의 물질의 농도가 다를 때 물질의 혼합을 피해 농도차를 유지함으로써 비평형상태를 지속시킬 수 있다.

③ 막을 이용하여 물질의 분리가 가능한 것은 물질에 따라 막을 통한 이동속도가 다르기 때문이다.

(2) 막의 분류

① 세공막(Macroporous Membrane)

　㉠ 구멍의 지름이 $0.1 \sim 10 \mu m$ 정도이고 분자크기가 매우 큰 거대분자나 콜로이드, 미세입자 등을 분리하는데 이용되는 막이다.

　㉡ 이 막의 특성은 이온이나 물같은 용매를 쉽게 통과할 수 있다.

② 미세공막(Microporous Membrane)

　㉠ 구멍의 지름이 $50 Å \sim 500 Å$정도인 미세공이 있다.

　㉡ 주로 유기혼합물이나 크누센(Knudsen)흐름에 의한 기체분리에 사용된다.

③ 비공성막(Nonporous Membrane)

　㉠ 미세공이 존재하지 않는 막을 말하며 무기성 결정 간의 간격이 존재하여 이 간격이 $10 Å$정도 되는 막을 말한다.

　㉡ 비공성막은 미세구멍을 통해 물질이 투과되는 것이 아니라 분자 사이에 난 간격을 통해 물질이 투과된다.

(3) 막분리 공정의 종류

① 미세여과 : 낮은 압력에서 용질이나 colloid 상태의 미세한 고체 입자를 제거한다.

② 한외여과 : 액체 중에 용해되거나 분산된 물질을 입자 크기나 분자량 크기별로 분리한다.

③ 역삼투 : 용질의 농도가 낮은 쪽에 삼투압보다 큰 압력을 가하여 용매의 이동을 용질의 농도가 낮은 쪽으로 보내는 방법이다.

핵심이론 02 여과원리 및 장치

(1) 여과(Filtration)

① 액체와 고체가 혼합된 물질을 입자의 크기 차이를 이용하여 분리하는 방법이다.

② 여과를 통해 얻어낸 여과액(濾過液)은 녹지 않는 물질이 들어 있는 혼합물을 거름 장치에 걸렀을 때 거름종이를 통과해 모인 액체이다.

(2) 여과의 분류(여과 압력을 적용하는 방법으로 분류)

① 중력 여과기(Gravity Filter) : 여과저항이 비교적 적은 경우로써 여액은 중력에만 의하여 여과매체를 통과하여 여과하는 방식이다.

② 진공 여과기(Vacuum Filter) : 여과저항이 커져서 중력만으로는 불충분할 때 여재의 한쪽을 감압하여 사용한다.

③ 압착 여과기(Compression Filter) : 1기압 이상의 여과압력이 필요한 경우이다.

④ 원심 여과기(Centrifugal Filter) : 여재를 통하여 액체를 흘리는데 원심력을 이용한 여과기이다.

(3) 여과방식에 의한 분류

① 케이크 여과기(Cake Filter) : 결정이나 슬러지 케이크 같이 비교적 대량의 고체를 분리하는 데 사용한다.

② 청정화 여과기(Clarifying Filter) : 고체를 제거해서 청정기체나 음료같은 발포성 청정액 생산에 사용되는데 고체입자는 여과매체 안쪽에 포집되거나 또는 외부 표면에 포집된다.

③ 십자류 여과기(Clossflow Filter) : 급송부유물이 가압하에서 여과매체를 비교적 고속으로 통과하는 방법이다.

(4) 여과장치

① 입상 또는 유사물질의 퇴적층을 여재로 하는 여과장치

예 모래 여과기

② 여포를 이용하는 여과장치

㉠ 압여기 : 구조가 간단하고 취급이 용이하여 널리 사용된다.

예 여실압여기

㉡ 엽상여과기 : 압여기보다 여과의 세정, 배출 등 여러 공정이 용이하고 신속하다.

예 Moore(진공흡입형), Kelly(횡형의 원형가압탱크식), Sweetland(가압원판형) 등

㉢ 연속회전 여과기 : 여과, 세척, 건조를 동시에 수행하며, 대량처리에 적합하다.

핵심예제

다음 중 진공으로 빨아들이는 엽상여과기는 어느 것인가?

① Kelly 식
② Moore 식
③ Sweetland 식
④ Oliver 식

정답 ②

정밀화학제품관리

1-1. 품질분석

핵심이론 01 제품규격확인·관리

(1) 제품규격서

제품의 품질을 위해 개인의 차를 없애는 동질의 제품을 생산할 수 있도록, 다양한 종류의 제품을 규격 사항에 따라 분류하여 기록하는 문서이다.

(2) 품질관리

① 품질보증(QA) : 제품 또는 서비스가 주어진 품질요건을 만족스럽게 수행될 것이라는 확신을 갖도록 하기 위한 계획적이고 체계적인 활동을 의미하며, 주로 System이나 업무절차서를 확인하는 행위로 건설엔지니어링 분야에 적당하다.

② 품질관리(QC) : 품질요건을 달성하기 위하여 자재, 반제품, 완제품 또는 공정의 특성을 측정하여 제어관리하는 활동으로, 영향을 미치는 모든 조직과 조직원이 정해진 절차에 따라서 활동하는 행위이며 주로 관련자의 관리와 관련 기술의 관리를 위한 생산, 설치공정관리 활동으로 주로 제조업 분야에 적당하다.

③ 품질검사(Inspection) : 구조물, 계통 또는 기기가 품질기준 요건에 만족(일치)하는지 여부를 평가하기 위하여 일정 자격을 갖춘 자가 행하는 행위로 시험, 측정, 비교분석하여 합부를 판단하는 행위, 즉, 품질기준(검사기준)에 현재상태와 비교검토하여 검사원에 의해 합격 여부를 평가하는 행위, 품질관리 활동의 요소이다.

④ 품질시험(Test & Examination) : 기준자격을 갖춘 자가 정해진 절차에 따라 물리적, 화학적 특성과 운전, 환경 조건에 요구된 기능을 측정하는 행위, 비파괴검사, 파괴시험, 수압시험 등이 해당된다.

(3) 분석장비의 적격성 평가

① 설치검사(IQ)

　㉠ 장비 원산 내용 및 확인, 장비의 규격, 사용조건과 안치, 장비 인도 및 문서자료, 장비 안정성 체크, 조립 및 설치, 요약 보고 등이 포함된다.

　㉡ 제조 공정 및 품질관리에 사용하는 장비 및 그 부속 시스템이 올바르게 설치되었는지 규격서와 실물을 대조하여 현장에서 검증한 후 문서화한다.

② 운전시험(OQ)

　㉠ 안전성 검사, 예비 가동 체크, 성능검사, 교정, 기술전수, 요약 보고 등이 포함된다.

　㉡ 장비 및 시스템이 설치된 장소에서 예측된 운전 범위 내에 의도한 대로 운전하는 것을 검증하고 문서화한다.

③ 성능시험(PQ) : 장비 및 그 부속 시스템이 설정된 품질기준에 맞는 제품을 제조할 수 있는지 또는 요구되는 기능에 적합한 성능을 실제 상황에서 나타내는지를 검증하고 문서화한다.

핵심예제

분석장비의 완전검증 단계 중 OQ, IQ, PQ 과정을 순서대로 배열한 것은?

① IQ → OQ → PQ　　　　② OQ → PQ → IQ
③ OQ → IQ → PQ　　　　④ PQ → OQ → IQ

정답 ①

1-2. 분석장비 관리

핵심이론 01 분석장비 점검 및 교정

(1) 분석장비의 점검

시험결과의 정확성을 확보하기 위함이며 정기적인 검정과 교정을 통해 목적 생산물을 분석하는 데 적합하다는 것을 보증하기 위해 적합성을 점검해야 한다.

① 외관검사 : 육안으로 장비 외관의 변형 및 결함을 중점적으로 검사하며 주로 검사 체크리스트를 가지고 가동 상태를 점검한다.

② 규격검사

  ㉠ 설치 적격성 평가(IQ), 운전 적격성 평가(OQ), 성능 적격성 평가(PQ) 등의 시험장비 표준절차를 통해 가동, 검정, 변경 관리 및 수선 등을 실시한다.

  ㉡ 화학저울이나 pH 미터 등을 사용한다.

③ 완전검증 : HPLC 시스템이나 질량분석기 등도 IQ, OQ, PQ 등을 통한 완전 검증과 가동, 검정, 구성, 안전, 시스템 운영 등에 대하여 전반적인 적격성 검사를 실시한다.

(2) 분석장비의 외관검사 및 상태 확인

① 장비의 변형이나 결함 상태를 확인하고, 전원 연결 시 가동 준비가 되어있는지 확인한다.

② 장비 본체 이외에 규격서에 따라 부속 부품들을 확인한다.

③ 장비 가동 매뉴얼을 확인하고, 예비 가동하여 오작동을 확인한다.

④ 장비의 시료 측정부의 청결 상태를 확인한다.

(3) 정상 상태 점검을 위한 검·교정

① 검정(Test) : 질량, 길이, 부피, 밀도, 온도, 압력 등을 분석하는 기기 또는 장비를 공인기관의 기준값에 적합한지를 시험하는 것이다.

② 교정(Calibration) : 질량, 길이, 부피, 밀도, 온도, 압력 등을 분석하는 기기 또는 장비를 공인기관의 기준과 비교·측정하여 맞추는 것이다.

③ 보정(Correction) : 정상 상태 pH미터 등의 기기가 나타내는 데이터를 정확하게 하기 위해 표준용액으로 교정하는 것이다.

핵심예제

분석기기의 성능점검주기를 선정할 때 고려할 사항을 〈보기〉에서 모두 나열한 것은?

> 〈보 기〉
> A. 장비 유형
> B. 제조사의 권고사항
> C. 사용 범위 및 가혹한 정도
> D. 노화 및 드리프트되는 정도
> E. 환경조건(온도, 습도, 진동 등)
> F. 다른 기준 표준으로 상호 점검 횟수

① A, B
② A, C, D
③ A, B, C, E
④ A, B, C, D, E, F

정답 ④

(1) 장비 사용 관리

① 장비 사용메뉴얼을 충분히 숙지한 후 사용하며, 분석 장비를 효율적으로 관리하기 위해 장비사용일지와 장비관리대장을 만들어 주기적으로 관리 및 점검한다.

② 장비는 계획에 의거하여 정기적으로 교정 및 적격성 평가를 실시하고 기록을 보존하며, 다음 사항을 붙이도록 한다.

    ㉠ 장비명 및 장비번호

    ㉡ 교정 합격 여부

    ㉢ 교정일자 및 다음 교정 연월일

    ㉣ 교정한 사람 또는 교정기관

핵심예제

장비는 정기적으로 교정 및 적격성 평가를 실시하고 기록을 보존하며 라벨을 붙이게 된다. 이 라벨에 기재해야 할 내용이 아닌 것은?

① 장비번호
② 장비의 제조회사
③ 장비의 교정일자
④ 교정기관

정답 ②

1-3. 분석결과 작성

핵심이론 **01** 분석결과 해석

(1) 시험기록

① 설정된 규격 또는 기준에 적합한 것을 보증하는 데 필요한 모든 시험 자료가 포함된다.

② 해당 시험자료 포함사항 : 시료의 중량 또는 용량, 각 시험과정에 확보된 모든 데이터의 기록물, 단위, 계수 등을 포함한 시험과 관련된 모든 계산 기록, 시험자와 검토자의 이름, 서명, 시험일자 등이다.

(2) 분석결과 기록

① 분석시험도 원래의 시험과 가능한 비슷한 조건에서 반복하여 이루어져야 하므로, 모든 분석시험 기록을 남긴다.

② 각 분석시험의 기록에는 다음 내용이 포함되어야 한다.

    ㉠ 분석 의뢰 서식

    ㉡ 분석할 시료 명세

    ㉢ 사용된 분석 절차

    ㉣ 분석시험 일시와 장소

    ㉤ 시료의 준비방법과 사용된 장비

    ㉥ 반복 분석된 결과와 대조 표준시료의 결과

    ㉦ 자료 수집방법

    ㉧ 통계 분석방법

    ㉨ 분석시험 보고서

    ㉩ 분석결과서

(3) 분석결과의 보고

① 분석기관의 명칭 및 소재지

② 분석책임자 및 담당자 이름, 소속

③ 분석물질 : 시험물질의 동질성, 첨가물, 불순물 등

④ 분석조건 : 시험절차, 시험농도, 기간 및 온도, 완충 용액의 제조, 전처리를 할 경우 그에 대한 세부 기술 사항, 분석법에 대한 기술

⑤ 분석결과 : 항목 분석결과 및 그 평균값, 용질의 무게, 각 용해도와 추출 결과 및 그 평균값, 각 시료의 pH 바탕 대조에 대한 설명, 결과의 해석에 필요한 모든 기타 정보 등

(4) 분석결과보고서 작성
① 분석 데이터를 취합하고 결과를 도출한다.
② 안전에 관한 규칙, 분석방법이 적합한지 검토한다.
③ 도출 결과에 대한 분석결과 보고서 작성한다.

(5) 제품의 품질에 영향을 주는 요소
① 불량률을 줄이기 위해 적합한 품질관리를 엄격히 시행해야 한다.
② 제품의 품질에 영향을 주는 생산의 주요소는 4M이다.
③ 원료(Materials) : 재료와 자재
④ 기계(Machine) : 설비와 장치
⑤ 사람(Man) : 작업자와 감독자
⑥ 기술(Method) : 작업 방법

(6) 샘플링 검사
① 불량품 판정을 위해 제품 검사를 실시한다. 품질관리를 할 때 측정오차의 범위를 엄격하게 적용하여 표준편차가 최소화되도록 한다.
② 샘플링 검사 종류
  ㉠ 계수형 샘플링 검사법 : 시료로 추출된 품목에 섞여 있는 불량품 개수, 결점수 등과 같은 자료로 로트의 품질을 추정하는 방법이다.
  ㉡ 계량형 샘플링 검사법 : 길이, 넓이, 두께, 농도와 같이 구체적인 값을 측정하고 비교할 수 있는 자료를 구한 뒤 이 값의 평균치를 기초로 로트 전체의 품질을 판단하는 방법이다.

(7) 불량품 원인
① 공정상 원인
  ㉠ 생산공정
    • 함량 분석 미달 또는 과량
    • 온도, pH 등에 의한 대상 성분 변질
    • 원료, 첨가제 등의 부적합
    • 대량 생산과정에서의 발생
  ㉡ 완제 생산공정
    • 제제에서 부형제의 부적합
    • 부형제 비율의 부적합
    • 포장 과정
  ㉢ 보 관
    • 보관온도
    • 물리적 파손
② 대량 생산 중 불량 원인
  ㉠ 연속불량 : 품질관리에서의 실수 등으로 기기에 관계없이 발생한다.
  ㉡ 생산 시 용수, 전기, 원료 혼합률의 부적합, 기후
  ㉢ 작업자의 실수, 피로, 무관심 등의 관리 소홀
  ㉣ 작업시간

핵심예제

제품의 품질에 영향을 주는 생산의 주요소는 4M이다. 다음 중 4M에 해당되지 않는 것은?

① Materials
② Man
③ Money
④ Machine

정답 ③

2-1. 무게 및 부피분석법

핵심이론 01 무게분석, 부피분석의 원리

(1) 무게분석의 원리

① 시료 중의 정량하고자 하는 성분을 칭량하기 쉬운 순수한 물질로 분리시킨 후 그 무게를 측정하는 것에 의하여 목적성분을 정량하는 방법이다.

② 목적성분을 분리하는 방법에 따른 분류

    ㉠ 침전법 : 시료용액에 적당한 침전시약을 가해 목적성분을 침전시키고 이것을 여과하여 건조 또는 강열하여 칭량하는 방법이며, 가장 많이 사용한다.

    ㉡ 휘발법 : 목적성분이 휘발성이거나 또는 휘발물질로 변화시킬 수 있을 때 또는 목적성분 이외의 것이 휘발성물질일 때 이 성질을 이용하여 시료부터 성분을 분리하여 정량하는 방법이다.

    ㉢ 추출법 : 시료를 적당한 용매와 함께 중탕하여 목적성분을 용매 중에 추출, 용해시켜 분리하고 용매를 증류하여 제거한 잔유물을 칭량하는 방법이다.

    ㉣ 전해법 : 금속염류의 수용액에 전극을 넣어 적당한 조건에서 직접 전류를 통하고 전극에 석출하는 금속을 칭량함으로써 정량하는 방법이다.

(2) 부피분석의 원리

① 시료 용액(농도를 모르는 용액)과 화학양론적으로 반응하는 표준 용액(농도를 알고 있는 용액)의 부피를 측정하여 시료의 농도를 알아내는 화학 분석의 한 방법이다.

② 부피분석에 쓰이는 적정 분류

    ㉠ 중화적정

    ㉡ 킬레이트 적정

    ㉢ 침전 적정

    ㉣ 산화환원 적정

핵심예제

농도를 모르는 용액과 농도를 알고 있는 표준 용액의 부피를 측정하여 시료의 농도를 알아내는 화학 분석의 한 방법은?

① 침전법
② 휘발법
③ 중화적정
④ 전해법

정답 ③

(1) 무게분석 계산

① 함량(%) $= \dfrac{a}{S} \times 100$

여기서, a : 구하는 성분의 양

S : 시료의 양

② a는 휘발법 및 추출법의 경우 매우 간단하나 침전법의 경우 최후의 칭량치에서 계산에 의해 구해야 한다.

$a = W \times F$

여기서, W : 칭량치

F : 환산계수

(2) 부피분석 계산

① A의 양(mol) $= V(\text{L}) \times C_A(\text{mol/L})$

② A의 부피(mL) $= m(\text{g}) \times \dfrac{1}{d}(\text{mL/g})$

핵심예제

20℃에서 빈 플라스크의 질량은 10.2634g이고, 증류수로 플라스크를 완전히 채운 후에 질량은 20.2144g이었다. 20℃에서 물 1g의 부피가 1.0029mL일 때, 이 플라스크의 부피를 나타내는 식은?

① $(20.2144 - 10.2634) \times 1.0029$

② $(20.2144 - 10.2634) \div 1.0029$

③ $1.0029 + (20.2144 - 10.2634)$

④ $1.0029 \div (20.2144 - 10.2634)$

|해설|

• 증류수 무게 : 20.2144g − 10.2635g = 9.9509g
• 증류수 1g당 부피 = 1.0029mL

∴ $9.9509\text{g} \times \dfrac{1.0029\text{mL}}{1\text{g}} = 9.9798\text{mL}$

정답 ①

(1) 정 의

① 용액 안의 이온 농도의 척도이다.

② 이온 사이의 상호작용 정도를 나타내는 양이다.

(2) 계 산

전해질 용액을 구성하고 있는 각 이온의 농도와 전하의 제곱을 곱하여 합한 것의 절반값이다.

$$I = \frac{1}{2}\sum(C_i \times Z_i^2) = \frac{1}{2}\sum(N_i \times C_i \times Z_i^2)$$

여기서, N_i : 이온의 개수

C_i : 이온의 몰농도

Z_i : 이온의 전하

핵심예제

3-1. 염의 용해도에서 0.10M Na_2SO_4 용액의 이온세기(Ionic Strength)는?

① 0.10M

② 0.20M

③ 0.25M

④ 0.30M

3-2. 0.1M $NaNO_3$의 이온세기로 옳은 것은?

$NaNO_3 \rightleftharpoons Na^+ + NO_3^-$

① 0.1M

② 0.2M

③ 0.3M

④ 0.4M

|해설|

3-1

$Na_2SO_4 \rightleftharpoons 2Na^+ + SO_4^{2-}$

이온세기 $= \dfrac{1}{2}[0.1 \times 1^2 \times 2 + 0.1 \times (-2)^2 \times 1] = 0.3\text{M}$

3-2

이온세기 $= \dfrac{1}{2}[0.1 \times 1^2 \times 1 + 0.1 \times (-1)^2 \times 1] = 0.1\text{M}$

정답 3-1 ④ 3-2 ①

2-2. 산·염기 적정

핵심이론 01 산·염기 해리상수

(1) 산 해리상수

$$HA \rightleftarrows H^+ + A^- \qquad K_a = \frac{[H^+][A^-]}{[HA]}$$

(2) 염기 해리상수

$$B + H_2O \rightleftarrows BH^+ + OH^- \qquad K_b = \frac{[BH^+][OH^-]}{[B]}$$

(3) K_a와 K_b의 관계

$$HA \rightleftarrows H^+ + A^- \qquad K_a = \frac{[H^+][A^-]}{[HA]}$$

$$\underline{A^- + H_2O \rightleftarrows HA + OH^-} \qquad K_b = \frac{[HA][OH^-]}{[A^-]}$$

$$\therefore \ H_2O \rightleftarrows H^+ + OH^- \qquad \begin{aligned} K_a \cdot K_b &= [H^+] \cdot [OH^-] \\ &= K_w \end{aligned}$$

1-1. 약한 염기 0.05mol을 1.00L의 물에 녹여 pH를 측정하였더니 9.0이었다. 이 염기의 염기해리상수 K_b는?

① 2.0×10^{-6} ② 2.0×10^{-9}
③ 5.0×10^{-12} ④ 2.0×10^{-7}

1-2. 다음 물질의 산 해리상수 K_a값이 다음과 같을 때 다음 중 산의 세기가 가장 큰 것은?

- HF : 7.1×10^{-4}
- HCN : 4.9×10^{-10}
- HNO$_2$: 4.5×10^{-4}
- CH$_3$COOH : 1.8×10^{-5}

① HF ② HCN
③ HNO₃ ④ CH₃COOH

1-3. 0.1M 질산수용액의 pH는 얼마인가?

① 0.1 ② 1
③ 2 ④ 3

|해설|

1-1
$$B + H_2O \rightleftarrows BH^+ + OH^-$$
$$pH = 9$$
$$pOH = 14 - 9 = 5$$
$$\therefore \ K_b = \frac{[BH^+][OH^-]}{[B]} = \frac{(1.0 \times 10^{-5})^2}{0.05} = 2.0 \times 10^{-9}$$

1-3
$$pH = -\log[H^+] = -\log 0.1 = 1$$

정답 1-1 ② 1-2 ① 1-3 ②

(1) 원 리

산과 염기의 중화반응을 이용한 적정이다.

(2) 중화적정 방법

① 농도를 모르는 시료 용액은 비커 또는 삼각플라스크에 넣고, 농도를 알고 있는 표준용액은 뷰렛에 넣는다.

② 두 용액(시료용액과 표준용액) 사이의 중화반응이 완결될 때까지 표준용액을 시료용액에 서서히 가한다.

③ 중화 반응의 완결 여부는 시료 용액의 색깔 변화로 판단한다.

(3) 용 어

① **지시약** : 용액의 H^+이온 농도에 따라 예민하게 다른 색깔을 나타내는 약산 또는 약염기 물질이다.

② **중화점(당량점)** : 이론상으로 중화반응이 완결되는 점이다.

산의 화학식량 = 염기의 화학식량

③ **종말점** : 지시약을 이용하여 실험적으로 찾은 중화점이다. 시료 용액의 색깔이 완전히 변한(바뀐) 점이다.

(4) 계 산

$$H^+(aq) + OH^-(aq) \rightleftarrows H_2O(l)$$

① 시료의 농도를 계산하거나, 표준용액의 소비부피(mL)를 계산할 때 산에 들어있는 H^+ 이온의 몰수와 염기에 들어있는 OH^- 이온의 몰수가 서로 같다라는 사실을 이용한다.

② 산의 몰농도 × 산의 부피 = 염기의 몰농도 × 염기의 부피

$$MV = M'V'$$

③ H^+ 이온의 몰수 = OH^- 이온의 몰수

④ $aMV = bM'V'$

⑤ 산의 당량수 × 산의 몰농도 × 산의 부피 = 산의 eq 수

⑥ 염기의 당량수 × 염기의 몰농도 × 염기의 부피 = 염기의 eq 수

─ **핵심예제** ─

0.4M 황산용액 20.0mL와 중화반응 하는 데 이론적으로 필요한 0.1M 수산화나트륨 용액의 부피는 몇 mL인가?

① 80   ② 160

③ 320   ④ 40

|해설|

$0.4 \times 2 \times 20 = 0.1 \times 1 \times x$

$x = 160 \, \text{mL}$

정답 ②

(1) 완충용액

① 소량의 산이나 염기를 가해도 pH가 거의 일정하게 유지되는 용액이다.

② 약전해질 용액과 그 공통이온을 포함한 염과의 혼합용액이다.

③ 완충용액의 pH는 이온세기와 온도에 의존한다.

④ 완충용량은 산이나 염기가 가해졌을 때 완충용액이 pH 변화에 얼마나 잘 저항하느냐의 척도로 이 값이 클수록 pH 변화에 잘 견딘다.

⑤ $pH = pK_a$일 때 완충용량은 최대이다.

(2) Henderson-Hasselbalch식

$$pH = pK_a + \log \frac{[염]}{[산]}$$

─ 핵심예제 ───────────

아세트산의 산 해리상수가 1.75×10^{-5}일 때, pH 6.3의 완충용액을 만들기 위한 아세트산과 아세트산나트륨의 비율(아세트산/아세트산나트륨)은 얼마인가?

① 6.3/1.75

② 6.3/17.5

③ 63/1.75

④ 6.3/175

정답 ④

2-3. 킬레이트(EDTA) 적정법

핵심이론 01 금속, 킬레이트 착물

(1) 개 요

① 킬레이트는 2가 이상의 금속이온과 1 : 1의 비율로 결합하여 안정한 구조를 가진다.

② 금속 이온은 전자쌍을 주는 리간드로부터 전자쌍을 받으므로 Lewis 산이다.

③ 리간드는 금속 이온에 전자쌍을 주므로 Lewis 염기이다.

④ 한자리 리간드는 금속 이온과 오직 한 개의 원자와 결합한다.

⑤ 여섯자리 리간드가 한자리 리간드보다 금속과 더 강하게 결합한다.

(2) EDTA 적정법의 종류

① 직접적정(Direct Titration)

   ㉠ EDTA 표준용액으로 분석물질을 직접 적정한다.

   ㉡ 분석물질은 금속-EDTA 착물에 대한 조건 형성 상수가 크게 되도록 적절한 pH로 완충되어야 한다.

   ㉢ 유리 지시약은 금속-지시약 착물과 뚜렷한 색깔 차이가 있어야 한다.

② 치환적정(Displacement Titration)

   분석할만한 지시약이 없는 금속의 경우에 사용한다.

   예 M^{n+}(분석물질) + $MgY^{2-} \rightarrow MY^{n-4} + Mg^{2+}$

   Mg^{2+} 이온은 EDTA로 적정

③ 역적정(Back Titration)

   ㉠ 과량의 EDTA를 분석물질에 가하여 여분의 EDTA를 금속 이온 표준용액으로 적정한다.

   ㉡ 분석물질이 EDTA를 가하기 전 침전되는 경우

   ㉢ 분석물질과 EDTA의 반응이 너무 느린 경우

   ㉣ 분석물질이 지시약을 막는 경우

   ㉤ 역적정에 사용되는 금속은 EDTA로부터 분석물질을 떼어내지 않아야 한다.

④ 간접적정(Indirect Titration)

  ㉠ 특정한 금속 이온과 침전물을 형성하는 음이온은 EDTA로 간접 적정함으로써 분석 가능하다.

  ㉡ 금속 이온이 아니라 금속 이온을 침전시키는 음이온 정량 시 사용된다.

  ㉢ 음이온을 직접 정량하지 못하기 때문에 간접적으로 EDTA를 이용해서 정량한다.

─ **핵심예제** ────────────

EDTA에 대한 설명 중 옳지 않은 것은?

① EDTA는 이온의 전하와는 상관없이 금속이온과 강하게 1 : 1로 결합한다.

② EDTA 적정법은 물의 경도를 측정할 때 널리 사용된다.

③ EDTA는 Li^+, Na^+, K^+와 같은 1가 양이온들과도 안정한 착물을 형성한다.

④ EDTA 적정 시 금속 지시약은 EDTA보다는 금속 이온과 약하게 결합해야 한다.

정답 ③

핵심이론 02 EDTA 적정하기

(1) **착물화법 적정** : 착물의 형성을 기초로 하는 적정이다.

(2) EDTA는 분석화학에서 지금까지 가장 널리 이용되는 킬레이트제이다.

(3) 직접 적정이나 반응의 간접적인 과정을 이용하면, 사실상 주기율표의 모든 원소를 EDTA로 분석할 수 있다.

(4) **킬레이트 적정에 필요한 것**

① **킬레이트시약** : 킬레이트 적정 중 가장 중요한 것은 EDTA를 사용하는 EDTA 적정이다. EDTA는 사염기산으로 H_4Y로 표시되며 4~6 배위자이다.

② **완충액** : EDTA와 금속이온이 안정한 킬레이트 화합물을 만드는 데는 최적의 pH가 있다. pH를 일정하게 유지하기 위해 완충액을 가해야 한다.

③ **금속지시약** : 킬레이트 적정의 종점을 결정하기 위해 보통 금속지시약을 이용한다. 이는 중화지시약이 수소이온농도 $[M^{n+}]$와 반응해서 변색하는 색소이다.

  ㉠ EBT(Eriochrome Black T), 자일레놀 오렌지(Xylenol Orange)을 사용한다.

  ㉡ 색소 자신이 금속이온과 반응하여 킬레이트 화합물을 형성할 능력이 있어야 한다.

  ㉢ 생성된 킬레이트 화합물의 안정도상수는 킬레이트 시약과 금속이온으로 생성된 킬레이트 화합물의 안정도상수보다 작아야 한다.

─ **핵심예제** ────────────

EDTA 적정에 사용되는 금속이온 지시약으로만 되어 있는 것은?

① 페놀프탈레인, 메틸오렌지

② 페놀프탈레인, EBT(Eriochrome Black T)

③ EBT(Eriochrome Black T), 자일레놀 오렌지(Xylenol Orange)

④ 자일레놀 오렌지(Xylenol Orange), 메틸오렌지

정답 ③

핵심이론 03 당량점과 종말점

(1) 당량점

분석 물질과 적정액이 정확하게 화학양론적으로 가해진 점이다.

(2) 종말점

적정이 끝나는 지점으로 당량점이 지난 후 용액의 성질이 변하여 사람이 이를 인식할 수 있는 점이다.

(3) 적정오차

당량점과 종말점의 차이를 말한다. 모든 적정의 종말점과 당량점이 정확히 일치할 수는 없으며, 종말점이 당량점에 가까울수록 오차가 작은 실험을 했다고 할 수 있다.

핵심예제

분석물질과 화학양론적으로 반응하는 데에 필요한 적정시약의 부피를 측정하는 부피분석에 대한 설명 중 틀린 것은?

① 부피분석은 적정법을 사용하며, 적정법으로 산-염기, 산화-환원, 착물형성 적정 등이 있다.
② 모든 적정의 종말점은 정확히 당량점과 일치한다.
③ 적정에서 용액의 성질 변화가 검출되는 점을 종말점이라고 한다.
④ 표준용액은 적정법 분석에 사용되는 농도를 알고 있는 용액이다.

정답 ②

핵심이론 04 EDTA 적정곡선

(1) 금속을 EDTA로 적정하는 동안에 변화하는 유리 M^{n+} 농도를 계산할 수 있다.

(2) 적정곡선은 넣어준 EDTA 소비량에 대한 pM의 그래프이고, 세 영역으로 나눌 수 있다.

① **당량점 이전** : 유리 금속 이온의 농도는 반응하지 않은 과량의 M^{n+} 농도와 같다.

② **당량점에서** : $[M^{n+}] = [EDTA]$

③ **당량점 이후** : 측정된 EDTA의 농도는 당량점 이후에 첨가된 과량의 EDTA의 농도와 같게 된다.

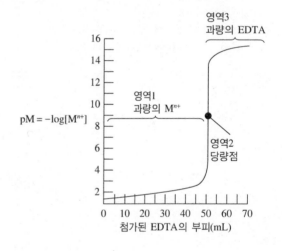

Mn^{2+}가 들어 있는 시료 용액 50mL를 0.1M EDTA 용액 100mL와 반응시켰다. 모든 Mn^{2+}와 반응하고 남은 여분의 EDTA를 금속 지시약을 사용하여 0.1M Mg^{2+}용액으로 적정하였더니 당량점까지 50mL가 소비되었다. 시료 용액에 들어 있는 Mn^{2+}의 농도는 몇 M인가?

① 0.1   ② 0.2
③ 0.3   ④ 0.4

|해설|

• 전체 EDTA의 몰수 : $\frac{0.1mol}{L} \times \frac{1L}{1000mL} \times 100mL = 0.01mol$

• 당량점 이후의 Mg^{2+}의 몰수 :
$\frac{0.1mol}{L} \times \frac{1L}{1000mL} \times 50mL = 0.005mol$

여분의 EDTA 몰수 : 0.005mol
Mn^{2+}와 반응한 EDTA의 몰수 : $0.01 - 0.005 = 0.005mol$
∴ Mn^{2+}의 농도 : 0.005mol/0.05L = 0.1M

정답 ①

2-4. 산화 · 환원 적정법

핵심이론 01 산화 · 환원 지시약

(1) 산화, 환원

산 화	환 원
산소와 결합한다.	산소를 잃는다.
수소를 잃는다.	수소와 결합한다.
전자를 잃는다.	전자를 얻는다.
산화수가 증가	산화수가 감소

(2) 산화제, 환원제

산화제	환원제
자신은 환원되고 다른 물질을 산화시키는 물질	자신은 산화되고 다른 물질을 환원시키는 물질
산화수가 높은 금속이나 비금속 단체를 가진 화합물	산화수가 낮은 금속이나 비금속 단체를 가진 화합물
전자를 얻는 성질이 클수록 강한 산화제	전자를 잃는 성질이 클수록 강한 환원제

(3) 산화수 결정

① 홑원소 물질을 구성하는 원자의 산화수는 0이다.

② 단원자 이온의 산화수는 이온의 전하와 같다.

③ 다원자 이온의 각 원자의 산화수의 합은 다원자 이온의 전하와 같다.

④ 화합물을 구성하는 모든 원자의 산화수의 합은 0이다.

⑤ 화합물의 산화수

　㉠ 알칼리 금속의 산화수는 +1이다.

　㉡ 알칼리 토금속의 산화수는 +2이다.

　㉢ Al의 산화수는 +3이다.

　㉣ F의 산화수는 -1이다.

　㉤ H의 산화수는 +1이다. 단, 금속의 수소화합물에서는 -1이다.

　㉥ O의 산화수는 -2이다. 예외로 과산화물 내 산소의 산화수는 -1이다.

(4) 산화, 환원 적정

① 산화제·환원제 1g 당량은 반응할 때 1mol의 전자를 방출하는 환원제의 양 또는 1mol의 전자를 받아들이는 산화제의 양을 말한다.

② 산화제 또는 환원제의 표준용액으로 행하는 적정을 산화·환원 적정이라 한다.

③ 산화제와 환원제는 같은 g당량수로 반응하므로, 반응의 종점을 알 수 있으면 적정에 의해 정량할 수 있다.

(5) 산화, 환원 지시약

① 산화·환원 적정의 종말점을 검출하는 데 이용한다.

② 특정 전위에서 명확한 색상의 변화를 나타내는 화합물을 의미한다.

③ 빠르고 가역적인 색상의 변화는 산화와 환원반응이 매우 빠르게 발생함을 의미한다.

④ 분석하고자 하는 이온과 결합했을 때 산화된 상태와 환원된 상태의 색이 달라야 한다.

⑤ 산화와 환원 지시약으로 사용되는 화합물은 몇 가지 종류밖에 되지 않으며 거의 대부분 유기화합물이다.

핵심예제

1-1. 다음과 같은 반응에 관련되는 화학종의 산화수 변화로 옳은 것은?

$$2MnO_4^- + 5Fe + 16H^+ \rightarrow 5Fe^{2+} + 2Mn^{2+} + 8H_2O$$

① Mn : $+5 \rightarrow +2$
② O : $-2 \rightarrow 0$
③ Fe : $0 \rightarrow +2$
④ H : $+1 \rightarrow 0$

1-2. 다음 반응식에서 산화, 환원에 대한 설명 중 틀린 것은?

$$2Mg + O_2 \rightarrow 2MgO$$

① Mg은 산화되는 물질이다.
② O_2는 환원되는 물질이다.
③ O_2는 환원제로 작용한다.
④ Mg은 환원제로 작용한다.

|해설|

1-1
Fe의 산화수가 0에서 +2로 증가하였다.

1-2
산화되는 물질을 환원제라고 한다. O_2는 산화제로 작용한다.

정답 1-1 ③ 1-2 ③

(1) 과망가니즈산칼륨 적정

① $KMnO_4$ 표준액을 사용하는 적정이다.

② $KMnO_4$는 매우 강한 산화제이며 수용액 중에서 비교적 안정하며 환원성 물질을 적정할 수 있다.

③ $KMnO_4$액은 산성 또는 염기성에 따라 산화 능력이 다르지만 가장 많이 사용하는 것은 강산성 용액에서의 산화반응이다.

④ 산성용액에서 반응

$$MnO_4^- + 5e + 8H^+ \rightarrow Mn^{2+} + 4H_2O$$

  ⊙ $KMnO_4$의 적가에서 적자색의 MnO_4^-는 거의 무색의 Mn^{2+}를 형성한다.

  ⓛ 당량점 이후는 과량의 MnO_4^-로 인해 자체색인 자주색이 되고 종말점 확인이 가능하다.

(2) 아이오딘 적정

① 적정 종점이 명료하기 때문에 정밀도가 좋다.

② 아이오딘 산화적정

  ⊙ 아이오딘 I_2의 산화작용을 이용해서 아이오딘 표준액으로 직접 적정하는 방법이다.

  ⓛ 직접 아이오딘 적정법이다.

③ 아이오딘 환원적정

  ⊙ 아이오딘화물이온 I^-의 환원작용을 이용해서 유리된 I_2를 싸이오황산나트륨으로 적정하는 방법이다.

  ⓛ 간접 아이오딘 적정법이다.

④ 종점의 결정 : I_2 용액 중에 $Na_2S_2O_3$ 표준액을 적가하였을 때 I_2의 엷은 갈색이 퇴색되므로 무색용액의 적정에서는 지시약을 사용하지 않고 종점을 결정할 수가 있지만 그다지 명료하지 않다. 종점을 명료하게 하기 위하여 전분용액을 지시약으로 사용한다. 아이오딘과 전분이 반응해서 짙은 청색을 띠지만 I_2가 완전히 I^-로 변하면 청색이 사라지므로 이 점을 종점으로 한다.

핵심예제

2-1. 옥살산($H_2C_2O_4$)은 뜨거운 산성 용액에서 과망가니즈산이온(MnO_4^-)과 다음과 같이 반응한다. 이 반응에서 지시약 역할을 하는 것은?

$$5H_2C_2O_4 + 2MnO_4^- + 6H^+ \rightarrow 10CO_2 + 2Mn^{2+} + 8H_2O$$

① $H_2C_2O_4$ 　　　　② MnO_4^-

③ CO_2 　　　　④ H_2O

2-2. 다음 중 아이오딘 적정법에서 일반적으로 사용하는 지시약으로서 아이오딘과 반응하여 짙은 청색을 발현하는 것은?

① 페놀프탈레인

② 브로모크레졸 그린

③ 에리오크로뮴 블랙 T

④ 녹 말

|해설|

2-2

녹말에 아이오딘 분자가 들어가면 짙은 청색을 띤다.

정답 2-1 ② 2-2 ④

2-5. 원자분광법

핵심이론 01 원자분광법의 원리 및 이론

(1) 분광법

물질이 흡수하거나 방출하는 복사선의 파장과 세기를 측정하는 방법이다.

(2) 원자분광법

원자가 흡수하거나 방출하는 복사선의 파장과 세기를 측정하는 방법이다.

① 원자는 서로 다른 에너지를 가지는 다양한 원자 오비탈을 가지고 있어 전자에너지 상태가 양자화되어 있다.

② 가장 안정한 전자배치 즉, 바닥상태(에너지가 가장 낮은 상태)에 있는 원자에 크기가 정확히 일치하는 에너지를 가하면 원자가 에너지를 흡수해서 전자가 더 높은 에너지의 오비탈로 전이를 하는데 이 상태를 들뜬 상태(에너지가 높은 상태)라 하며, 이 상태는 불안정하여 자발적으로 바닥상태로 되돌아 가려한다.

③ 이 과정에서 원자는 들뜬상태와 바닥상태의 에너지 차이와 일치하는 에너지를 방출한다.

④ 이 에너지 차이를 이용하여 흡수하거나 방출하는 복사선의 파장을 계산할 수 있다.

$$\Delta E = E_{최종} - E_{초기} = h\nu = \frac{hc}{\lambda}$$

핵심예제

원자분광법의 원리에 대한 설명 중 틀린 것은?

① 원자흡수분광법은 중성 원자가 빛 에너지를 흡수하는 데 기초를 둔 원자분광법의 하나이다.

② 원자방출분광법은 시료에 에너지를 가하여 들뜨게 한 후 방출된 스펙트럼을 분광하여 분석하는 방법이다.

③ 원자형광분광법은 중성 원자에 빛 에너지를 가하여 들뜨게 함으로써 발생되는 형광을 분광하여 분석하는 방법이다.

④ 자외선-가시선 영역의 원자분광법은 원자 내의 최내각 전자와 전자파 간의 거동을 이용하여 분석하는 방법이다.

|해설|

자외선-가시선 영역의 원자분광법은 원자 내의 최외각전자와 전자파 간의 거동을 이용하여 분석하는 방법이다.

정답 ④

핵심이론 02 원자선 너비

(1) 선 너비
원자선의 선 너비가 좁으면 스펙트럼선이 겹쳐서 방해가 일어날 가능성을 줄여주기 때문에 원자선 너비는 원자분광법에서 고려해야 할 사항이다.

(2) 원자선 너비에 영향을 주는 변수
① 불확정성 효과 : 하나 또는 둘 모두의 전이 상태 수명이 한정되어 있어 전이 시간에 오차가 생기고, 이로 인해 불확정성 원리에 의해 선 넓힘이 일어난다.
② 도플러(Doppler) 효과 : 빠르게 움직이는 원자에 의해 흡수되거나 방출되는 복사선의 파장은 원자의 움직임이 검출기 쪽을 향하는 경우 감소하고, 원자들이 검출기로부터 멀어지면 증가한다.
③ 같은 종류의 원자와 다른 원자들과의 충돌에 기인하는 압력효과 : 가열된 매질 속에 방출하거나 흡수하는 화학종이 다른 원자나 이온들과 충돌하면서 일어난다.
④ 전기장과 자기장 효과

핵심예제

원자분광법에서 선 넓힘의 원인이 아닌 것은?
① 불확정성 효과
② Doppler효과
③ 용매 효과
④ 압력 효과

정답 ③

핵심이론 03 원자분광법의 방해

(1) 스펙트럼 방해
원자 흡수에서 분석될 원소 외의 다른 원소가 광원의 빛 에너지를 흡수할 때 Zeeman 바탕보정 또는 다른 파장을 선택하여 해결한다.

(2) 이온화방해
중성 원자를 생성할 때 불꽃의 온도가 높으면 이 열 에너지에 의해 이온화 반응으로 중성원자의 생성을 방해받게 되어 원자흡광 분석에서 흡광 세기를 감소하거나 이온화 억제제를 가하면 이온화평형이 이동하는 것을 막을 수 있다.

(3) 화학적방해
분석하고자 하는 금속이온이 음이온이나 양이온과 서로 반응하여 열적으로 안정한 화합물을 형성할 때 주어진 온도에서 쉽게 분해가 되지 않아 중성원자로 만드는 것을 방해한다. 이때 분석 원소보다 이온화를 잘 일으키는 해방제를 가해 해결한다.

(4) 물리적방해
시료의 물리적 특성(점도, 표면장력, 휘발성 등)에 의해 방해된다.

3-1. 원자분광법 분석을 수행하기 위한 원자화과정에서는 화학적 간섭(Chemical Interference)이 분석 감도에 영향을 미친다. 다음 〈보기〉에 열거한 효과 중 화학적 간섭만으로 나열된 것은?

〈보기〉
㉠ 저휘발성 화합물 생성 효과
㉡ 전하이동 효과
㉢ 이온화 효과
㉣ 도플러 효과
㉤ 해리평형 효과

① ㉡, ㉢, ㉣
② ㉠, ㉢, ㉤
③ ㉠, ㉡, ㉣
④ ㉢, ㉣, ㉤

3-2. 원자분광법에서 측정 시 다양한 방해가 발생하게 된다. 다음 방해 종류에 따른 해결 방법을 연결한 것 중 틀린 것은?

① 스펙트럼방해 – Zeeman 바탕 보정 혹은 다른 파장 선택
② 화학적방해 – 해방제 사용
③ 이온화방해 – 이온화 증가제 사용
④ 시료조성방해 – 표준물첨가법 사용

3-3. 원자분광법에서 고체 시료를 원자화하기 위해 도입하는 방법은?

① 기체 분무기
② 글로우 방전
③ 초음파 분무기
④ 수소화물 생성법

| 해설 |

3-1
화학적 방해 : 낮은 휘발성 화합물 생성, 해리평형, 이온화평형

3-3
시료 도입 방법에 따른 시료의 형태
- 용액 또는 슬러지 : 기체 분무기
- 전도성 고체 : 글로우 방전
- 용액 : 초음파 분무기
- 원소 용액 : 수소화물 생성법

정답 3-1 ② 3-2 ③ 3-3 ②

---

(1) 원자흡수분광법

① 바닥상태의 원자가 광자를 흡수 → 원자흡수
② 중성 상태의 원자를 분석하는 것으로, 원자가 중성 원자로 되는 과정이 잘 일어나지 않거나 중성 원자가 너무 빨리 이온이 되는 화학적 방해가 일어난다.
③ 원자흡수선이 좁아 1번에 1개의 원소만 검출 가능하므로 한 원소를 정량하는 데 사용된다.
④ 방출분광법에 비해 간단하고 값싼 장치를 이용하며, 유지비가 적게 들고 정밀도가 높다. 또한 덜 숙련된 작동자에게서도 좋은 결과를 얻을 수 있다.

(2) 형광분광법(= 원자방출분광법)

① 들뜬 상태에서 바닥상태로 돌아가면서 광자 방출 → 원자방출
② 높은 온도를 가하여 중성 원자 상태를 거치지 않고 한 번에 이온으로 들뜨게 하여 방출하는 파장을 측정하는 것으로, 원소 상호 간의 화학적 방해가 적다.
③ 한 번에 여러 원소를 들뜨게 할 수 있다.
④ 감도는 떨어지지만 선택성이 좋아 정량분석에 사용되지 않고 정성분석에 사용된다.

원자흡수법에서 사용되는 광원에 대한 설명으로 틀린 것은?

① 다양한 원소를 하나의 광원으로 분석이 가능하다.
② 흡수선 너비가 좁기 때문에 분자흡수에서는 볼 수 없는 측정상의 문제가 발생할 수 있다.
③ 원자 흡수봉우리의 제한된 너비 때문에 생기는 문제는 흡수봉우리보다 더 좁은 띠너비를 갖는 선광원을 사용함으로써 해결할 수 있다.
④ 원자흡수선이 좁고, 전자전이 에너지가 각 원소마다 독특하기 때문에 높은 선택성을 갖는다.

| 해설 |

원자마다 흡수하는 파장이 다르기 때문에 원소별로 다른 광원이 필요하다.

정답 ①

(1) 개 요

① 원자방출분광법을 이용하여 시료 중에 들어 있는 무기 원소를 분석한다.

② 원소들의 정성 및 정량분석에 사용된다.

(2) 플라스마 광원의 방출분광법

① 유도쌍 플라스마(ICP)

② 직류 플라스마 광원(DCP)

③ 마이크로파 유도 플라스마(MIP)

(3) 기기의 구조

① 들뜨기 원(광원) : 플라스마는 매우 고온의 이온화된 기체로 동일한 양의 양이온과 전자를 갖고 있으며 기저 상태의 전자를 전이시켜 들뜨기 상태로 전환시키기 위해 필요한 에너지를 제공하는 들뜨기 원으로 이용되고 있다.

② 시료 도입부 : 분무기 + 안개상자로 구성. 시료용액을 에어로졸 상태로 분무시킨다. 분무기의 효율은 검출한계에 가장 큰 영향을 미치는 요인이다.

③ 단색화장치 : 여기된 빛은 시료에 존재하는 원소의 다양한 파장을 동시에 방출하므로 관심성분을 분석하기 위해서는 특정 파장의 빛을 선택하고 적절히 분리한다.

④ 검출기 및 증폭기

(4) ICP 원자화방법

① 원자들이 불꽃법에서 사용하는 온도보다 높은 온도에 머무르게 되면 원자화가 더 잘 이루어지고 화학적 방해도 거의 없다.

② 플라스마 단면에서의 온도 분포가 균일하면 자체 흡수와 자체 반전 효과가 나타나지 않는다.

③ 아르곤의 이온화로 생긴 전자 농도가 시료 성분의 이온화로 생기는 전자 농도에 비해 커서 이온화에 의한 방해 효과가 작다.

핵심예제

플라스마 광원의 방출분광법에는 세가지 형태의 고온 플라스마가 있다. 다음 중 여기에 해당하지 않는 것은?

① 녹연전기로(GFA)

② 유도쌍 플라스마(ICP)

③ 직류 플라스마(DCP)

④ 마이크로파 유도 플라스마(MIP)

정답 ①

(1) 개 요

① 전기복사선의 방출, 흡수, 산란, 형광 및 회절에 기초한다.
② 원자의 최내각 궤도함수를 포함하는 전자전이를 분석하는 방법이다.
③ 광원 : X선 관, 방사성 동위원소, 이차 형광 광원을 사용한다.
④ X선 형광법과 회절법은 나트륨보다 큰 원자번호를 갖는 주기율표상의 모든 원소들의 정성 및 정량 분석에 널리 사용한다.

(2) 특 징

① 장 점
  ㉠ 스펙트럼이 비교적 단순하여 스펙트럼선 방해가 적다.
  ㉡ 비파괴 분석법이라 시료에 아무런 해를 주지 않고 분석 가능하다.
  ㉢ 거의 볼 수 없을 정도의 작은 반점에서 큰 물질까지의 시료를 분석 가능하다.
  ㉣ 수분 내에 다중 원소를 분석할 정도로 실험과정이 빠르다.

② 단 점
  ㉠ 여러 분광법 만큼은 감도를 가지지 못한다.
  ㉡ 가벼운 원소를 측정할 때는 적당하지 않다.
   원자번호가 23(바나듐)이하의 경우 적당하지 않다.
  ㉢ 기기의 가격이 비싸다.

(3) X선의 매트릭스 효과

① 산란효과 : 복사선과 얻어진 형광의 일부가 시료를 투과하면서 산란이 일어난다. X선 형광 측정에서 검출기에 도달하는 선의 알짜 세기는 X선 형광을 발생하는 원소의 농도뿐만 아니라 매트릭스 원소들의 농도 및 질량 흡수계수의 영향을 받는다.

② 흡수효과 : 분석 원소보다 빛살을 더 세게 또는 낮게 흡수하는 원소들이 매트릭스에 포함되어 있으면 분석 원소의 무게분율의 값이 변한다.
③ 증강효과 : 입사 빛살에 의해 들떠서 특성 방출 스펙트럼을 내는 원소가 시료에 포함되어 있을 때 나타나는 현상으로, 분석선의 이차 들뜸을 유발한다.
④ 외부표준물에 의한 검정, 내부 표준물의 사용, 시료와 표준물의 묽힘 등의 방법으로 매트릭스 효과를 감소시킬 수 있다.

핵심예제

6-1. 다음 X선 형광분석법의 특징에 대한 설명 중 틀린 것은?
① 비파괴 분석법이다.
② 다중 원소의 분석이 가능하다.
③ 오제(Auger) 방출로 인한 증강효과로 감도가 높다.
④ 스펙트럼이 비교적 간단하여 스펙트럼선 방해가 적다.

6-2. 다음 중 X선 형광분석법에서 나타나는 매트릭스 효과가 아닌 것은?
① 증강효과   ② 흡수효과
③ 반전효과   ④ 산란효과

|해설|

6-1
Auger 방출로 형광 세기가 감소되므로 가벼운 원소 측정 시 X선 형광분석법을 사용하지 않는다.

정답 6-1 ③ 6-2 ③

2-6. 분자분광법

핵심이론 01 분자분광법의 원리 및 이론

(1) 개 요

① 분자와 빛의 상호작용을 이용하여 분자에 대한 정보(결합길이, 결합힘상수, 분자의 에너지 흐름 통로, 결합작용기 및 이들의 상호작용 등)를 알아내는 학문이다.

② 분자에 의해 흡수, 방출, 산란되는 복사강도를 주파수의 함수로서 측정하게 된다.

(2) 특 징

① 원자 분광법 보다 훨씬 복잡 : 원자보다 분자의 경우에 가능한 에너지 준위가 많다.

② 전자 상태 전이뿐만 아니라 진동 상태, 회전 상태도 고려할 필요가 있다.

(3) 분 류

① 분자의 에너지 형태에 따라 : 회전, 진동, 전자스펙트럼

② 분자분광을 이용하는 기기에 따라 : UV-VIS, 형광 및 인광, IR, NMR

(4) 분자 운동 종류

① 병진운동(Translation) : 분자가 병진 이동(이리저리 움직임)하며, 물질 내 서로 위치를 바꿀 수 있다.

② 분자회전(Rotation) : 회전축 둘레로 분자가 회전하는 운동으로 주로 M/W 파에서 원적외선 사이의 스펙트럼 영역에서 관찰된다.

③ 신축진동(Stretching) : 원자 간의 결합 축을 따라 신축을 반복하는 진동으로 대칭 진동(Symmetric), 비대칭 진동(Asymmetric)이 있다.

④ 굽힘진동(Bending) : 원자 간의 결합 각도가 변하는 진동으로 가위질 진동(Scissoring), 좌우 흔들림 진동(Rocking), 앞뒤 흔들림 진동(Wagging), 꼬임 진동(Twisting)이 있다.

핵심예제

다음 기기분석 장비 중 분자분광을 이용하는 기기가 아닌 것은?

① UV/VIS 흡수분광기
② 적외선(IR) 흡수분광기
③ 핵자기 공명(NMR) 분광기
④ 유도결합 플라스마(ICP) 분광기

정답 ④

(1) 원리 및 개요

① 시료 물질이나 시료물질의 용액 또는 여기에 적당한 시약을 넣어 발색시킨 용액의 흡광도를 측정하여 시료 중의 목적성분을 정량하는 방법으로 파장 200~1,200nm에서의 액체의 흡광도를 측정함으로써 대기 중이나 굴뚝 배출 가스 중의 오염물질을 분석한다.

② Lambert-Beer의 법칙

　㉠ 통과한 직후의 빛의 강도 I_t와 I_0 사이에는 다음의 관계가 성립한다.

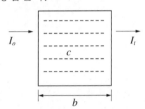

[자외선/가시선 분광법 원리도]

$$I_t = I_o \cdot 10^{-\varepsilon cb}$$

여기서, I_o : 입사광의 강도

　　　　I_t : 투사광의 강도

　　　　c : 농도

　　　　b : 빛의 투사거리

　　　　ε : 비례상수, 흡광계수(c = 1mol, I = 10mm 일 때의 ε의 값을 몰흡광계수라 한다)

③ 투과도 = $\dfrac{I_t}{I_0}$ = t

④ 투과퍼센트 = $t \times 100 = T$

⑤ 흡광도 = $\log \dfrac{1}{t}$ = A

2-1. Lambert-Beer 법칙을 나타내는 다음 수식의 각 요소에 대한 설명 중 틀린 것은?

$$A = \epsilon bc$$

① ϵ는 몰흡광계수이다.
② c는 빛의 속도를 나타낸다.
③ b는 시료의 두께를 나타낸다.
④ A는 흡광도를 나타내며 상수항이다.

2-2. 투광도가 0.010인 용액의 흡광도는 얼마인가?

① 0.398　　　　　② 0.699
③ 1.00　　　　　 ④ 2.00

|해설|

2-2

· 투광도(t) = $\dfrac{\text{투사광의 강도}}{\text{입사광의 강도}}$

· 흡광도 = $\log \dfrac{1}{t}$ = A

∴ $\log \dfrac{1}{0.01}$ = 2

정답 2-1 ② 2-2 ④

(1) 장치 구성

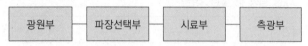

① **광원부** : 텅스텐램프, 중수소방전관, 광방출 다이오드, 제논 아크 등

  ㉠ 가시부, 근적외부의 광원 : 텅스텐램프

  ㉡ 자외부 광원 : 중수소 방전관

② **파장선택부** : 단색화장치 또는 필터

  ㉠ 단색화장치 : 프리즘, 회절격자 또는 이 두 가지를 조합시켜 사용하며, 단색광을 내기 위해 슬릿 사용

  ※ 단색화장치의 성능 특성

   – 스펙트럼의 순도 : 단색화장치를 덮는 상자의 불량, 회절발의 불량, 먼지로 오염될 경우 스펙트럼의 순도는 떨어지고 측정에 있어 신뢰성이 없다.

   – 근접파장을 분해하는 능력 : 회절발의 홈 수가 많을수록, 회절차수가 많을수록 분해능이 높다.

   – 단색화 장치의 집중력 : 복사선 에너지가 높을수록, 초점거리가 짧을수록 집광력이 높다.

   – 스펙트럼의 띠 너비 : 작을수록 분해능이 높다.

  ㉡ 필터 : 색유리 필터, 젤라틴 필터, 간접 필터

③ **시료부**

  ㉠ 시료셀 : 시료액을 넣은 흡수셀

  ㉡ 대조셀 : 대조액을 넣은 흡수셀

  ㉢ 셀홀더 : 셀을 보호하기 위해 사용한다.

  ㉣ 가시 및 근적외부의 파장범위 흡수셀의 재질 : 유리제

  ㉤ 자외부 파장범위 흡수셀의 재질 : 석영제

  ㉥ 근적외부 파장범위의 재질 : 플라스틱제

④ **측광부** : 광전관, 광전자증배관, 광전도셀, 광전지 사용, 필요 시 증폭기 대수변환기 사용하며, 지시계, 기록계 등을 사용한다.

  ㉠ 광전관, 광전자증배관 : 자외선 내지 가시파장 범위

  ㉡ 광전도셀 : 근적외 파장범위

  ㉢ 광전지 : 가시파장 범위

⑤ **기 타**

  ㉠ 자동기록식 광전분광광도계의 파장 교정은 홀뮴(Holmium)유리의 흡수스펙트럼을 이용한다.

  ㉡ 흡광도 눈금의 보정 시 중크롬산칼륨 용액 사용한다.

─ **핵심예제** ─────────────

단색화장치의 구성요소가 아닌 것은?

① 광 원   ② 회절발

③ 슬 릿   ④ 프리즘

정답 ①

(1) 원리 및 개요

① 발광분광기는 복사선 광원이 시료에 입사되고 90° 각도에서 발생하는 방출 복사선을 측정한다.

② 분석 성분의 분자가 들뜬 후 방출 스펙트럼을 내어 정성 및 정량분석을 한다.

③ 검출한계가 흡수 분광법보다 1~3승 더 낮고, 좋은 감도를 가진다.

④ 감도가 좋아 발광법으로 정량분석할 때 시료 매트릭스로부터 심각한 방해를 받기 쉽다.

⑤ 많은 화학종들이 자외선-가시선 영역에서 광발광을 나타내기보다는 흡수하므로, 흡수법만큼 정량분석에 널리 사용되지 않는다.

⑥ 시료중의 형광물질 정량분석

$$F = K \cdot P_0 \cdot \varnothing \cdot \varepsilon \cdot c \cdot l$$

여기서, K : 비례상수

P_0 : 여기광의 강도

$\varnothing$: 형광 또는 인광의 양자수율

ε : 여기광파장에서의 몰흡광계수

c : 농도

l : 총장

(2) 루미네센스(Luminescence)

① 물질이 흡수한 에너지를 빛으로 방출하는 현상을 말한다.

② 빛이 방출되는 전자상태의 차에 따라 형광과 인광으로 나뉜다.

③ 형광광도법에서 사용되고 있는 것은 유기화합물의 광(Luminescence)이다.

④ 감도가 높고, 넓은 직선농도범위에서 검출한계는 ppb이다.

핵심예제

빛의 흡수와 발광(Luminescence)을 측정하는 장치에서 두드러진 차이를 보이는 분광기 부품은?

① 광 원　　　　　　② 시료장치
③ 검출기　　　　　　④ 단색화장치

정답 ④

(1) 개 요

① 물질이 빛을 흡수하면 진동과 회전전위의 변화를 수반하는 전자전위의 변화가 발생한다.

② **발광** : 빛을 흡수한 어떤 물질이 바닥상태로 되돌아가면서 재방출하는 빛이다.

③ 발광에는 형광과 인광이 있으며, 광자에 의해 들뜬다는 점에서 비슷하다.

④ 형광과 인광의 차이는 빛을 제거했을 때 잔광이 남는지 여부이다.

(2) 형 광

① 발광할 때 전자스핀의 변화가 없이 전자 에너지의 전이가 일어난다.

② 250nm 이하 자외선에선 형광현상이 거의 일어나지 않는다.

③ 수명이 10^{-6}s 이하로 짧다.

④ 에너지가 적은 $\pi^* \to \pi$와 $\pi^* \to n$ 과정에 해당하는 경우만 형광이 나타난다.

(3) 인 광

① 전자스핀의 변화를 수반한다.

② 복사선의 조사가 끝난 후에도 쉽게 검출할 수 있는 시간 동안 가끔 또는 더 긴 시간의 발광이 계속된다. 산소와의 충돌이 증가할수록 계간전이가 증가한다.

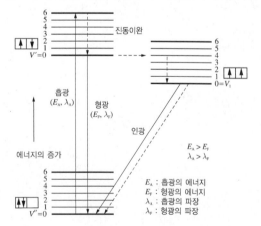

(4) 형광과 인광에 영향을 주는 변수

① 용매의 극성과 점도

ㄱ 양자수득률이란 들뜬 분자수에 대한 발광분자수의 비로 형광을 잘 방출하는 분자의 양자수득률은 최적 조건에서 1에 가깝고 형광을 내지 않는 화학종의 수득률은 0에 가깝다.

ㄴ 극성이 큰 용매일수록 들뜬상태가 안정하기 때문에 형광 파장이 길어진다.

ㄷ 용매의 점도가 커지면 형광 양자수득률이 증가하고, 형광파장은 단파장 쪽으로 이동하는 수가 많다.

② 온도 : 온도의 증가에 따라 형광세기는 감소한다.

③ pH와 용존산소의 영향

ㄱ 형광파장과 세기가 서로 다른 경우 일반적으로 pH의 영향을 받아 형광세기와 스펙트럼이 생긴다.

ㄴ 용액 중에 산소가 녹아 있으면 형광세기는 감소한다.

④ 농 도

ㄱ 형광 복사선의 세기는 Lambert-Beer의 법칙에 따라 시료의 농도에 비례한다.

ㄴ 자체소광 : 들뜬 분자 사이의 충돌 때문에 에너지가 용매분자로 전이하는 것과 같이 비복사전이가 일어난다. 농도가 진할수록 커진다.

ㄷ 자체흡수 : 발광선 파장이 화합물의 흡수봉우리가 겹칠 때 일어나고, 형광은 발광빛살이 용액을 통과하는 동안 감소한다.

⑤ 분자구조에 따른 형광현상

ㄱ 전이를 하는 방향족 화합물로서 경직된 평면구조를 갖는 분자는 가장 세고 유용한 형광을 나타낸다.

ㄴ 전자주개 치환기($-NH_2$, $-OH$ 등)를 도입하면 전이확률이 커져서 형광성이 강해진다.

ㄷ 전자끌개 원자단($-COOH$, $-NO_2$, $-N=N-$ 등)을 도입하면 형광세기는 약해진다.

ㄹ Pyridine, Furan, Thiophene과 같은 간단한 헤테로 화합물은 형광을 잘 발생하지 않지만 Quinoline, Isoquinoline과 같은 접합고리구조를 갖는 화합물은 형광을 발생한다.

(2) Stoke's Shift

① 흡수한 광의 파장보다도 긴 파장의 광이 형광으로서 방사되게 되는 현상이다.

② 흡수스펙트럼과 형광스펙트럼의 모양은 닮은 꼴이다.

③ 중심 부근이 겹친 곳을 기준으로 좌우대칭에 가깝기 때문에 거울상 관계이다.

④ 거울상 관계는 바닥상태와 들뜬상태에서의 분자구조가 같을 때 성립한다.

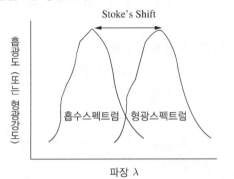

핵심예제

5-1. 형광과 인광에 영향을 주는 변수로서 가장 거리가 먼 것은?

① pH

② 온 도

③ 압 력

④ 분자구조

5-2. 인광에 대한 설명으로 틀린 것은?

① 계간전이를 통해서 발생

② 무거운 분자일수록 유리

③ $10^{-4} \sim 10s$ 정도의 평균 수명

④ 산소와의 충돌이 감소하면 계간전이 증가

5-3. 다음 형광에 대한 설명 중 틀린 것은?

① 광원 깜박이잡음이 관찰된다.

② 전자스핀이 변하지 않으면서 전자 에너지 전이가 일어난다.

③ 발광은 거의 순간적으로($10^{-5}s$) 없어진다.

④ 묽은 원자증기에서 관찰된다.

5-4. 형광에 대한 설명으로 가장 적절한 것은?

① $\sigma^* \rightarrow \sigma$ 전이에서 주로 발생한다.

② Pyridine, Furan 등 간단한 헤테로 고리 화합물은 접합 고리 구조를 갖는 화합물보다 형광을 더 잘 발생한다.

③ 전형적인 형광은 수명이 약 $10^{-10} \sim 10^{-5}s$ 정도이다.

④ 250nm 이하의 자외선을 흡수하는 경우에 형광을 방출한다.

5-5. 여러 가지의 전자 전이가 일어날 때 흡수하는 에너지 (ΔE)가 가장 작은 것은?

① $n \rightarrow \pi^*$

② $\sigma \rightarrow \pi^*$

③ $\pi \rightarrow \pi^*$

④ $\sigma \rightarrow \sigma^*$

5-6. 분자 발광 분광법에서 사용되는 용어에 대한 설명 중 틀린 것은?

① 내부전환 – 들뜬 전자가 복사선을 방출하지 않고 더 낮은 에너지의 전자상태로 전이하는 분자 내부의 과정

② 계간전이 – 다른 다중성의 전자 상태 사이에서 교차가 일어나는 과정

③ 형광 – 들뜬 전자가 계간 전이를 거쳐 삼중항 상태에서 바닥 상태로 떨어지면서 발광

④ 외부전환 – 들뜬 분자와 용매 또는 다른 용질 사이에서의 에너지 전이

|해설|

5-2

인광은 산소와의 충돌이 증가하면 계간전이가 증가한다.

5-5

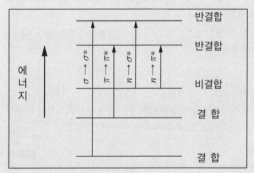

5-6

삼중항에서 바닥의 단일항으로 떨어지면서 발광하는 것은 인광이다.

정답 5-1 ③ 5-2 ④ 5-3 ① 5-4 ③ 5-5 ① 5-6 ③

(1) 개 요

① 구성 : 광원-파장선택장치-검출기

⊙ 광 원

- 제논램프, 레이저 등 여기광을 안정하게 방사하는 것이다.
- 들띄우기 빛의 강도가 크면 클수록 형광분석의 감도가 크다.

ⓒ 파장선택장치 : 자외선이 필터 또는 단색화장치를 통과할 때 들뜬 광선의 파장 선정이 이루어진다.

ⓒ cell과 cell holder : 1cm × 1cm, 4면이 투명한 석영셀을 사용한다.

ⓔ 검출기 : 형광 검출기로 광전자증배관이 장치되어 있다.

핵심예제

형광분광기에서 들뜸 스펙트럼(Excitation Spectrum)을 얻는 방법은?

① 들뜸 파장을 변화시키면서, 일정한 파장에서 발광 세기를 측정한다.

② 들뜸 파장과 파장을 동시에 변화시키면서 발광 세기를 측정한다.

③ 들뜸 파장을 고정시키고, 일정한 파장에서 발광 세기를 측정한다.

④ 들뜸 파장을 고정시키고, 파장을 변화시키면서 발광 세기를 측정한다.

|해설|

들뜸 스펙트럼을 얻기 위해서는 들뜸 파장을 변화시키고 하나의 고정된 파장에서 발광의 세기를 측정해야 한다.

정답 ①

(1) 개 요

① 주로 분자의 정성분석에 이용한다.

② 분자가 진동-회전 에너지 상태에서 다른 에너지 상태로 전이되면서 발생하는 에너지 변화로 측정한다.

③ 적외선 흡수를 위해서는 진동과 회전 시 쌍극자모멘트 알짜 변화가 있어야 한다.

④ 적외선 분광법의 단위는 파수(cm^{-1})이다.

(2) IR에서 진동방식의 수

① 이원자분자 : 원자 사이의 결합각이 없어, 굽힘 진동이 일어나지 않으며 오로지 신축진동만 일어난다.

② 다원자 분자

⊙ 분자의 운동 = 진동 + 회전 + 병진

ⓒ 비직선형 : 3N-6

ⓒ 직선형 : 3N-5

여기서, N : 원자 수

핵심예제

7-1. 암모니아(NH_3) 분자는 적외선 스펙트럼에서 몇 가지의 기준진동 방식이 가능한가?

① 3 　　　　　　　② 4

③ 5 　　　　　　　④ 6

7-2. 다음 중 적외선 흡수 스펙트럼이 관찰되지 않는 분자는?

① H_2O 　　　　　② CO_2

③ N_2 　　　　　　④ HCl

|해설|

7-1

NH_3는 비직선형 분자이다. 따라서 3N-6에서 $3 \times 4 - 6 = 6$가지이다.

7-2

쌍극자모멘트의 변화를 발생할 수 없는 N_2는 적외선 분광법을 이용하여 측정할 수 없다.

정답 7-1 ④ 7-2 ③

핵심이론 08 적외선 분광법의 구성 요소

(1) 구성 요소

① 광 원

② 빛살 감쇠 장치

③ 부채꼴 거울

④ 필 터

⑤ 단색화장치

⑥ 시료용기

　㉠ 샘플링 : 고체시료일 때 KBr 펠릿 이용하며,
　　1 : 100(KBr) 비율을 사용하다.

　㉡ 시료 용기 재질 : NaCl, KBr과 같은 이온성 물질,
　　유리와 플라스틱은 IR을 흡수하므로 이용하지 않
　　는다.

⑦ 검출기

　㉠ 열법검출기 : 열전기쌍(전위차–온도 관계), 볼로
　　미터(온도–저항 관계)

　㉡ 파이로 전기 검출기 : FT–IR에 사용하는 방식,
　　빠른 검출 시간

　㉢ 광전도 검출기 : 반도체 물질 박막으로 구성

⑧ 주사모터

⑨ 기록장치

─ 핵심예제 ├─

IR을 흡수하려면 분자는 어떤 특성을 가지고 있어야 하는가?

① 분자 구조가 사면체이면 된다.

② 공명 구조를 가지고 있으면 된다.

③ 분자 내에 π결합이 있으면 된다.

④ 분자 내에서 쌍극자모멘트의 변화가 있으면 된다.

정답 ④

핵심이론 09 적외선 분광법 응용

(1) 물질의 구조 확인

① 작용기에 따라 특정 파장에서 주파수가 나타나는 것
으로 판별한다.

② 정성분석

　㉠ $3,600{\sim}1,250cm^{-1}$: 작용기 주파수 영역 조사, 어
　　떤 작용기가 존재할 가능성이 있는지에 초점을
　　맞춘다.

　㉡ $1,200{\sim}600cm^{-1}$: 지문영역, 특정 영역을 조사하
　　여 물질에 어떤 작용기가 있는지 판별 가능하다.

③ 작용기 주파수

　㉠ O–H : $3,650{\sim}3,590cm^{-1}$

　㉡ C=O : $1,760{\sim}1,690cm^{-1}$

　㉢ C=C : $1,680{\sim}1,610cm^{-1}$

　㉣ C–O : $1,300{\sim}1,050cm^{-1}$

(2) 반응속도 및 반응 과정 연구

작용기에 따른 흡수 피크의 소멸 및 생성 과정으로 반응
의 완결 및 속도 메커니즘을 확인한다.

(3) 정량분석 및 순도분석

① 적외선 스펙트럼은 무척 복잡하여 정량분석으로 잘
사용하지 않는다.

② 정량분석을 원한다면 Lambert–Beer 법칙을 이용
한다.

─ 핵심예제 ├─

적외선흡수분광법에서 흡수봉우리의 파수(cm^{-1})가 가장 큰 작용기는?

① C=O　　　　　　② C–O

③ O–H　　　　　　④ C=C

정답 ③

① 빠른 시간 내에 정확한 IR 스펙트럼을 얻기 위해 도입되었다.
② 구성 : 광원장치, 광검출기, 미켈슨 인터페로미터
③ 장 점
  ㉠ 단색화 장치가 불필요하며 재현성이 좋다.
  ㉡ 넓은 Slit 사용으로 에너지 이용률이 높다.
  ㉢ 기기의 분해능이나 검출기에 도달하는 빛의 양을 제한하는 슬릿이 없어 낮은 농도의 시료 분석이 가능하다.
  ㉣ 측정시간이 짧으며, 감도가 높으며, 열분해 및 변질될 우려가 없다.
  ㉤ 신호/잡음 비가 증가된다.
④ 단 점
  ㉠ 검출기가 비싸다.
  ㉡ 각기 다른 주파수의 모든 성분이 동시에 최고값을 갖지 않아 간섭도의 비대칭성이 나타난다.

─ 핵심예제 ─

10-1. FT(푸리에변환) 분광법은 적외선 분광광도법이나 NMR에서 많이 사용된다. 분산형 기기와 비교하였을 때 FT 분광법의 장점이 아닌 것은?

① 신호/잡음비가 증가된다. ② 주파수가 더 정확하다.
③ 빠른 시간에 측정된다. ④ 회절발의 성능이 우수하다.

10-2. 원적외선 영역의 몇몇 광원에서 나오는 복사선의 세기는 아주 약하여 높은 회절차수들의 빛이 검출기에 들어오지 못하도록 사용되는 차수 분류필터에 의해서 더욱 약해진다. 이런 문제를 해결하기 위하여 사용된 기기를 무엇이라고 하는가?

① Fourier 변환 분광계 ② Plasma 분광계
③ 분자 형광 분광계 ④ 분자 발광 분광계

| 해설 |

10-1
Fourier 방법을 이용하면 원적외선 영역의 광원에서의 약한 신호를 주위의 잡음으로 분리할 수 있다.

정답 10-1 ④ 10-2 ①

① 분자 내의 탄소-수소 골격에 관한 정보를 제공함으로써 분자의 구조를 알아내는 데 결정적인 역할을 한다.
② ^{1}H NMR 분광기로 분자 내의 화학적 환경이 서로 다른 수소의 종류와 화학적 환경이 서로 같은 수소의 수를 알 수 있으며 ^{13}C NMR 분광기로는 분자 내의 화학적 환경이 서로 다른 탄소의 종류를 알 수 있다.
③ 일정한 진동수의 라디오파를 쪼이게 하고 외부 자기장의 세기를 변화시켜 주면, 원자핵은 세차 운동에 의해 진동수에 상응하는 진동수를 가지는 라디오파 에너지를 흡수하여 낮은 에너지 스핀 상태에서 높은 에너지 스핀 상태로 전이가 일어난다.
④ 이런 스핀 상태의 전이가 일어날 때 원자핵은 쪼여진 라디오파와 공명을 한다고 할 수 있으므로 이를 핵자기 공명이라 한다.
⑤ 핵자기 공명에 필요한 라디오파의 진동수는 외부 자기장의 세기와 각 원자핵의 화학적 환경에 따라 달라진다.
⑥ NMR 스펙트럼은 외부 자기장의 세기가 스펙트럼의 오른쪽에서부터 왼쪽으로 갈수록 감소하도록 되어 있다.
⑦ NMR 분광법은 ^{1}H, ^{13}C, ^{19}F, ^{31}P의 핵을 사용한다.

─ 핵심예제 ─

11-1. 다음 중 핵자기공명(NMR) 분광법에서 일반적으로 사용하는 핵종이 아닌 것은?

① ^{1}H ② ^{13}C
③ ^{19}F ④ ^{32}S

11-2. Nuclear Magnetic Resonance(NMR)에서 주로 사용되는 빛의 종류는?

① UV ② VIS
③ Microwave ④ Radio Frequency

정답 11-1 ④ 11-2 ④

핵심이론 12 화학적 이동

① NMR 스펙트럼에서 TMS의 흡수 위치와 각 원자핵의 흡수 위치 사이의 차이를 말한다.
② 화학적 이동의 차이로 분자를 구성하고 있는 수소와 탄소 원자들의 화학적 환경을 알 수 있다.
③ 대표적인 기준물질 : 테트라메틸실란(TMS)
　㉠ 화학적으로 안정하다.
　㉡ 유기용매와 잘 혼합된다.
　㉢ 예민한 단일 흡수선을 나타낸다.
　㉣ 휘발성이 커서 혼합된 미량의 시료를 쉽게 회수 가능하다.
　㉤ 공명 흡수선의 위치가 다른 유기 화합물보다 높은 자기장으로 나타난다.
　㉥ 자기적으로 등방성 구조이다.

─ **핵심예제** ┌

NMR 기기에서 표준물로 사용되는 것은?

① 아세토니트릴
② 테트라메틸실란(TMS)
③ 폴리스티렌-디비닐벤젠
④ 8-히드록시퀴놀린(8-HQ)

정답 ②

핵심이론 13 NMR 스펙트럼

(1) 해 석

① ^1H스펙트럼은 이웃해 있는 스핀을 가지는 수소 원자핵들과의 상호작용에 의해 스펙트럼의 흡수 피크가 여러 갈래로 분열되어 나타난다.
② 스펙트럼의 흡수 피크가 분열되는 경우 분열된 흡수 피크의 수는 문제의 수소 원자핵과 상호작용하고 있는 이웃한 수소 원자핵의 수에 의해 결정된다.
③ 동일한 탄소 원자에 붙어 있는 수소 원자핵들은 동일한 화학적 환경을 가지므로 화학적 이동이 같게 되어서 스펙트럼의 흡수 피크 면적을 크게 한다.
④ 전기음성도 효과 : 인접하고 있는 원자단의 전기음성도가 커질수록 전자밀도의 감소로 가로막기 효과가 약해진다.
⑤ 짝지음상수 : 핵이 이웃한 핵의 스핀 상태에 의해 얼마나 강한 영향을 받는가의 척도이다.

(2) 탄소-13 NMR

① 양성자 NMR과 비교한 탄소-13 NMR의 장점
　㉠ 주위에 대한 것보다 분자의 골격에 대한 정보를 제공한다.
　㉡ 봉우리의 겹침이 양성자 NMR보다 적다.
　㉢ 탄소 간 동종 핵의 스핀-스핀 짝지음이 일어나지 않는다.
　㉣ ^{13}C와 ^{12}C간의 이종핵 스핀 짝지음이 일어나지 않는다.
② ^{13}C NMR에 이용되는 양성자 짝풀림
　㉠ 넓은 띠 짝풀림
　㉡ 공명 비킴 짝풀림
　㉢ 펄스법을 이용한 짝풀림
　㉣ 핵의 Overhauser 효과

13-1. 양성자와 ^{13}C 원자 사이에 짝풀림을 하는 여러 가지 방법이 있다. ^{13}C NMR에 이용하는 짝풀림이 아닌 것은?

① 넓은 띠 짝풀림
② 공명 비킴 짝풀림
③ 펄스 배합 짝풀림
④ 자기장 잠금 짝풀림

13-2. 탄소-13 NMR 스펙트럼에서 양성자 짝풀림(Proton Decoupling)을 위해 이용되지 않는 방법은?

① 펄스 짝풀림(Pulsed Decoupling)
② 넓은 띠 짝풀림(Broadband Decoupling)
③ 공명없는 짝풀림(Off-Resonance Decoupling)
④ 동핵 스핀 짝풀림(Homonuclear Spin Decoupling)

정답 13-1 ④ 13-2 ④

2-7. 분리분석법

핵심이론 01 분리분석의 원리 및 이론

(1) 선택계수(Selectivity Coeffient)

① 두 분석물질 간의 상대이동속도를 나타낸다.
② 두 화학종 A와 B에 대한 컬럼의 선택인자를 K_A, K_B 라 했을 때

$$\alpha = \frac{K_B}{K_A}$$

여기서, K_B : 컬럼과 더 친화성이 높은 물질
K_A : 컬럼과 친화성이 낮은 물질

(2) 단 높이 H와 칼럼단수 N, 관의 분리능 R_S

① 단 높이 : $H = \dfrac{L}{N}$

여기서, L : 관의 충전길이
N : 칼럼 단수

② 칼럼단수 : $N = 16\left(\dfrac{t_R}{W}\right)^2$

여기서, t_R : 두 개의 시간 측정 값
W : 봉우리 밑 너비

③ 단수가 클수록, 단 높이가 작을수록 관의 효율은 증가한다.

④ 관의 분리능 : $R_S = \dfrac{2[(t_R)_B - (t_R)_A]}{W_A + W_B}$

⑤ 분리능 : $R_S = \sqrt{N}$ 에 비례한다.

1-1. 선택계수(Selectivity Coefficient, α)는 다음 중 무엇을 나타내는가?

① 두 분석물질 간의 상대적인 이동속도
② 분석물질의 띠넓어짐의 정도
③ 이동상의 이동속도
④ 분석가능한 물질의 최대수

1-2. 30cm의 칼럼을 이용하여 물질 A와 B를 분리할 때 머무름 시간이 각각 16.40분과 17.63분이었다. A와 B의 봉우리 밑너비는 1.11분과 1.21분이었다. 칼럼의 성능을 나타내는 칼럼의 평균단수(N)과 단 높이(H)는 각각 얼마인가?

① $N = 3.44 \times 10^3$, $H = 8.7 \times 10^{-3}$cm
② $N = 1.72 \times 10^3$, $H = 8.7 \times 10^{-3}$cm
③ $N = 3.44 \times 10^3$, $H = 19.4 \times 10^{-3}$cm
④ $N = 1.72 \times 10^3$, $H = 19.4 \times 10^{-3}$cm

|해설|

1-1
선택계수란 두 분석 물질간의 상대적인 이동속도를 나타낸다.

1-2
• 칼럼단수(N) $= 16\left(\dfrac{t_R}{W}\right)^2$

• $N_1 = 16\left(\dfrac{16.40}{1.11}\right)^2 = 3492.7$, $N_2 = 16\left(\dfrac{17.63}{1.21}\right)^2 = 3,396.7$

∴ $N = \dfrac{3,492.7 + 3,396.7}{2} = 3444.7$

∴ $H = \dfrac{L}{N} = \dfrac{30}{3,444.7} = 8.7 \times 10^{-3}$

정답 1-1 ① 1-2 ①

(1) 지연인자(Retardation Factor, R_F)

화학종과 컬럼 간의 상호작용 결과 용질 이동이 지연되는 특성을 나타내는 인자

∴ 지연인자(R_F) $= \dfrac{\text{시료가 이동한 거리}}{\text{용매가 이동한 거리}} = \dfrac{b}{a}$

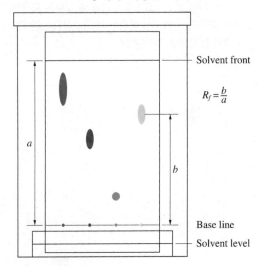

(2) 머무름 인자(Retention Factor, k)

① 물질이 칼럼을 통과하는데 걸린 시간

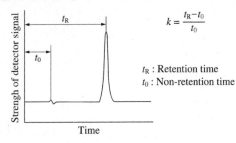

$k = \dfrac{t_R - t_0}{t_0}$

t_R : Retention time
t_0 : Non-retention time

2-1. 얇은 층 크로마토그래피(TLC)에서 시료 전개 시점부터 전개 용매가 이동한 거리가 7cm, 용질 A가 이동한 거리가 4.5cm라면 지연인자(R_F)값은 얼마인가?

① 0.56　　　　　　② 0.64
③ 1.6　　　　　　④ 2.5

2-2. 10cm 관에 물질 A와 B를 분리할 때 머무름 시간은 각각 10분과 12분이고, A와 B의 봉우리 너비는 각각 1.0분과 1.1분이다. 관의 분리능을 계산하면?

① 1.5　　　　　　② 1.9
③ 2.1　　　　　　④ 2.5

|해설|

2-1

$$R_F = \frac{\text{시료가 이동한 거리}}{\text{용매가 이동한 거리}} = \frac{4.5}{7} = 0.64$$

2-2

$$\text{분리능} = \frac{2[(t_R)_B - (t_R)_A]}{W_A + W_B} = \frac{2(12-10)}{1.0+1.1} = \frac{4}{2.1} = 1.9$$

정답 2-1 ② **2-2** ②

핵심이론 03 얇은 막 크로마토그래피(TLC, Thin-Layer Chromatography)

(1) 개 요

① 박막 혹은 박층 크로마토그래피라고도 한다.
② 유리, 플라스틱 또는 금속 표면에 특정한 물질(주로 실리카)을 평평하고 얇게 도포시켜 만든 플레이트를 이용한 크로마토그래피의 일종이다.
③ 분배 크로마토그래피
　㉠ 정지상과 이동상에 대한 시료성분의 친화성 차이 (분배계수 차이)를 이용하여 물질을 분리하는 크로마토그래피이다.
　㉡ 정지상과 이동상의 극성, 비극성에 따라 나누어진다.

(2) 특 징

① 분석이 신속하다.
② 좋은 분리능을 가지고 감도가 좋다.
③ 물질이 비휘발성이거나 저휘발성일 경우, 전기가 없을 경우 사용 가능하다.
④ 동시에 병렬분석이 가능하다.
⑤ 판 위 시료의 모든 성분이 나타난다.
⑥ 특수 시약들로 전개판 위 화학종들을 알아 낼 수 있다.
⑦ 이동상 표면을 긁어내 미량이지만 회수 가능하다.

(3) 보정/표준물질 TLC

① 보정이 필요없다.
② 표준물질이 필요하다(미지시료 분석하기 위해 필요).

핵심예제

얇은 막 크로마토그래피(TLC)에 대한 설명으로 틀린 것은?

① 관 액체 크로마토그래피의 분리 작업의 최적 조건을 얻는 데 도움을 준다.
② 제약산업에서 생산품 순도 판별에 경제적으로 이용된다.
③ TLC 방법으로 물질의 분리는 가능하나 회수는 불가능하며, 감도가 일반적으로 낮다.
④ 분리된 화학종의 위치를 확인하는 시약이 다양하다.

정답 ③

핵심이론 04 기체 크로마토그래피(GC, Gas Chromatography)

(1) 개 요
기체화된 시료 성분들이 칼럼에 부착되어 있는 액체 또는 고체 정지상과 기체 이동상 사이에서 분배(또는 흡착)되는 과정을 거쳐 분리하는 분리분석법이다.

(2) 기체-고체 크로마토그래피(Gas-Solid Chromatography)
① 고체 정지상에 분석물이 물리적으로 흡착되어 머물게 되는 것을 이용한 기체 크로마토그래피이다.
② 특 징
    ㉠ 응용의 제한 : 고체상에 활성인 분자가 반영구적으로 머물러 있고, 용리 peak가 질질 끌리게 되는 꼬리끌기가 심하게 나타난다.
    ㉡ 분포상수가 커서 기체-액체 크로마토그래피, GLC보다 커서 산소, 황화수소물, 탄소이황화물, 질소산화물, 일산화탄소, 이산화탄소와 같이 GLC에서 머물지 않는 화학종들 분리에 유용하다.
    ㉢ 충전칼럼과 열린관 칼럼을 모두 사용한다.

(3) 기체-액체 크로마토그래피(Gas-Liquid Chromatography)
비활성 고체 충전물의 표면 또는 모세관 내부 벽에 고정시킨 액체 정지상과 기체 이동상 사이에 분석물이 분배되는 것을 이용한 기체크로마토그래피이다.

--- 핵심예제 ---

기체-액체 크로마토그래피(GLC)는 기체 크로마토그래피의 가장 흔한 형태로 이동상으로 기체를 고정상으로 액체를 사용하는 경우를 일컫는다. 이때 이동상과 고정상 사이에서 분석물의 어떤 상호 작용이 분리에 기여하는가?

① 분 배   ② 흡 착
③ 흡 수   ④ 이온교환

정답 ①

핵심이론 05 기체 크로마토그래피(GC, Gas Chromatography)의 구성

(1) 운반기체 유량제어 장치
① 운반기체 도입량을 제어하는 부분이다.
② 운반기체는 질소, 헬륨, 수소, 아르곤 등이 사용된다.
③ 운반기체 조건
    ㉠ 시료와 고정상에 대해 화학적 비활성인 물질
    ㉡ 분리관 내에서 시료 분자 확산이 최소화되는 물질
    ㉢ 사용되는 검출기에 적합해야 함
    ㉣ 순수기체, 건조기체(순도 99.99% 이상)

(2) 시료 주입장치
① 적당한 양의 짧은 증기층으로 시료를 주입시켜야 칼럼의 효율이 증가하고 피크의 분리가 잘 일어난다.
② 마이크로 주사기로 시료를 취하여 시료 주입구에 주사한다. 주로 $0.1 \sim 20\mu L$ 수준의 주사기를 사용한다.
③ 시료주입구의 온도는 시료 내 휘발성 입자 중 가장 증기압이 낮은 물질의 끓는점보다 50℃ 정도 더 높은 온도를 가져야 한다.

(3) 분리부(칼럼)
① 기화된 시료가 분리되는 부분이다.
② GC칼럼은 충진 칼럼과 모세관 칼럼으로 구분한다.
③ 모세관 칼럼은 높은 분리능과 분석의 신속성의 장점을 가진다.

(4) 검출기
① 칼럼에서 분리된 물질을 검출한다.
② GC 검출기의 특징
    ㉠ 적당한 감도를 가져야 한다.
    ㉡ 안정성과 재현성이 좋아야 한다.
    ㉢ 넓은 범위의 농도에서 직선성을 가져야 한다.
    ㉣ 실온~400℃까지의 온도 범위를 가지고 있어야 한다.

ⓜ 흐름과 속도에 무관하게 짧은 시간에 감응해야 한다.

ⓗ 신뢰도가 높고, 이용이 편리해야 한다.

ⓢ 모든 용질에 감응이 비슷해야 한다.

ⓞ 시료를 파괴해서는 안 된다.

③ GC 검출기의 종류

　ㄱ 불꽃이온화 검출기(FID) - 탄화수소물 검출

　ㄴ 열전도도 검출기(TCD) - 일반 검출기

　ㄷ 전자포획 검출기(ECD) - 할로젠 화합물(전기음성도가 높은 분자)

　ㄹ 질량분석계(MS) - 모든 종류의 화합물

　ㅁ 불꽃 열이온 검출기(FTD) - 질소와 인을 포함하는 화합물 검출

(5) 데이터 처리부

검출기로부터 수신된 신호를 분석, 출력하는 부분으로 분석 결과를 통해 정성, 정량 분석할 수 있다.

─ 핵심예제 ─

5-1. 기체 크로마토그래피(GC)에 대한 설명으로 옳은 것은?

① 이동상은 항상 기체이다.

② 이동상은 액체일 수 있다.

③ 고정상은 항상 액체이다.

④ 고정상은 항상 고체이다.

5-2. 기체 크로마토그래피의 검출기로 사용하는 것이 적합하지 않은 것은?

① 질량 분석기(Mass Spectrometer)

② 전기 화학 검출기(Electrochemical Detector)

③ 불꽃 이온화 검출기(Flame Ionization Detector)

④ 열전도도 검출기(Thermal Conductivity Detector)

5-3. 할로겐화물, 과산화물, 퀴논 및 니트로기와 같은 전기음성도가 큰 작용기를 포함하는 분자에 특히 예민하게 반응하는 가스 크로마토그래피 검출기는?

① ECD　　　　　　② FID

③ AED　　　　　　④ TCD

정답 5-1 ①　5-2 ②　5-3 ①

(1) 시료주입방법

① on-column 주입 : 열적으로 불안하거나 높은 끓는점을 가진 화합물에 적합하다.

② 분할주입법

　ㄱ 분리도가 좋다.

　ㄴ 고농도의 분석물질에 적합하다.

　ㄷ 불순물이 많은 시료의 분석도 가능하다.

　ㄹ 열적으로 불안정해 고온을 유지해야 한다.

③ 비분할 주입법

　ㄱ 매우 묽은 시료나 미량분석 시 사용한다.

　ㄴ 주입속도가 느리다.

　ㄷ 시료를 용매의 끓는점보다 낮은 칼럼 온도로 주입한다.

　ㄹ 휘발성 화합물 정량분석으로는 적합하지 않다.

(2) GC 정성/정량분석

① 정량분석 : 분석물 스펙트럼의 피크 면적(적분값)으로 물질이 얼마나 존재하는지 알 수 있다.

　ㄱ 면적 표준화법 : 총 피크 면적에 대한 각 피크 면적의 비율로 계산

　ㄴ 외부 표준물법 : 피크 면적을 무게로 나누어 절대 감응인자를 얻어 계산

　ㄷ 내부 표준물법 : 내부 표준물질을 이용하여 상대 감응인자를 얻어 계산

② 정성분석 : 분석물의 피크 용출 시간으로 Library를 통해 어떤 물질이 혼합물에 있었는지 확인할 수 있다.

─ 핵심예제 ─

크로마토그램에서 얻어진 봉우리를 주는 성분에 대한 기기의 감도인자를 알고 각 봉우리의 면적의 합에 대한 분석 성분 봉우리의 면적비로 함량을 분석하는 방법은?

① 표준물 첨가법　　　② 내부 표준물법

③ 면적 표준화법　　　④ 표준물 검정곡선법

정답 ③

고성능 액체 크로마토그래피(HPLC, High Performance Liquid Chromatography)

(1) 원 리

시료의 화학물질이 녹아 있는 이동상을 펌프를 이용하여 고압의 일정한 유속으로 밀어서 충진제가 충진되어 있는 고정상인 컬럼을 통과하도록 하며 이때 시료의 화학물질이 이동상과 고정상에 대한 친화도에 따라 다른 시간대별로 컬럼을 통과하는 원리를 이용하며 이러한 화학물질을 검출기를 이용하여 시간대별 반응의 크기를 측정함으로써 특정 화학물질을 정량하는 방법이다.

(2) HPLC 분류

① 흡착 크로마토그래피(액체-고체) : 잘게 나누어진 실리카와 알루미나를 정지상으로, 정지상의 Silanol 그룹과 시료의 극성 작용기와의 상호작용을 이용하여 비극성 물질을 분리하는 원리를 가진다.

② 분배 크로마토그래피(액체-액체)

　㉠ 액체 크로마토그래피 중 가장 널리 이용되는 방식이다.

　㉡ 시료가 이동상과 정지상 액체의 용해도 차이에 따라 분배됨으로써 분리된다.

　㉢ 정상 크로마토그래피 : 극성 컬럼(고정상) + 비극성 이동상, 비극성이 큰 물질이 가장 먼저 용리되어 나온다.

　㉣ 역상 크로마토그래피 : 비극성 컬럼(고정상) + 극성 이동상, 극성이 큰 물질이 가장 먼저 나온다.

　㉤ 컬럼이 비교적 안정되고, 이동상이 쉽고 저렴하게 구할 수 있다. 시료의 비극성 증가는 머무름 시간을 증가시킨다.

③ 이온교환 크로마토그래피 : 분리하고자 하는 물질의 반대적 특성을 가지는 정지상을 이용해 정전기적 인력을 이용한 분리 방법이다.

　㉠ 비교적 낮은 이온 교환 용량을 가지고 있는 컬럼에서 이온을 분리하는 방식이다.

　㉡ 분석하고자 하는 시료에 있는 이온종과 정지상의 전하의 상호작용을 이용하여 분리된다.

　㉢ 음이온 교환수지 : 분석하고자 하는 음이온과 수산화이온 사이에서 교환이 일어난다.

　㉣ 양이온 교환수지 : 분석하고자 하는 양이온과 수소이온 사이에서 교환이 일어난다.

　㉤ 억제제 : 이동상의 전도도 값을 낮추고 분석이온 전도도값을 높여 신호/잡음비 값을 증가시킨다. 분석컬럼과 상반되는 이온수지로 충전된다.

④ 크기배제 크로마토그래피(Gel 크로마토그래피)

　㉠ 고분자 화학종을 분리하는 데 적합하다.

　㉡ 시료를 크기별로 분리하는 것으로 크기가 작은 시료는 정지상의 작은 구멍까지 다 거쳐서 나오기에 용출 시간이 긴 것이 특징이다.

7-1. n-hexane, n-hexanol, Benzene이 역상 HPLC에서 분리될 경우 용리 순서를 빨리 나오는 것부터 옳게 예측된 것은?

① n-hexane > n-hexanol > Benzene

② n-hexanol > n-hexane > Benzene

③ Benzene > n-hexanol > n-hexane

④ n-hexanol > Benzene > n-hexane

7-2. 고성능 액체 크로마토그래피(HPLC)의 용매 중 용해 기체에 관한 설명으로 옳은 것은?

① 띠넓힘을 발생시킨다.

② 칼럼을 쉽게 손상시킨다.

③ 용해되어 있는 산소가 펌프를 부식시킨다.

④ 용해도가 낮은 질소를 불어넣어 제거할 수 있다.

7-3. 액체 크로마토그래피 방법 중 가장 널리 이용되는 방법으로써 고체 지지체 표면에 액체 정지상 얇은 막을 형성하여 용질이 정지상 액체와 이동상 사이에서 나뉘어져 평형을 이루는 것을 이용한 크로마토그래피법은?

① 흡착 크로마토그래피

② 분배 크로마토그래피

③ 이온교환 크로마토그래피

④ 분자배제 크로마토그래피

7-4. 분자량이 큰 글루코스 계열의 혼합물을 분리하고자 할 때 가장 적합한 크로마토그래피는?

① 겔 투과 액체 크로마토그래피

② 이온교환 액체 크로마토그래피

③ 분배 액체 크로마토그래피

④ 흡착 액체 크로마토그래피

|해설|

7-1

역상 HPLC는 극성이 큰 물질이 가장 먼저 나온다. 따라서 극성이 큰 물질부터 구한다.

n-hexanol > Benzene > n-hexane

7-2

용해된 기체는 띠넓힘을 발생시킨다.

정답 7-1 ④ **7-2** ① **7-3** ② **7-4** ①

핵심이론 08 HPLC 구성요소

(1) 펌프이동상

① 송액 펌프로 이동상을 일정한 양으로 펌핑한다.

② 이동상으로는 물이 자주 쓰이고, 유기용매는 메탄올과 아세토니트릴을 사용한다.

(2) 시료주입부

HPLC 측정 시료를 주입한다.

(3) 컬럼(고정상)

HPLC에 주입된 시료를 고정상 역할을 하여 분리하는 부분이다.

(4) 검출기

① UV-Vis 검출기

   ㉠ 특정 발색단을 가지는 유기화합물이 UV, 가시광선 영역의 빛을 받으면 흡수하는 원리를 이용하여 검출에 응용한 검출기이다.

   ㉡ 가장 많이 사용되고 있는 검출기로 화합물들이 UV나 가시광선을 흡수하는 발색단을 가지고 있어 적용범위가 넓다.

② 형광 검출기

   ㉠ 형광 특성이 있는 물질의 분석에 유용하다.

   ㉡ 분자는 외부로부터 에너지를 흡수하게 되면 들뜬 상태로 되었다가 안정화되기 위해 에너지를 방출하면서 바닥상태로 돌아가려는 성질을 가지는데 이 과정에서 빛이나 열 등을 발생시킨다.

   ㉢ 형광 특성이 있는 물질에 대해 감도가 높기 때문에 미량분석에 유용하다.

③ 굴절률 검출기

   ㉠ 시료가 가지는 농도의 변화에 따른 굴절률의 차이로 물질의 함량을 확인할 수 있는 검출기이다.

   ㉡ 온도의 영향이 크고 이동상 농도가 바뀌어도 검출되기 때문에 기울기 분석을 실시할 수 없다.

④ 전기화학 검출기

    ㉠ 전기분해가 가능한 화합물을 선택적으로 검출할 수 있다.

    ㉡ 셀의 내부로 들어간 시료는 일정한 전압이 걸린 기준전극의 전위를 기준으로 하여 작업전극과 보조전극의 산화환원반응에 의한 전자의 이동이 일어나며, 이때 발생하는 전류의 양을 측정하여 크로마토그램으로 시각화하는 방법으로 정량분석을 할 수 있다.

⑤ 전기전도도 검출기 : 두 전극 사이의 전기전도도 차이를 이용한 것으로 이동상만 흐르는 셀의 내부로 용해된 시료가 통과하게 되면 두 전극 간의 저항값이 달라지고, 이러한 차이를 전기적인 신호로 바꾸어서 크로마토그램으로 해석할 수 있다.

(5) 데이터 처리부

(6) 기울기 용리법

① 고성능 액체 크로마토그래피에서 분리 효율을 높이기 위해 사용한다.

② 극성이 다른 2~3가지의 용매를 선택하여 조성을 단계별로 변화하며 사용한다.

③ 기울기 용리가 시작되면 이동상의 용리세기가 증가한다.

④ 전체적인 분리를 신속하게 한다.

⑤ 모든 용질에서 최대 분리능/감도를 얻을 수 있다.

⑥ 등용매 용리법 : 단일 용매 또는 일정한 조성을 갖는 용매 혼합물을 사용하는 분리법으로 피크 폭은 머무름 시간에 따라 선형적으로 증가한다.

8-1. HPLC의 검출기에 대한 설명으로 옳은 것은?

① UV 흡수 검출기는 254nm의 파장만을 사용한다.

② 굴절률 검출기는 대부분의 용질에 대해 감응하나 온도에 매우 민감하다.

③ 형광검출기는 대부분의 화학종에 대해 사용이 가능하나 감도가 낮다.

④ 모든 HPLC 검출기는 용액의 물리적 변화만을 감응한다.

8-2. 액체 크로마토그래피에서 극성이 서로 다른 혼합물을 가장 효과적으로 분리하는 방법으로서 기체 크로마토그래피에서 온도프로그래밍을 이용하여 얻은 효과와 유사한 효과가 있는 것은?

① 기울기 용리법   ② 등용매 용리법

③ 온도 기울기법   ④ 압력 기울기법

8-3. 고성능 액체 크로마토그래피(HPLC)에서 사용되는 펌프 시스템에서 요구되는 사항이 아닌 것은?

① 펄스 충격이 없는 출력을 내야 한다.

② 흐름 속도의 재현성이 0.5% 또는 더 좋아야 한다.

③ 다양한 용매에 의한 부식을 방지할 수 있어야 한다.

④ 사용하는 칼럼의 길이가 길지 않으므로 펌핑 압력은 그리 크지 않아도 된다.

|해설|

8-3

펌프장치 조건

• 600psi까지의 압력 발생

• 펄스충격이 없는 출력

• 흐름 속도 재현성의 상대오차 0.5% 이하로 유지

• 0.1~10mL/min 범위의 흐름 속도

정답 8-1 ②   8-2 ①   8-3 ④

(1) 특 징

① 1회 분석으로 복수의 물질을 정성/정량 분석할 수 있다.

② 분석 감도는 ppt 수준까지 가능하다.

③ 대상이 되는 분석물은 저분자부터 고분자까지 가능하다.

④ 재현성이 우수하다.

⑤ 액체를 분석물로 이용하므로 전처리가 필요하다.

⑥ 측정시간은 몇 분~1시간 정도 소요된다.

(2) HPLC 정성분석/정량분석

① 정성분석 : 분석물의 피크 시간

② 정량분석 : 분석물의 피크 면적(적분값)

③ 표준물을 이용하여 정확성을 높일 수 있다(내부표준물법, 외부표준물법, 면접표준화법).

핵심예제

고성능 액체 크로마토그래피에 사용되는 검출기의 이상적인 특성이 아닌 것은?

① 짧은 시간에 감응해야 한다.

② 용리 띠가 빠르고 넓게 퍼져야 한다.

③ 분석물질의 낮은 농도에도 감도가 높아야 한다.

④ 넓은 범위에서 선형적인 감응을 나타내어야 한다.

|해설|

이상적인 HPLC
- 분리시간이 짧다.
- 정확도, 정밀도, 분리도가 높다.
- 검출 감도가 높다.
- 넓은 범위의 물질을 분석할 수 있다.

정답 ②

(1) 이온교환 기법

① 이온 교환체를 충진제로 사용하고, 이온 교환기와 반대의 전하를 가진 이온종을 이온교환 작용으로 분리하는 기법이다.

② 측정 대상인 이온종은 이온 교환기에 대해 개별 친화력이 있기 때문에, 컬럼 내에서 이동 속도가 달라져서 분리가 이루어진다.

③ 양이온 교환수지 : 분석하고자 하는 음이온과 수산화이온 사이에서 교환이 이루어진다. 분석하고자 하는 음이온이 수산화이온과 교환되는 정도에 따라 칼럼을 통과하는 속도가 결정되는데, 이온교환 반응이 잘 일어날수록 이온교환수지에 대한 흡착력이 커서 용출속도가 느리다.

④ 음이온 교환수지 : 분석하고자 하는 양이온과 이온교환 수지의 수소이온 사이에서의 교환이 이루어진다.

⑤ 이동상으로 사용되는 전해질 용액의 종류, pH, 이온 강도, 착물 형성 등을 바꿈으로써 분리를 제어할 수 있다.

(2) 이온배제 기법

① 충진제와 측정 대상인 이온종이 서로 반발하는 힘을 이용하는 분리기법이다.

② 충진제에는 H^+형의 양이온 교환체를 사용하고, 산성의 용리액으로 측정한다. 모두 산성이기 때문에 서로 반발하고 그 충진제 표면에 음의 전하를 띤 가상 H_2O 막이 형성된다. 충진제 자체의 표면은 (−)전하로 되어 있고, 강한 산은 큰 정전력 배제로 인해 충진제 내에 침투할 수 없지만 약한 산은 그 전하의 크기에 따라 침투 정도가 다르며, 이동시간에 차이가 생긴다.

③ 전하가 큰 이온종은 더 배제됨으로써 빨리 용출하고, 전하가 작은 이온종은 늦게 용출된다.

④ 다수의 유기산을 한 번에 분석할 수 있기 때문에 식품 분석 등의 분야에 많이 사용된다.

(3) 역상 이온쌍 기법

① 측정 대상인 이온종과 반대의 전하가 있는 반대 이온 (이온쌍 시약)을 용리액에 첨가해 역상 분배 크로마토그래피용 컬럼을 사용해서 분리하는 기법이다.

② 이온쌍 시약을 넣은 용리액이 컬럼 내에서 평형화하는 데 시간이 필요하다는 점과 컬럼의 열화가 빠르다는 점 등의 이유로 보급되지 않는다.

─ 핵심예제 ─

이온 크로마토그래피에 대한 설명으로 틀린 것은?

① 양이온 교환수지에 교환되는 양이온의 교환반응상수는 그 전화와 수화된 이온 크기에 영향을 받는다.

② 음이온 교환수지에서 교환상수는 2가 음이온보다 1가 음이온이 더 적은 것이 일반적이다.

③ 용리액 억제 칼럼은 용리 용매의 이온을 이온화가 억제된 분자화학종으로 변형시켜서 용리 전해질의 전기전도를 막아준다.

④ 단일칼럼 이온 크로마토그래피에서는 이온화 억제제를 칼럼에 정지상과 같이 넣어 이온을 분리한다.

|해설|

단일칼럼 이온 크로마토그래피는 이온화 억제제가 필요 없다.

정답 ④

핵심이론 11 초임계 유체 추출법(SFC, Supercritical Fluid Chromatography)

(1) 개 요

① 초임계유체 : 임계온도, 임계압력을 초과하는 비응축성 고밀도 유체로 정의된다.

② 초임계 유체의 용해력을 이용해 물질을 추출하는 방법이다.

③ 온도와 압력을 조절하여 용해력을 조절해 특정 성분을 선택적으로 분리할 수 있다.

(2) 초임계 유출법의 장점

① 추출 시간이 빠르다.

② 초임계 유체의 용매세기는 압력에는 크게 영향을 받지 않지만 온도에는 영향을 받는다.

③ 초임계 유체들은 상온에서 기체상태로 존재하므로 분석물을 회수하기 쉽다.

(3) 기기 장치

① 이산화탄소 저장탱크

② 주사기형 펌프(CO_2 펌프)

③ 임계유체가 흐르는 것을 조절하는 밸브

④ 출구밸브

─ 핵심예제 ─

초임계 유출 추출법(SFC) 기기의 부분 장치에 해당하지 않는 것은?

① 이산화탄소 저장용기

② 주사기 펌프

③ 이온교환수지

④ 흐름제한기

정답 ③

2-8. 원자 및 분자 질량분석법

핵심이론 01 질량분석법

(1) 특 징

① 원리 : 분석하려는 시료에 양전하나 음전하를 부여해 기체 상태의 이온으로 바꾼 후 질량을 측정해 분자의 종류와 성질을 분석하게 된다. 특히 이온을 전기장이나 자기장 속으로 통과시켜 물질 속에 들어 있는 분자의 종류와 양을 알아낼 수 있다.

② 유기물과 무기물의 정성 및 정량 분석에 응용된다.

③ 화합물의 구조분석, 미량분석, 분자량 측정 등에도 이용한다.

(2) 질량분석계를 이용한 분리능

$$R = \frac{작은\, m/z\, 값}{큰\, m/z\, 값 - 작은\, m/z\, 값}$$

─ 핵심예제 ─

질량분석법의 질량 스펙트럼에서 알 수 있는 가장 유효한 정보는?

① 분자량
② 중성자의 무게
③ 음이온의 무게
④ 자유 라디칼의 무게

|해설|

질량분석법의 이용
• 분자 구조에 대한 정보
• 복잡한 혼합물의 정성·정량 분석에 대한 정보
• 원소의 동위원소비에 대한 정보
• 시료 물질의 원소 조성에 대한 정보

정답 ①

핵심이론 02 이온화방법

(1) 질량분석법을 이용하기 위해서 분석물을 기체화해야 한다.

(2) 기체상태 이온화

시료가 먼저 기체화된 다음 이온화되는 것을 말한다.

① 전자충격 이온화

 ㉠ 유기물과 무기물에 모두 이용하는 방법으로 가장 많이 이용된다.

 ㉡ 온도를 높여 시료 분자를 기체 상태로 만들고 높은 에너지를 갖는 전자살에 충돌시켜 이온화한다.

 ㉢ 장 점
 • 큰 이온 전류를 발생시키기에 편리하고 감도가 좋다.
 • 사용이 편리하다.
 • 토막내기가 잘 일어나 많은 피크가 생겨 분석물을 명확하게 분석 가능하다.

 ㉣ 단 점
 • 토막내기로 인해 분자 이온의 피크가 없어지기 때문에 분석물의 분자량을 알 수 없다.
 • 시료의 기화 이전에 열분해가 발생할 가능성이 있다.
 • 10^3dalton보다 작은 분자량을 갖는 분석물에만 이용된다.

② 화학적 이온화

 ㉠ 시료의 기체 원자가 과량의 시약 기체를 전자로 충돌시켜 생긴 양이온들과 충돌시켜 이온화한다.

 ㉡ 양이온이 사용되나 전기음성도가 매우 큰 원소를 포함하는 분석물의 경우는 음이온 화학 이온화가 사용되기도 한다.

 ㉢ 일반적인 시약 : CH_4
 • 높은 에너지의 전자와 반응하면 CH_4^+, CH_3^+, CH_2^+ 같은 이온이 된다.

- CH_4^+, CH_3^+가 대부분이며 반응생성물의 90%를 차지한다.

③ 장 이온화

    ㉠ 이온들은 높은 전압을 걸어 강한 전기장하에서 생성된다.

    ㉡ 분석물의 진동 또는 회전에너지가 거의 증가하지 않아 토막내기가 거의 일어나지 않는다.

    ㉢ 스펙트럼이 비교적 간단하고 감도가 낮다.

(3) 탈착 이온화

- 분자량이 10^5dalton 보다 큰 화학종이 질량스펙트럼까지 나타낸다.
- 시료의 기화과정과 이온화과정을 거칠 필요가 없다.

① 장 탈착법 : 비휘발성이면서 열적으로 불안정한 시료에 적용된다.

② 매트릭스 지원 레이저 탈착/이온화

    ㉠ 분석물과 매트릭스를 균일하게 분산해 금속 시료판에 놓은 후 레이저 빔을 쏘이면 레이저 빔이 시료를 때려 매트릭스, 분석물, 다른 이온들을 탈착시킨다.

    ㉡ 스펙트럼의 특징 : 바탕 잡음이 거의 없으며, 큰 분석물 이온이 전혀 토막나지 않는다.

③ 전기 분무 이온화

    ㉠ 10^5dalton 이상의 분자량을 갖는 폴리펩타이드, 단백질과 같은 생화학 물질을 분석하는 방법이다.

    ㉡ 크고 열적으로 불안정한 생화학 분자가 거의 토막으로 되지 않는다.

④ 빠른 원자 충격 이온화법 : 분자량이 크고 극성인 화학종을 이온으로 만드는 데 이용한다.

2-1. 시료는 주로 높은 온도에서 기체 상태로 만들어져 사용하며, 토막내기가 가장 잘 일어나 많은 봉우리가 생기므로 분석물들을 명확하게 확인할 수 있으나 분자-이온 봉우리가 없어져 분석물의 분자량을 알지 못하게 할 수도 있는 이온화방법은?

① 장 이온화
② 화학 이온화
③ 전자충격 이온화
④ 매트릭스-지원 레이저 탈착/이온화

2-2. 메테인 분자의 일반적인 시료 분자 MH가 CH_5^+ 또는 $C_2H_5^+$와 충돌로 인하여 질량 스펙트럼상에서 볼 수 없는 이온의 종류는?

① $(M-1)^+$ ② $(M+1)^+$
③ $(M+29)^+$ ④ $(M+16)^+$

2-3. 분자 질량분석법에서 사용되는 이온화장치는 크게 기체-상이온화 장치와 탈착식 이온화장치(Desorption Source)로 나누어진다. 탈착 이온화장치에 적용되는 시료에 대한 설명으로 틀린 것은?

① 비휘발성 시료에 적용이 가능하다.
② 열에 불안정한 시료에 적용할 수 있다.
③ 액체 시료를 증발시키지 않고 직접 이온화시킨다.
④ 일반적으로 1,000 이하의 분자량을 갖는 시료에 적용이 가능하다.

2-4. 분자 질량분석법은 시료의 종류 및 형태에 따라 다양한 이온화 방법이 사용된다. 이온화 방법이 옳지 않게 짝지어진 것은?

① 전자 충격(EI) – 빠른 전자
② 화학 이온화(CI) – 기체 이온
③ 장 이온화(FI) – 빠른 이온살
④ 장 탈착(FD) – 높은 전위전극

2-5. 질량분석기의 이온화 방법에 대한 설명 중 틀린 것은?

① 전자충격이온화 방법은 토막내기가 잘 일어나므로 분자량의 결정이 어렵다.

② 전자충격이온화 방법에서 분자 양이온의 생성반응이 매우 효율적이다.

③ 화학적 이온화 방법에 의해 얻어진 스펙트럼은 전자 충격이온화 방법에 비해 매우 단순한 편이다.

④ 전자충격이온화 방법의 단점은 반드시 시료를 기화시켜야 하므로 분자량이 1,000보다 큰 물질의 분석에는 불리하다.

|해설|

2-2

CH_5^+ 및 $C_2H_5^+$ 이온들이 시료분자 MH와 충돌하게 되면 $[MH+1]^+$, $[MH-1]^+$, $[MH+29]^+$의 피크를 발생시킨다.

2-4

장 이온화는 높은 전압을 필요로 한다.

2-5

전자충격이온화 방법은 분자 양이온의 생성반응이 거의 일어나지 않는다. 분자 양이온의 생성반응은 화학적 이온화 방법이다.

정답 2-1 ③ 2-2 ④ 2-3 ④ 2-4 ③ 2-5 ②

---

(1) 기기장치

질량분석계의 특징은 신호처리 장치와 판독 장치를 제외한 모든 부분 장치가 낮은 압력으로 유지되게 하는 정교한 진공장치를 사용해야 한다. 이는 전자를 포함한 하전 입자들이 대기 성분과 충돌하여 소멸될 수 있기 때문에 높은 진공상태가 필요하다.

(2) 종 류

① 자기장 부채꼴 분석계(Magnetic Sector Analyzer)

   ㉠ 부채꼴 모양의 자기 섹터를 가지며, 이온원으로부터 높은 속도로 가속되어 자기 섹터를 통과하게 되고 자기 섹터 속에서 자기장의 영향을 받게 된다.

   ㉡ 로렌츠 힘에 의해 이온의 이동경로가 휘게 되고, 휘는 정도는 m/z에 따라 달라진다. 즉 자기 섹터는 m/z 비율을 바탕으로 물질을 분리한다.

② 이중 집중분석계(Double Focusing Analyzer)

   ㉠ 같은 m/z를 갖고 조금씩 다른 방향 분포를 가진 발생 장치로부터 나오는 이온의 다발이 자기장에 의해 한 곳으로 모인다.

   ㉡ m/z를 갖는 하나의 이온만이 주어진 가속전압과 자기장 세기에 해당하는 교차점에서 이중초점이 맞추어진다.

   ㉢ 이온 다발의 방향과 에너지 분포가 벗어나는 정도를 동시에 최소화시킨다.

③ 사중극자 질량분석계(Quadrupole Mass Spectrometer)

   ㉠ 사이즈가 작고 비용이 저렴하며, 빠른 주사 시간과 높은 전송 효율을 보인다.

   ㉡ 4개의 평행한 금속 막대로 구성되어 있고 금속봉 사이로 이온이 이동한다.

   ㉢ 각 금속봉에 직류/교류를 함께 걸어주면서 이온의 이동 경로를 변화시킨다.

ⓔ 특정 m/z를 갖는 이온만 변환기에 도달하며 이외의 이온은 막대에 부딪혀 중성원자로 변한다.

④ 비행시간형 질량분석계(Time of Flight Spectrometer)
  ㉠ 질량분석계 중 가장 간단하다.
  ㉡ 전자의 짧은 펄스, 이차 이온, 레이저 광자로 충격을 가해 이온을 생성한다.
  ㉢ 전기장 펄스로 이온이 가속되며, 가속된 입자는 상자 속으로 도입된다.
  ㉣ 속도는 질량에 반비례하며, 가벼운 입자는 빠르게 수집관에 도달한다.

⑤ 이온포집 분석계(Ion Trap Analyzer)
  ㉠ 기체 상태 음이온이나 양이온을 전기장 또는 자기장에서 생성하여 일정 시간 동안 잡아둘 수 있는 장치이다.

핵심예제

질량분석계의 질량분석관(Analyzer)의 형태가 아닌 것은?

① 사중극자형(Quadrupole)
② 비행시간형(TOF)
③ 매트릭스 지원 탈착형(MALDI)
④ 이온포착형(Ion Trap)

|정답| ③

핵심이론 04 질량분석의 응용

(1) 질량분석법 이용

① 시료 물질의 원소 조성에 대한 정보
② 유기물, 무기물 및 생화학 분자의 구조에 대한 정보
③ 복잡한 혼합물의 정성 및 정량 분석에 대한 정보
④ 고체 표면의 구조와 조성에 대한 정보
⑤ 시료에 존재하는 원소의 동위원소비에 대한 정보

핵심예제

분자 질량분석법의 여러 가지 응용에 대한 설명으로 옳지 않은 것은?

① 유기 및 생화학 분자구조의 결정에 이용한다.
② 크로마토그래피와 모세관 전기이동에 의해 분리된 화학종의 검출과 확인에 이용한다.
③ 고고학적 유물의 시대 감정에 이용한다.
④ Polypeptide와 단백질의 DNA 서열을 결정한다.

|정답| ④

2-9. 전기화학분석법

핵심이론 01 전기분석의 원리 및 이론

(1) 개 요

① 전기화학전지를 구성하는 분석물 용액의 전기적 성질을 이용하는 정량분석법이다.

② 전기화학전지

    ㉠ 두 개의 금속전도체와 전해질 용액으로 구성된다.

    ㉡ 두 전극은 외부에서 금속 도선에 연결되어야 한다.

    ㉢ 두 전해질 용액은 한쪽에서 다른 쪽으로 이온이 움직일 수 있게 접촉되어 있어야 한다.

    ㉣ 전자 이동은 두 전극에서 각각 일어날 수 있어야 한다.

③ 산화전극과 환원전극

    ㉠ 산화전극, (-)극 : 산화가 일어나는 전극

    ㉡ 환원전극, (+)극 : 환원이 일어나는 전극

④ 용액구조 : 전기이중층

⑤ 전류 흐름을 위한 전지에서의 질량 이동 : 대류, 전기이동, 확산

⑥ 전지의 간단한 표시법

산화전극 | 산화전지의 전해액 ‖ 환원전지의 전해액 | 환원전극

(2) 전기분석 전지전위

① 일정 전위에서 전기화학전지에 흐르는 전류를 측정한다.

② 전류를 일정하게 유지하거나 0에 가까울 때 전지전위를 측정한다.

③ 액간 접촉전위

    ㉠ 조성이 다른 두 전해질 용액이 또 다른 하나에 접촉하면 경계면에 전위차가 생기는 현상이다.

    ㉡ 양이온과 음이온의 확산 속도가 달라 경계면에서 이들의 분포 상태가 달라져 발생한다.

    ㉢ 두 용액 사이에 염다리를 삽입하면 줄일 수 있다.

    ㉣ 염다리의 효율은 염다리 속의 염의 농도가 증가할수록, 염을 구성하는 이온들의 이동도가 서로 비슷할수록 높아진다.

핵심예제

1-1. 전지의 두 전극에서 반응이 자발적으로 진행되려는 경향을 갖고 있어 외부 도체를 통하여 산화전극에서 환원전극으로 전자가 흐르는 전지 즉, 자발적인 화학 반응으로부터 전기를 발생시키는 전지를 무슨 전지라 하는가?

① 전해전지   ② 표준전지

③ 자발전지   ④ 갈바니전지

1-2. 액간 접촉전위에 대한 설명 중 틀린 것은?

① 양이온과 음이온의 확산 속도가 다르기 때문에 발생한다.

② 조성이 다른 전해질 용액이 접촉할 때, 경계면에서 발생한다.

③ 전극에 전기 이중층이 생기는 이유이다.

④ 두 용액 사이에 진한 전해질 용액을 포함한 염다리를 사용하여 줄일 수 있다.

1-3. 전기화학전지에 사용되는 염다리에 대한 설명으로 틀린 것은?

① 염다리의 목적은 전지 전체를 통해 전기적 양성상태를 유지하는 데 있다.

② 염다리는 양쪽 끝에 반투과성의 막이 있는 이온성 매질이다.

③ 염다리는 고농도의 KNO_3를 포함하는 젤로 채워진 U자관으로 이루어져 있다.

④ 염다리의 농도가 반쪽전지의 농도보다 크기 때문에 염다리 밖으로의 이온의 이동이 염다리 안으로의 이온의 이동보다 크다.

| 해설 |

1-1

볼타전지(= 갈바니전지 = 다니엘전지) : 산화반응과 환원반응이 동시에 일어나면서 발생하는 화학에너지를 전기에너지로 변환한다.

1-3

염다리는 전기적 중성 상태를 유지하게 한다.

정답 1-1 ④ 1-2 ③ 1-3 ①

(1) 전기전위

① $E = E° + \dfrac{RT}{nF} \ln \dfrac{[Ox]}{[Red]}$

여기서, R : 기체상수

T : 절대온도

F : 패러데이

n : 반응에 관여한 전자수

$[Ox]$: 산화형의 농도

$[Red]$: 환원형의 농도

② 25℃에서 상용대수식으로 나타내면,

$E = E° + \dfrac{0.0591}{n} \log \dfrac{[Ox]}{[Red]}$

(2) 질량이동

① 전기화학전지 내의 전해질 용액 속에서 이온들의 이동이 일어난다.

  ㉠ 확산 : 용액의 두 영역에서 농도차이가 생길 때 분자 또는 이온은 진한 영역에서 더 묽은 영역으로 확산된다.

  ㉡ 전기이동 : 전기장의 영향 아래에서 이온이 이동하는 과정은 전지 내의 벌크용액에서 질량이동이 일어나게 하는 주된 원인이다.

  ㉢ 대 류

  • 강제대류 : 기계적 방법으로 반응물을 전극 또는 전극으로부터 이동시킨다.

  • 자연대류 : 온도 또는 밀도차이로 발생한다.

핵심예제

0.010M의 Cd^{2+} 용액에 담근 카드뮴 전극으로 만든 반쪽전지의 전위는 몇 V인가?

$$Cd^{2+} + 2e^- \rightleftarrows Cd(s) \quad E° = -0.403V$$

① -0.462 ② -0.403
③ -0.344 ④ -0.284

|해설|

$E = E° + \dfrac{0.0591}{n} \log \dfrac{[Ox]}{[Red]} = -0.403 + \dfrac{0.0591}{2} \log 0.01$

$\quad = -0.4621$

$\quad ≒ -0.462$

정답 ①

(1) 개 요

① 전류가 흐르지 않는 상태의 전기화학전지의 전위를 측정하는 데 근거한 방법이다.

② 전위차를 분석할 수 있는 전지 형태

기준전극 | 염다리 | 분석 용액 | 지시전극

ⓐ 기준전극 : 측정하려는 분석용액의 농도 또는 다른 이온 농도와 무관한 일정값의 전극전위

ⓑ 이상적인 기준전극

- 분석용액에 감응하지 않는다.
- 가역적이어야 하며 Nernst식에 따라야 한다.
- 시간에 대하여 일정한 전위를 나타내야 한다.
- 작은 전류가 흐른 후에는 본래 전위로 돌아와야 한다.
- 온도가 주기적으로 변해도 과민반응을 나타내지 않아야 한다.

ⓒ 기준전극의 종류

- 칼로멜전극 : $Hg_2Cl_2(s) + 2e^- \rightleftarrows 2Hg(l) + 2Cl^-$

  $E° = 0.2444V\ (25℃)$

- 은-염화은전극 : $AgCl(s) + e^- \rightleftarrows Ag(s) + Cl^-$

- 표준수소전극

- 유리전극 : 전위차법에서 지시전극으로 사용

ⓓ 지시전극 : 전극의 감응이 분석물질의 농도에 의존하는 전극이다.

ⓔ 이상적인 지시전극 : 분석이온의 활동도 변화에 빠르고 재현성 있게 감응해야 한다.

ⓕ 지시전극의 종류

- 금속전극 : 1차 전극, 2차 전극, 3차 전극 및 산화 -환원 전극
- 막전극 : pH 측정용 유리전극, 높은 선택성과 이온선택성 전극

ⓖ 이온-선택성 막의 성질

- 최소용해도 : 분석물 용액에 대한 용해도가 0이어야 한다.
- 전기전도도 : 약간의 전기전도도를 가져야 한다.
- 분석물에 대한 선택적 반응성 : 막 또는 막의 매트릭스 속에 함유된 어떤 화학종은 분석물 이온과 선택적으로 결합할 수 있어야 한다.

(2) 직접 전위차법 측정

① 시료용액에 담근 지시전극의 전위를 하나 이상의 분석물의 표준용액에 담근 전극의 전위와 비교한다.

② 지시전극은 항상 환원전극으로, 기준전극은 항상 산화전극으로 취급한다.

③ 전지의 전위는 지시전극의 전위, 기준전극 전위, 액간 접촉전위의 합으로 표시된다.

$$E_{cell} = E_{ind} - E_{ref} + E_j$$

3-1. 전위차법에서 주로 사용하는 기준전극(Reference Electrode)이 아닌 것은?

① 유리전극
② 칼로멜전극
③ 표준수소전극
④ 은/염화은전극

3-2. 다음 Line Diagram의 전지에서 이론적인 전위(V)는?

SCE || Zn^{2+}(1.0M) | Zn
SCE(포화칼로멜 전극), $E_{sat} = 0.244V$
$Zn^{2+} + 2e^- \rightleftarrows Zn$, $E^o = -0.763V$

① -1.066
② -1.007
③ -0.948
④ -0.519

3-3. 전위차법에서 사용하는 기준전극에 대한 설명으로 틀린 것은?

① 반전지 전위값이 알려져 있어야 한다.
② 일정 값의 전극 전위값을 가지고 있다.
③ 측정하려는 조성물질과 잘 반응하여야 한다.
④ 기준전극은 전위차법 측정에서 항상 왼쪽 전극으로 취급한다.

|해설|

3-1
유리전극은 전위차법에서 지시전극으로 사용한다.

3-2
$E_{cell} = E_{지시} - E_{기준} = -0.763 - 0.244 = -1.007$

3-3
측정하려는 조성물질과 반응하지 않아야 한다.

정답 **3-1** ① **3-2** ② **3-3** ③

핵심이론 04 전기량법

(1) 개 요

① 작업전극의 전위를 시료 중에 존재하는 다른 성분은 반응시키지 않고 분석물만을 정량적으로 반응하게 하여 일정전위로 유지시키는 분석법이다.
② 검량선이 불필요하다.

(2) 기기장치

① 전 지
② 적분계산장치
③ 일정전위기
　㉠ 작업전극의 전위를 기준전극에 대해 일정하게 유지시켜주는 장치이다.
　㉡ 전위에 따라 선택적으로 이온을 적정한다.
　㉢ 보통 작업전극, 기준전극, 보조전극의 3 전극계로 사용한다.

(3) 전기량법 적정

① 분석물이 완전히 반응할 때까지 일정한 전류를 유지시켜 준다.
② 반응이 완결된 종말점에 도달할 때까지 사용되는 전기량은 전류의 크기와 반응시간으로 계산한다.
③ 전위차법, 전류법, 전기전도도법, 지시약 변색법 등이 종말점을 검출하는 신호로 작용한다.
④ 전기량법 적정용 전지
　㉠ 산화전극 : Anode, 양극, 산화반응이 일어나 산소가 방출된다.

$$H_2O \rightarrow \frac{1}{2}O_2 + 2H^+ + 2e^-$$

　㉡ 환원전극 : Cathode, 음극, 환원반응이 일어나 수소가 방출된다.

$$2H_2O + 2e^- \rightarrow 2H_2 + 2OH^-$$

⑤ 응용 : 중화법칙, 침전법과 착화법 적정, 생물학적 시료의 Cl^-의 전기량법 적정, 산화-환원 적정법에 사용한다.

4-1. 전기량법 적정장치에서 반드시 필요로 하지 않는 것은?

① 기체발생장치
② 일정전류원
③ 정밀한 전자시계
④ 적정전지

4-2. 전기량법은 전극에서 충분히 산화 및 환원 반응이 일어나도록 시간을 주는 방법으로, 이러한 방법 중 많은 양의 분석에 적당한 방법은?

① 전기 무게 분석법
② 일정 전위 전기량법
③ 일정 전류 전기량법
④ 전기량 적정법

정답 4-1 ① 4-2 ①

핵심이론 05 전압-전류법

(1) 개 요

① 지시전극(작업전극)이 편극된 상태에서 걸어준 전위의 함수로 전류를 측정함으로써 분석물에 대한 정보를 얻는 전기분석법이다.

② 전위차법 측정은 편극되지 않은 상태에서 전류가 흐르지 않게 하여 전위를 측정하고, 전압전류법은 완전히 농도 편극된 상태에서 전기화학전지에 흐르는 전류를 측정하는 방법이다.

③ 전압전류법에 사용되는 들뜸 전위신호의 종류

이 름	파 형	이 름	파 형
직선 주사	E / Time →	시차 펄스	E / Time →
제곱파	E / Time →	삼각형	E / Time →

(2) 순환전압전류법

① 전극표면에서 어떤 반응이 일어나는지를 직관적으로 알 수 있다.
② 산화-환원반응 메커니즘 연구에 사용된다.
③ (+)전위와 (-)전위를 교대로 준다.

(3) 미세전극 전압전류법

① 전극의 크기가 $20\mu m$ 이하이고, 직경이 30nm, 길이가 $2\mu m$ 인 전극을 사용한다.

② 미세전극의 장점

㉠ 빠르게 사라지는 전기화학 중간체의 연구에 적합하다.

㉡ 충전전류는 전극면적 A 에 비례하고, 패러데이 전류는 A/r 에 비례하므로 전체전류에 대한 충전전류의 상대기여도는 미세전극의 크기에 따라 감소한다.

ⓒ 충전전류는 미세전극에서 작기 때문에 전위가 빠르게 주사된다.

ⓔ 전류가 매우 작기 때문에 IR 강하가 작다.

ⓕ 미세전극이 정류상태 조건에서 작동될 때, 전류의 신호 대 잡음비는 역동적 조건에서보다 더 크다.

ⓖ 흐름계에서 미세전극 표면의 용액은 계속 새롭게 바뀐다. 따라서 패러데이 전류는 최대가 된다.

ⓗ 아주 작은 전류 때문에 액체크로마토그래피와 같은 높은 저항을 갖는 용매에서 전압전류법 측정이 가능하다.

핵심예제

5-1. 전압전류법에서 사용되는 미세전극은 크기가 작아서 생체세포나 혈액 등에 직접 사용할 수 있으며, 앞으로도 많은 연구가 예상되는 전극이다. 미세전극의 장점에 대한 설명으로 가장 거리가 먼 것은?

① 전류의 면적이 작기 때문에 전류가 아주 작게 흐른다.
② 옴 손실이 적기 때문에 저항이 큰 용액이나 비수용매에 유용하다.
③ 빠른 전압의 주사로 수명이 짧은 화학종의 연구가 가능하다.
④ 일반적인 전극보다 패러데이 전류가 높아서 검출 한계를 낮춘다.

5-2. 전압전류법(Voltammetry)에 대한 설명으로 틀린 것은?

① 폴라로그래피는 적하수은 전극을 이용하는 전압전류법이다.
② 벗김분석은 가장 민감한 전압전류법인데 그 이유는 분석물질이 농축되기 때문이다.
③ 측정하고자 하는 전류는 패러데이 전류이고, 충전전류는 패러데이 전류를 생성시키게 하므로 최대화하여야 한다.
④ 반파전위는 정성분석을 확산전류는 정량분석이 가능하게 한다.

5-3. 전압전류법에서 두 전위 사이를 순환시키는데 처음에는 최고 전위까지 선형적으로 증가시키고 다음에는 같은 기울기로 선형적으로 감소시켜 처음 전위로 되돌아오게 하였을 때 나타나는 들뜸 전위신호는?

① 직선주사　　　　② 제곱파
③ 삼각파　　　　　④ 시차펄스

5-4. 순환전압전류법(Cyclic Voltammetry)은 특정 성분의 전기 화학적인 특성을 조사하는 데 기본적으로 사용된다. 순환전압전류법에 대한 설명으로 옳은 것은?

① 지지전해질의 농도는 측정시료의 농도와 비슷하게 맞추어 조절한다.
② 한 번의 실험에는 한 종류의 성분만을 측정한다.
③ 전위를 한쪽 방향으로만 주사한다.
④ 특정성분의 정량 및 정성이 가능하다.

| 해설 |

5-4
• 지지전해질의 농도 > 측정시료의 농도
• 중간체도 존재한다.
• 시료에 따라 주사는 양, 음의 방향이 될 수 있다.

정답 5-1 ④　5-2 ③　5-3 ③　5-4 ④

(1) 개 요

적하수은전극을 이용하여 시료용액을 전기분해하고, 이때 흐르는 전류를 외부에서 걸어준 전위에 대하여 도시한 전류–전압 곡선을 해석하여 용액 중에 있는 화학종의 정성분석과 정량분석을 하는 방법이다.

(2) 분석원리

① 분석물질이 수은방울 표면에서 산화 및 환원된다.

② 기준전극 : 전위가 정확히 알려져 있고, 작은 전류가 흘러도 일정한 전위를 유지한다.

③ 지시전극 : 화학반응에 참여하지 않고, 오직 전자 전달만 하는 전극이다.

④ 작업전극 : 분석하고자 하는 물질이 반응하는 전극이다. 주로 적하수은 전극을 사용한다.

　㉠ 장 점

　　• 수은전극에서 수소 기체의 발생에 대한 과전압이 크다. 수소이온의 방해를 받지 않고 금속이온의 환원전극으로 사용할 수 있다.

　　• 수은방울이 계속 새로 생성되어 적하된다. 깨끗한 전극 표면이 계속해서 새롭게 생성된다.

　　• 다른 전극보다 재현성이 좋다.

　㉡ 단 점

　　• 수은의 쉽게 산화되는 특성 때문에, 산화전극으로 사용하기 힘들다.

　　• 잔류 전류에 의해 확산전류의 정확한 측정이 방해받는다.

⑤ 분석물질의 농도가 높으면 전류도 증가하고, 분석물질의 농도가 낮으면 전류는 감소한다.

(3) 폴라로그램

① 잔류전류 : 원하는 산화–환원 반응으로 생기는 전류 이외에 몇몇 원인에 의해 흐르는 미소전류의 총칭한다.

② 한계전류 : 미소전극 주위 이온이 모두 전해되었을 때 나타나는 전류이다.

③ 확산전류 : 한계전류–잔류전류, 측정에 사용될 수 있는 전류의 범위이다.

④ 반파전위 : 확산전류의 절반이 되는 전류에서의 전위이다.

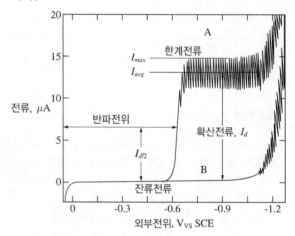

(A) 1M HCl 중의 5×10^{-4}M Cd^{2+}용액
(B) 1M HCl 용액

[폴라로그램]

6-1. 전압전류법의 일종인 폴라로그래피법에 사용하는 적하수은 전극의 장점이 아닌 것은?

① 수소의 환원에 대한 과전압이 크다.
② 새로운 수은전극표면이 계속 생긴다.
③ 재현성 있는 평균 전류를 얻을 수 있다.
④ 수은이 쉽게 산화되지 않아서 효과적이다.

6-2. 폴라로그래피에서 작업 전극으로 주로 사용하는 전극은?

① 적하수은 전극
② 백금 전극
③ 포화카로멜 전극
④ 흑연 전극

6-3. 폴라로그래피법에 대한 설명으로 틀린 것은?

① 최초로 발견되고 이용된 전기량법이다.
② 대류가 일어나지 않게 한다.
③ 작업전극으로 적하수은 전극을 사용한다.
④ 폴라로그래피의 한계전류는 확산에 의해서만 나타난다.

|해설|

6-3
적하수은 전극을 이용하여 시료용액을 전기분해하고 이때 흐르는 전류를 외부에서 걸어준 전위에 대해 도시한 전류-전압 곡선을 해석하여 화학종의 정성, 정량분석을 하는 방법이다.

정답 6-1 ④ 6-2 ① 6-3 ①

핵심이론 **07** 전도도법

(1) 개 요
전기전도도를 측정하며 분석하는 방법이다.

(2) 전도법 적정
① 중화반응

$$H^+ + Cl^- + OH^- + Na^+ \rightarrow H_2O + Cl^- + Na^+$$

　㉠ 구경꾼 이온 : Cl^-, Na^+ (반응에 참여하지 않음)

　㉡ 알짜 이온 : H^+, OH^-

② 모든 이온들의 상대적 전기전도도

　H^+ : 4, OH^- : 2, Na^+ : 1, Cl^- : 1

③ 용액의 전기전도도는 V자형 그래프를 그린다.

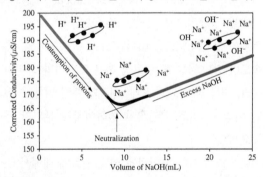

전도도법을 이용하여 염산을 수산화나트륨으로 적정하고자 한다. 전도도의 변화를 적정곡선으로 바르게 나타낸 것은?

① 전도도는 감소하다가 종말점 이후에는 증가한다.
② 전도도는 증가하다가 종말점 이후에는 감소한다.
③ 전도도는 감소하다가 종말점 이후에는 일정하게 유지된다.
④ 전도도는 증가하다가 종말점 이후에는 일정하게 유지된다.

정답 ①

2-10. 열 분석법

핵심이론 01 열분석의 원리 및 이론

(1) 개 요

① 원리 : 설정된 주변 분위기(Atmosphere) 하에서 온도를 일정 프로그램에 따라 변화시킬 때, 물질의 어떤 물리적 성질 또는 반응 생성물을 온도 또는 시간의 함수로 측정하는 분석방법이다.

② 물질의 물리적 성질의 변화는 질량, 열용량, 치수, 역학특성, 광학특성, 전기특성, 자기특성 등이 될 수 있고 이러한 특성의 해석을 통하여 특정 물질의 열 안정성, 분해거동, 중합 및 경화 반응, 결정성 또는 비결정성의 구조상태, 모폴로지(Morphology)등의 변화를 정량적으로 파악할 수 있다.

③ 열분석 실시에 영향을 미치는 요소 : 온도 범위, 측정 속도(시간), 액상 또는 고상 혹은 고상이라 하더라도 분말, 필름 등 시료의 상태, 시료의 측정 위치, 시료의 열 이력, 그리고 열분석이 행하여지는 분위기 등이 중요하다.

④ 열분석을 실시하기 이전에 해당 시료에 대해서 위에 언급한 요소들을 면밀하게 분석하여 열분석 실험을 설계하는 절차가 필요하다.

(2) 열분석의 종류

① DTA(시차열분석, Differential Thermal Analysis)
시료와 기준물질의 온도를 프로그램에 따라 변화시키면서 그 시료와 기준 물질간의 온도 차를 온도의 함수로서 측정한다.
  ㉠ 주로 정성분석에 이용된다.
  ㉡ 여러 변화가 일어날 때의 온도를 측정할 수 있으나, 각기 일어나는 과정과 관련된 에너지를 측정할 수는 없다.

② DSC(시간주사열량분석, Differential Scanning Calorimetry)
  ㉠ 시료와 기준물질의 온도를 프로그램에 따라 변화시키면서 그 시료와 기준물질에 대한 Energy 입력의 차를 온도의 함수로서 측정한다.
  ㉡ DSC는 에너지 차이를 측정하고, DTA는 온도 차이를 측정한다.

③ TGA(열중량분석, Thermo Gravimetric Analysis)
  ㉠ 물질의 온도를 프로그램에 따라 변화시키면서 그 물질의 질량 변화를 온도의 함수로서 측정한다.
  ㉡ 측정속도가 빠르고, 간단하고, 쉽게 사용할 수 있어 널리 사용된다.
  ㉢ 시료의 산화 및 변질을 막기 위해서 일반적으로 특정의 기체(N_2, Ar)를 흘려 불활성 분위기에서 TGA 실험을 진행한다.
  ㉣ 장치의 구성
    • 열저울
    • 전기로
    • 온도감응장치

④ TMA(열응력분석, Thermo Mechanical Analysis)
물질의 온도를 프로그램에 따라 변화시키며, 진동하지 않는 하중을 가해 그 물질의 Dimension 변화를 온도의 함수로서 측정한다.

핵심예제

시차주사열량법(DSC)곡선과 시차열분석법(DTA) 곡선의 Y축은 각각 무엇을 나타내는가?

① DSC = ΔT(온도 차이), DTA = mW(에너지 차이)
② DSC = mW(에너지 차이), DTA = ΔT(온도 차이)
③ DSC = mg(무게 차이), DTA = ΔT(온도 차이)
④ DSC = mW(에너지 차이), DTA = mg(무게 차이)

정답 ②

시간주사열량법(Differential Scanning Calorimetry, DSC)

(1) 개 요

① 시료물질과 기준물질을 동시에 가열/냉각하여 시료의 열출입을 측정하는 방법이다.

② 측정 속도가 빠르고, 간단하고, 쉽게 사용할 수 있어 가장 널리 사용되는 열분석법이다.

③ DSC의 구동방식에 따른 분류

    ㉠ 전력보상(Power Compensation) DSC방식

        • 시료물질과 기준물질의 두 온도 모두를 직선적으로 증가 또는 감소시키면서 두 온도가 같아지도록 조절한다.

        • 시료 물질의 온도를 기준 물질의 온도와 같도록 유지하기 위해 필요로 하는 전력을 측정할 수 있다.

        • 열흐름 DSC보다 감도가 더 낮으나, 감응시간은 더 빠르다.

    ㉡ 열유속(Heat Flux) DSC방식

        • 시료의 온도를 일정한 속도로 변화시키면서 시료와 기준으로 흘러들어오는 열흐름의 차이를 측정한다.

        • 열을 원판을 통하여 두 접시를 거쳐 시료와 기준물질에 전달하고, 둘 사이의 열 차이를 Constantan 판과 Chromel 원판을 접촉시키도록 만든 Chrome-Constantan 열전기쌍으로 측정한다.

(2) 중합체를 분석한 시간주사열량법

① 유리전이온도(T_g) : 유리질 무정형 중합체가 고무처럼 말랑해지는 온도이며 전이과정 중에는 열을 방출하거나 흡수하지 않아 엔탈피의 변화가 없어서 Peak가 나타나진 않는다. 다만, 고무질과 유리질의 열용량이 다르기 때문에 기준선이 조금 낮아진다.

② 결정화 : 특정온도로 가열하면, 무정형 중합체가 미세결정 형태로 결정화되기 시작하면서 열을 방출한다.

③ 녹음 : 미세결정이 녹기 시작하면서 주변 열에너지를 흡수한다.

④ 산화 : 발열 반응에 기인한 것으로, 공기나 산소의 존재하에 가열 시 분석물이 산화되어 생성된다.

⑤ 분해 : 중합체가 흡열 분해되어 다른 물질을 생성할 때 나타난다.

핵심예제

시간주사열량법에서 중합체를 측정할 때의 열량변화와 관련이 없는 것은?

① 결정화   ② 산 화

③ 승 화   ④ 용 융

정답 ③

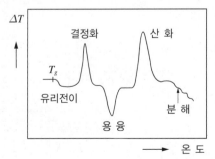

(1) 개 요

① 시료의 온도를 증가시키면서(시간에 대해 직선적으로) 시료의 무게를 시간 또는 온도의 함수로 연속적으로 기록해 가는 방법이다.

② **열분석도(열분해곡선)** : 시간의 함수로 무게 또는 무게 백분율을 도시한 것이다.

(2) 기기장치

① **저울** : 일반적으로 5mg~20mg, 전기로와 열적으로 분리한다.

② **전기로** : 실온~1,000℃, 가열 및 냉각 속도 0~200℃/min, 전기로의 외부를 단열하고 냉각(열이 저울로 이동하는 것 방지), 질소 또는 아르곤을 전기로에 넣어 시료가 산화되는 것을 방지한다.

③ **기기장치의 조정과 데이터 처리** : 열분석도에 기록된 온도는 열전기쌍을 시료에 직접 접촉한 것이 아니라 시료 용기에 가까이 놓고 측정한 것이므로 실제 시료 온도와 약간 차이가 있을 수 있다.

(3) 응 용

① 온도 변화로 인해 분석물의 질량 변화만 생겨나기 때문에 한정적이다.
→ 분해반응, 산화반응, 기화, 승화, 탈착과 같은 물리적 변화에 한정적이다.

② 여러 종류의 중합체 합성물의 분해 메커니즘에 대한 정보를 제공한다.
→ 분해 곡선이 중합체의 종류에 따라 특징적으로 나타난다.

③ 화합물에 결합된 결합수의 건조온도를 정확하게 측정, 시료의 온도 증가에 따라 발생되는 가스를 분석한다.
→ 시료의 화학적 조성을 추정한다.

핵심예제

3-1. 다음 중 열법무게측정(TG)에 대한 설명 중 틀린 것은?

① 시료의 무게를 시간 또는 온도의 함수로 연속적으로 기록한다.

② 시간의 함수로 무게 또는 무게 백분율을 도시한 것을 열분석도라고 한다.

③ 열무게 측정에 사용되는 대부분의 전기로의 온도 범위는 1,000~2,000℃ 정도이다.

④ 비활성 환경기류를 만들기 위한 기체 주입장치가 필요하다.

3-2. 열무게분석법 기기장치에서 필요하지 않은 것은?

① 분석저울   ② 전기로
③ 기체 주입장치   ④ 회절발

정답 3-1 ③ 3-2 ④

Win-Q

정밀화학기사

PART 02

적중모의고사

제 1 회 적중모의고사

제1과목 공업합성

01 솔베이법을 이용한 소다회 제조에 있어서 사용되는 기본 원료는?

① HCl, H_2O, NH_3, H_2CO_3

② NaCl, H_2O_2, $CaCO_3$, H_2SO_4

③ NaCl, H_2O, NH_3, $CaCO_3$

④ HCl, H_2O_2, NH_3, $CaCO_3$, H_2SO_4

> **해설**
>
> Solvay(암모니아 소다법)
> NaCl과 $CaCO_3$를 주원료, NH_3를 부원료로 하여 Na_2CO_3를 제조한다.

> **해설**

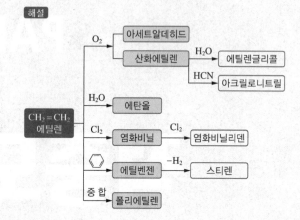

02 다음 중 에틸렌으로부터 얻는 제품으로 가장 거리가 먼 것은?

① 에틸벤젠

② 아세트알데히드

③ 에탄올

④ 염화알릴

03 다음 중 연료전지의 형태에 해당하지 않는 것은?

① 인산형 연료전지

② 용융탄산염 연료전지

③ 알칼리 연료전지

④ 질산형 연료전지

> **해설**
>
> 연료전지의 종류
> 알칼리 연료전지(AFC), 용융탄산염 연료전지(MCFC), 고체산화물 연료전지(SOFC), 인산형 연료전지(PAFC), 고분자 전해질 연료전지(PEMFC)이 있다.

04 다음 구조를 갖는 물질의 명칭은?

① 석탄산
② 살리실산
③ 톨루엔
④ 피크르산

해설

• 페놀(석탄산)

• 톨루엔

CH₃

• 피크르산

OH

O₂N   NO₂

NO₂

05 LPG에 대한 설명 중 틀린 것은?

① C_3, C_4의 탄화수소가 주성분이다.
② 상온, 상압에서는 기체이다.
③ 그 자체로 매우 심각한 독성 냄새가 난다.
④ 가압 또는 냉각시킴으로써 액화한다.

해설

액화석유가스(LPG)

• C_3, C_4 탄화수소가 주성분이다.
• 프로판 가스, 자동차 연료, 가정용 연료로 사용된다.
• LPG가 무색 무취이기 때문에 누설될 때 쉽게 감지할 수 있는 불쾌한 냄새가 나는 메르캅탄류의 화학물질을 섞어서 공급한다.

06 염화수소 가스를 제조하기 위해 고온, 고압에서 H_2와 Cl_2를 연소시키고자 한다. 다음 중 폭발 방지를 위한 운전조건으로 가장 적합한 $H_2 : Cl_2$의 비율은?

① 1.2 : 1
② 1 : 1
③ 1 : 1.2
④ 1 : 1.4

해설

합성염산법

• $H_2(g) + Cl_2(g) \rightarrow 2HCl(g) + Q$
• 고온, 고압의 경우 폭발적 연쇄반응이 일어날 수 있기 때문에 안전 작업이 필요하다.
• 미반응의 Cl_2가 남지 않도록 H_2를 과잉으로 주입한다($Cl_2 : H_2 = 1 : 1.2$).

07 다음 중 암모니아 산화반응 시 촉매로 주로 쓰이는 것은?

① Nd–Mo
② Ra
③ Pt–Rh
④ Al₂O₃

해설

NH₃의 산화반응

$4NH_3 + 5O_2 \rightarrow 4NO + 6H_2O + Q$(백금–로듐 촉매 사용)

08 공업용수 중 칼슘이온의 농도가 20mg/L이었다면, 이는 몇 ppm 경도에 해당하는가?

① 20
② 30
③ 40
④ 50

해설

• 20mg/L = 20ppm

• M^{2+}의 ppm $\times \dfrac{CaCO_3의\ 분자량}{M의\ 원자량} = 20ppm \times \dfrac{100}{40} = 50$

09 테레프탈산을 공업적으로 제조하는 방법에 해당하는 것은?

① o-크실렌의 산화

② p-크실렌의 산화

③ 톨루엔의 산화

④ 나프탈렌의 산화

해설

p-xylene $\xrightarrow{[O]}$ Terephthalic acid

11 폐수처리나 유해가스를 효과적으로 처리할 수 있는 광촉매를 이용한 처리기술이 발달되고 있는데, 다음 중 광촉매로 많이 사용되고 있는 물질로 아나타제, 루틸 등의 결정상이 많이 존재하는 것은?

① MgO   ② CuO

③ TiO_2 ④ FeO

해설

광촉매(TiO_2, 산화타이타늄)

유해물질을 산화분해하는 기능을 이용하여 환경 정화하는 데 이용하거나, 초친수성 기능을 응용하여 셀프크리닝 효과가 있는 유리와 타일, 청소기 등 다양한 제품에 적용되고 있다.

10 석유화학 공정에 대한 설명 중 틀린 것은?

① 비스브레이킹 공정은 열분해법의 일종이다.

② 열분해란 고온하에서 탄화수소 분자를 분해하는 방법이다.

③ 접촉분해공정은 촉매를 이용하지 않고 탄화수소의 구조를 바꾸어 옥탄가를 높이는 공정이다.

④ 크래킹은 비점이 높고 분자량이 큰 탄화수소를 분자량이 작은 저비점의 탄화수소로 전환하는 것이다.

해설

분해(Cracking)

비점이 높고 분자량이 큰 탄화수소를 끓는점이 낮고 분자량이 작은 탄화수소로 전환시키는 방법이다.

• 열분해법(Thermal Cracking) : 중유, 경유 등의 중질유를 열분해시켜 가솔린을 얻는 것이 목적이었으나, 접촉분해법이 개발된 이후에는 원료유의 성질을 개량하는 목적으로 사용한다.

　－ 비스브레이킹(Visbreaking) : 점도가 높은 찌꺼기유에서 점도가 낮은 중질유를 얻는 방법이다(470℃).

　－ 코킹(Coking) : 중질유를 강하게 열분해시켜(1,000℃) 가솔린과 경유를 얻는 방법이다.

• 접촉분해법(Catalytic Cracking) : 등유나 경유를 고체촉매를 사용하여 분해시키는 방법이다.

12 벤젠의 니트로화 반응에서 황산 60%, 질산 24%, 물 16%의 혼산 100kg을 사용하여 벤젠을 니트로화할 때, 질산이 화학양론적으로 전량 벤젠과 반응하였다면 DVS 값은 얼마인가?

① 4.54   ② 3.50

③ 2.63   ④ 1.85

해설

$C_6H_6 + HNO_3 \rightarrow C_6H_5-NO_2 + H_2O$

HNO_3와 H_2O가 1 : 1 비율로 반응하므로,

$$\frac{24}{63} = \frac{x}{18} \rightarrow x = 6.857$$

$$\therefore \ DVS = \frac{H_2SO_4의\ 양}{반응\ 전\ H_2O의\ 양 + 생성된\ H_2O의\ 양} = \frac{60}{16 + 6.857}$$

$$= 2.625$$

13 다음 중 열가소성 수지는?

① 페놀수지　　② 초산비닐수지

③ 요소수지　　④ 멜라민수지

> **해설**
>
> **열경화성 수지**
> • 가열하면 연화되지만 계속 가열하면 점차 경화되어 나중에는 온도를 올려도 용해되지 않고 원상태로 되지 않는 성질의 수지이다.
> • 종류 : 페놀수지, 요소수지, 멜라민수지, 우레탄수지, 에폭시수지, 알키드수지

14 전류효율이 90%인 전해조에서 소금물을 전기분해하면 수산화나트륨과 염소, 수소가 만들어진다. 매일 17.75 ton의 염소가 부산물로 나온다면 수산화나트륨의 생산량은 약 몇 ton이 되겠는가?

① 16　　② 18

③ 20　　④ 22

> **해설**
>
> $2NaCl + 2H_2O \rightarrow 2NaOH + H_2 + Cl_2$
> $NaOH$와 Cl_2가 2 : 1 비율로 생성되므로,
> $2 \times 40 : 1 \times 71 = x : 17.75$
> ∴ $x = 20$ ton

15 반도체 제조 공정 중 패턴이 형성된 표면에서 원하는 부분을 화학반응 혹은 물리적 과정을 통하여 제거하는 공정을 의미하는 것은?

① 세정 공정　　② 에칭 공정

③ 포토리소그래피　　④ 건조 공정

> **해설**
>
> **식각 공정(에칭 공정)**
> • 포토공정에서 형성된 감광액 부분을 남겨두고 나머지 부분을 제거하여 회로를 형성하는 과정이다.
> • 산화실리콘 막이 제거되어 실리콘 단결정이 드러나며, 노광 후 포토레지스트로 보호되지 않는(감광되지 않은) 부분을 제거하는 공정이다.

16 NaOH 제조에 사용하는 격막법과 수은법을 옳게 비교한 것은?

① 전류밀도는 수은법이 크고, 제품의 품질은 격막법이 좋다.

② 전류밀도는 격막법이 크고, 제품의 품질은 수은법이 좋다.

③ 전류밀도는 격막법이 크고, 제품의 품질도 격막법이 좋다.

④ 전류밀도는 수은법이 크고, 제품의 품질도 수은법이 좋다.

> **해설**
>
> **격막법**
> • NaOH 농도(10~12%)가 낮으므로 농축비가 크다.
> • 제품 중에 염화물 등을 함유하여 순도가 낮다.
> • 이론분해전압, 전류밀도가 낮다.
>
> **수은법**
> • 제품의 순도가 높으며, 농후한 NaOH(50~73%)를 얻는다.
> • 전력비가 많이 든다.
> • 수은을 사용하므로 공해의 원인이 된다.
> • 이론분해전압, 전류밀도가 높다.

17 열 제거가 용이하고 반응 혼합물의 점도를 줄일 수 있으나 저분자량의 고분자가 얻어지는 단점이 있는 중합 방법은?

① 괴상중합

② 용액중합

③ 현탁중합

④ 유화중합

> **해설**
>
> **용액중합**
> • 용매를 사용하는 중합이다.
> • 열제거가 용이하고 반응 혼합물의 점도를 줄일 수 있으나 저분자량의 고분자가 얻어지는 단점이 있다.

18 아디프산과 헥사메틸렌디아민을 원료로 하여 제조되는 물질은?

① 나일론 6

② 나일론 66

③ 나일론 11

④ 나일론 12

해설

나일론 66

$$n\,HO-\overset{\overset{\displaystyle O}{\|}}{C}-(CH_2)_4-\overset{\overset{\displaystyle O}{\|}}{C}-OH \;+\; n\,H_2N-(CH_2)_6-NH_2 \longrightarrow$$

아디프산 　　　　　　　　헥사메틸렌디아민

$$-\overset{\overset{\displaystyle O}{\|}}{C}-(CH_2)_4-\overset{\overset{\displaystyle O}{\|}}{C}\!\left(-\underset{\underset{\displaystyle H}{|}}{N}-(CH_2)_6-\underset{\underset{\displaystyle H}{|}}{N}-\overset{\overset{\displaystyle O}{\|}}{C}-(CH_2)_4-\overset{\overset{\displaystyle O}{\|}}{C}\right)-\underset{\underset{\displaystyle H}{|}}{N}-(CH_2)_6-\underset{\underset{\displaystyle H}{|}}{N}- \;+\; n\,H_2O$$

나일론

19 위험물안전관리법 시행령상 제1류 위험물과 가장 유사한 화학적 특성을 갖는 위험물은?

① 제2류 위험물

② 제4류 위험물

③ 제5류 위험물

④ 제6류 위험물

해설

위험요소 확인

• 제1류 위험물 : 산화성 고체

• 제2류 위험물 : 가연성 고체

• 제3류 위험물 : 자연발화성 물질 및 금수성 물질

• 제4류 위험물 : 인화성 액체

• 제5류 위험물 : 자기반응성 물질

• 제6류 위험물 : 산화성 액체

20 화학물질의 분류·표시 및 물질안전보건자료에 관한 기준에 따른 경고표지의 색상 및 위치에 대한 설명으로 옳은 것은?

① 경고표지 전체의 바탕은 흰색으로, 글씨와 테두리는 검정색으로 하여야 한다.

② 예방조치 문구를 생략해도 된다.

③ 비닐포대 등 바탕색을 흰색으로 하기 어려운 경우에는 그 포장 또는 용기의 표면을 바탕색으로 사용할 수 없다.

④ 그림문자는 유해성·위험성을 나타내는 그림과 테두리로 구성하며, 유해성·위험성을 나타내는 그림은 백색으로 한다.

해설

• 예방조치 문구는 경고표지의 기재항목에 따라 해당되는 것을 모두 표시한다. 다만 다음의 하나에 해당되는 경우에는 이에 따른다.

　– 중복되는 예방조치 문구를 생략하거나 유사한 예방조치 문구를 조합하여 표시할 수 있다.

　– 예방조치 문구가 7개 이상인 경우에는 예방·대응·저장·폐기 각 1개 이상을 포함하여 6개만 표시해도 된다. 이때 표시하지 않은 예방조치 문구는 물질안전보건 자료를 참고하도록 기재하여야 한다.

• 비닐포대 등 바탕색을 흰색으로 하기 어려운 경우에는 그 포장 또는 용기의 표면을 바탕색으로 사용할 수 있다. 다만, 바탕색이 검정색에 가까운 용기 또는 포장인 경우에는 글씨와 테두리를 바탕색과 대비색상으로 표시하여야 한다.

• 그림문자는 유해성·위험성을 나타내는 그림과 테두리로 구성하며, 유해성·위험성을 나타내는 그림은 검은색으로 하고, 그림문자의 테두리는 빨간색으로 하는 것을 원칙으로 하되 바탕색과 테두리의 구분이 어려운 경우 바탕색의 대비색상으로 할 수 있으며, 그림문자의 바탕은 흰색으로 한다.

21 맥스웰의 관계식으로 틀린 것은?

① $\left(\dfrac{\partial T}{\partial V}\right)_S = -\left(\dfrac{\partial P}{\partial S}\right)_V$

② $\left(\dfrac{\partial T}{\partial P}\right)_S = -\left(\dfrac{\partial P}{\partial S}\right)_V$

③ $\left(\dfrac{\partial S}{\partial V}\right)_T = \left(\dfrac{\partial P}{\partial T}\right)_V$

④ $-\left(\dfrac{\partial S}{\partial P}\right)_T = \left(\dfrac{\partial V}{\partial T}\right)_P$

해설

$dU = TdS - PdV \rightarrow \left(\dfrac{\partial T}{\partial V}\right)_S = -\left(\dfrac{\partial P}{\partial S}\right)_V$

$dH = TdS + VdP \rightarrow \left(\dfrac{\partial T}{\partial P}\right)_S = \left(\dfrac{\partial V}{\partial S}\right)_P$

$dA = -PdV - SdT \rightarrow \left(\dfrac{\partial P}{\partial T}\right)_V = \left(\dfrac{\partial S}{\partial V}\right)_T$

$dG = VdP - SdT \rightarrow \left(\dfrac{\partial V}{\partial T}\right)_P = -\left(\dfrac{\partial S}{\partial P}\right)_T$

22 발열반응인 경우 표준 엔탈피 변화($\Delta H°$)는 (−)의 값을 갖는다. 이때 온도 증가에 따라 평형상수(K)는 어떻게 되는가?(단, 현열은 무시한다)

① 증가한다.　　　② 감소한다.

③ 감소했다 증가한다.　④ 증가했다 감소한다.

해설

평형상수에 대한 온도와 압력의 영향
$\Delta G°$의 T에 대한 의존성은 다음과 같이 나타낼 수 있다.

$\dfrac{d(\Delta G°/RT)}{dT} = -\dfrac{\Delta H°}{RT^2}$

$\dfrac{d\ln K}{dT} = \dfrac{\Delta H°}{RT^2}$ ······ ⓐ

ⓐ식에 의하면 평형상수 K에 대한 온도의 영향은 $\Delta H°$의 부호에 의해 결정된다.
• $\Delta H° > 0$(흡열반응) : 온도가 증가할 때 K가 증가한다.
• $\Delta H° < 0$(발열반응) : 온도가 증가할 때 K가 감소한다.

23 평형상태에 대한 설명 중 옳은 것은?

① $(dG^t)_{T,P} > 0$

② $(dG^t)_{T,P} < 0$

③ $(dG^t)_{T,P} = 1$

④ $(dG^t)_{T,P} = 0$

해설

평형상태

$\left[\dfrac{\partial G^t}{\partial \epsilon}\right]_{T,P} = 0$

$\therefore \sum \nu_i \mu_i = 0$

24 그림과 같은 공기표준 오토 사이클의 열효율을 옳게 나타낸 식은?(단, α는 압축비이고 γ는 비열비(C_P/C_V)이다)

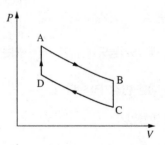

① $1 - \alpha^\gamma$　　　　② $1 - \alpha^{\gamma-1}$

③ $1 - \left(\dfrac{1}{\alpha}\right)^\gamma$　　④ $1 - \left(\dfrac{1}{\alpha}\right)^{\gamma-1}$

해설

가역단열과정

$\eta = 1 - \alpha\left(\dfrac{1}{\alpha}\right)^\gamma = 1 - \left(\dfrac{1}{\alpha}\right)^{\gamma-1}$

25 두 개의 CSTR을 직렬 연결했을 때, 반응기의 최적 부피에 대한 설명으로 가장 거리가 먼 것은?

① 최적부피는 반응속도에 의존한다.

② 1차 반응이면 부피가 같은 반응기를 사용한다.

③ 차수가 1보다 크면 큰 반응기를 먼저 놓는다.

④ 최적부피는 전화율에 의존한다.

해설

직렬로 연결된 두 개의 CSTR의 크기

• 1차 반응 : 동일한 크기의 반응기를 사용한다.

• $n > 1$인 반응 : 작은 반응기 → 큰 반응기 순서로 사용한다.

• $n < 1$인 반응 : 큰 반응기 → 작은 반응기 순서로 사용한다.

26 반응 A → 생성물의 속도식이 $-r_A = kC_A{}^n$로 주어질 때 초기농도 C_{A0}가 $\dfrac{C_{A0}}{2}$ 되는데 걸리는 시간 $(t_{1/2})$을 반감기라 한다. $t_{1/2} = \dfrac{\ln 2}{k}$ 인 경우에는 몇 차 반응인가?

① $n = 1$ ② $n = 2$

③ $n = 3$ ④ $n = 0.5$

해설

반감기

비가역 단분자 1차 반응에서 반감기는 전화율이 $X_A = 0.5$일 때

$-\ln 0.5 = kt_{1/2}$

$\therefore t_{1/2} = \dfrac{\ln 2}{k}$

27 다음 열역학식 중 틀린 것은?(단, H : 엔탈피, Q : 열량, P : 압력, V : 부피, G : 깁스에너지, S : 엔트로피, W : 일)

① $H = Q - PV$

② $G = H - TS$

③ $\Delta S = \displaystyle\int dQ_{rev} / T$

④ $W = -\displaystyle\int P dV$

해설

$H = U + PV$

28 다음 중 상태함수(State Function)가 아닌 것은?

① 내부에너지

② 엔트로피

③ 자유에너지

④ 일

해설

상태함수(점 함수)

• 처음상태 값과 나중상태 값만으로 변화량을 구할 수 있다.

• 경로와 무관한 함수이다.

• P, V, T, H, S, U은 상태함수이다.

29 열역학 제2법칙에 대한 설명 중 틀린 것은?

① 고립계로 생각되는 우주의 엔트로피는 증가한다.

② 어떤 순환공정도 계가 흡수한 열을 완전히 계에 의해 행하여지는 일로 변환시키지 않는다.

③ 열이 고온부로부터 저온부로 이동하는 현상은 자발적이다.

④ 열기관의 최대효율은 100%이다.

해설
열에 의한 전환효율이 100%가 되는 열기관은 존재하지 않는다.

30 이상기체의 단열과정에서 온도와 압력에 관계된 식이다. 옳게 나타낸 것은?(단, 열용량비 $\gamma = \dfrac{C_P}{C_V}$ 이다)

① $\dfrac{T_2}{T_1} = \left(\dfrac{P_2}{P_1}\right)^{\frac{\gamma-1}{\gamma}}$ ② $\dfrac{T_2}{T_1} = \left(\dfrac{P_1}{P_2}\right)^{\gamma}$

③ $\dfrac{T_1}{T_2} = \ln\left(\dfrac{P_1}{P_2}\right)$ ④ $\dfrac{T_2}{T_1} = \left(\dfrac{P_2}{P_1}\right)$

해설
단열과정
· 계와 주위 사이에 열 이동이 없는 변화이다.
· 내부에너지가 감소하면서 부피 또는 압력이 증가하거나, 내부에너지가 증가하면서 부피 또는 압력이 감소하게 된다.
· $dU = dW = -PdV = C_V dT$

$\left(\dfrac{T_2}{T_1}\right) = \left(\dfrac{V_1}{V_2}\right)^{\gamma-1}$

$\therefore \gamma = \dfrac{C_P}{C_V}$

$\left(\dfrac{T_2}{T_1}\right) = \left(\dfrac{P_2}{P_1}\right)^{\frac{\gamma-1}{\gamma}}$

$\therefore PV^{\gamma} = P_1 V_1^{\gamma}$

31 카르노 사이클(Carnot Cycle)의 T-S선도는?

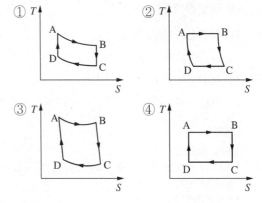

해설

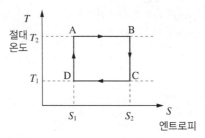

32 이상기체 상수 R의 단위를 $\dfrac{\text{mmHg} \cdot \text{L}}{\text{K} \cdot \text{mol}}$로 하였을 때 다음 중 R 값에 가장 가까운 것은?

① 1.98 ② 62.32

③ 82 ④ 108

해설

$R = \dfrac{0.082 \text{L} \cdot \text{atm}}{\text{mol} \cdot \text{K}} \times \dfrac{760 \text{mmHg}}{1 \text{atm}} = \dfrac{62.32 \text{L} \cdot \text{mmHg}}{\text{mol} \cdot \text{K}}$

33 다음 중 일반적으로 볼 때 불균일 촉매반응으로 가장 적합한 것은?

① 대부분의 액상 반응

② 콜로이드계의 반응

③ 효소반응과 미생물반응

④ 암모니아 합성반응

해설

불균일 촉매반응

• 불균일 촉매반응은 유체-고체 간의 계면 또는 매우 근접한 계면에서 일어난다.

• 반응의 종류

　– NH_3 합성

　– 암모니아 산화 → 질산 제조

　– $SO_2 \xrightarrow{산화} SO_3$

34 3성분계의 기-액 상평형 계산을 위하여 필요한 최소의 변수의 수는 몇 개인가?(단, 반응이 없는 계로 가정한다)

① 1개 　　② 2개

③ 3개 　　④ 4개

해설

상률(자유도, F)

$F = 2 - \pi + N$

여기서, F : 자유도

　　　　π : 상의 수

　　　　N : 성분의 수

∴ $F = 2 - 2 + 3 = 3$

35 화학반응의 평형상수 (K)의 정의로부터 다음의 관계식을 얻을 수 있을 때 이 관계식에 대한 설명 중 틀린 것은?

$$\frac{d\ln K}{dT} = \frac{\Delta H^\circ}{RT^2}$$

① 온도에 대한 평형상수의 변화를 나타낸다.

② 발열반응에서는 온도가 증가하면 평형상수가 감소함을 보여준다.

③ 주어진 온도구간에서 ΔH°가 일정하면 $\ln K$를 T의 함수로 표시했을 때 직선의 기울기가 $\dfrac{\Delta H^\circ}{R^2}$ 이다.

④ 화학반응의 ΔH°를 구하는 데 사용할 수 있다.

해설

평형상수 K에 대한 온도의 영향은 ΔH°의 부호에 의해 결정된다.

$\ln K = -\dfrac{\Delta H^\circ}{RT}$

기울기는 $-\dfrac{\Delta H^\circ}{R}$

36 열의 일당량을 옳게 나타낸 것은?

① $427 \text{kgf} \cdot \text{m/kcal}$

② $\dfrac{1}{427} \text{kgf} \cdot \text{m/kcal}$

③ $427 \text{kcal} \cdot \text{m/kgf}$

④ $\dfrac{1}{427} \text{kcal} \cdot \text{m/kgf}$

해설

열의 일당량은 열에너지 1cal로 변환되는 일의 양을 의미한다.

1kcal = 427kgf · m

37 120℃와 30℃ 사이에서 Carnot 증기 기관이 작동하고 있을 때 1,000J의 일을 얻으려면 열원에서의 열량은 약 몇 J이어야 하는가?

① 1,540
② 4,367
③ 5,446
④ 6,444

해설

- 열효율$(n) = \dfrac{일(W)}{열량(Q)} = 1 - \dfrac{T_L}{T_H}$

- $\eta = \dfrac{W}{Q} = 1 - \dfrac{T_L}{T_H}$

$$\dfrac{1,000}{Q} = 1 - \dfrac{273 + 30}{273 + 120}$$

$\therefore Q = 4,366.8J ≒ 4,367J$

38 PFR 반응기에서 순환비 R을 무한대로 하면 일반적으로 어떤 현상이 일어나는가?

① 전화율이 증가한다.
② 공간시간이 무한대가 된다.
③ 대용량의 PFR과 같게 된다.
④ CSTR과 같게 된다.

해설

PFR 반응기에서 순환비 R을 무한대로 하면 일반적으로 CSTR과 같게 된다. 순환비 0이면 PFR이다.

39 이상적 혼합반응기(Ideal Mixed Flow Reactor)에 대한 설명으로 옳지 않은 것은?

① 반응기 내의 농도와 출구의 농도가 같다.
② 무한개의 이상적 혼합반응기를 직렬로 연결하면 이상적 관형 반응기(Plug Flow Reactor)가 된다.
③ 1차 반응에서의 전화율은 이상적 관형 반응기보다 혼합반응기가 항상 못하다.
④ 회분식 반응기(Batch Reactor)와 같은 특성을 나타낸다.

해설

혼합반응기(CSTR = MFR)
- 내용물이 잘 혼합되어 균일하게 되는 반응기이다.
- 반응기에서 나가는 흐름은 반응기 내의 유체와 동일한 조성을 갖는다.
- 반응기 내의 농도와 출구의 농도가 같다.
- 무한개의 이상적 혼합 반응기를 직렬로 연결하면 PFR이 된다.
- 1차 반응에서 전화율은 이상적 관형 반응기보다 혼합반응기가 항상 못하다.
- 강한 교반이 요구될 때 사용되며 비교적 온도 조절이 용이하다.

40 자동촉매반응(Autocatalytic Reaction)에 대한 설명으로 옳은 것은?

① 전화율이 작을 때는 관형흐름 반응기가 유리하다.
② 전화율이 작을 때는 혼합흐름 반응기가 유리하다.
③ 전화율과 무관하게 혼합흐름 반응기가 항상 유리하다.
④ 전화율과 무관하게 관형흐름 반응기가 항상 유리하다.

해설

전화율이 낮을 때는 CSTR이 우수하고 전화율이 높을 때는 PFR이 우수하다.

41 어떤 가스의 조성이 부피 비율로 CO_2 40%, C_2H_4 20%, H_2 40%라면 이 가스의 평균 분자량은?

① 23

② 24

③ 25

④ 26

> **해설**
> • CO_2의 분자량 : 44
> • C_2H_4의 분자량 : 28
> • H_2의 분자량 : 2
> ∴ 평균분자량 = $(44 \times 0.4) + (28 \times 0.2) + (2 \times 0.4) = 24$

42 추출에서 추료(Feed)에 추제(Extracting Solvent)를 가하여 잘 접촉시키면 2상으로 분리된다. 이 중 불활성 물질이 많이 남아있는 상을 무엇이라고 하는가?

① 추출상(Extract)

② 추잔상(Raffinate)

③ 추질(Solute)

④ 슬러지(Sludge)

> **해설**
> **추 출**
> • 추료(Feed) : 추제에 가용성인 추질과 불용성인 기타성분으로 구성된 혼합물
> • 추출상 : 추제가 풍부한 상
> • 추잔상 : 불활성 물질이 풍부한 상

43 다음 화학방정식으로부터 CH_4의 표준생성열을 구하면 얼마인가?

> ㉠ $CH_4 + 2O_2 \rightarrow CO_2 + 2H_2O(l)$: $\Delta H(298) = -50,900J$
> ㉡ $H_2O(l) \rightarrow H_2 + 0.5O_2$: $\Delta H(298) = 16,350J$
> ㉢ $C(s) + O_2 \rightarrow CO_2$: $\Delta H(298) = -22,500J$

① $-12,050J$

② $-9,470J$

③ $-6,890J$

④ $-4,300J$

> **해설**
> $C(s) + 2H_2 \rightarrow CH_4$를 만들려면,
> ㉢ $- (2 \times ㉡) - ㉠$이므로
> ∴ $-22,250 - (2 \times 16,350) - (-50,900) = -4,300$

44 25%의 수분을 포함한 고체 100kg을 수분함량이 1%가 될 때까지 건조시킬 때 제거되는 수분은 약 얼마인가?

① 8.08kg

② 18.06kg

③ 24.24kg

④ 32.30kg

> **해설**
>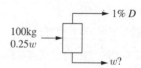
> $100 \times 0.25 = (0.01 \times D) + w$ ⋯ⓐ
> $100 = D + w$ ⋯ⓑ
> ⓐ, ⓑ 식을 연립하면, $0.99D = 75$
> ∴ $D = 75.76$이므로
> ∴ $w = 100 - 75.76 = 24.24$

45 다중 효용증발기에 대한 급송방법 중 한 효용관에서 다른 효용관으로의 용액 이동이 요구되지 않는 것은?

① 순류식 급송(Forward Feed)

② 역류식 급송(Backward Feed)

③ 혼합류식 급송(Mixed Feed)

④ 병류식 급송(Parallel Feed)

해설

병류식(평행식 급액)
원액을 각 증발관에 공급하고 수증기만 순환시키는 방식이다.

46 터빈을 운전하기 위해 2kg/s의 증기가 5atm, 300℃에서 50m/s로 터빈에 들어가고 300m/s 속도로 대기에 방출된다. 이 과정에서 터빈은 400kW의 축일을 하고 100kJ/s 열을 방출하였다면, 엔탈피 변화는 얼마인가?(단, Work : 외부에 일할 시 +, Heat : 방출 시 −)

① 212.5kW

② −387.5kW

③ 412.5kW

④ −587.5kW

해설

• 터빈은 입구와 출구의 높이차가 작아 위치에너지 변화를 무시한다.
• 터빈과 같이 일을 생산하는 장치의 경우, 유체의 기계적 에너지가 터빈 내의 블라인드에 전달되고 축을 회전시켜 축일로 변환되며 유체의 에너지는 감소한다.

• $\Delta H + \dfrac{\Delta u^2}{2} + g\Delta z = Q + W_s$

$\Delta H = Q + W_s - \dfrac{\Delta u^2}{2} - g\Delta z$

∴ $\Delta H = -100,000\text{J/s} - 400,000\text{J/s}$

$-2\text{kg/s} \times \dfrac{(300^2 - 50^2)}{2}\text{m}^2/\text{s}^2 \times \dfrac{1\text{N} \cdot \text{s}^2}{\text{kg} \cdot \text{m}} \times \dfrac{1\text{J}}{\text{N} \cdot \text{m}}$

$= -587,500\text{W} = -587\text{kW}$

47 임계전단응력 이상이 되어야 흐르기 시작하는 유체는?

① 유사가소성 유체(Pseudo Plastic Fluid)

② 빙햄가소성 유체(Bingham Plastic Fluid)

③ 뉴턴 유체(Newtonian Fluid)

④ 팽창성 유체(Dilatant Fluid)

해설

$(\tau - \tau_0)^n = \mu\dfrac{du}{dy}$

여기서, n : 유체고유의 상수
τ_0 : 유동이 일어나지 않는 τ의 한계로 항복점

• 점성유체($\tau_0 = 0$)
 − $n = 1$: 뉴턴유체
 − $n > 1$: 의소성 유체
 − $n < 1$: Dilatant Fluid
• 소성유체($\tau_0 \neq 0$)
 − $n = 1$: Bingham 유체
 − $n \neq 0$: Non-Bingham 유체

48 고체 내부의 수분이 건조되는 단계로 재료의 건조 특성이 단적으로 표시되는 기간은?

① 재료예열기간   ② 감률건조기간
③ 항률건조기간   ④ 항률건조 제2기간

해설

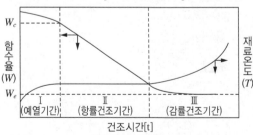

W_c : 한계함수율, W_e : 평형함수율

건조시간[t]

건조속도

• Ⅰ(재료예열시간) : 재료예열, 함수율 서서히 감소
• Ⅱ(항률건조시간) : 재료의 함수율이 직선적으로 감소(건조속도 일정, 재료온도일정, 상변화)
• Ⅲ(감률건조시간) : 함수율이 느리게 감소. 고체 내부의 수분이 건조되는 단계로 직계형, 오목형, 볼록형, 직선+오목형 등 재료의 건조 특성이 단적으로 표시되는 기간

49 "분쇄에 필요한 일은 분쇄 전후의 대표 입경의 비 (D_{P1}/D_{P2})에 관계되며 이 비가 일정하면 일의 양도 일정하다."는 법칙은 무엇인가?

① Sherwood 법칙

② Rittinger 법칙

③ Bond 법칙

④ Kick 법칙

해설

분쇄이론(Lewis식)

- $\dfrac{dW}{dD_P} = -kD_P^{-n}$

  여기서, W : 분쇄에 필요한 일의 양

  $\quad\quad\quad D_P$: 분쇄원료의 대표입경

  $\quad\quad\quad k,\ n$: 상수

- Kick의 법칙($n = 1$)

  $W = k_K \ln \dfrac{D_{P1}}{D_{P2}}$

50 80% 물을 함유한 솜을 건조시켜 초기 수분량의 60%를 제거시켰다. 건조된 솜의 수분함량은 약 몇 %인가?

① 39.2 ② 48.7

③ 52.3 ④ 61.5

해설

수분함량

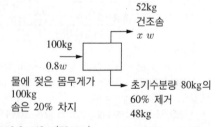

$100 \times 0.8 = 48 + (52 \times x)$

∴ $x = 61.53$

51 50mol% 톨루엔을 함유하고 있는 원료를 정류함에 있어서 환류비가 1.50이고 탑상부에서의 유출물 중의 톨루엔의 몰분율이 0.96이라고 할 때 정류부(Rectifying Section)의 조작선을 나타내는 방정식은?(단, x : 용액 중의 톨루엔의 몰분율, y : 기상에서의 몰분율이다)

① $y = 0.714x + 0.96y$

② $y = 0.6x + 0.384$

③ $y = 0.384x + 0.64$

④ $y = 0.6x + 0.2$

해설

정류부 조작선의 방정식

$$y_{n+1} = \frac{R_D}{R_D + 1}x_n + \frac{x_D}{R_D + 1}$$

$$= \frac{1.5}{1.5 + 1}x_n + \frac{0.96}{1.5 + 1}$$

$$= 0.6x_n + 0.384$$

여기서, R_D : 환류비

$\quad\quad\quad x_D$: 탑상제품의 몰분율

52 두께 150mm의 노벽에 두께 100mm의 단열재로 보온한다. 노벽의 내면온도는 700℃이고, 단열재의 외면온도는 40℃이다. 노벽 10m²로부터 10시간 동안 잃은 열량은?(단, 노벽과 단열재의 열전도도는 각각 3.0 및 0.1kcal/m·h·℃이다)

① 6,285.7kcal

② 6,754.4kcal

③ 62,857.0kcal

④ 67,544kcal

해설

$$q = \frac{t_1 - t_2}{\dfrac{l}{kA}} = \frac{700 - 40}{\dfrac{0.15}{3 \times 10} + \dfrac{0.1}{0.1 \times 10}} = 6285.7\text{kcal/h}$$

∴ 6,285.7kcal/h × 10h = 62,857.0kcal

53 탑 내에서 기체속도를 점차 증가시키면 탑 내 액정체량(Hold Up)이 증가함과 동시에 압력손실은 급격히 증가하여 액체가 아래로 이동하는 것을 방해할 때의 속도를 무엇이라고 하는가?

① 평균속도

② 부하속도

③ 초기속도

④ 왕일속도

부하속도(Loading Velocity)
기체의 속도가 차차 증가하면 탑 내의 액체유량이 증가하는데, 이때의 속도를 부하속도라 하며 흡수탑의 작업은 부하속도를 넘지 않는 속도 범위에서 해야 한다.

54 벤젠과 톨루엔은 이상용액에 가까운 용액을 만든다. 80℃에서 벤젠과 톨루엔의 증기압은 각각 743mmHg 및 280mmHg이다. 이 온도에서 벤젠의 몰분율이 0.2인 용액의 증기압은?

① 352.6mmHg

② 362.6mmHg

③ 372.6mmHg

④ 382.6mmHg

$$P_{증기} = P_{벤}x_{벤} + P_{톨}x_{톨}$$
$$= (743)(0.2) + (280)(1-0.2)$$
$$= 372.6$$

55 수소 16wt%, 탄소 84wt%의 조성을 가진 연료유 100g 다음 반응식과 같이 연소시킨다. 이 때 연소에 필요한 이론 산소량은 몇 mol인가?

$$C + O_2 \rightarrow CO_2$$
$$H_2 + \frac{1}{2}O_2 \rightarrow H_2O$$

① 6

② 11

③ 22

④ 44

H의 원자량 : 1, C의 원자량 : 12이므로,

$$H : \frac{16}{1} = 16, \quad C : \frac{84}{12} = 7 \quad \therefore C_7H_{16}$$

$$\therefore C_7H_{16} + 11O_2 \rightarrow 7CO_2 + 8H_2O$$

56 75℃, 1.5bar, 40% 상대습도를 갖는 습공기가 1,000m³/h로 한 단위공정에 들어갈 때 이 습공기의 비교습도는 약 몇 %인가?(단, 75℃에서의 포화증기압은 289mmHg이다)

① 30%

② 33%

③ 38.4%

④ 40.0%

비교습도(H_P)

$$H_P = \frac{H_a}{H_S} \times 100 = H_r \times \frac{P - P_A^*}{P - P_A}$$

여기서, H_a : 절대습도

H_S : 포화습도

H_r : 상대습도(40%)

P_A : 공기의 수증기 분압($0.4 \times 289 = 115.6 \text{mmHg}$)

$\quad = H_r \times P_A^*$

P_A^* : 동일 온도에서의 포화 공기의 수증기 분압

P : 전체 기압($1.5 \text{bar} \times \frac{760 \text{mmHg}}{1.013 \text{bar}} = 1125.3 \text{mmHg}$)

$$\therefore H_P = 0.4 \times \frac{1,125.3 - 289}{1,125.3 - 115.6} = 0.3313 = 33.13\%$$

57 3층의 벽돌로 된 노벽이 있다. 내부로부터 각 벽돌의 두께는 각각 10, 8, 30cm이고 열전도도는 각각 0.10, 0.05, 1.5kcal/m·h·℃이다. 노벽의 내면 온도는 1,000℃이고 외면 온도는 40℃일 때 단위 면적당의 열 손실은 약 얼마인가?(단, 벽돌 간의 접촉저항은 무시한다)

① $343\text{kcal/m}^2 \cdot \text{h}$

② $533\text{kcal/m}^2 \cdot \text{h}$

③ $694\text{kcal/m}^2 \cdot \text{h}$

④ $830\text{kcal/m}^2 \cdot \text{h}$

해설

여러 층으로 된 벽에서의 열전도

· 동일 단면적 A, 다른 종류의 평면벽, 정상상태에서 $q_1 = q_2 = q_3 = q$로 나타낼 수 있다.

· $q = \dfrac{\Delta t_1 + \Delta t_2 + \Delta t_3}{\dfrac{l_1}{k_1 A} + \dfrac{l_2}{k_2 A} + \dfrac{l_3}{k_3 A}}$

$\therefore \dfrac{q}{A} = \dfrac{t_1 - t_4}{\dfrac{l_1}{k_1} + \dfrac{l_2}{k_2} + \dfrac{l_3}{k_3}}$

$= \dfrac{1000 - 40}{\dfrac{0.1}{0.1} + \dfrac{0.08}{0.05} + \dfrac{0.3}{1.5}}$

$= 342.86\text{kcal/m}^2 \cdot \text{h}$

$\fallingdotseq 343\text{kcal/m}^2 \cdot \text{h}$

58 기-액 평형의 원리를 이용하는 분리고정에 해당하는 것은?

① 증류(Distillation)

② 액체추출(Liquid Extraction)

③ 흡착(Adsorption)

④ 침출(Leaching)

해설

증류

휘발성의 차이를 이용하여 액체 혼합액으로부터 기-액 평형의 원리를 이용하여 각 성분을 분리하는 조작 방법이다.

59 초산과 물의 혼합액에 벤젠을 추제로 가하여 초산을 추출한다. 추출상의 wt%가 초산 3, 물 0.5, 벤젠 96.5이고 추잔상은 wt%가 초산 27, 물 70, 벤젠 3일 때 초산에 대한 벤젠의 선택도는 약 얼마인가?

① 8.95

② 15.6

③ 72.5

④ 241.5

해설

선택도

$S = \dfrac{\text{성분 A(추질)에 대한 추제의 분배계수}}{\text{성분 B(원용매)에 대한 추제의 분배계수}}$

$= \dfrac{y_A/x_A}{y_B/x_B} = \dfrac{y_A/y_B}{x_A/x_B}$

$= \dfrac{\dfrac{3}{0.5}}{\dfrac{27}{70}} = 15.56 \fallingdotseq 15.6$

여기서, x : 추잔상에서의 중량분율

y : 추출상에서의 중량분율

60 직선 원형관으로 유체가 흐를 때 유체의 레이놀즈 수가 1,500이고 이 관의 안지름이 50mm이면 전이 길이가 3.75m이다. 동일한 조건에서 100mm의 안지름을 가지고 같은 레이놀즈 수를 가진 유체 흐름에서의 전이 길이는 약 몇 m인가?

① 1.88

② 3.75

③ 7.5

④ 15

해설

전이길이(L_t, Transition Length)

· 층류(L_t) : $0.05 N_{Re} D$

· 난류(L_t) : $40 \sim 50 D$

레이놀즈 수(N_{Re})가 2,100 미만이므로, 층류조건에 해당한다.

$\therefore 0.05 \times 1,500 \times 0.1 = 7.5$

61 0.1000M HCl 용액 25.00mL를 0.1000M NaOH 용액으로 적정하고 있다. NaOH 용액 25.10mL가 첨가되었을 때의 용액의 pH는 얼마인가?

① 11.60　　　　② 10.30
③ 3.70　　　　④ 2.40

해설

$$NaOH\ M = \frac{0.1M \times 0.1mL}{(25+25.10)mL} = 0.0001996M$$

$pOH = -\log[OH^-] = -\log(0.0001996) = 3.69 ≒ 3.70$
$\therefore pH = 14 - pOH = 14 - 3.70 = 10.30$

62 완충용액을 다루는 주된 식은 Henderson–Hasselbalch식으로서, 이 식을 활용하면 완충용액의 pH 값을 용액의 조성으로부터 쉽게 예상할 수 있다. 약산 HA와 그 짝염기 A⁻로 구성된 완충용액의 Henderson–Hasselbalch식을 바르게 나타낸 것은?

① $pH = pK_a - \log\frac{[A^-]}{[HA]}$

② $pH = pK_a + \log\frac{[A^-]}{[HA]}$

③ $pH = -pK_a + \log\frac{[HA]}{[A^-]}$

④ $pH = -pK_a - \log\frac{[HA]}{[A^-]}$

해설

$$pH = pK_a + \log\frac{[염]}{[산]}$$

63 다음 중 에너지가 가장 작은 전자기복사파는?

① 가시광선
② 마이크로파
③ 근적외선
④ 자외선

해설

에너지 세기

γ선(γ-ray) > X선(X-ray) > 자외선(Ultraviolet) > 가시광선(Visible) > 적외선(Infrared) > 마이크로파(Microwave) > 라디오파(Radio)

64 분자의 형광과 인광에 대한 설명으로 틀린 것은?

① 형광은 들뜬 단일항 상태에서 바닥의 단일항 상태로의 전이이다.
② 인광은 들뜬 삼중항 상태에서 바닥의 단일항 상태로의 전이이다.
③ 인광은 일어날 가능성이 낮고 들뜬 삼중항 상태의 수명은 꽤 길다.
④ 인광에서 스핀이 짝을 이루지 않으면 분자는 들뜬 단일항 상태로 있다.

해설

• 형 광
 – 발광할 때 전자스핀의 변화가 없이 전자 에너지의 전이가 일어난다.
 – 250nm 이하 자외선에선 형광현상이 거의 일어나지 않는다. (복사선 에너지가 너무 커서 결합이 절단)
 – 수명이 10^{-6}s 이하로 짧다.
• 인 광
 – 전자스핀의 변화를 수반한다.
 – 복사선의 조사가 끝난 후에도 쉽게 검출할 수 있는 시간 동안 가끔 또는 더 긴 시간의 발광이 계속된다. 산소와의 충돌이 증가할수록 계간전이가 증가한다.
• 분자 내 전자쌍 중 하나가 들뜨면 전자의 에너지 상태는 단일항 상태 또는 삼중항 상태로 된다.
 – 들뜬 단일항 상태 : 전자스핀이 짝을 이룸
 – 들뜬 삼중항 상태 : 전자스핀이 짝을 이루지 않음

65 불꽃 분광법과 비교한 플라스마 광원 방출 분광법의 특징에 대한 설명으로 옳은 것은?

① 플라스마 광원의 온도가 불꽃보다 낮기 때문에 원소 상호 간 방해가 적다.
② 높은 온도에서 분해가 용이한 불안정한 원소를 낮은 농도에서 분석할 수 있다.
③ 하나의 들뜸 조건에서 동시에 여러 원소들의 스펙트럼을 얻을 수 있다.
④ 내화성 화합물을 생성하는 원소나 아이오딘, 황과 같은 비금속을 제외하고 적용범위가 넓다.

해설
유도결합플라스마(ICP) 원자화 방법
• 플라스마 광원은 온도가 높기 때문에 원소 상호간 화학적 방해도 거의 없다.
• 플라스마는 매우 고온의 이온화된 기체로 동일한 양의 양이온과 전자를 갖고 있으며 기저 상태의 전자를 전이시켜 들뜨기 상태로 전환시키기 위해 필요한 에너지를 제공하는 들뜨기 원으로 이용되고 있다.
• 높은 온도에서 안정한 원소를 낮은 온도에서 분석할 수 있다.
• 붕소, 인 등 내화성 화합물을 만드는 원소와 아이오딘, 황 등의 비금속 물질 측정에 적용할 수 있다.

66 Mg^{2+}와 Ca^{2+}를 분석하기에 가장 적합한 크로마토그래피는?

① 이온교환 크로마토그래피
② 크기배제 크로마토그래피
③ 기체 크로마토그래피
④ 분배 크로마토그래피

해설
이온교환 크로마토그래피
분리하고자 하는 물질의 반대적 특성을 가지는 정지상을 이용해 정전기적 인력을 이용한 분리 방법이다.

67 열무게법(TG)에서 전기로를 질소와 아르곤의 환경기류를 만드는 주된 이유는?

① 시료의 환원 억제
② 시료의 산화 억제
③ 시료의 확산 억제
④ 시료의 산란 억제

해설
질소 또는 아르곤을 전기로에 넣어 시료가 산화되는 것을 방지한다.

68 머무름 인자(k, Retention Factor)를 가장 잘 나타낸 것은?

① 이동상의 속도(Velocity)
② 분석물질의 이동상과 정지상 사이의 분배(Distribution)
③ 분석물질이 칼럼을 통과하는 이동 속도(Migration Rate)
④ 분석물질의 분리 정도

해설
머무름 인자(k, Retention Factor)는 물질이 칼럼을 통과하는데 걸린 시간이다.

69 0.150M 아질산(HNO_2) 수용액 중 하이드로늄 이온(H_3O^+) 농도는 약 몇 M인가?(단, 아질산의 수용액 중 산해리 상수는 5.1×10^{-4}이다)

① 0.171
② 0.150
③ 0.00875
④ 0.00226

해설
$HNO_2 + H_2O \rightleftarrows H_3O^+ + NO_2^-$

$K_a = \dfrac{[H_3O^+][NO_2^-]}{[HNO_2]} = \dfrac{x^2}{0.15} = 5.1 \times 10^{-4}$

$\therefore x = 8.746 \times 10^{-3} \fallingdotseq 0.00875$

70 다음 중 부피 및 질량 적정법에서 기준물질로 사용되는 1차 표준물질(Primary Standard)의 필수 조건으로 가장 거리가 먼 것은?

① 대기 중에서 안정해야 한다.

② 적정 매질에서 용해도가 작아야 한다.

③ 가급적 큰 몰질량을 가져야 한다.

④ 수화된 물이 없어야 한다.

해설

1차 표준물질의 조건

• 매우 높은 순도(거의 100%)와 정확한 조성을 가져야 한다.

• 안정하며, 쉽게 건조되고 대기 중의 수분과 이산화탄소를 흡수하지 않아야 한다.

• 표준화 용액과 화학량론적으로 신속하게, 정량적으로 진행되어야 한다.

• 용해도가 크고 잘 녹는 것이어야 한다.

• 무게달기와 연관된 상대오차를 최소화하기 위하여 몰질량이 커야 한다.

• 가능한 측정오차를 최소화 할 수 있어야 한다.

71 다음 중 산과 염기에 대한 설명으로 옳은 것은?

① 산은 붉은 리트머스 시험지를 푸르게 변화시킨다.

② 염기는 용액 내에서 수소 이온(H^+)을 생성하는 물질이다.

③ 산은 pH 값이 7이상인 물질이다.

④ 산과 염기가 반응하면 염과 물이 생성된다.

해설

산

• 푸른 리트머스 시험지를 붉게 변화시킨다.

• 용액 내에서 H^+를 생성한다.

• pH < 7

72 무게 분석법에서 결정을 성장시키는 방법으로 틀린 것은?

① 용해도를 증가시키기 위해 온도를 서서히 올린다.

② 침전제를 가급적 빨리 가한다.

③ 침전제를 가할 때 잘 저어준다.

④ 가급적 침전제의 농도를 낮게 하여 침전시킨다.

해설

입자 성장을 촉진시키는 방법

• 온도를 높여 용해도를 증가시킨다.

• 침전제를 빠르게 섞으며 천천히 가한다.

• 용액의 부피를 크게 하여 분석물질과 침전제의 농도를 낮게 한다.

73 침전 적정에서 종말점을 검출하는 데 일반적으로 사용하는 방법이 아닌 것은?

① 전 극

② 지시약

③ 빛의 산란

④ 리트머스 시험지

해설

종말점 검출

색깔(지시약), 흡광도(빛의 산란), 전도도, 전지 전위차(전극)를 이용하여 종말점을 검출한다.

74 미지시료 내 특정 물질의 양을 분석하는 방법으로 적정이 사용된다. 적정 요건으로 틀린 것은?

① 적정에서의 반응은 느려도 크게 상관없다.

② 반응은 화학 양론적이어야 한다.

③ 부반응이 없어야 한다.

④ 반응이 진행되어 당량점 부근에서 용액의 어떤 성질에 현저한 변화가 일어나야 한다.

해설

적정의 필요조건

• 평형상수가 커야 한다.

• 반응속도가 빨라야 한다.

• 반응이 화학 양론적으로 일어나며 부반응이 일어나지 않아야 한다.

• 반응의 종말점을 알 수 있어야 한다.

75 Lambert-Beer 법칙을 나타내는 다음 수식의 각 요소에 대한 설명 중 틀린 것은?

$$A = \epsilon bc$$

① ϵ는 몰 흡광계수이다.

② c는 빛의 속도를 나타낸다.

③ b는 시료의 두께를 나타낸다.

④ A는 흡광도를 나타내며 상수항이다.

해설

Lambert-Beer 법칙

$A = \epsilon c l$

여기서, A : 흡광도

ϵ : 몰흡광계수

c : 몰농도

l : 광로길이

76 여러 가지의 전자 전이가 일어날 때 흡수하는 에너지(ΔE)가 가장 작은 것은?

① $n \rightarrow \pi^*$ ② $n \rightarrow \sigma^*$

③ $\pi \rightarrow \pi^*$ ④ $\sigma \rightarrow \sigma^*$

해설

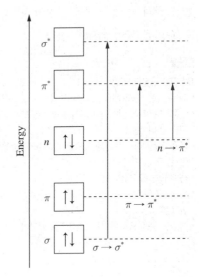

77 NMR 기기에서 표준물로 사용되는 것은?

① 아세토니트릴

② 테트라메틸실란(TMS)

③ 폴리티렌-디비닐벤젠

④ 8-히드록시퀴놀린(8-HQ)

해설

NMR 기기에서 대표적인 기준물질은 테트라메틸실란(TMS)이 사용된다.

78 질량 분석법의 질량 스펙트럼에서 알 수 있는 가장 유효한 정보는?

① 분자량

② 중성자의 무게

③ 음이온의 무게

④ 자유 라디칼의 무게

해설

질량 스펙트럼으로부터 분자량을 결정한다. 정확한 분자량으로부터 분자식이 결정된다.

80 반쪽반응 $aA + ne^- \rightleftarrows bB$에 대해 반쪽 전지 전위 E를 나타내는 Nernst식을 바르게 표현한 것은?

① $E = E° - \dfrac{RT}{nF}\ln\left(\dfrac{[B]^b}{[A]^a}\right)$

② $E = E° + \dfrac{RT}{nF}\ln\left(\dfrac{[B]^b}{[A]^a}\right)$

③ $E = E° - \dfrac{nF}{RT}\ln\left(\dfrac{[B]^b}{[A]^a}\right)$

④ $E = E° + \dfrac{nF}{RT}\ln\left(\dfrac{[B]^b}{[A]^a}\right)$

해설

Nernst식

한 종류의 물질에 대하여 그것의 양과 온도에 따른 전위를 나타낸다.

$Ox + ne^- \rightarrow Red$

$\therefore E = E° + \dfrac{RT}{nF}\ln\dfrac{[Ox]}{[Red]}$

79 기체 크로마토그래피 분리법에 사용되는 운반 기체로 부적당한 것은?

① He ② N_2

③ Ar ④ Cl_2

해설

기체 크로마토그래피는 운반기체로 질소, 헬륨, 수소, 아르곤 등이 사용된다.

제 2 회 적중모의고사

01 Leblanc법의 원료와 제조 물질을 옳게 설명한 것은?

① 식염에서 탄산칼슘 제조

② 식염에서 탄산나트륨 제조

③ 염화칼슘에서 탄산칼슘 제조

④ 염화칼슘에서 탄산나트륨 제조

해설

NaCl을 황산 분해하여 망초(Na_2SO_4)를 얻고 이를 석탄, 석회석($CaCO_3$)으로 복분해하여 소다회를 제조한다.

02 반도체 제조공정에서 감광제를 구성하는 주요 기본 요소가 아닌 것은?

① 고분자　　　　② 용 매

③ 광감응제　　　④ 현상액

해설

• 감광액 도포 : 빛에 민감한 물질인 감광액을 웨이퍼 표면에 도포 시킨다.

• 감광제 구성요소 : 고분자, 용매, 광감응제

03 말레산 무수물을 벤젠의 공기산화법으로 제조하고자 한다. 이때 사용되는 촉매는 무엇인가?

① 바나듐펜톡사이드(오산화바나듐)

② Si–Al_2O_3를 담체로 한 Nickel

③ $PdCl_2$

④ LiH_2PO_4

해설

벤젠의 공기산화법

$$\bigcirc + \frac{9}{2}O_2 \xrightarrow[V_2O_5]{400 \sim 500℃} \begin{array}{c} H-C-C \\ \parallel \\ H-C-C \end{array} O + 2H_2O + 2CO_2$$

04 휘발유의 안티노크(Antiknock)성의 정도를 표시하는 값은?

① 산 가

② 세탄가

③ 옥탄가

④ API도

해설

• 옥탄가 : 가솔린의 성능을 나타내는 척도(Antiknock을 표시하는 척도)

• 세탄가 : 디젤기관의 연료 착화성을 정량적으로 나타내는 데 이용되는 수치

• 산가 : 시료유 1g을 중화시키는 데 필요한 KOH의 mg수

• API도 : 석유의 비중을 나타내는 데 사용

05 발색단만을 가지고 있는 화합물에 도입하면 색을 짙게 하는 동시에 섬유에 대하여 염착하기 쉽게 하는 원자단은?

① – OH

② – N = N –

③ $\begin{array}{c} \diagdown \\ C = S \\ \diagup \end{array}$

④ – N = O

해설

• 발색단 : 화합물이 색을 갖는 원인이 되는 원자단으로 대부분 불포화결합을 포함한다.

예 – N = N –, $\begin{array}{c} \diagdown \\ C = S, \\ \diagup \end{array}$ – N = O

• 조색단 : 발색단과 결합하여 유기화합물의 색조를 변화시키는 원자단을 말한다.

예 – OH, – CH_3, – COOH, – NH_2

06 고분자의 분자량을 측정하는 데 사용되는 방법으로 가장 거리가 먼 것은?

① 말단기 정량법

② 삼투압법

③ 광산란법

④ 코킹법

해설

고분자량 측정방법
- 말단기 정량법
- 총괄성 이용법(삼투압법)
- 광산란법
- 초원심법
- 점도법
- 겔 투과 크로마토그래피법

07 연료전지에 있어서 캐소드에 공급되는 물질은?

① 산 소

② 수 소

③ 탄화수소

④ 일산화탄소

해설

- Anode(산화) : $2H_2 + 4OH^- \rightarrow 4H_2O + 4e^-$
- Cathode(환원) : $O_2 + 2H_2O + 4e^- \rightarrow 4OH^-$

08 다음 중 칼륨 비료에 속하는 것은?

① 유 안

② 요 소

③ 볏짚재

④ 초 안

해설

칼륨비료의 원료
간수, 해조, 초목재, 볏짚재 등

09 플라스틱 분류에 있어서 열경화성 수지로 분류되는 것은?

① 폴리아미드수지

② 폴리우레탄수지

③ 폴리아세탈수지

④ 폴리에틸렌수지

해설

열경화성 수지
페놀수지, 요소수지, 규소수지, 멜라민수지, 폴리우레탄수지, 알키드수지 등

10 벤젠의 니트로화 반응에서 황산 60%, 질산 24%, 물 16%의 혼산 100kg을 사용하여 벤젠을 니트로화할 때, 질산이 화학양론적으로 전량 벤젠과 반응하였다면 DVS 값은 얼마인가?

① 4.54

② 3.50

③ 2.63

④ 1.85

해설

황산의 탈수값(DVS)

$$C_6H_6 + HNO_3 \rightarrow C_6H_5NO_2 + H_2O$$

$$\begin{matrix} & 63 & & 18 \\ & 24 & & x \end{matrix}$$

$x = 6.857$이므로,

$$\therefore DVS = \frac{혼합산 \ 중의 \ 황산의 \ 양}{반응 \ 후 \ 혼합산 \ 중의 \ 물의 \ 양} = \frac{60}{16 + 6.857} = 2.63$$

11 전류효율이 90%인 전해조에서 소금물을 전기분해하면 수산화나트륨과 염소, 수소가 만들어진다. 매일 17.75ton의 염소가 부산물로 나온다면 수산화나트륨의 생산량은 약 몇 ton이 되겠는가?

① 16 　　　　　② 18
③ 20 　　　　　④ 22

해설

소금물의 전기분해

$2NaCl + 2H_2O \rightarrow 2NaOH + Cl_2 + H_2$

$$2\times 40 \qquad 71$$
$$x \qquad 17.75$$

$2\times 40 : 71 = x : 17.75$
$\therefore x = 20$

12 석유 정제공정에서 사용되는 증류법 중 중질유의 비점이 강하되어 가장 낮은 온도에서 고비점 유분을 유출시키는 증류법은?

① 상압증류법 　　② 공비증류법
③ 추출증류법 　　④ 수증기증류법

해설

수증기증류법

끓는점이 높고, 물에 거의 녹지 않는 유기화합물에 수증기를 불어 넣어, 그 물질의 끓는점보다 낮은 온도에서 수증기와 함께 유출되어 나오는 물질의 증기를 냉각하여, 물과의 혼합물로서 응축시키고 그것을 분리시키는 증류법이다.

13 반도체 제조공정 중 패턴이 형성된 표면에서 원하는 부분을 화학반응 혹은 물리적 과정을 통하여 제거하는 공정을 의미하는 것은?

① 세정공정 　　　② 에칭공정
③ 포토리소그래피 ④ 건조공정

해설

에칭공정
- 포토공정에서 형성된 감광액 부분을 남겨두고 나머지 부분을 제거하여 회로를 형성하는 과정이다.
- 산화실리콘 막이 제거되어 실리콘 단결정이 드러나며, 노광 후 포토레지스트로 보호되지 않는 부분을 제거하는 공정이다.

14 담체(Carrier)에 대한 설명으로 옳은 것은?

① 촉매의 일종으로 반응속도를 증가시킨다.
② 자체는 촉매 작용을 못하고, 촉매의 지지체로 촉매의 활성을 도와준다.
③ 부촉매로서 촉매의 활성을 억제시키는 첨가물이다.
④ 불균일 촉매로서 촉매의 유효면적을 감소시켜 촉매 활성을 잃게 한다.

해설

담 체
- 촉매 기능을 갖는 물질을 분산시켜 안정하게 흡착하게 하는 고체이다.
- 촉매 기능을 향상시키기 위해서 표면적이 큰 다공성 물질로 만든다.
- 담체 재료에는 실리카, 알루미나 등 각종 금속 산화물이 사용된다.

15 헥산(C_6H_{14})의 구조이성질체 수는?

① 4개
② 5개
③ 6개
④ 7개

해설

헥산의 구조이성질체
- $C-C-C-C-C-C$
- $C-C-C-C-C$
  　|
  　C
- $C-C-C-C-C$
  　　　|
  　　　C
- $C-C-C-C$
  　|　|
  　C　C
- 　　C
  　　|
  $C-C-C-C$
  　　|
  　　C

16 다음의 암모니아 산화반응식에서 공기 산화를 위한 혼합가스 중 NH_3 가스의 부피 백분율은?(단, 공기와 NH_3 가스는 양론적 요구량만큼만 공급한다고 가정한다)

$$4NH_3 + 5O_2 \rightleftarrows 4NO + 6H_2O + 215.6kcal$$

① 14.4%

② 22.3%

③ 33.3%

④ 41.4%

해설
- NH_3의 산화반응에 필요한 공기량

$$5mol\ O_2 \times \frac{100mol\ Air}{21mol\ O_2} = 23.8mol\ Air$$

- NH_3 가스의 부피 백분율

$$\frac{4}{23.8+4} \times 100\% = 14.4\%$$

17 인산제조법 중 건식법에 대한 설명으로 틀린 것은?

① 전기로법과 용광로법이 있다.

② 철과 알루미늄 함량이 많은 저품위의 광석도 사용할 수 있다.

③ 인의 기화와 산화를 별도로 진행시킬 수 있다.

④ 철, 알루미늄, 칼슘의 일부가 인산 중에 함유되어 있어 순도가 낮다.

해설
인산제조법 중 건식법
- 인광석을 환원하여 인을 만들고 이를 산화, 흡수시켜 인산을 제조한다.
- 저품위 인광석을 처리할 수 있다.
- 인의 기화와 산화를 따로 할 수 있다.
- 고순도, 고농도의 인산을 제조할 수 있다.
- Slag는 시멘트 원료가 된다.
- 전기로법과 용광로법이 있다.

18 유지의 분석시험값으로 성분 지방산의 평균분자량을 알 수 있는 것은?

① Acid Value(산값)

② Rhodan Value(로단값)

③ Acetyl Value(아세틸값)

④ Saponification Value(비누화값)

해설
- 산가(Acid Value) : 유지나 지방 1g 속에 함유되어 있는 유리된 지방산을 중화하는 데 필요한 KOH의 mg수
- 비누화값(Saponification Value) : 유지 1g을 비누화시키는 데 필요한 KOH의 mg수
- 요오드값(Iodine Value) : 100g의 유지에 의해서 흡수되는 아이오딘의 g수

19 아세틸렌과 작용하여 염화비닐을 생성하는 물질은?

① Cl_2

② $NaCl$

③ $NaClO$

④ HCl

해설
염화비닐 제조

$$HC \equiv CH + HCl \rightarrow CH_2 = CHCl$$

20 반도체 제조과정 중에서 식각공정 후 행해지는 세정공정에 사용되는 Piranha 용액의 주원료에 해당하는 것은?

① 질산, 암모니아

② 불산, 염화나트륨

③ 에탄올, 벤젠

④ 황산, 과산화수소

해설
Washing Solution
- 웨이퍼 세척, 웨이퍼 식각, 사진 감광막제거 및 식각용액 제조공정에 사용한다.
- Piranha 용액은 황산과 과산화수소를 4:1의 비율로 90~130℃의 고온에서 사용하기 때문에 과산화수소의 분해가 급격히 일어난다.

21 이상기체인 A와 B가 일정한 부피 및 온도의 반응기에서 반응이 일어날 때 반응물 A의 반응속도식($-r_A$)으로 옳은 것은?(단, P_A는 A의 분압을 의미한다)

① $-r_A = -RT\dfrac{dP_A}{dt}$

② $-r_A = -\dfrac{1}{RT}\dfrac{dP_A}{dt}$

③ $-r_A = -\dfrac{V}{RT}\dfrac{dP_A}{dt}$

④ $-r_A = -\dfrac{RT}{V}\dfrac{dP_A}{dt}$

> **해설**
> $P_A = C_A RT$
> $-r_A = \dfrac{-dC_A}{dt} = -\dfrac{1}{RT}\dfrac{dP_A}{dt}$

22 자동촉매반응(Autocatalytic Reaction)에 대한 설명으로 옳은 것은?

① 전화율이 작을 때는 플러그흐름 반응기가 유리하다.
② 전화율이 작을 때는 혼합흐름 반응기가 유리하다.
③ 전화율과 무관하게 혼합흐름 반응기가 항상 유리하다.
④ 전화율과 무관하게 플러그흐름반응기가 항상 유리하다.

> **해설**
> **자동촉매반응**
> • 반응의 생성물 또는 반응 중간체가 촉매로 작용하는 반응으로 반응 시간이 경과할수록 반응 속도가 더욱 빨라진다.
> • 전화율이 반응속도가 최대가 되는 점보다 작을 경우에는 CSTR(MFR)이 우수하다.
> • 전화율이 반응속도가 최대가 되는 점보다 훨씬 클 경우에는 PFR이 우수하다.

23 평형상태에 대한 설명 중 옳은 것은?

① $(dG^t)_{T,P} = 1$이 성립한다.
② $(dG^t)_{T,P} > 0$이 성립한다.
③ $(dG^t)_{T,P} = 0$이 성립한다.
④ $(dG^t)_{T,P} < 0$이 성립한다.

> **해설**
> $(dG^t)_{T,P}$와 반응의 관계
> • $(dG^t)_{T,P} = 0$: 평형상태
> • $(dG^t)_{T,P} < 0$: 자발적 반응
> • $(dG^t)_{T,P} > 0$: 비자발적 반응

24 반응물 A의 전화율(X_A)과 온도(T)에 대한 데이터가 다음과 같을 때 이 반응에 대한 설명으로 옳은 것은?(단, 반응은 단열상태에서 진행되었으며, H_R은 반응의 엔탈피를 의미한다)

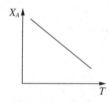

① 흡열반응, $\Delta H_R < 0$
② 발열반응, $\Delta H_R < 0$
③ 흡열반응, $\Delta H_R > 0$
④ 발열반응, $\Delta H_R > 0$

> **해설**
> **단열조작**
>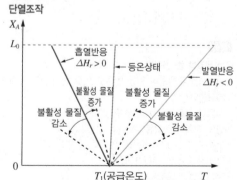

25 Michaelis–Menten 반응($S \rightarrow P$, 효소반응)의 속도식은?(단, E_0는 효소, [   ]은 각 성분의 농도, k_m는 Michaelis–Menten 상수, V_{max}는 효소 농도에 대한 최대 반응속도를 의미한다)

① $r_R = \dfrac{V_{max}[S]}{K_M + [S]}$

② $r_R = \dfrac{K_M[S]}{[E_0] + [S]}$

③ $r_R = \dfrac{K_M[S]}{V_{max}[E_0] + [S]}$

④ $r_R = \dfrac{K_M[S][P]}{[E_0] - V_{max}[S]}$

해설

Michaelis–Menten 반응식의 유도

$$E + S \underset{k_r}{\overset{k_f}{\rightleftharpoons}} ES \overset{k_{cat}}{\longrightarrow} E + P$$

• 효소의 양은 반응 전후에 일정하다.

$[E] + [ES] = [E_0]$

• 생성물이 만들어지는 반응속도와 이 물질이 다시 분해되는 속도는 같다.

$k_f[E][S] - k_r[ES] - k_{cat}[ES] = 0$

$[E] = [E_0] - [ES]$

$k_f([E_0] - [ES])[S] - k_r[ES] - k_{cat}[ES] = 0$

$[ES] = \dfrac{[E_0][S]}{\dfrac{k_r + k_{cat}}{k_f} + [S]}$

$K_M = \dfrac{k_r + k_{cat}}{k_f}$

$\therefore v = \dfrac{V_{max}[S]}{K_M + [S]}$ ($V_{max} = k_{cat}[E_0]$)

26 반응속도식이 다음과 같은 $A \rightarrow R$ 기초반응을 플러그흐름 반응기에서 반응시킨다. 반응기로 유입되는 A 물질의 초기농도가 10mol/L이고, 출구농도가 5mol/L일 때, 이 반응기의 공간시간(h)은?

$$-r_A = 0.1 C_A (\text{mol/L} \cdot \text{h})$$

① 8.6 　　　　② 6.9

③ 5.2 　　　　④ 4.3

해설

PFR의 1차 반응 성능식

$k\tau = -\ln\dfrac{C_A}{C_{A0}} = -\ln(1 - X_A)$ ⋯ ⓐ

$\dfrac{C_A}{C_{A0}} = 1 - X_A$

$C_A = C_{A0}(1 - X_A)$

$5 = 10(1 - X_A)$

$X_A = 0.5$가 되고 속도상수는 0.1이므로 ⓐ에 대입하면

$k\tau = -\ln(1 - X_A)$

$0.1\tau = -\ln(1 - 0.5)$

$\therefore \tau = 6.93h$

27 Arrhenius Law에 따라 작도한 다음 그림 중에서 평행반응(Parallel Reaction)에 가장 가까운 그림은?

①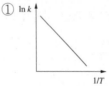

②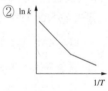

③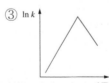

④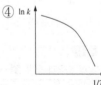

해설

아레니우스 식

$k = Ae^{\frac{-E_a}{RT}}$

$\ln k = -\dfrac{E_a}{R}\left(\dfrac{1}{T}\right) + \ln A$

따라서, 기울기($\dfrac{-E_a}{R}$)가 가파를수록 E_a가 크다.

28 다음 중 일반적으로 볼 때 불균일 촉매반응으로 가장 적합한 것은?

① 대부분의 액상반응

② 콜로이드계의 반응

③ 효소반응과 미생물반응

④ 암모니아 합성반응

해설

불균일 촉매반응

• NH_3 합성
• 암모니아 산화
• 원유의 Cracking
• SO_2의 산화

29 물리 흡착에 대한 설명으로 가장 거리가 먼 것은?

① 다분자층 흡착이 가능하다.

② 활성화에너지가 작다.

③ 가역성이 낮다.

④ 고체 표면에서 일어난다.

해설

물리 흡착과 화학 흡착의 비교

구 분	물리 흡착	화학 흡착
흡착제	고 체	대부분 고체
온도범위	낮은 온도	높은 온도
흡착열	낮 음	높 음
흡착속도	매우 빠름	활성 흡착이면 E_a값이 높음
흡착층	다분자층	단분자층
가역성	가역성이 높음	가역성이 낮음

30 0차 반응의 반응물 농도와 시간의 관계를 옳게 나타낸 것은?

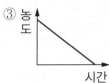

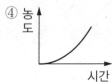

해설

0차 반응

• 반응속도가 물질의 농도에 관계없는 반응이다.
• 반응식

$$v = -\frac{d[A]}{dt} = k$$

$$d[A] = -kdt$$

$$\int_{[A]_0}^{[A]} d[A] = -k \int_0^t dt$$

$$[A] - [A]_0 = -kt$$

$$\therefore \ [A] = -kt + [A]_0$$

31 다음과 같은 1차 병렬 반응이 일정한 온도의 회분식 반응기에서 진행되었다. 반응시간이 1,000s일 때 반응물 A가 90% 분해되어 생성물 중 R이 S의 10배로 생성되었다. 반응 초기에 R과 S의 농도를 0으로 할 때, k_1 및 k_1/k_2은 각각 얼마인가?

$$A \rightarrow R, \ r_1 = k_1 C_A$$
$$A \rightarrow 2S, \ r_2 = k_2 C_A$$

① $k_1 = 0.131/\text{min}, \ k_1/k_2 = 20$

② $k_1 = 0.046/\text{min}, \ k_1/k_2 = 10$

③ $k_1 = 0.131/\text{min}, \ k_1/k_2 = 10$

④ $k_1 = 0.046/\text{min}, \ k_1/k_2 = 20$

해설

1차 반응

$C_{A0}\dfrac{dX_A}{dt} = kC_0(1-X_A)$

$-\ln(1-X_A) = (k_1 + k_2)t$

$-\ln(1-0.9) = kt$

$2.3 = k \times 1,000$

∴ $k = 0.138\text{min}$

$20k_2 + k_2 = 0.138$

$k_2 = 0.00657$

$k_1 = 20k_2$

$k_1 = 0.131/\text{min}$

∴ $k_1/k_2 = 0.131/0.00657 = 20$

32 공간시간이 5분이라고 할 때의 설명으로 옳은 것은?

① 5분 안에 100% 전화율을 얻을 수 있다.

② 반응기 부피의 5배 되는 원료를 처리할 수 있다.

③ 5분마다 반응기 부피만큼의 공급물이 반응기에서 처리된다.

④ 5분 동안에 반응기 부피의 5배 원료를 도입한다.

해설

• 공간시간(τ) : 반응기 부피만큼의 공급물 처리에 필요한 시간

예 $\tau = 5\text{h}$: 반응기 부피만큼 공급물을 처리하는 데 5시간이 필요하다는 의미

• 공간속도(s)
  - 단위 시간당 처리할 수 있는 공급물의 부피를 반응기 부피로 나눈 값
  - 공간시간의 역수

33 다음 반응에서 $C_{A0} = 1\text{mol/L}$, $C_{R0} = C_{S0} = 0$이고 속도상수 $k_1 = k_2 = 0.1\text{min}^{-1}$이며 100L/h의 원료 유입에서 R을 얻는다고 한다. 이때 성분 R의 수득율을 최대로 할 수 있는 플러그흐름 반응기의 크기를 구하면?

$$A \xrightarrow{k_1} R \xrightarrow{k_2} S$$

① 16.67L

② 26.67L

③ 36.67L

④ 46.67L

해설

$\tau = \dfrac{1}{s} = \dfrac{1}{0.1} = 10\text{min}$

$\tau = \dfrac{1}{s} = \dfrac{V}{v_0} \Rightarrow 10\text{min} = \dfrac{1 \times V}{100\text{L/h} \times 1\text{h}/60\text{min}}$

∴ $V = 16.67\text{L}$

34 균일 2차 액상반응($A \rightarrow R$)이 혼합 반응기에서 진행되어 50%의 전환을 얻었다. 다른 조건은 그대로 두고, 반응기만 같은 크기의 플러그흐름 반응기로 대체시켰을 때 전환율은 어떻게 되겠는가?

① 47%   ② 51%

③ 67%   ④ 77%

해설

• 2차 CSTR(MFR)

$C_{A0}k\tau = \dfrac{X_A}{(1-X_A)^2}$

$\qquad = \dfrac{0.5}{(1-0.5)^2} = 2$

• 2차 PFR

$C_{A0}k\tau = \dfrac{X_A}{1-X_A}$

$\qquad 2 = \dfrac{X_A}{1-X_A}$

∴ $X_A = 0.667 \rightarrow 67\%$

31 ①   32 ③   33 ①   34 ③

제2회 적중모의고사 ■ 283

35 액상 반응이 다음과 같이 병렬 반응으로 진행될 때 R을 많이 얻고 S를 적게 얻으려면 A, B의 농도는 어떻게 되어야 하는가?

$$A + B \xrightarrow{k_1} R, \quad r_R = k_1 C_A C_B^{0.5}$$

$$A + B \xrightarrow{k_2} S, \quad r_S = k_2 C_A^{0.5} C_B$$

① C_A는 크고, C_B도 커야 한다.

② C_A는 작고, C_B는 커야 한다.

③ C_A는 크고, C_B는 작아야 한다.

④ C_A는 작고, C_B도 작아야 한다.

해설

$$\frac{r_R}{r_S} = \frac{k_1 C_A C_B^{0.5}}{k_2 C_A^{0.5} C_B} = \frac{k_1}{k_2} \frac{C_A^{0.5}}{C_B^{0.5}}$$

R의 생성률을 높이기 위해서는 C_A는 크고, C_B는 작아야 한다.

36 Carnot 순환으로 작동되는 어떤 가역 열기관이 500℃에서 1,000cal의 열을 받아 일을 생산하고 나머지의 열을 100℃에서 배출한다. 가역 열기관이 하는 일은?

① 417cal

② 517cal

③ 373cal

④ 773cal

해설

열기관의 열효율

$$열효율(\eta) = \frac{생산된\ 순\ 일}{공급된\ 열} = \frac{W}{Q_H} = \frac{Q_H - Q_L}{Q_H} = \frac{T_H - T_L}{T_H}$$

$$\frac{773K - 373K}{773K} = \frac{W}{1,000}$$

$$\therefore W = 517$$

37 $P - H$ 선도에서 등엔트로피선의 기울기 $\left(\frac{\partial P}{\partial H}\right)_S$ 의 값은?

① $\left(\frac{\partial P}{\partial H}\right)_S = V$

② $\left(\frac{\partial P}{\partial H}\right)_S = \frac{1}{V}$

③ $\left(\frac{\partial P}{\partial H}\right)_S = -V$

④ $\left(\frac{\partial P}{\partial H}\right)_S = -\frac{1}{V}$

해설

$dH = TdS + VdP$

등엔트로피선은 $TdS = 0$이므로,

$dH = VdP$

$$\therefore \left(\frac{\partial P}{\partial H}\right)_S = \frac{1}{V}$$

38 3개의 기체화학종(Chemical Species) N_2, H_2, NH_3로 구성되어 다음의 화학 반응이 일어나는 반응계의 자유도는?

$$N_2(g) + 3H_2(g) \rightarrow 2NH_3(g)$$

① 0

② 1

③ 2

④ 3

해설

자유도

화학반응이 일어나는 계

$F = 2 - P + C - r - s$

여기서, P : 상의 수

C : 성분의 수

r : 화학반응식의 수

s : 특별한 제한조건의 수

$\therefore F = 2 - 1 + 3 - 1 = 3$

39 비가역 과정에 있어서 다음 식 중 옳은 것은?(단, S는 엔트로피, Q는 열량, T는 절대온도이다)

① $\Delta S > \int \dfrac{dQ}{T}$

② $\Delta S = \int \dfrac{dQ}{T}$

③ $\Delta S < \int \dfrac{dQ}{T}$

④ $\Delta S = 0$

해설

엔트로피
- 우주 전체의 엔트로피는 항상 증가한다는 열역학 제2법칙이 성립한다.
- 엔트로피가 양의 값을 가진다는 것은 자발적이라는 것을 의미한다.
- $dS = \dfrac{dQ}{T},\ dQ = TdS$
- 비가역과정 : $\Delta S > \int \dfrac{dQ}{T}$
- 가역과정 : $\Delta S = \int \dfrac{dQ}{T}$

40 "액체 혼합물 중의 한 성분이 나타내는 증기압은 그 온도에 있어서 그 성분이 단독으로 존재할 때의 증기압에 그 성분의 몰분율을 곱한 값과 같다." 이 것은 누구의 법칙인가?

① 라울(Raoult)의 법칙
② 헨리(Henry)의 법칙
③ 픽(Fick)의 법칙
④ 푸리에(Fourier)의 법칙

해설

Raoult의 법칙
- 용액의 증기압은 용액의 용매 몰분율에 정비례한다.
- 용액의 증기압은 순수한 용매의 증기압에 용액의 몰분율을 곱한 것과 같다.
- 몰분율은 용액에 있는 각 성분의 상대적인 몰수를 측정한 것이다.
- 용액의 용질이 비휘발성이며 증기압에 기여하지 않는다는 가정을 기반으로 한다.

제3과목 **단위공정관리**

41 다음 중 에너지를 나타내지 않는 것은?

① 부피 × 압력
② 힘 × 거리
③ 몰수 × 기체상수 × 온도
④ 열용량 × 질량

해설

일

$$W = F \times s(\mathrm{N \times m}) = \int_{V_1}^{V_2} PdV(\mathrm{atm \times L})$$
$$= \mathrm{mol} \times 0.082(\mathrm{L \cdot atm/mol \cdot K}) \times \mathrm{K}$$

42 펌프의 동력이 $150\mathrm{kgf \cdot m/s}$ 일 때 이 펌프의 동력은 몇 마력(HP)에 해당하는가?

① 1.97 　　　　② 5.36
③ 9.2 　　　　④ 15

해설

$$150\mathrm{kgf \cdot m/s} \times \frac{1\mathrm{HP}}{76\mathrm{kgf \cdot m/s}} = 1.97\mathrm{HP}$$

43 터빈을 운전하기 위해 2kg/s의 증기가 5atm, 300℃에서 50m/s로 터빈에 들어가고 300m/s 속도로 대기에 방출된다. 이 과정에서 터빈은 400kW의 축일을 하고 100kJ/s의 열을 방출하였다면, 엔탈피 변화는 얼마인가?(단, W_s : 외부에 일할 시 +, Q : 방출 시 −)

① 212.5kW 　　　② −387.5kW
③ 412.5kW 　　　④ −587.5kW

해설

$$\Delta H + \frac{1}{2} m \Delta v^2 + g \Delta z = Q - W_s$$

이때 위치에너지 변화는 없으므로

$$\Delta H + \frac{1}{2} \times 2\mathrm{kg/s} \times \{(300\mathrm{m/s})^2 - (50\mathrm{m/s})^2\}$$
$$= -100,000\mathrm{J/s} - 400,000\mathrm{W}$$
$$\therefore \ \Delta H = -587,500\mathrm{W}$$

44 수소 16wt%, 탄소 84wt%의 조성을 가진 연료유 100g을 다음 반응식과 같이 연소시킨다. 이때 연소에 필요한 이론 산소량은 몇 mol인가?

$$C + O_2 \rightarrow CO_2$$
$$H_2 + \frac{1}{2}O_2 \rightarrow H_2O$$

① 6

② 11

③ 22

④ 44

해설

이론 산소량 구하기

$C + O_2 \rightarrow CO_2$ $H_2 + \frac{1}{2}O_2 \rightarrow H_2O$

12 : 32   2 : 16

84 : x 16 : y

$x(O_2)$ = 224g $y(O_2)$ = 128g

$\therefore (224 + 128)g \times \dfrac{1mol}{32g} = 11mol$

45 18℃, 1atm에서 $H_2O(l)$의 생성열은 −68.4kcal/mol 이다. 18℃, 1atm에서 다음 반응의 반응열이 42kcal/mol이다. 이를 이용하여 18℃, 1atm에서의 $CO(g)$ 생성열을 구하면 몇 kcal/mol인가?

$$C(s) + H_2O(l) \rightarrow CO(g) + H_2(g)$$

① +110.4

② +26.4

③ −26.4

④ −110.4

해설

생성열

$H_R = (\sum H_f)_p - (\sum H_f)_R$

$42 = H_{CO} - (-68.4)$

$\therefore H_{CO} = -26.4$

46 펄프를 건조기 속에 넣어 수분을 증발시키는 공정이 있다. 이때 펄프가 75wt%의 수분을 포함하고, 건조기에서 100kg의 수분을 증발시켜 수분 25wt%의 펄프가 되었다면 원래의 펄프 무게는 몇 kg인가?

① 125   ② 150

③ 175   ④ 200

해설

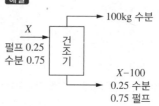

$0.75X = 100 + 0.25(X - 100)$

$\therefore X = 150kg$

47 Hess의 법칙에 대한 설명으로 옳은 것은?

① 정압하에서 열(Q_P)을 추산하는 데 무관한 법칙이다.

② 경로함수의 성질을 이용하는 법칙이다.

③ 상태함수의 변화치를 추산하는 데 이용할 수 없는 법칙이다.

④ 엔탈피 변화는 초기 및 최종 상태에만 의존한다.

해설

Hess의 법칙(총열량 불변의 법칙)

화학반응에서 처음 상태와 나중 상태가 같으면, 반응 경로에 관계없이 엔탈피의 총합은 항상 일정하다.

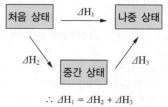

$\therefore \Delta H_1 = \Delta H_2 + \Delta H_3$

48 1atm, 25℃에서 상대습도가 50%인 공기 1m³ 중에 포함되어 있는 수증기의 양은?(단, 25℃에서 수증기의 증기압은 24mmHg이다)

① 11.6g

② 12.5g

③ 28.8g

④ 51.5g

해설

$$\text{상대습도} = \frac{\text{증기의 분압}}{\text{포화증기압}} \times 100\%$$

$$50\% = \frac{x}{24} \times 100\%$$

$x = 12\text{mmHg}$이므로, 이상기체 상태방정식을 이용하면

$$\therefore \ w = \frac{PVM}{RT}$$

$$= \frac{12\text{mmHg} \times \dfrac{1\text{atm}}{760\text{mmHg}} \times 1\text{m}^3 \times 18\text{kg/kmol}}{\dfrac{0.082\,\text{m}^3 \cdot \text{atm}}{\text{kmol} \cdot \text{K}} \times 298\text{K}}$$

$$= 0.0116\text{kg} = 11.6\text{g}$$

49 일정한 압력 손실에서 유로의 면적 변화로부터 유량을 알 수 있게 한 장치는?

① 피토튜브(Pitot Tube)

② 로터미터(Rotameter)

③ 오리피스미터(Orifice Meter)

④ 벤투리미터(Venturi Meter)

해설

로터미터는 면적유량계(유체가 흐르는 유로의 면적이 유량에 따라 변하도록 함)이다.

50 점도 0.05poise를 $\text{kg/m} \cdot \text{s}$로 환산하면?

① 0.005

② 0.025

③ 0.05

④ 0.25

해설

$$1\text{poise} = 1\text{g/cm} \cdot \text{s}$$

$$0.05\text{g/cm} \cdot \text{s} \times \frac{1\text{kg}}{1,000\text{kg}} \times \frac{100\text{cm}}{1\text{m}} = 0.005\text{kg/m} \cdot \text{s}$$

51 면적이 0.25m²인 250℃ 상태의 물체가 있다. 50℃ 공기가 그 위에 있을 때 전열속도는 약 몇 kW인가? (단, 대류에 의한 열전달계수는 30W/m² · ℃이다)

① 1.5

② 1.875

③ 1,500

④ 1,875

해설

$$q = hA\Delta T = \frac{30\text{W}}{\text{m}^2 \cdot ℃} \times 0.25\text{m}^2 \times (250 - 50)℃$$

$$= 1,500\text{W} = 1.5\text{kW}$$

52 다음 중에서 Nusselt 수(N_{Nu})를 나타내는 것은?

① $k \times D \times h$

② $k \times D$

③ $\dfrac{D}{k \times h}$

④ $\dfrac{D \times h}{k}$

해설

Nusselt 수(N_{Nu})

$$N_{Nu} = \frac{hD}{k} = \frac{\text{대류 열전달}}{\text{전도 열전달}} = \frac{\text{전도 열저항}}{\text{대류 열저항}}$$

53 추출에서 추료(Feed)에 추제(Extracting Solvent)를 가하여 잘 접촉시키면 2상으로 분리된다. 이때 불활성 물질이 많이 남아 있는 상을 무엇이라 하는가?

① 추출(Extract)

② 추잔상(Raffinate)

③ 추질(Solute)

④ 슬러지(Sludge)

해설

• 추료 : 추제에 가용성인 추질과 불용성인 기타 성분으로 구성된 혼합물
• 추출상 : 추제가 풍부한 상
• 추잔상 : 불활성 물질이 풍부한 상

54 두께 45cm의 벽돌로 된 평판노벽을 두께 8.5cm의 석면으로 보온하였다. 내면온도와 외면온도가 각각 1,000℃와 40℃일 때 벽돌과 석면 사이의 계면온도는 몇 ℃가 되는가?(단, 벽돌노벽과 석면의 열전도도는 각각 3.0kcal/m·h·℃, 0.1kcal/m·h·℃이다)

① 296℃

② 632℃

③ 856℃

④ 904℃

해설

$$q = \frac{\Delta t}{\dfrac{l_1}{k_1} + \dfrac{l_2}{k_2}} = \frac{1,000 - 40}{\dfrac{0.45}{3} + \dfrac{0.085}{0.1}} = 960 \text{kcal/h}$$

$$\frac{1,000 - t_{계면}}{\dfrac{0.45}{3}} = 960$$

$$\therefore t_{계면} = 1,000 - 144 = 856℃$$

55 50mol% 톨루엔을 함유하고 있는 원료를 정류함에 있어서 환류비가 1.5이고 탑상부에서의 유출물 중의 톨루엔의 몰분율이 0.96이라고 할 때 정류부(Rectifying Section)의 조작선을 나타내는 방정식은?(단, x : 용액 중의 톨루엔의 몰분율, y : 기상에서의 몰분율이다)

① $y = 0.714x + 0.96$

② $y = 0.6x + 0.384$

③ $y = 0.384x + 0.64$

④ $y = 0.6x + 0.2$

해설

정류부 조작선의 방정식

$$y_{n+1} = \frac{R_D}{R_D + 1} x_n + \frac{x_D}{R_D + 1}$$

$$= \frac{1.5}{1.5 + 1} x_n + \frac{0.96}{1.5 + 1} = 0.6 x_n + 0.384$$

여기서, R_D : 환류비

x_D : 몰분율

56 건조 조작에서 임계(Critical) 함수율이란?

① 건조속도가 0일 때 함수율

② 감율 건조가 끝나는 때의 함수율

③ 항률단계에서 감율단계로 바뀌는 함수율

④ 건조 조작이 끝나는 함수율

해설

• 임계함수율(=한계함수율) : 함수율이 항률단계에서 감율단계로 바뀌는 함수율
• 평형함수율 : 고체 중에 습윤기체와 평형상태에서 남아 있는 수분함량
• 자유함수율 : 전체 함수율과 평형함수율의 차

57 다음 그림은 충전흡수탑에서 기체의 유량변화에 따른 압력강하를 나타낸 것이다. 부하점(Loading Point)에 해당하는 곳은?

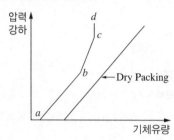

① a
② b
③ c
④ d

58 원관 내 25℃의 물을 65℃까지 가열하기 위해서 100℃의 포화수증기를 관 외부로 도입하여 그 응축열을 이용하고 100℃의 응축수가 나오도록 하였다. 이때 대수평균온도차는 몇 ℃인가?

① 0.56
② 0.85
③ 52.5
④ 55.5

59 Fourier의 법칙에 대한 설명으로 옳은 것은?

① 전열속도는 온도차의 크기에 비례한다.
② 전열속도는 열전도도의 크기에 반비례한다.
③ 열플럭스는 전열면적의 크기에 반비례한다.
④ 열플럭스는 표면계수의 크기에 비례한다.

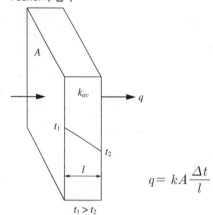
60 건구온도와 습구온도에 대한 설명 중 틀린 것은?

① 공기가 습할수록 건구온도와 습구온도 차는 작아진다.
② 공기가 건조할수록 건구온도가 증가한다.
③ 공기가 수증기로 포화될 때 건구온도와 습구온도는 같다.
④ 공기가 건조할수록 습구온도는 높아진다.

61 납 원자 2.55×10^{23} 개의 질량은 약 몇 g인가?(단, 납의 원자량은 207.2이다)

① 48.8

② 87.8

③ 488.2

④ 878.8

해설

$$2.55 \times 10^{23} \text{개} \times = \frac{1\text{mol}}{6.02 \times 10^{23} \text{개}} \times \frac{207.2\text{g Pb}}{1\text{mol}} = 87.8\text{g Pb}$$

62 EDTA 적정에서 역적정에 대한 설명으로 틀린 것은?

① 역적정에서는 일정한 소량의 EDTA를 분석용액에 가한다.

② EDTA를 제2의 금속이온 표준용액으로 적정한다.

③ 역적정법은 분석물질이 EDTA를 가하기 전에 침전물을 형성하거나, 적정 조건에서 EDTA와 너무 천천히 반응하거나 혹은 지시약을 막는 경우에 사용한다.

④ 역적정에서 사용되는 제2의 금속이온은 분석물질의 금속이온을 EDTA 착물로부터 치환시켜서는 안 된다.

해설

역적정(Back Titration)

• 과량의 EDTA를 분석물질에 가하여 여분의 EDTA를 금속이온 표준용액으로 적정한다.

• 분석물질이 EDTA를 가하기 전 침전되는 경우

• 분석물질과 EDTA의 반응이 너무 느린 경우

• 분석물질이 지시약을 막는 경우

• 역적정에 사용되는 금속은 EDTA로부터 분석물질을 떼어내지 않아야 한다.

63 0.05M Na_2SO_4 용액의 이온세기는?

① 0.05M

② 0.10M

③ 0.15M

④ 0.20M

해설

이온세기(I)

$$I = \frac{1}{2} \sum (C_i \times Z_i^2) = \frac{1}{2} \sum (N_i \times C_i \times Z_i^2)$$

여기서, N_i : 이온의 개수

C_i : 이온의 몰농도

Z_i : 이온의 전하

$$\therefore I = \frac{1}{2} [2 \times 0.05 \times (+1)^2 + 1 \times 0.05 \times (-2)^2] = 0.15\text{M}$$

64 $pK_a = 7.00$인 산(HA)이 있을 때 pH 6.0에서 $\dfrac{[A^-]}{[HA]}$의 값은?

① 1

② 0.1

③ 0.01

④ 0.004

해설

$$HA \rightleftharpoons H^+ + A^-$$

$$K_a = \frac{[H^+][A^-]}{[HA]} = \frac{10^{-6}[A^-]}{[HA]} = 10^{-7}$$

$$\therefore \frac{[A^-]}{[HA]} = 10^{-1} = 0.1$$

65 할로젠 음이온은 0.05M Ag^+ 수용액으로 적정하였다. AgCl, AgBr, AgI의 용해도곱은 각각 $1.8 \times 10^{-10}, 5.0 \times 10^{-13}, 8.3 \times 10^{-17}$이다. 당량점이 가장 뚜렷하게 나타나는 경우는?

① 0.05M Cl^-

② 0.10M Cl^-

③ 0.10M Br^-

④ 0.10M I^-

해설

K_{sp}값이 작을수록, 염의 용해도는 감소한다. 즉, K_{sp}값이 가장 작은 물질이 가장 먼저 침전된다. 용해도곱의 간격이 크면 클수록 더 완전히 침전하므로 당량점은 더욱 뚜렷하게 나타난다.

66 $Ca(HCO_3)_2$에서 탄소의 산화수는 얼마인가?

① +2

② +3

③ +4

④ +5

해설

$Ca(HCO_3)_2 \rightleftharpoons Ca^{2+} + 2HCO_3^-$

HCO_3^-의 산화수는 −1이므로
$(+1) + x + (-2) \times 3 = -1$
$\therefore x = +4$

67 산-염기 적정에 대한 설명으로 옳은 것은?

① 산-염기 적정에서 당량점의 pH는 항상 14.00이다.

② 적정 그래프에서 당량점은 기울기가 최소인 변곡점으로 나타난다.

③ 다양성자 산(Multiprotic Acid)의 당량점은 1개이다.

④ 다양성자 산의 pK_a값들이 매우 비슷하거나, 적정하는 pH가 매우 낮으면 당량점을 뚜렷하게 관찰하기 힘들다.

해설

• 당량점 또는 화학양론적 종말점은 용액을 중화시키기에 충분한 산과 염기가 있을 때 화학 반응의 지점이다.
• 산과 염기의 비율은 반드시 1:1일 필요는 없지만 균형 화학반응식을 사용하여 결정해야 한다.
• 당량점을 결정하는 방법은 색 변화, pH 변화, 침전물의 형성, 전도도 변화 또는 온도 변화를 포함한다.
• 당량점에서의 pH 값은 산의 세기에 영향을 받는다.
• 적정 그래프에서 당량점은 기울기가 최대인 변곡점으로 나타낸다.
• 다양성자 산은 한 번에 1개의 양성자가 단계적으로 해리하기 때문에 당량점은 1개 이상이다.

68 원자분광법에서의 고체 시료의 도입에 대한 설명으로 틀린 것은?

① 미세 분말 시료를 슬러리로 만들어 분무하기도 한다.

② 원자화장치 속으로 시료를 직접 수동으로 도입할 수 있다.

③ 시료 분해 및 용해 과정이 없어서 용액 시료 도입보다 정확도가 높다.

④ 보통 연속신호 대신 불연속 신호가 얻어진다.

해설

• 분말, 금속이나 미립자 형태의 고체 시료 도입은 전처리 시간이 길다.
• 검량선, 시료의 조건화, 정밀도 및 정확도에 어려움이 발생한다.
• 고체 시료 도입 방법 : 직접 시료 도입, 전열 증발기, 아크와 스파크 증발, 레이저 증발, 글로우 방전(Glow Discharge) 방법이 있다.

69 유도결합 플라스마(ICP)를 이용하여 금속을 분석할 경우 이온화 효과에 의한 방해가 발생되지 않는 주된 이유는?

① 시료 성분의 이온화 영향
② 아르곤의 이온화 영향
③ 시료성분의 산화물 생성 억제 효과
④ 분석원자의 수명 단축 효과

> **해설**
>
> Ar의 이온화로 생긴 전자 농도가 시료 성분의 이온화로 생기는 전자 농도에 비해 커서 이온화에 의한 방해 효과가 작다.

70 단색화 장치의 성능을 결정하는 요소로서 가장 거리가 먼 것은?

① 복사선의 순도
② 근접 파장의 분해 능력
③ 복사선의 산란 효율
④ 스펙트럼의 띠 너비

> **해설**
>
> **단색화 장치의 성능 특성**
> • 스펙트럼의 순도 : 단색화 장치를 덮는 상자의 불량, 회절발의 불량, 먼지로 오염될 경우 스펙트럼의 순도는 떨어지고 측정에 있어 신뢰성이 없다.
> • 근접 파장을 분해하는 능력 : 회절발의 홈 수가 많을수록, 회절차수가 많을수록 분해능이 높다.
> • 단색화 장치의 집중력 : 복사선 에너지가 높을수록, 초점거리가 짧을수록 집광력이 높다.
> • 스펙트럼의 띠 너비 : 작을수록 분해능이 높다.

71 다음 중 분자 분광기기가 아닌 것은?

① 적외선 분광기
② X선 형광 분광기
③ 핵자기 공명 분광기
④ 자외선/가시선 분광기

> **해설**
>
> **분자 분광법**
> • UV-Vis 분광기
> • 적외선 분광기
> • NMR 분광기

72 1.0cm 두께의 셀(Cell)에 몰흡광계수가 5.0×10^3 L/mol · cm인 표준시료를 2.0×10^{-4}M 용액을 넣고 측정하였다. 이때 투과도는 얼마인가?

① 0.1   ② 0.4
③ 0.6   ④ 1.0

> **해설**
>
> Lambert-Beer 법칙
> $A = \varepsilon cd$
> $\quad = 5.0 \times 10^3 (\mathrm{L/mol \cdot cm}) \times 2.0 \times 10^{-4} \mathrm{mol/L} \times 1.0 \mathrm{cm}$
> $\quad = 1.0$
> $A = -\log T$이므로
> $\therefore \ T = 10^{-1.0} = 0.1$

73 적외선 흡수스펙트럼을 나타낼 때 가로축은 주로 파수(cm^{-1})를 쓰고 있다. 파장(μm)과의 관계는?

① 파수 = 10,000/파장
② 파수×파장 = 1,000
③ 파수×파장 = 100
④ 파수 = 1,000,000/파장

> **해설**
>
> $$파수(cm^{-1}) = \frac{10,000}{파장(\mu m)}$$

74 적외선 흡수분광법에서 흡수봉우리의 파수(cm^{-1})가 가장 큰 작용기는?

① $C = O$

② $C - O$

③ $O - H$

④ $C = C$

> **해설**
>
> **작용기 주파수**
> - $C = O$: $1,760 \sim 1,690 cm^{-1}$
> - $C - O$: $1,300 \sim 1,050 cm^{-1}$
> - $O - H$: $3,650 \sim 3,590 cm^{-1}$
> - $C = C$: $1,680 \sim 1,610 cm^{-1}$

76 액체 크로마토그래피에서 [보기]에서 설명하는 검출기는?

┤보기├
- 이동상이 인지할 정도의 흡수가 없을 경우
- 이동상의 이온 전하는 낮아야 함
- 온도를 정밀하게 조절할 필요가 있음

① 전기전도도 검출기   ② 형광 검출기

③ 굴절률 검출기   ④ UV 검출기

> **해설**
>
> **전기전도도 검출기**
> 두 전극 사이의 전기전도도 차이를 이용한 것으로 이동상만 흐르는 셀의 내부로 용해된 시료가 통과하게 되면 두 전극 간의 저항값이 달라지고, 이러한 차이를 전기적인 신호로 바꾸어서 크로마토그램으로 해석할 수 있다.

75 C^{13} NMR의 장점이 아닌 것은?

① 분자의 골격에 대한 정보를 제공한다.

② 봉우리의 겹침이 적다.

③ 탄소 간 동종 핵의 스핀-스핀 짝지음이 관측되지 않는다.

④ 스핀-격자 이완시간이 길다.

> **해설**
>
> **양성자 NMR과 비교한 탄소-13 NMR의 장점**
> - 주위에 대한 것보다 분자의 골격에 대한 정보를 제공한다.
> - 봉우리의 겹침이 양성자 NMR보다 적다.
> - 탄소 간 동종 핵의 스핀-스핀 짝지음이 일어나지 않는다.
> - ^{13}C와 ^{12}C 간의 이종핵 스핀 짝지음이 일어나지 않는다.

77 질량분석법에서는 질량 대 전하의 비에 의하여 원자 또는 분자 이온을 분리하는데, 고진공 속에서 가속된 이온들을 직류 전압과 RF 전압을 일정 속도로 함께 증가시켜 주면서 통로를 통과하도록 하여 분리하며, 특히 주사 시간이 짧은 장점이 있는 질량분석기는?

① 이중 초점 분석기(Double Focusing Spectrometer)

② 사중 극자 질량분석기(Quadrupole Mass Spectrometer)

③ 비행시간 분석기(Time-of-Flight Spectrometer)

④ 이온-포착 분석기(Ion-trap Spectrometer)

> **해설**
>
> **사중 극자 질량분석계(Quadrupole Mass Spectrometer)**
> - 사이즈가 작고 비용이 저렴하며, 빠른 주사 시간과 높은 전송 효율을 보인다.
> - 4개의 평행한 금속 막대로 구성되어 있고 금속봉 사이로 이온이 이동한다.
> - 각 금속봉에 직류/교류를 함께 걸어주면서 이온의 이동 경로를 변화시킨다.
> - 특정 m/z를 갖는 이온만 변환기에 도달하며 이외의 이온은 막대에 부딪혀 중성 원자로 변한다.

78 전위차법에서 이온선택성 막의 성질로 인해 어떤 양이온이나 음이온에 대한 막 전극들의 감도와 선택성을 나타낸다. 이 성질에 해당하지 않는 것은?

① 최소용해도
② 전기전도도
③ 산화 · 환원 반응
④ 분석물에 대한 선택적 반응성

해설

이온선택성 막의 성질
• 최소용해도 : 분석물 용액에 대한 용해도가 0이어야 한다.
• 전기전도도 : 약간의 전기전도도를 가져야 한다.
• 분석물에 대한 선택적 반응성 : 막 또는 막의 매트릭스 속에 함유된 어떤 화학종은 분석물 이온과 선택적으로 결합할 수 있어야 한다.

79 크로마토그래피에서 봉우리 넓힘에 기여하는 요인에 대한 설명으로 틀린 것은?

① 충전입자의 크기는 다중 통로 넓힘에 영향을 준다.
② 이동상에서의 확산계수가 증가할수록 봉우리 넓힘이 증가한다.
③ 세로확산은 이동상의 속도에 비례한다.
④ 충전입자의 크기는 질량이동계수에 영향을 미친다.

해설

• 세로확산에 의한 띠 넓힘은 이동상과 정지상 사이의 평형이 빠를 때 일어나며, 이동상의 속도에 반비례한다.
• 상 사이의 질량 이동에 의한 띠 넓힘은 이동상의 속도가 증가하면 증가한다.

80 적하수은전극(Dropping Mercury Electrode)을 사용하는 폴라로그래피(Polarography)에 대한 설명으로 옳지 않은 것은?

① 확산전류(Diffusion Current)는 농도에 비례한다.
② 수은이 항상 새로운 표면을 만들어 내어 재현성이 크다.
③ 수은의 특성상 환원반응보다 산화반응의 연구에 유용하다.
④ 반파 전위(Half-wave Potential)로부터 정성적 정보를 얻을 수 있다.

해설

수은의 쉽게 산화되는 특성 때문에, 산화전극으로 사용하기 힘들다.

제 3 회 적중모의고사

제1과목 공업합성

01 무수염산의 제조법이 아닌 것은?

① 직접합성법

② 액중연소법

③ 농염산의 증류법

④ 건조 흡탈착법

해설

무수염산의 제조방법

- 진한염산 증류법 : 합성염산을 가열, 증류하여 생성된 염산가스를 냉동탈수하여 제조한다.
- 직접합성법 : Cl_2, H_2를 진한황산으로 탈수하여 무수 상태로 만든다.
- 흡착법 : HCl 가스를 황산염이나 인산염에 흡착시킨 후 가열하여 HCl 가스를 방출시켜 제조한다.

02 페놀의 공업적 제조방법 중에서 페놀과 부산물로 아세톤이 생성되는 합성법은?

① Raschig법

② Cumene법

③ Dow법

④ Toluene법

해설

쿠멘법

03 수평균분자량이 100,000인 어떤 고분자 시료 1g과 수평균분자량이 200,000인 같은 고분자 시료 2g을 서로 섞으면 혼합시료의 수평균분자량은?

① 0.5×10^5

② 0.667×10^5

③ 1.5×10^5

④ 1.667×10^5

해설

수평균분자량

$$\overline{M_n} = \frac{w}{\Sigma N_i} = \frac{\sum N_i M_i}{\sum N_i}$$

여기서, w : 총 무게

N_i : 총 몰수

- 분자량이 100,000인 1g의 몰 수 $= \dfrac{1g}{10^5 g/mol} = 10^{-5} mol$

- 분자량이 200,000인 2g의 몰 수

$= \dfrac{2g}{2 \times 10^5 g/mol} = 10^{-5} mol$

∴ 수평균분자량 = [(몰 수×분자량)의 합]/[몰 수의 합]

$$= \frac{(10^{-5} \times 10^5) + (10^{-5} \times 2 \times 10^5)}{2 \times 10^{-5}}$$

$$= 150,000$$

04 질소비료 중 암모니아를 원료로 하지 않는 비료는?

① 황산암모늄

② 요 소

③ 질산암모늄

④ 석회질소

해설

NH_3를 원료로 이용하는 질소비료

- 황산암모늄 : $(NH_4)_2SO_4$
- 염화암모늄 : NH_4Cl
- 질산암모늄 : NH_4NO_3
- 요소 : $CO(NH_2)_2$

05 산과 알코올이 어떤 반응을 일으켜 에스테르가 생성되는가?

① 검 화
② 환 원
③ 축 합
④ 중 화

해설

$RCOOH + R'OH \rightarrow RCOOR' + H_2O$(탈수축합)

06 $RCH = CH_2$와 할로겐화 메탄 등의 저분자 물질을 중합하여 제조되는 짧은 사슬의 중합체는?

① 덴드리머(Dendrimer)
② 아이오노모(Ionomer)
③ 텔로머(Telomer)
④ 프리커서(Precursor)

해설

• 덴드리머 : 분자로부터 나뭇가지 모양의 단위구조가 반복적으로 뻗어 나오는 거대분자 화합물
　– 정확한 분자량과 구조를 예측하여 합성함으로써 나노 크기의 입자 형성이 용이하다.
• 아이오노모 : 에틸렌과 메틸아크릴산의 공중합체로 카르복실기에 Zn, Na, Ca, NH₄ 등이 부분 치환된 고분자
　– 다른 고분자나 금속박에 접착력이 좋다.
• 텔로머 : 비닐 단위체에 사염화탄소 등을 가해서 중합시키면 중합도가 낮은 저분자량인 중합체를 얻는 반응
• 프리커서 : 선구물질, 전구체

07 원유 정유공정에서 비점이 낮은 순으로부터 옳게 나열된 것은?

① 가스 – 경유 – 중유 – 등유 – 나프타 – 아스팔트
② 가스 – 경유 – 등유 – 중유 – 아스팔트 – 나프타
③ 가스 – 나프타 – 등유 – 경유 – 중유 – 아스팔트
④ 가스 – 나프타 – 경유 – 등유 – 중유 – 아스팔트

해설

원유의 분별증류
가스 – 가솔린(나프타) – 등유 – 경유 – 중유 – 아스팔트

08 다음 물질 중 친전자적 치환반응이 일어나기 쉽게 하여 술폰화가 가장 용이하게 일어나는 것은?

① $C_6H_5NO_2$
② $C_6H_5NH_2$
③ $C_6H_5SO_3H$
④ $C_6H_4(NO_2)_2$

해설

방향족 치환반응에서 친전자성 치환기의 반응성
$-NH_2 > -OH > -CH_3 > -Cl > -SO_3H > -NO_2$

09 다음 중 사슬중합(혹은 연쇄중합)에 대한 설명으로 옳은 것은?

① 주로 비닐 단량체의 중합이 이에 해당한다.
② 단량체의 농도는 단계 중합에 비해 급격히 감소한다.
③ 단량체는 서로 반응할 수 있는 관능기를 가지고 있어야 한다.
④ 중합 말기의 매우 높은 전화율에서 고분자량의 고분자 사슬이 생성된다.

해설

사슬중합, 연쇄중합
• 반응성 화학종 간의 연쇄반응 : 자유라디칼, 음이온 및 양이온
• 말단에 활성화 작용기를 가지는 고분자 사슬에 단량체가 첨가반응하는 과정을 반복하여 고분자를 생성하는 반응이다.
• 주로 비닐 단량체의 중합이 포함된다.
• 단량체는 비교적 느리게 소모되지만 분자량은 빠르게 성장한다.

10 다음 유기용매 중에서 물과 가장 섞이지 않는 것은?

① CH_3COCH_3

② CH_3COOH

③ C_2H_5OH

④ $C_2H_5OC_2H_5$

해설
극성은 극성과 비극성은 비극성과 잘 섞인다. 물은 극성이고, $C_2H_5OC_2H_5$(Diethylether)는 비극성이다.

11 200kg의 인산(H_3PO_4) 제조 시 필요한 인광석의 양은 약 몇 kg인가?(단, 인광석 내에는 30%의 P_2O_5가 포함되어 있으며 P_2O_5의 분자량은 142 이다)

① 241.5   ② 362.3

③ 483.1   ④ 603.8

해설
$$P_2O_5 + 3H_2O \rightarrow 2H_3PO_4$$
$$142 \qquad\qquad 2\times98$$
$$x \qquad\qquad\quad 200$$
$$x = 144.9kg$$
$$\therefore \text{인광석의 양} = \frac{144.9}{0.3} = 483$$

12 질산의 직접 합성 반응이 다음과 같을 때 반응 후 응축하여 생성된 질산 용액의 농도는 얼마인가?

$$NH_3 + 2O_2 \rightleftarrows HNO_3 + H_2O$$

① 68wt%

② 78wt%

③ 88wt%

④ 98wt%

해설
직접 합성법은 78%의 질산을 얻기 위한 방법이다.

13 부식전류가 크게 되는 원인으로 가장 거리가 먼 것은?

① 용존산소 농도가 낮을 때

② 온도가 높을 때

③ 금속이 전도성이 큰 전해액과 접촉하고 있을 때

④ 금속 표면의 내부응력 차가 클 때

해설
• 부식전류 : 습기가 있는 환경에서의 부식은 전기화학 반응이다.
• 부식전류가 크게 되는 원인
 – 서로 다른 금속들이 접하고 있을 때
 – 금속이 전도성이 큰 전해액과 접촉하고 있을 때
 – 금속 표면의 내부응력의 차가 클 때
 – 온도가 높을 때

14 아세틸렌을 원료로 하여 합성되는 물질이 아닌 것은?

① 아세트알데히드

② 염화비닐

③ 포름알데히드

④ 아세트산비닐

해설
아세틸렌으로부터의 유도체

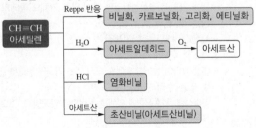

15 실리콘 진성반도체의 전도대(Conduction Band)에 존재하는 전자 수가 $6.8 \times 10^{12}/m^3$이며, 전자의 이동도(Mobility)는 $0.19m^2/V \cdot s$, 가전자대(Valence Band)에 존재하는 정공(Hole)의 이동도는 $0.0425m^2/V \cdot s$일 때 전기전도도는 얼마인가?(단, 전자의 전하량은 $1.6 \times 10^{-19}C$이다)

① $2.06 \times 10^{-7}\Omega^{-1}m^{-1}$

② $2.53 \times 10^{-7}\Omega^{-1}m^{-1}$

③ $2.89 \times 10^{-7}\Omega^{-1}m^{-1}$

④ $1.09 \times 10^{-7}\Omega^{-1}m^{-1}$

해설

$6.8 \times 10^{12}/m^3 \times (0.19 + 0.0425)m^2/V \cdot s \times 1.6 \times 10^{-19}C$
$= 2.53 \times 10^{-7}\Omega^{-1}m^{-1}$

16 고분자에서 열가소성과 열경화성의 일반적인 특징이 옳게 설명된 것은?

① 열가소성 수지는 유기용매에 녹지 않는다.

② 열경화성 수지는 열에 잘 견디지 못한다.

③ 열가소성 수지는 분자량이 커지면 용해도가 감소한다.

④ 열경화성 수지는 가열하면 경화하다가 더욱 가열하면 연화한다.

해설

• 열경화성 수지
 – 열을 가하여 경화성형하면 다시 열을 가해도 형태가 변하지 않는 수지
 – 내열성, 내약품성, 기계적 성질, 전기 절연성이 좋다.
• 열가소성 수지
 – 열을 가하여 성형한 뒤에도 다시 열을 가하면 형태를 변형시킬 수 있는 수지
 – 압출성형, 사출성형에 의해 능률적으로 가공할 수 있으나 내열성은 열경화성에 비해 약하다.

17 다니엘 전지의 (−)극에서 일어나는 반응은?

① $CO + CO_3^{2-} \rightarrow 2CO_2 + 2e^-$

② $H_2 \rightarrow 2H^+ + 2e^-$

③ $Cu^{2+} + 2e^- \rightarrow Cu$

④ $Zn \rightarrow Zn^{2+} + 2e^-$

해설

다니엘 전지

$(-) Zn \mid Zn^{2+} \parallel Cu^{2+} \mid Cu (+)$

$(-)$극 : $Zn \rightarrow Zn^{2+} + 2e^-$

$(+)$극 : $Cu^{2+} + 2e^- \rightarrow Cu$

18 염화수소 가스의 직접 합성 시 화학반응식이 다음과 같을 때 표준상태 기준으로 200L의 수소 가스를 연소시키면 발생되는 열량은 약 몇 kcal인가?

$$H_2 + Cl_2 \rightarrow 2HCl + 44.12kcal$$

① 365

② 394

③ 407

④ 603

해설

• 표준상태에서 H_2의 몰 수
 $PV = nRT$
 $1atm \times 200L = n \times 0.082L \cdot atm/mol \cdot K \times 273K$
 $\therefore n = 8.93mol$
• H_2의 열량
 $1mol : 44.12kcal = 8.93mol : x kcal$
 $\therefore x = 394kcal$

19 폐수 내에 녹아 있는 중금속 이온을 제거하는 방법이 아닌 것은?

① 열분해

② 이온교환수지를 이용하여 제거

③ pH를 조절하여 수산화물 형태로 침전 제거

④ 전기화학적 방법을 이용한 전해 해수

해설

폐수, 하수의 처리법

• Hg 함유 폐수 : 이온교환에 의한 폐수 처리
• Cd 함유 폐수 : 알칼리를 가해 수산화물로 침전분리, 포집제를 가해 부상분리, 이온교환수지로 흡착분리
• Pb 함유 폐수 : 수산화물을 이용해 분리하며, 화합물 침전법, 이온교환수지법, 전기분해법을 이용

20 양쪽성 물질에 대한 설명으로 옳은 것은?

① 동일한 조건에서 여러 가지 축합반응을 일으키는 물질

② 수계 및 유계에서 계면활성제로 작용하는 물질

③ pK_a값이 7 이하인 물질

④ 반응조건에 따라 산으로도 작용하고 염기로도 작용하는 물질

해설

양쪽성 물질

산으로도 작용하고 염기로도 작용하는 물질

예 H_2O, HSO_4^-, HCO_3^-, $H_2PO_4^-$ 등

제2과목 반응운전

21 반응식이 $0.5A + B \rightarrow R + 0.5S$인 어떤 반응의 속도식은 $r_A = -2C_A^{0.5}C_B$로 알려져 있다. 만약 이 반응식을 정수로 표현하기 위해 $A + 2B \rightarrow 2R + S$로 표현하였을 때의 반응속도식으로 옳은 것은?

① $r_A = -2C_A C_B$ ② $r_A = -2C_A C_B^2$

③ $r_A = -2C_A^2 C_B$ ④ $r_A = -2C_A^{0.5}C_B$

해설

양론계수는 반응속도식에 영향을 미치지 않는다.

22 다음 그림과 같은 반응물과 생성물의 에너지 상태가 주어졌을 때 반응열 관계로 옳은 것은?

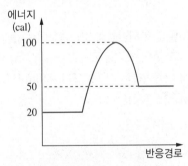

① 발열반응이며, 발열량은 20cal이다.

② 발열반응이며, 발열량은 50cal이다.

③ 흡열반응이며, 흡열량은 30cal이다.

④ 흡열반응이며, 흡열량은 50cal이다.

해설

흡열반응과 발열반응의 비교

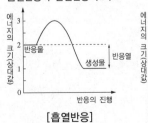

[흡열반응]

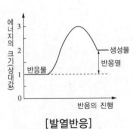

[발열반응]

23 n차($n > 0$) 단일 반응에 대한 혼합 및 플러그흐름 반응기 성능을 비교 설명한 내용 중 틀린 것은?(단, V_m은 혼합흐름 반응기 부피를, V_p는 플러그흐름 반응기 부피를 나타낸다)

① V_m은 V_p보다 크다.

② V_m / V_p는 전환율의 증가에 따라 감소한다.

③ V_m / V_p는 반응차수에 따라 증가한다.

④ 부피변화 분율이 증가하면 V_m / V_p가 증가한다.

해설
$n > 0$일 때, CSTR의 크기(V_m) > PFR의 크기(V_p)

• 이 부피비는 반응차수(n)가 증가할수록 커진다.
• 전환율이 클수록 부피비가 급격히 증가하므로, 전환율이 높을 때는 흐름 유형이 매우 중요하다.

24 A 물질 분해반응의 반응속도 상수는 0.345min^{-1} 이고, A의 초기농도는 2.4mol/L일 때, 정용 회분식 반응기에서 A의 농도가 0.9mol/L가 될 때까지 필요한 시간(min)은?

① 1.84

② 2.84

③ 3.84

④ 4.84

해설
PFR의 1차 반응 성능식

$$k\tau = -\ln\frac{C_A}{C_{A0}} = -\ln(1 - X_A) \cdots ⓐ$$

$$\frac{C_A}{C_{A0}} = 1 - X_A$$

$$C_A = C_{A0}(1 - X_A)$$

$$0.9 = 2.4(1 - X_A)$$

$X_A = 0.625$이고 k가 0.345이므로 ⓐ에 대입하면

$$k\tau = -\ln(1 - X_A)$$

$$0.345\tau = -\ln(1 - 0.625)$$

$$\therefore \tau = 2.84\text{min}$$

25 일반적으로 가스-가스 반응을 의미하는 것으로 옳은 것은?

① 균일계 반응과 불균일계 반응의 중간반응

② 균일계 반응

③ 불균일계 반응

④ 균일계 반응과 불균일계 반응의 혼합

해설
대부분 액상에서의 반응은 균일계 무촉매 반응에 해당한다.

26 다음 중 불균일 촉매반응(Heterogeneous Catalytic Reaction)의 속도를 구할 때 일반적으로 고려하는 단계가 아닌 것은?

① 생성물의 탈착과 확산

② 반응물의 물질 전달

③ 촉매 표면에 반응물의 흡착

④ 촉매 표면의 구조 변화

해설
불균일 촉매반응의 단계

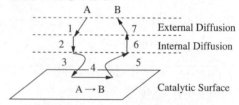

1, 7 : 외부확산
2, 6 : 내부 확산
3 : 흡 착
4 : 촉매 표면에서의 반응
5 : 탈 착

27 다음과 같은 기상반응이 30L 정용 회분 반응기에서 등온적으로 일어난다. 초기 A가 30mol이 들어 있으며, 반응기는 완전 혼합된다고 할 때 1차 반응일 경우 반응기에서 A의 몰수가 0.2mol로 줄어드는 데 필요한 시간은?

$$A \rightarrow B, \quad -r_A = kC_A, \quad k = 0.865 \text{min}^{-1}$$

① 7.1min

② 8.0min

③ 6.3min

④ 5.8min

해설

$$-\ln \frac{C_A}{C_{A0}} = kt$$

$$-\ln \frac{0.2}{30} = 0.865t$$

$$\therefore \ t = 5.8 \text{min}$$

28 $A \rightarrow B \rightleftarrows R$인 복합반응의 회분조작에 대한 3성분계 조성도를 옳게 나타낸 것은?

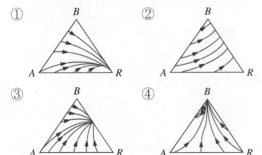

해설

$C_A \rightarrow 0, \ C_B = C_R$

29 크기가 다른 3개의 혼합흐름 반응기(Mixed Flow Reactor)를 사용하여 2차 반응에 의해서 제품을 생산하려 한다. 최대의 생산율을 얻기 위한 반응기의 설치 순서로서 옳은 것은?(단, 반응기의 부피크기는 A > B > C이다)

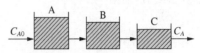

① A → B → C

② B → A → C

③ C → B → A

④ 순서에 무관

해설

직렬로 연결된 혼합흐름 반응기의 경우

• 1차 반응 : 동일한 크기의 반응기가 최적
• $n > 1$인 반응 : 작은 반응기 → 큰 반응기
• $n < 1$인 반응 : 큰 반응기 → 작은 반응기

30 균일 반응 $A + \frac{3}{2}B \rightarrow P$에서 반응속도가 옳게 표현된 것은?

① $r_A = \frac{2}{3}r_B$

② $r_A = r_B$

③ $r_B = \frac{2}{3}r_A$

④ $r_B = r_P$

해설

$$-r_A = \frac{-r_B}{\frac{3}{2}} = -\frac{2}{3}r_B = r_P$$

31 비리얼(Virial)식으로부터 유도된 옳은 식은?(단, B : 제2비리얼계수, Z : 압축계수)

① $B = R\lim_{P \to 0}\left(\dfrac{P}{Z-1}\right)$

② $B = RT\lim_{P \to 0}\left(\dfrac{P}{Z-1}\right)$

③ $B = R\lim_{P \to 0}\left(\dfrac{Z-1}{P}\right)$

④ $B = RT\lim_{P \to 0}\left(\dfrac{Z-1}{P}\right)$

해설

$$\frac{PV}{RT} = Z = 1 + \frac{B}{V} = 1 + \frac{BP}{RT}$$

$$B = \frac{RT}{P}(Z-1) = RT\lim_{P \to 0}\left(\frac{Z-1}{P}\right)$$

32 단일 상계에서 열역학적 특성값들의 관계에서 틀린 것은?

① $\left(\dfrac{\partial T}{\partial V}\right)_S = -\left(\dfrac{\partial P}{\partial S}\right)_V$

② $\left(\dfrac{\partial T}{\partial P}\right)_S = \left(\dfrac{\partial V}{\partial S}\right)_P$

③ $\left(\dfrac{\partial P}{\partial T}\right)_V = -\left(\dfrac{\partial S}{\partial V}\right)_T$

④ $\left(\dfrac{\partial V}{\partial T}\right)_P = -\left(\dfrac{\partial S}{\partial P}\right)_T$

해설

$$A(V, T) = \left(\frac{\partial H}{\partial V}\right)_T dV + \left(\frac{\partial H}{\partial T}\right)_V dT$$

$$\left(\frac{\partial A}{\partial V}\right)_T = -P, \quad \left(\frac{\partial A}{\partial T}\right)_V = -S$$

$$\frac{\partial\left[\left(\frac{\partial A}{\partial V}\right)_T\right]}{\partial T} = -\left(\frac{\partial P}{\partial T}\right)_V$$

$$\frac{\partial\left[\left(\frac{\partial A}{\partial T}\right)_V\right]}{\partial V} = -\left(\frac{\partial S}{\partial V}\right)_T$$

$$\therefore \left(\frac{\partial P}{\partial T}\right)_V = \left(\frac{\partial S}{\partial V}\right)_T$$

33 그림과 같이 상태 A로부터 상태 C로 변화하는데 A → B → C의 경로로 변하였다. 경로 B → C 과정에 해당하는 것은?

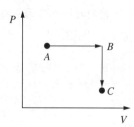

① 등온과정   ② 정압과정

③ 정용과정   ④ 단열과정

해설

• 정용과정 : B → C

• 정압과정 : A → B

34 $C_P / C_V = 1.4$인 공기 1m^3를 5atm에서 20atm으로 단열압축 시 최종 체적은 얼마인가?(단, 이상기체로 가정한다)

① 0.18m^3 ② 0.37m^3

③ 0.74m^3 ④ 3.7m^3

해설

단열과정

$$\frac{T_2}{T_1} = \left(\frac{V_1}{V_2}\right)^{\gamma-1} = \left(\frac{P_2}{P_1}\right)^{\frac{\gamma-1}{\gamma}}$$

$$\frac{P_1}{P_2} = \left(\frac{V_2}{V_1}\right)^{\gamma}$$

여기서, $\gamma = C_P/C_V$이므로

$$\frac{5}{20} = \left(\frac{V_2}{1}\right)^{1.4}$$

$$\therefore V_2 = 0.371\text{m}^3$$

35 반데르발스 방정식 $\left(P + \dfrac{a}{V^2}\right)(V-b) = RT$에서 P는 atm, V는 L/mol 단위로 하면 상수 a의 단위는?

① $L^2 \cdot atm/mol^2$

② $atm \cdot mol^2/L^2$

③ $atm \cdot mol/L^2$

④ atm/L^2

[해설]

$RT = L \cdot atm/mol \cdot K \times K = L \cdot atm/mol$

$\left(P + \dfrac{a}{V^2}\right) \times L/mol = L \cdot atm/mol$

$\left(P + \dfrac{a}{V^2}\right)$는 atm이 된다.

따라서, $\dfrac{a}{V^2} = atm$이므로

a의 단위는 $atm \times (L/mol)^2$이다.

36 25℃에서 1몰의 이상기체를 실린더 속에 넣고 피스톤에 100bar의 압력을 가하였다. 이때 피스톤의 압력을 처음에 70bar, 다음엔 30bar, 마지막으로 10bar로 줄여서 실린더 속에 기체를 3단계 팽창시켰다. 이 과정이 등온 가역팽창인 경우 일의 크기는 약 얼마인가?

① 712cal

② 826cal

③ 947cal

④ 1,364cal

[해설]

등온과정

$Q = nRT \ln \dfrac{P_1}{P_2}$

$\therefore W = nRT\left(\ln\dfrac{100}{70} + \ln\dfrac{70}{30} + \ln\dfrac{30}{10}\right) = nRT \ln\dfrac{100}{10}$

$= 1.987 cal/mol \cdot K \times 1mol \times 298K \times \ln 10$

$= 1,363.4 cal$

37 어떤 화학반응에서 평형상수의 온도에 대한 미분계수는 $\left(\dfrac{\partial \ln K}{\partial T}\right)_P > 0$으로 표시된다. 이 반응에 대한 설명으로 옳은 것은?

① 이 반응은 흡열반응이며 온도 상승에 따라 K값은 커진다.

② 이 반응은 흡열반응이며 온도 상승에 따라 K값은 작아진다.

③ 이 반응은 발열반응이며 온도 상승에 따라 K값은 커진다.

④ 이 반응은 발열반응이며 온도 상승에 따라 K값은 작아진다.

[해설]

$\Delta G°$의 T에 대한 의존성은 다음과 같이 나타낼 수 있다.

$\dfrac{d(\Delta G°/RT)}{dT} = -\dfrac{\Delta H°}{RT^2}$

$\dfrac{d\ln K}{dT} = \dfrac{\Delta H°}{RT^2}$

위 식에 의하면 평형상수 K에 대한 온도의 영향은 $\Delta H°$의 부호에 의해 결정된다.

· $\Delta H° > 0$ (흡열반응) : 온도가 증가할 때 K가 증가한다.

· $\Delta H° < 0$ (발열반응) : 온도가 증가할 때 K가 감소한다.

38 다음 그림은 1기압하에서의 A, B 2성분계 용액에 대한 비점선도(Boiling Point Diagram)이다. $X_A = 0.40$인 용액을 1기압하에서 서서히 가열할 때 일어나는 현상을 설명한 내용으로 틀린 것은?(단, 처음 온도는 40℃이고, 마지막 온도는 70℃이다)

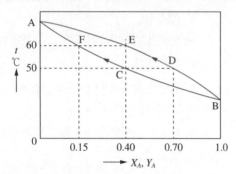

① 용액은 50℃에서 끓기 시작하여 60℃가 되는 순간 완전히 기화한다.
② 용액이 끓기 시작하자마자 생긴 최초의 증기조성은 $Y_A = 0.70$이다.
③ 용액이 계속 증발함에 따라 남아있는 용액의 조성은 곡선 DE를 따라 변한다.
④ 마지막 남은 한 방울의 조성은 $X_A = 0.15$이다.

해설
- $x = 0.4$인 지점의 수직인 점선을 따라 2성분계의 액체가 가열된다. C점(50℃)에 도달하면 끓기 시작하고, 이때 증발한 기체의 조성은 수평으로 이동하여 0.7이 된다.
- 50℃ 이후 계속 온도를 높이면 끓는점이 낮은 B가 더 많이 증발하기 때문에 액체의 조성은 A가 더 많아진다. 따라서 CF 곡선을 따라 액체의 조성이 변하게 된다.
- 마지막 남은 액체 한 방울의 조성은 $X_A = 0.15$, $X_B = 0.85$가 된다.

39 기상 반응계에서 평형상수 K가 다음과 같이 표시되는 경우는?(단, ν_i는 성분 i의 양론계수이고, $\nu = \sum_i \nu_i$이다)

$$K = \left(\frac{P}{P^\circ}\right)^\nu \prod_i y_i^{\nu_i}$$

① 평형혼합물이 이상기체이다.
② 평형혼합물이 이상용액이다.
③ 반응에 따른 몰수 변화가 없다.
④ 반응열이 온도에 관계없이 일정하다.

해설
- 이상기체 : $\prod_i (y_i)^{v_i} = \left(\frac{P}{P^\circ}\right)^{-\nu} K$
- 이상용액 : $\prod_i (x_i)^{v_i} = K$

40 플러그흐름 반응기에서 비가역 2차 반응에 의해 액체에 원료 A를 95%의 전화율로 반응시키고 있을 때, 동일한 반응기 1개를 추가로 직렬 연결하여 동일한 전화율을 얻기 위한 원료의 공급속도($F_{A0}{}'$)와 직렬연결 전 공급속도(F_{A0})의 관계식으로 옳은 것은?

① $F_{A0}{}' = 0.5F_{A0}$
② $F_{A0}{}' = F_{A0}$
③ $F_{A0}{}' = \ln 2 F_{A0}$
④ $F_{A0}{}' = 2F_{A0}$

해설
- 직렬로 연결된 N개의 PFR은 부피를 모두 더한 한 개의 PFR과 같다. 즉, 동일한 전화율을 갖는다.
- 반응물의 농도가 계를 통과하면서 점차 감소된다.

41 어떤 가스의 조성이 부피 비율로 CO_2 40%, C_2H_4 20%, H_2 40%라면 이 가스의 평균 분자량은?

① 23

② 24

③ 25

④ 26

해설

$(44 \times 0.4) + (28 \times 0.2) + (2 \times 0.4) = 24$

42 표준상태에서 측정한 프로판 가스 100m³를 액화하였다. 액체 프로판은 약 몇 kg인가?

① 196.43

② 296.43

③ 396.43

④ 469.43

해설

$$PV = \frac{w}{M} RT \rightarrow w = \frac{PVM}{RT}$$

$$w = \frac{1\text{atm} \times 100\text{m}^3 \times \dfrac{1,000\text{L}}{1\text{m}^3} \times 44\text{g/mol}}{0.082\text{L} \cdot \text{atm/mol} \cdot \text{K} \times 273\text{K}}$$

$$= 196,551\text{g}$$

$$= 196.55\text{kg}$$

43 지하 220m 깊이에서부터 지하수를 양수하여 20m 높이에 가설된 물탱크에 15kg/s의 양으로 물을 올리고 있다. 이때 위치에너지(Potential Energy)의 증가분(ΔE_p)은 얼마인가?

① 35,280J/s

② 3,600J/s

③ 3,250J/s

④ 205J/s

해설

위치에너지

$\Delta E_p = mg\Delta h$

$15\text{kg/s} \times 9.8\text{m/s}^2 \times \{20\text{m} - (-220\text{m})\} = 35,280\text{J/s}$

44 25wt%의 알코올 수용액 20g을 증류하여 95wt%의 알코올 용액 x g과 5wt%의 알코올 수용액 y g으로 분리한다면 x와 y는 각각 얼마인가?

① $x = 4.44$, $y = 15.56$

② $x = 15.56$, $y = 4.44$

③ $x = 6.56$, $y = 13.44$

④ $x = 13.44$, $y = 6.56$

해설

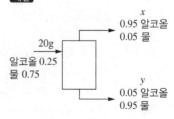

$x + y = 20$

$0.25 \times 20 = 0.95x + 0.05y$

$\therefore x = 4.44$, $y = 15.56$

45 162g의 C, 22g의 H₂의 혼합연료를 연소하여 CO_2 11.1vol%, CO 2.4vol%, O₂ 4.1vol%, N₂ 82.4vol% 조성의 연소가스를 얻었다. 과잉공기(%)는 약 얼마인가?

① 17.3　　　　② 20.3

③ 15.3　　　　④ 25.3

해설

$$162g \times \frac{1mol}{12g} = 13.5mol, \quad 22g \times \frac{1mol}{2g} = 11mol$$

$$C + O_2 \rightarrow CO_2 \qquad\qquad H_2 + \frac{1}{2}O_2 \rightarrow H_2O$$

$$1 : 1 \qquad\qquad\qquad\quad 1 \ : \ 0.5$$

$$13.5 : x \qquad\qquad\qquad 11 \ : \ y$$

$$x = 13.5mol \qquad\qquad\quad y = 5.5mol$$

- 필요한 산소량 = 13.5mol + 5.5mol = 19mol

- 필요한 공기량 = $19mol\ O_2 \times \dfrac{1mol\ 공기}{0.21mol\ O_2} = 90.5mol$ 공기

생성된 기체 중 N₂의 부피 비율이 82.4wt%이므로

과잉 공급량 = $82.4mol\ N_2 \times \dfrac{1mol\ 공기}{0.79mol\ N_2} = 104.3mol$ 공기

$$\therefore\ 과잉공기(\%) = \frac{104.3 - 90.5}{90.5} \times 100\% = 15.2\%$$

46 Fanning 마찰계수를 f 라 하고 손실수두를 H_f 라고 할 때 H_f와 f 의 관계를 나타내는 식은?

① $H_f = 4f\dfrac{L}{D}\dfrac{\overline{V^2}}{2g}$　　② $H_f = f\dfrac{L}{D^2}\dfrac{\overline{V^2}}{g}$

③ $H_f = \dfrac{16}{f}$　　　　④ $H_f = \dfrac{16f}{N_{Re}}$

해설

$$F = \frac{\Delta P}{\rho} = \frac{2f\,\overline{V^2}\,L}{g\,D}$$

여기서, f : 관의 마찰계수

$\overline{V^2}$: 유체의 속도(m/s)

L : 배관의 길이(m)

D : 배관의 내경(m)

47 30℃, 1atm의 공기 중의 수증기 분압이 21.9mmHg일 때 건조공기당 수증기 질량[kg(H₂O)/kg(Dry Air)]은 얼마인가?(단, 건조 공기의 분자량은 29이다)

① 0.0272

② 0.0184

③ 0.272

④ 0.184

해설

포화습도

$$H_s = \frac{포화증기의\ kg\ 수}{건조기체의\ kg\ 수}$$

$$= \frac{18}{29}\frac{p_S}{P - p_S} = \frac{18}{29}\frac{21.9}{760 - 21.9} = 0.0184$$

48 오리피스미터(Orifice Meter)에 U자형 마노미터를 설치하였고 마노미터는 수은이 채워져 있으며, 그 위의 액체는 물이다. 마노미터에서의 압력차가 15.44kPa이면 마노미터의 읽음은 약 몇 mm인가?(단, 수은의 비중은 13.6이다)

① 75

② 100

③ 125

④ 150

해설

$$\Delta P = R(\rho_A - \rho_B)\frac{g}{g_c}$$

$$15,440N/m^2 = R \times 9.8m/s^2 \times (13.6 - 1) \times 1,000kg/m^3$$

$$\therefore\ R = 0.125m = 125mm$$

49 FPS 단위로부터 레이놀즈 수를 계산한 결과 1,000 이었다. MKS 단위로 환산하여 레이놀즈 수를 계산하면 그 값은 얼마로 예상할 수 있는가?

① 10

② 136

③ 1,000

④ 13,600

해설

레이놀즈 수는 무차원 수로 단위가 없다.

50 안지름 10cm의 원 관에 비중 0.8, 점도 1.6cP인 유체가 흐르고 있다. 층류를 유지하는 최대 평균 유속은 얼마인가?

① 2.2cm/s

② 4.2cm/s

③ 6.2cm/s

④ 8.2cm/s

해설

층 류

$N_{Re} < 2,100$

$N_{Re} = \dfrac{D\bar{u}\rho}{\mu} = \dfrac{10\text{cm} \times \bar{u} \times 0.8\text{g/cm}^3}{0.016\text{g/cm} \cdot \text{s}}$

$500\bar{u} = 2,100$

$\therefore \ \bar{u} = 4.2$

51 가로 40cm, 세로 60cm의 직사각형의 단면을 갖는 도관(Duct)에 공기를 100m³/h로 보낼 때의 레이놀즈 수를 구하려고 한다. 이때 사용될 상당직경(수력직경)은 얼마인가?

① 48cm

② 50cm

③ 55cm

④ 45cm

해설

상당직경

$$= 4 \times \dfrac{ab}{2(a+b)} = 4 \times \dfrac{40 \times 60}{2(40+60)} = 48\text{cm}$$

52 비중이 0.9인 액체의 절대압력이 3.6kgf/cm²일 때 두(Head)로 환산하면 약 몇 m에 해당하는가?

① 3.24

② 4

③ 25

④ 40

해설

$P = \rho g/g_c h$

$h = \dfrac{P g_c}{\rho g}$

$$= \dfrac{3.6\text{kgf/cm}^2 \times \dfrac{1\text{kg} \times 9.8\text{m/s}^2}{1\text{kgf}}}{900\text{kg/m}^3 \times 9.8\text{m/s}^2} \times \left(\dfrac{100\text{cm}}{1\text{m}}\right)^2$$

$= 40\text{m}$

53 탑 내에서 기체 속도를 점차 증가시키면 탑 내 액정 체량(Hold Up)이 증가함과 동시에 압력손실은 급격히 증가하여 액체가 아래로 이동하는 것을 방해할 때의 속도를 무엇이라고 하는가?

① 평균속도
② 부하속도
③ 초기속도
④ 왕일속도

해설
• 부하속도(Loading Velocity) : 기체의 속도가 차차 증가하면 탑 내의 액체 유량이 증가한다. 이때의 속도를 부하속도라 한다.
• 왕일점(Flooding Point) : 기체의 속도가 아주 커서 액이 거의 흐르지 않고 넘는 점이며 향류조작이 불가능하다.

54 HETP에 대한 설명으로 가장 거리가 먼 것은?

① "Height Equivalent to a Theoretical Plate"를 말한다.
② HETP의 값이 1m보다 클 때 단의 효율이 좋다.
③ (충전탑의 높이 : Z)/(이론 단위수 : N)이다.
④ 탑의 한 이상단과 똑같은 작용을 하는 충전탑의 높이이다.

해설

$$HETP = \frac{Z(\text{충전층의 높이})}{NTP(\text{이론단수})}$$

• 한 개의 이론단에 해당하는 높이(Height Equivalent to Theoretical Plate)
• 충전탑의 높이 = 이론단수 × 이론단수에 해당하는 높이
• HETP값이 작을수록 성능이 좋다.

55 공비혼합물에 관한 설명으로 거리가 먼 것은?

① 보통의 증류 방법으로 고순도의 제품을 얻을 수 없다.
② 비점 도표에서 극소 또는 극대점을 나타낼 수 있다.
③ 상대휘발도가 1이다.
④ 전압을 변화시켜도 공비혼합물의 조성과 비점이 변하지 않는다.

해설
공비혼합물
• 기체의 조성과 액체의 조성이 동일한 혼합물을 말하며 함께 끓는 혼합물이라고도 한다.
• 용액을 증류하면 끓는 데 따라 조성이 변하며, 끓는점도 상승 또는 하강한다.
• 공비상태는 압력에 의해서 변화하며, 공비점은 성분비와 끓는점과의 관계를 나타내는 끓는점 곡선상에서 최솟값 또는 최댓값을 보인다.

56 펄프로 종이의 연속 시트(Sheet)를 만들 경우 다음 중 가장 적당한 건조기는?

① 터널 건조기(Tunnel Dryer)
② 회전 건조기(Rotary Dryer)
③ 상자 건조기(Tray Dryer)
④ 원통형 건조기(Cylinder Dryer)

해설
연속 시트상 건조기
• 원통식 건조기 : 종이나 직물의 연속 시트를 건조
• 조하식 건조기 : 직물이나 망판인쇄 용지 등을 건조

57 증발관의 능력을 크게 하기 위한 방법으로 적합하지 않은 것은?

① 액의 속도를 빠르게 해 준다.
② 증발관을 열전도도가 큰 금속으로 만든다.
③ 장치 내의 압력을 낮춘다.
④ 증기측 경막계수를 감소시킨다.

해설

$q = UA\Delta T$

• 액의 속도를 빠르게 하면 증발관의 능력이 향상된다.
• 장치 내 압력을 낮추면 비점이 낮아지고 열전달하는 증기량이 많아진다.
• 증기측 경막계수를 감소시키면 증발관의 능력이 감소된다.

58 다음 단위조작 가운데 침출(Leaching)에 속하는 것은?

① 소금물 용액에서 소금 분리
② 식초산-수용액에서 식초산 회수
③ 금광석에서 금 회수
④ 물속에서 미량의 브롬 제거

해설

• 침출 : 고체-액체 추출
• 추출 : 액체-액체 추출

59 "분쇄에 필요한 일은 분쇄 전후의 대표 입경의 비 (D_{p1}/D_{p2})에 관계되며 이 비가 일정하면 일의 양도 일정하다."는 법칙은 무엇인가?

① Sherwood 법칙
② Rittinger 법칙
③ Bond 법칙
④ Kick 법칙

해설

Kick 법칙 $(n=1)$

$W = k_K \ln\dfrac{D_{P1}}{D_{P2}}$

여기서, k_K : 상수

60 상계점(Plait Point)에 대한 설명으로 옳지 않은 것은?

① 추출상과 추잔상의 조성이 같아지는 점이다.
② 상계점에서 2상(相)이 1상(相)이 된다.
③ 추출상과 평형에 있는 추잔상의 대응선(Tie Line)의 길이가 가장 길어지는 점이다.
④ 추출상과 추잔상이 공존하는 점이다.

해설

상계점

• Tie Line의 길이가 0이다.
• 추출상과 추잔상의 조성이 같아지는 점이다.
• 추출상과 추잔상이 공존하는 점이다.
• 이 점에서 2상이 1상이 된다.

61 2M NaOH 30mL에는 몇 mg의 NaOH가 존재하는가?

① 1,200

② 1,800

③ 2,400

④ 3,600

해설

$$\frac{2\text{mol}}{\text{L}} \times 30\text{mL} \times \frac{1\text{L}}{1,000\text{mL}} \times \frac{40\text{g}}{1\text{mol}} \times \frac{1,000\text{mg}}{1\text{g}} = 2,400\text{mg}$$

62 요소비료 1ton을 합성하는 데 필요한 CO_2 원료로 탄산칼슘 85%를 포함하는 석회석을 사용한다면 석회석이 약 몇 ton이 필요한가?

① 0.96

② 1.96

③ 2.96

④ 3.96

해설

$2NH_3 + CO_2 \rightarrow CO(NH_2)_2 + H_2O$

 44 60

 x 1,000

 ∴ $x = 733$kg

$CaCO_3 \rightarrow CaO + CO_2$

 100 44

 y 733

 ∴ $y = 1,666$kg

필요한 석회석의 양 : $\dfrac{1,666}{0.85} = 1,960\text{kg} = 1.96\text{ton}$

63 다음 반응식은 어떠한 평형상태인가?

$$Ni^{2+} + 4CN^- \rightleftharpoons Ni(CN)_4^{2-}$$

① 약한 산의 해리

② 약한 염기의 해리

③ 착이온의 생성

④ 산화-환원 평형

해설

착이온은 중심금속 이온에 리간드가 배위 결합하여 이루어진 이온이다. Ni^{2+}과 4개의 CN^-이 결합하여 $Ni(CN)_4^{2-}$의 착이온을 생성한다.

64 양성자가 하나인 어떤 산(Acid)이 있다. 수용액에서 이 산의 짝산, 짝염기의 평형상수 K_a와 K_b가 존재할 때, 그 관계식으로 옳은 것은?(단, $pK_w = 14.00$ 이라고 가정한다)

① $K_a \times K_b = K_w$

② $K_a / K_b = K_w$

③ $K_b / K_a = K_w$

④ $K_a \times K_b \times K_w = 1$

해설

$HA \rightleftharpoons H^+ + A^-$ $\qquad K_a = \dfrac{[H^+][A^-]}{[HA]}$

$A^- + H_2O \rightleftharpoons HA + OH^-$ $\quad K_b = \dfrac{[HA][OH^-]}{[A^-]}$

$H_2O \rightleftharpoons H^+ + OH^-$ $\qquad K_a \times K_b = [H^+] \times [OH^-] = K_w$

65 산화 · 환원 적정에서 사용되는 $KMnO_4$에 대한 설명으로 틀린 것은?

① 진한 자주색을 띤 산화제이다.

② 매우 안정하여 1차 표준물질로 사용된다.

③ 강한 산성 용액에서 무색의 Mn^{2+}로 환원된다.

④ 산성 용액에서 자체 지시약으로 작용한다.

해설

$KMnO_4$

• 매우 강한 산화제이며 수용액 중에서 비교적 안정하며 환원성 물질을 적정할 수 있다.

• 산성, 염기성에 따라 산화 능력이 다르지만 가장 많이 사용하는 것은 강산성 용액에서의 산화 반응이다.

• 미량의 MnO_2를 포함하고 있어 1차 표준물질로 사용할 수 없다.

66 다음 산화환원 반응이 산성용액에서 일어난다고 가정할 때, (1), (2), (3), (4)에 알맞은 숫자를 순서대로 나열한 것은?

$$H_3AsO_4(aq) + (1)H^+(aq) + (2)Zn(s)$$
$$\rightarrow AsH_3(g) + (3)H_2O(l) + (4)Zn^{2+}(aq)$$

① 8, 16, 4, 16

② 8, 4, 4, 3

③ 6, 3, 3, 3

④ 8, 4, 4, 4

해설

$$H_3AsO_4(aq) + 8H^+(aq) + 4Zn(s)$$
$$\rightarrow AsH_3(g) + 4H_2O(l) + 4Zn^{2+}(aq)$$

67 침전 적정에서 종말점을 검출하는 데 일반적으로 사용하는 사항으로 거리가 먼 것은?

① 전 극

② 지시약

③ 빛의 산란

④ 리트머스 시험지

해설

리트머스 시험지는 산성과 염기성을 판단할 수 있도록 하는 종이로, 용액의 pH를 구별하는 데 이용된다.

68 1차 표준물질 KIO_3(분자량=214.0g/mol) 0.208g으로부터 생성된 I_2를 적정하기 위해서 다음과 같은 반응으로 $Na_2S_2O_3$가 28.5mL가 소요되었다. 적정에 사용된 $Na_2S_2O_3$의 농도는 몇 M인가?

$$IO_3^- + 5I^- + 6H^+ \rightarrow 3I_2 + 3H_2O$$
$$I_2 + 2S_2O_3^{2-} \rightarrow 2I^- + S_4O_6^{2-}$$

① 0.105M

② 0.205M

③ 0.250M

④ 0.305M

해설

$$KIO_3 = \frac{0.208g/mol}{214.0g} = 9.7 \times 10^{-4} mol$$

$IO_3^- : I_2 = 1 : 3$이므로

$$I_2 = 3 \times (9.7 \times 10^{-4})mol = 2.9 \times 10^{-3} mol$$

$I_2 : S_2O_3^{2-} = 1 : 2$이므로

$$S_2O_3^{2-} = 2 \times (2.9 \times 10^{-3})mol = 5.8 \times 10^{-3} mol$$

$$M \times V = M' \times V'$$

$$M \times 0.0285L = 5.8 \times 10^{-3} mol$$

$$\therefore M = 0.204M$$

69 자외선-가시광선(UV-Visible) 흡수분광법에서 주로 관여하는 에너지 준위는?

① 전자에너지준위(Electronic Energy Level)
② 병진에너지준위(Translation Energy Level)
③ 회전에너지준위(Rotational Energy Level)
④ 진동에너지준위(Vibrational Energy Level)

해설

분자가 자외선-가시광선 영역의 빛을 흡수하면, 분자 내 원자의 전자가 들뜬 상태로 전이한다. 전자 전이는 원자의 종류에 따라 특정한 파장의 빛을 흡수하여 일어나고, 흡수되는 빛의 파장을 알게 되면 원자의 종류를 알 수 있다.

70 X선 분광법에 대한 설명으로 틀린 것은?

① 방사성 광원은 X선 분광법의 광원으로 사용될 수 있다.
② X선 광원은 연속 스펙트럼과 선 스펙트럼을 발생시킨다.
③ X선의 선 스펙트럼은 내부껍질 원자 궤도함수와 관련된 전자 전이로부터 얻어진다.
④ X선의 선 스펙트럼은 최외각 원자 궤도함수와 관련된 전자 전이로부터 얻어진다.

해설

원자 X선 분광법
• 전기복사선의 방출, 흡수, 산란, 형광 및 회절에 기초한다.
• X선 광원은 연속 스펙트럼과 선 스펙트럼 모두를 발생시킨다.
• 전자살 광원으로부터의 연속 스펙트럼 : 방출된 X선 광자의 에너지는 적당한 범위에서 연속적으로 변한다(생성된 최대 광자 에너지는 단 한 번 충돌로 전자의 운동에너지가 0으로 감속된다).
• 전자살 광원으로부터 얻는 선 스펙트럼 : X선의 선 스펙트럼은 최내각 원자 궤도함수와 관련된 전자 전이로부터 얻어진다.

71 자외선-가시선 흡수분광법에서 일반적으로 사용되는 광원의 종류가 아닌 것은?

① 중수소 및 수소등
② 텅스텐 필라멘트등
③ 제논 아크등
④ 전극 없는 방전등

해설

자외선-가시선 흡수분광법의 광원
• 중수소 및 수소등
• 텅스텐 필라멘트등
• 광방출 다이오드
• 제논 아크등

72 2×10^{-5}M $KMnO_4$용액을 1.5cm의 셀에 넣고 520nm에서 투광도를 측정하였더니 0.60을 보였다. 이때 $KMnO_4$의 몰 흡광계수는 약 몇 L/cm·mol인가?

① 1.35×10^{-4}
② 5.0×10^{-4}
③ 7,395
④ 20,000

해설

Lambert-Beer법칙

$A = \varepsilon cd$
$= -\log T = -\log 0.6 = 0.222$
$\therefore \varepsilon = \dfrac{0.222}{2 \times 10^{-5} \times 1.5} = 7,400$

73 적외선 분광법으로 검출되지 않는 비활성 진동 모드는?

① CO_2의 대칭 신축 진동
② CO_2의 비대칭 신축 진동
③ H_2O의 대칭 신축 진동
④ H_2O의 비대칭 신축 진동

해설

적외선 흡수를 위해서는 진동과 회전 시 쌍극자모멘트 알짜 변화가 있어야 한다. CO_2의 대칭 신축 진동은 대칭 구조로 쌍극자모멘트의 변화가 없어 스펙트럼 관측이 어렵다.

74 핵자기 공명 분광학에서 이용하는 파장은?

① 적외선
② 자외선
③ 라디오파
④ Microwave(마이크로웨이브)

해설

NMR은 일정한 진동수의 라디오파를 쪼이게 하고 외부 자기장의 세기를 변화시켜 주면 원자핵은 세차 운동에 의해 진동수에 상응하는 라디오파 에너지를 흡수하여 낮은 에너지 스핀 상태에서 높은 에너지 스핀 상태로 전이가 일어난다.

75 액체 크로마토그래피 중 일정한 구멍 크기를 갖는 입자를 정지상으로 이용하는 방법은?

① 분배 크로마토그래피
② 흡착 크로마토그래피
③ 이온 크로마토그래피
④ 크기 배제 크로마토그래피

해설

크기 배제 크로마토그래피(SEC)
• 용액에서 분자의 크기에 따라 성분을 분리하며, 더 큰 분자가 먼저 용리되어 나온다.
• 시료를 크기별로 분리한다.

76 액체 크로마토그래피에서 기울기 용리(Gradient Elution)란 어떤 방법인가?

① 칼럼을 기울여 분리하는 방법
② 단일 용매(이동상)를 사용하는 방법
③ 2개 이상의 용매(이동상)를 다양한 혼합비로 섞어 사용하는 방법
④ 단일 용매(이동상)의 흐름량과 흐름속도를 점차 증가시키는 방법

해설

기울기 용리법
극성이 아주 다른 2~3개의 용매를 사용하여 분리하는 방법으로, 나중에 용출되는 성분의 머무름이 감소하여 용출 속도가 빨라지고 피크가 좁아진다.

77 열무게 분석법(TGA ; ThermoGravimetric Analysis)에서 전기로를 질소와 아르곤으로 분위기를 만드는 주된 이유는?

① 시료의 환원 억제
② 시료의 산화 억제
③ 시료의 확산 억제
④ 시료의 산란 억제

해설

열무게 분석법의 전기로
시료가 산화되는 것을 방지하기 위해 질소나 아르곤을 전기로에 넣어준다.

78 폴라로그래피에서 펄스법의 감도가 직류법보다 좋은 이유는?

① 펄스법에서는 패러데이 전류와 충전전류의 차이가 클 때 전류를 측정하기 때문
② 펄스법은 빠른 속도로 측정하기 때문
③ 직류법에서는 빠르게, 펄스법에서는 느리게 전압을 주사하기 때문
④ 펄스법에서는 비패러데이 전류가 최대이기 때문

해설

펄스 폴라로그래피는 패러데이 전류와 충전 전류 차이가 클 때 측정한다.

80 중합체를 시차열법분석(DTA)을 통해 분석할 때 발열 반응에서 측정할 수 있는 것은?

① 결정화 과정
② 녹는 과정
③ 분해 과정
④ 유리전이 과정

해설

중합체를 분석한 시차열분석법(DTA)

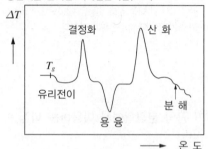

• 발열반응 : 결정화 과정, 산화 과정
• 흡열반응 : 녹음, 분해

79 니켈(Ni^{2+})과 카드뮴(Cd^{2+})이 각각 0.1M인 혼합용액에서 니켈만 전기화학적으로 석출하고자 한다. 카드뮴 이온은 석출하지 않고, 니켈 이온이 0.01%만 남도록 하는 전압(V)은?

$$Ni^{2+} + 2e^- \rightleftarrows Ni(s) \quad E° = -0.250V$$
$$Cd^{2+} + 2e^- \rightleftarrows Cd(s) \quad E° = -0.403V$$

① -0.2
② -0.3
③ -0.4
④ -0.5

해설

전기 전위

$$E = E° + \frac{0.0592}{n} \log \frac{[Ox]}{[Red]}$$

$$E = -0.250 + \frac{0.0592}{2} \log 10^{-5}$$

$$= -0.398V (\because [Ni^{2+}]이\ 0.1M의\ 0.01\%로\ 10^{-5})$$

Win- **Q**

정밀화학기사